Theatermaschine und Festungsbau

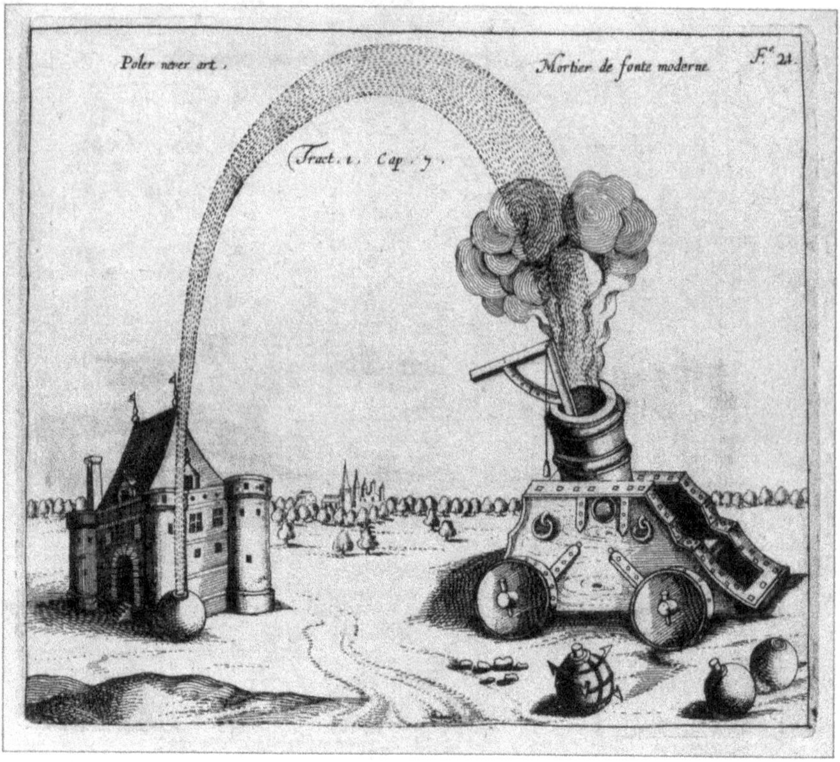
Poler never art.
Mortier de fonte moderne
F.e 21.
Tract. 1. Cap. 7.

Jan Lazardzig

THEATERMASCHINE UND FESTUNGSBAU

Paradoxien der Wissensproduktion im 17. Jahrhundert

THEORIA CUM PRAXI

Akademie Verlag

Titelbild: Diego Ufano. *Artillerie. C'est à dire: Vraye instruction de l'artillerie et de toutes ses appartenances [...] (Tratado de la artilleria).* Übs. u. ill. v. Johann Theodor de Bry. Zutphen, 1621, S. 17. Mit freundlicher Genehmigung der Herzog August Bibliothek, Wolfenbüttel (Sign.: A: 17.3 Bell. 2°).

Die Drucklegung erfolgte mit freundlicher Unterstützung der Deutschen Forschungsgemeinschaft und des Fachbereiches Philosophie und Geisteswissenschaften der Freien Universität Berlin.

Bibliografische Information der Deutschen Nationalbibliothek:
Die Deutsche Nationalbibliothek verzeichnet diese Publikation in der Deutschen Nationalbibliografie; detaillierte bibliografische Daten sind im Internet über http://dnb.d-nb.de abrufbar.

ISBN 978-3-05-004341-8

Das eingesetzte Papier ist alterungsbeständig nach DIN / ISO 9706.

Einbandgestaltung: breutypo. Christopher Breu, Berlin
Satz: Sabine Taube, Berlin
Druck und Bindung: Druckhaus „Thomas Müntzer" GmbH, Bad Langensalza

Printed in the Federal Republic of Germany

Inhalt

AUTONOMISIERUNGSTENDENZEN UND PARADOXIEVERZICHT 239

ANHANG 263

Einleitung

„Wer eine blitzblaue Brille aufhat, dem scheint jedes Ding blitzblau zu sein. Ja, es ist ihm blau, er kann anders nicht sehen noch glauben.“[1]

Wissen ist stets interessegeleitetes Wissen. Diesbezüglich sind Untersuchungen zur Produktion von Wissen – einschließlich der Archivierung und kommunikativen Vermittlung – zu unterscheiden von der Diskussion erkenntnistheoretischer und methodologischer Fragen. Will man sich den Interferenzen von Kunst und Wissenschaft nähern, dann gilt es die Aufmerksamkeit auf die materiellen, medialen und performativen Aspekte der Wissensproduktion zu richten.

Zu den vielfältigen Überlagerungen und Durchdringungen künstlerischer und wissenschaftlicher Verfahren und Praktiken sind in den letzten Jahren zahlreiche Forschungsarbeiten entstanden.[2] Trotz der sehr unterschiedlichen Perspektiven, die in diesen Untersuchungen verfolgt werden, lässt sich in ihnen ein Konsens ausmachen über die besondere Bedeutung des 17. Jahrhunderts für die Entfaltung einer neuen, wissenschaftlich begründeten Experimentalkunst und einer kunstvollen Experimentalwissenschaft.[3] Genau besehen ist es jedoch keines-

1 Sebastian Franck. *Paradoxa.* Eingel. v. W. Lehmann. Hg. v. Heinrich Ziegler. Jena, 1909, S. 46.

2 Siehe Paul Feyerabend. *Wissenschaft als Kunst.* Frankfurt a. M., 1984; Barbara Maria Stafford. *Kunstvolle Wissenschaft. Das Bild in Erziehung und Unterhaltung im Zeitalter der Aufklärung.* Amsterdam, 1998 [1994]; James W. McAllister. *Beauty and Revolution in Science.* Cornell, 1996. Aus literatur- sowie aus bildwissenschaftlicher Perspektive siehe: Joseph Vogl (Hg.). *Poetologien des Wissens.* München, 1999; Hans Holländer (Hg.). *Erkenntnis, Erfindung, Konstruktion. Studien zur Bildgeschichte von Naturwissenschaften und Technik vom 16. bis zum 19. Jahrhundert.* Berlin, 2000a; Bernhard J. Dotzler u. Sigrid Weigel (Hg.). *„fülle der combination“. Literaturforschung und Wissenschaftsgeschichte.* München, 2005.

3 Im Zuge der einflussreichen Studie von Simon Schaffer u. Steven Shapin. *Leviathan and the Air Pump. Hobbes, Boyle and the Experimental Life.* Princeton, 1985, erschien eine Reihe ähnlich gelagerter Studien, die ihre Aufmerksamkeit auf die konkreten materiellen, räumlichen und sozialen Bedingungen der experimentellen Naturforschung im 17. Jahrhundert richteten (einen guten Überblick bietet Mario Biagioli (Hg.). *The Science Studies Reader.* New York u. a., 1999). Zudem sind all jene Studien erneut ins Zentrum gerückt, die Wissenschafts- als Kulturgeschichte begreifen. Siehe v. a. Michel Foucault. *Die Ordnung der Dinge.* Frankfurt a. M., 1974 [1966], und ders. *Archäologie des Wissens,* Frankfurt a. M., 1973 [1969]; Rudolf zur Lippe. *Naturbeherrschung am Menschen.* 2 Bde. Frankfurt a. M., 1974; Hans Blumenberg. *Die Legitimität der Neuzeit.* Frankfurt a. M., 1988. Ein besonderer Stellenwert für die Interferenzen von Kunst und Wissenschaft kommt gerade auch unter Rückbezug auf die Konstituierungsphase neuzeitlicher Wissenschaften im 17. Jahrhundert dem Experiment zu. Vgl. Hans-Jörg Rheinberger u. Henning Schmidgen (Hg.). *Experimental Cultures. Configurations between Science, Art, and Technology, 1830–1950.* Berlin, 2002; Henning Schmidgen u. a. (Hg.). *Kultur im Experiment.* Berlin, 2004; Pamela H. Smith. *The Body of the Artisan. Art and Experience in the Scientific Revolution.* Chicago, 2004; Helmar Schramm, Ludger Schwarte u. Jan Lazardzig (Hg.). *Spektakuläre Experimente. Praktiken der Evidenzproduktion im 17. Jahrhundert.* Berlin u. New York, 2006.

falls leicht oder gar selbstverständlich, mit welchem Blick, mit welcher Fragestellung, mit welchem Instrumentarium man aus heutiger Sicht diese Zeit erschließt. Es ist paradoxerweise stets ein bisschen so, dass neue Perspektiven und Einsichten immer auch neue Blindheiten evozieren.[4] So trugen die Expeditionen ins nie Gesehene, die die mikroskopisch ausgerüstete experimentelle Naturforschung im 17. Jahrhundert unternahm, nicht nur zu bisher unbekannten Einsichten in das Funktionieren der Natur bei. Gerade aufgrund seines neuartigen Status als Wahrheitsinstrument konnte das Mikroskop zum Produzenten hartnäckiger Phantasmen werden.[5]

Man muss offensichtlich mit solchen Paradoxien leben, wenn man sich auf historische Prozesse der Wissensproduktion einlässt; und es kommt einer Grundsatzentscheidung gleich, dies positiv zu wenden und nicht zu versuchen, Widersprüchliches und Merkwürdiges zu verdrängen.[6] Gegenüber großangelegten Versuchen, alle Rätsel im Sinne einer vollständigen „Entzauberung der Welt" endgültig aufzulösen, verdienen gerade Paradoxien ein besonderes Interesse.[7] Paradoxe Seiten der Wissensproduktion gilt es als wichtiges Moment ernst zu neh-

4 Vgl. die mit Hinblick auf die Schwierigkeiten einer Archäologie der Medien problembewusste Ausstellungskonzeption von Barbara Maria Stafford. „Revealing Technology/Magical Domains". Dies. u. Francis Terpak. *Devices of Wonder: From the World in a Box to Images on a Screen* [Ausst.kat]. Los Angeles, 2001, S. 1–142.

5 Dies hat Hartmut Böhme am Beispiel des niederländischen Mikroskopikers Antoni van Leeuwenhoek (1632–1723) herausgearbeitet. Böhme zeigt, wie das Mikroskop – ähnlich wie das Teleskop – als symbolisches Weltanschauungsinstrument mit hohen Kontingenzanteilen arbeitet. Am Beispiel der Flohstudien Leeuwenhoeks weist er nach, wie mikroskopisch-anatomisch einwandfreie Befunde dennoch ‚bloß' Imaginäres zu erkennen geben. Siehe Hartmut Böhme. „Die Metaphysik der Erscheinungen. Teleskop und Mikroskop bei Goethe, Leeuwenhoek und Hooke". *Kunstkammer, Laboratorium, Bühne – Schauplätze des Wissens im 17. Jahrhundert.* Hg. v. Helmar Schramm, Ludger Schwarte u. Jan Lazardzig. Berlin u. New York, 2003a, S. 359–396, insbesondere S. 372–382.

6 Vgl. den grundlegenden Eintrag „Paradox" im *Historischen Wörterbuch der Philosophie* von P. Probst, H. Schröer und F. von Kutschera (Bd. 7, 1980, S. 81–97). In der Renaissance bestimmt das Paradox nicht nur die Theologie dieser Zeit (bei Luther und Franck ordnet das Paradoxe das theologische Selbstverständnis gegenüber der Scholastik), sondern auch die Philosophie und die Dichtung. So gibt es in Europa die „Paradoxia epidemica", die sich schnell in allen Ländern ausbreitet. Siehe Rosalie Littell Cole. *Paradoxia epidemica. The Renaissance Tradition of Paradox.* Hamden, 1976, insbesondere S. 3–40 zur Klassifikation des Paradoxen. Diese Epidemie, die insbesondere dem 16. Jahrhundert den Ruf eines „paradoxical age" eingebracht hat (siehe Wolfgang Riehle. „Zum Paradoxon bei Shakespeare". *Das Paradox. Eine Herausforderung des abendländischen Denkens.* Hg. v. Roland Hagenbüchle u. Paul Geyer. 2. Aufl. Würzburg, 2002, S. 335–353.), beginnt mit den *Paradossi cioé, Sententie fuorie del comun parere, nouellamente venute in luce* von Ortensio Landi (Lyon, 1543/Venedig, 1544), welche den Status eines Handbuches für paradoxe Schriftstellerei auch in anderen Ländern erreichte.

7 Zum Topos einer „Entzauberung der Welt" siehe Max Weber. „Wissenschaft als Beruf". *Gesammelte Aufsätze zur Wissenschaftslehre.* Tübingen, 1988, S. 582–613, hier S. 594: „Die zunehmende Intellektualisierung und Rationalisierung bedeutet also *nicht* eine zunehmende allgemeine Kenntnis der Lebensbedingungen, unter denen man steht. Sondern sie bedeutet etwas anderes: das Wissen davon oder den Glauben daran, daß man, wenn man *nur wollte*, es jederzeit erfahren *könnte*, daß es also prinzipiell keine geheimnisvollen unberechenbaren Mächte gebe, die da hineinspielen, daß man vielmehr alle Dinge – im Prinzip – durch *Berechnen beherrschen* könne. Das aber bedeutet: die Entzauberung der Welt."

men, haben sie doch immer wieder zu tun mit wichtigen Dreh- und Angelpunkten der Entwicklung, insbesondere der Verlagerung, Transformation und des Sprungs von Fragestellungen aus einem Gebiet in ein anderes, von einer Ebene auf eine andere.[8] Ihrem Wesen nach sind Paradoxien im Rahmen eines bestimmten Spiels unauflösbar und ihre ‚Lösung' liegt stets in der Veränderung bestimmter Spielregeln, im Verlassen einer Ebene oder im Aufkündigen eines Blickwinkels.[9] Paradoxien sind also verbunden mit Rahmenbedingungen und Dynamiken der Wissensproduktion – dies ist vor allem dann besonders interessant, wenn Wissensproduktion tatsächlich als Produktion gefasst wird, verbunden mit Bedingungen der Materialität, Medialität und Performanz.[10]

Für die Herausbildung neuzeitlicher Kunst und Wissenschaft ist die Experimentalisierung von Wissen, wie sie an der Wende zur Neuzeit einsetzt, besonders folgenreich. So tritt etwa in Giottos (1266/76–1337) geometrischen Erprobungen, in Leonardo da Vincis (1452–1519) zeichnerischer Beobachtung metamorphotischer Prozesse in der Natur, aber auch in dem essayistischen Skeptizismus Michel de Montaignes (1533–1592) ein Wahrnehmungs-, Bewegungs- und Sprachproblem zutage, welches der institutionellen Durchsetzung zielgerichteten Experimentierens vorausgeht.[11] Jede zu enge Betrachtung des Experiments im

8 Dies ist seitens der Paradoxieforschung in den letzten zwei Jahrzehnten immer wieder betont worden, wenn dort Paradoxien ein ästhetischer Ereigniswert zuerkannt wird als „Denkunfall", „Irritation", „Merkwürdigkeit", „Sprachfalle". Vgl. Roland Hagenbüchle u. Paul Geyer (Hg.). *Das Paradox. Eine Herausforderung des abendländischen Denkens.* 2. Aufl. Würzburg, 2002, sowie Gisela Febel (Hg.). *PARADOX oder Über die Kunst, anders zu denken. Mélanges für Gerhart Schröder.* Kemnat, 2001.

9 Ralph Kray u. Karl Ludwig Pfeiffer. „Paradoxien, Dissonanzen, Zusammenbrüche: Vom Ende und Fortgang der Provokationen". *Paradoxien, Dissonanzen, Zusammenbrüche. Situationen offener Epistemologie.* Hg. v. Hans-Ulrich Gumbrecht u. Karl Ludwig Pfeiffer. Frankfurt a. M., 1991, S. 13–31.

10 Innerhalb der Paradoxieforschung wird der Beschäftigung mit logischen Antinomien als prämissenfrei ableitbaren Widersprüchen ein unübersehbarer Vorrang gegeben. Frank Kannetzky (*Paradoxes Denken. Theoretische und praktische Irritationen des Denkens.* Paderborn, 2000) bemerkt dazu: „Selbst wenn diese [logischen und semantischen] Begriffsbildungen in einem bestimmten Sinne fundamentaler wären als andere, so hieße dies nicht, daß deshalb andere, nichtlogische Paradoxien von vornherein als Pseudoparadoxien oder bloße Scheinprobleme einzuordnen wären. Vielmehr sind die logischen Antinomien nur eine, vielleicht auch besonders wichtige, Spielart des Phänomens Paradoxie." (S. 16). Zwar wird die ästhetische und affektive Dimension des Paradoxen immer wieder betont, doch bleibt sie häufig genug ohne Konsequenzen für die Untersuchung.

11 Zu den experimentellen Verfahren Giottos vgl. Samuel Y. Edgerton. *The Heritage of Giotto's Geometry. Art and Science on the Eve of the Scientific Revolution.* Ithaca, 1991; zu Leonardos Naturstudien siehe: Frank Fehrenbach (Hg.). *Leonardo da Vinci. Natur im Übergang. Beiträge zu Wissenschaft, Kunst und Technik.* München, 2002. Leonardo untersucht die Funktion von Maschinen, indem er sie im Experiment einer geometrisch fundierten Analyse unterzieht. Der antiken und mittelalterlichen theoretischen Mechanik folgend, leitet er seine Erkenntnisse von allgemeinen Prinzipien wie den Urkräften der Natur (Bewegung, Schwere, Kraft und Druck) ab, die er auch auf die mechanischen Elemente überträgt. Das Neuartige an Leonardos Mechanik ist die umfangreiche Erklärungsfunktion, die er dieser Wissenschaft zutraut. Zum Vergleich der zeichnerischen Bewegungsexperimente Leonardos und der sprachlichen Experimente Montaignes siehe: Michel Jeanneret. *Perpetual Motion. Transforming Shapes in the Renaissance from da Vinci to Montaigne.* Baltimore u. London, 2001. Die experimentellen Transformationen im philosophischen Denken des 16. und 17. Jahrhunderts als Bedingungen gegenwärtiger Kunst und Wissenschaft untersucht Helmar Schramm. *Karneval des Denkens. Theatralität im*

Rahmen eines wissenschaftlichen Institutionalisierungsprozesses liefe selbst Gefahr, Widersprüche und Ungereimtheiten durch Abgrenzungen, Stillstellungen und regelrechte ‚Entstörungen' aus dem Weg zu räumen, d. h. notwendig weitere Widersprüche zu produzieren.[12]

Gerade die Experimentalwissenschaft des 17. Jahrhunderts zeigt eine Vorliebe für Paradoxien. Kennzeichnend für die Verbreitung und Beliebtheit des Paradoxons in dieser Zeit ist, dass wissenschaftliche Abhandlungen ihren Gegenstand in paradoxer Aufmachung darbieten. So etwa die Abhandlung *Le plein du vuide* (Paris, 1648) des Paters Étienne Noël (1581–1659), die sich mit Blaise Pascals Experimenten zum Vakuum befasst oder der Mechaniktraktat *Mathematical Magick* (London, 1648) des späteren Präsidenten der Royal Society John Wilkins (1614–1672). Die *Hydrostatical Paradoxes* (Oxford, 1666) von Robert Boyle (1627–1691) bieten sich ebenso als eine Sammlung von Paradoxien an wie die *Paradoxal Discourses* (1685) des niederländischen Naturforschers Franciscus van Helmont (1614–1699). Dass auch eine der bedeutendsten Perspektivlehren dieser Zeit, nämlich die *Paradossi per pratticare la prospettiva senza saperla* (1683) des Kriegs- und Theatralingenieurs Giulio Troili (1613–1685) mit einem titelgebenden Paradox aufwartet, vermag an die Etymologie des Wortes ‚paradox' zu erinnern. Das Adjektiv wurde im 17. Jahrhundert aus spätlat. *paradoxus* entlehnt, das seinerseits aus griech. *pará-doxos* („unerwartet, sonderbar") übernommen ist. Doch ist griech. *dóxa* nicht nur die „Meinung" bzw. „Lehre", gegen die eine Erscheinung verstößt (griech. *pará*), sondern die Bedeutung reicht ähnlich weit wie unser Wort „Schein".[13] So meint paradox nicht allein das Unerwartete, Seltene und Seltsame,

Spiegel philosophischer Texte des 16. und 17. Jahrhunderts. Berlin, 1996. Schramm bestimmt das Diskurselement ‚Theatralität' aus einer je spezifischen Konstellation der kulturprägenden Faktoren Wahrnehmung, Bewegung und Sprache. Damit sind zugleich grundlegende kulturelle Faktoren genannt, die es ermöglichen, experimentelle Praktiken im Interferenzbereich von Kunst und Wissenschaft zu betrachten. Siehe ders. „Schauraum / Datenraum. Orte der Interferenz von Wissenschaft und Kunst". *Bühnen des Wissens. Interferenzen zwischen Wissenschaft und Kunst.* Hg. v. dems. u. a. Berlin, 2003a, S. 9–27, insbesondere S. 17–20.

12 Erinnert sei hier nur an die großangelegten Versuche Ernst Haeckels und Sigmund Freuds, die an der Schwelle zum 20. Jahrhundert zeitgleich für sich in Anspruch nehmen, alles Rätselhafte der Substanz wie der Seele (*die* Problemkonstellation cartesianischer Wissenschaft) einer vollständigen und endgültigen Lösung zugeführt zu haben. In Ernst Haeckels populär gehaltener Studie *Die Welträtsel. Gemeinverständliche Studien über monistische Philosophie.* Leipzig, 1919 [1899], S. 27, heißt es einleitend, dass er alle Welträtsel durch die moderne Entwicklung der Kultur und Wissenschaft für „endgültig gelöst" erachtet. Zeitlich und vom Anspruch her analog, beginnt Sigmund Freud seine Traumdeutung mit dem Satz: „Auf den folgenden Blättern werde ich den Nachweis erbringen, daß es eine psychologische Technik gibt, welche gestattet, Träume zu deuten, und daß bei Anwendung dieses Verfahrens jeder Traum sich als ein sinnvolles psychisches Gebilde herausstellt." Sigmund Freud. „Die Traumdeutung". *Gesammelte Werke.* 23 Bde. Hg. v. Anna Freud. Frankfurt a. M., 1999, Bd. 2/3, S. 1.

13 Diese doppelte Bedeutung von griech. *dóxa* leitet sich her aus dem Verb *dokéo*, welches zum einen „glauben, meinen, vermuten, erwarten" und zum anderen „scheinen, erscheinen, Anschein haben" meint.

sondern auch dasjenige, was dem Augenschein widerspricht.[14] Wenn nun der eingangs zitierte Sebastian Franck (1499–1542) seinerseits das Aufsetzen einer „blitzblauen Brille“ als Beispiel für das paradoxe Verhältnis des Menschen zu Gott beschreibt, dann ist damit zugleich die Historizität des Paradoxen angezeigt – blaues Brillenglas gehört zur Mitte des 16. Jahrhunderts zu jenen wundersamen Kuriositäten, die Eingang in Kunst- und Wunderkammern finden und die nicht an jedem Badestrand feilgeboten werden.[15] Entsprechend liegt dieser Untersuchung ein semantisch weites Verständnis des Paradoxen zugrunde, welches im 17. Jahrhundert das Kuriose und Staunenswerte, das Merk- und Fragwürdige, das Illusionshafte ebenso wie das Widersprüchliche umfasst.[16] Hatte Blaise Pascal (1623–1662) in seinen *Pensées* das Paradoxe noch als wahrhafte *condition humaine* beschrieben – „Erkenne also, Hochmütiger, was für ein Paradox du dir selbst bist“[17] –, so verliert das Paradoxe im Zeitalter der Aufklärung nicht bloß seinen theologischen Bezugsrahmen, sondern auch sein ‚Erregungspotential‘ und etabliert sich gleichsam in der Architektur und Architektonik neuzeitlicher Kunst und Wissenschaft.[18]

14 Siehe die wort- und begriffsgeschichtlichen Erläuterungen von Heinrich Kraft. „Die Paradoxie in der Bibel und bei den Griechen als Voraussetzung für die Entfaltung der Glaubenslehren“. *Das Paradox. Eine Herausforderung des abendländischen Denkens.* Hg. v. Roland Hagenbüchle u. Paul Geyer. 2. Aufl. Würzburg, 2002, S. 247–273, hier S. 248. Im Prinzip birgt die Etymologie des Wortes ‚paradox‘ also bereits eine theatrale Dimension des Paradoxen, die Richard Weihe als die *Paradoxie der Maske* (München, 2004) beschrieben hat: „Sie zeigt, indem sie verbirgt.“ (S. 14).

15 Siehe zur Verwendung farbigen Brillenglases in der Frühen Neuzeit: Emil-Heinz Schmitz. *Handbuch zur Geschichte der Optik.* Erg.-Bd. 3. Teil A: *Die Brille.* Bonn, 1995, S. 305ff. Die Verwendung farbigen Glases zum Schutz vor der Sonne ist bereits für die Antike belegt. Das früheste bei Schmitz abgebildete Beispiel stammt aber aus dem 18. Jahrhundert. Blaues Brillenglas, so heißt es in einer ophthalmologischen Schrift aus dem 17. Jahrhundert, habe eine beruhigende Wirkung. Siehe Benito Daza de Valdés. *Uso de los antojos* [1623]/*The Use of Eyeglasses.* Hg. v. Paul E. Runge. Oostende, 2004, S. 169f.

16 Vgl. Cole (1976), S. 9f., sowie das Kapitel 4 „Epistemological Paradoxes“ (S. 355–507).

17 „Connaissez donc, superbe, quel paradoxe vous êtes à vous-même.“ Blaise Pascal. *Œuvres complètes.* Hg. v. Jacques Chevalier. Paris, 1954, S. 1206f. Die Übersetzung folgt der dt. Ausgabe: Blaise Pascal. *Über die Religion und über einige andere Gegenstände (Pensées).* Hg. u. übs. v. Ewald Wasmuth. 10. Aufl. Wiesbaden, 2001, S. 202.

18 So stellt die architektonische Durchsetzung der Illusionsbühne gleichsam die Bedingung der Möglichkeit des von Denis Diderot beschriebenen *Paradoxe sur le comédien* (1770–73) dar. Die illusionserzeugende Inszenierung eines geschlossenen Handlungszusammenhanges, die Diderot durch das Bild einer *grand mur* zwischen Bühnen- und Zuschauerraum verdeutlicht, zielt vermittels der seelischen Rührung der Zuschauer auf deren moralische Besserung. Etwa zeitgleich erörtert der System-Konstrukteur Immanuel Kant in seiner *Anthropologie in pragmatischer Hinsicht* das Paradox mit Blick auf die Notwendigkeit „sein Urtheil auch am Verstande Anderer zu prüfen.“ Ohne diese Prüfung würde „ein jeder Schriftsteller, der keinen Anhang findet, mit seiner öffentlich erklärten Meinung [...] in Verdacht des Irrthums kommen. Eben darum ist es ein Wagestück: eine der allgemeinen Meinung selbst der Verständigen, widerstreitende Behauptung ins Publicum zu spielen.“ Zugleich sei die „Vorliebe fürs Paradoxe“ als ein „logischer Eigensinn“ aber „von keiner schlimmen Bedeutung“, denn das Paradoxe erweckt „das Gemüth zur Aufmerksamkeit und Nachforschung [...], die oft zu Entdeckungen führt.“ Immanuel Kant. *Werke in zehn Bänden.* Hg. v. Wilhelm Weischedel. Bd. 4. Darmstadt, 1975, § 2, S. 128f.

Im Unterschied zu anderen Untersuchungen, die in den letzten Jahren sowohl von Seiten der Theaterwissenschaft als auch von Seiten einer kulturwissenschaftlich orientierten Wissenschaftsgeschichte die Theatralität neuzeitlicher Epistemologie herausarbeiteten, soll in der vorliegenden Untersuchung der Blick auf paradoxe Seiten der Wissensproduktion im 17. Jahrhundert gerichtet werden.[19] Gerade die Aufmerksamkeit für Paradoxien, so die These, kann dazu beitragen, den materiellen, medialen und performativen, d. h. den ästhetischen Bedingungen von Wissen auf die Spur zu kommen. Dies ist vor allem deshalb interessant, da der um 1800 erstmals kulminierende Trennungsprozess von Kunst und Wissenschaft Fragwürdiges und Irritierendes ebenso wie sinnlich Affizierendes nunmehr überwiegend im Rahmen gut funktionierender, architektonisch und institutionell gesicherter Erklärungssysteme einbindet.[20]

Die zentralen Hypothesen der vorliegenden Arbeit entspringen dabei der Beobachtung, dass in der Begründungsphase einer sich zunehmend durch Regelhaftigkeit, Nachvollziehbarkeit und Nützlichkeit legitimierenden, mechanisch-experimentellen Naturforschung im 17. Jahrhundert eine Lust am Wunderbaren und Spektakulären, am Rätselhaften und Merkwürdigen zu verzeichnen ist.[21] Zur selben Zeit lassen neue Formen der Produktion, Speicherung und Verbreitung von

19 Siehe Yehuda Elkana. *Anthropologie der Erkenntnis. Die Entwicklung des Wissens als episches Theater einer listigen Vernunft.* Frankfurt a. M., 1986. Die Krise der Repräsentation, durch die sich die neuzeitliche *episteme* im 17. Jahrhundert grundlegend wandelt, geht in ihrem Kern mit einer Theatralisierung von Wissen einher, insofern nämlich jedes Zeigen, Ausstellen, Sichtbarmachen auf der Bühne der Äußerungen selbst von nun an untrennbar mit einem Akt des Verbergens, Verdeckens und Unsichtbarmachens verbunden ist. Vgl. Arbeitsgruppe München. „Wissen und Sehen. Epistemische Strukturen der Medialität". *Wahrnehmung und Medialität.* Hg. v. Erika Fischer-Lichte, Christian Horn u. Matthias Warstat. Tübingen u. Basel, 2001, S. 31–50. Siehe ferner Erika Fischer-Lichte (Hg.). *Theatralität und die Krisen der Repräsentation. DFG-Symposion 1999.* Stuttgart u. Weimar, 2001 sowie Helmar Schramm u. a. (Hg.). *Bühnen des Wissens. Interferenzen zwischen Wissenschaft und Kunst.* Berlin, 2003b. Zu kurz greifen demgegenüber jene Versuche, Experimentalvorführungen recht eindimensional als Performancekunst zu deuten. Siehe David Knight „Scientific Lectures: A History of Performance". *Interdisciplinary Science Review* 27 (3/2002), S. 217–224.

20 Mit Blick auf die Zeit um 1800 und die Konsolidierung gut funktionierender Erklärungssysteme in Kunst und Wissenschaft spitzt Paul Geyer seine historisch-systematischen Überlegungen zum Paradox zu der These zu: „Seither gibt es nichts Paradoxes mehr." Paul Geyer. „Das Paradox: Historisch-systematische Grundlegung". *Das Paradox. Eine Herausforderung des abendländischen Denkens.* Hg. v. Roland Hagenbüchle u. Paul Geyer. 2. Aufl. Würzburg, 2002, S. 11–24, hier S. 23.

21 Bereits in der grundlegenden und faktenreichen Studie von Lynn Thorndike. *A History of Magic and Experimental Science.* 8 Bde. New York, 1923–58, wird die Verwurzelung neuartiger experimenteller Verfahren an den naturforschenden Akademien des 17. Jahrhunderts in den wunderverheißenden Operationen weißer und schwarzer Magie eindrucksvoll dokumentiert. Lorraine Daston u. Katharine Park. *Wonders and the Order of Nature. 1150–1750.* New York, 1998, haben schließlich materialreich herausgearbeitet, inwiefern der Faszination für das Wunderbare eine am Außerordentlichen und Irregulären orientierte Ordnung von Wissen zugrunde liegt, die unserer heutigen, am Normalen, Allgemeinen und Regelhaften orientierten wissenschaftlichen Kategorisierung entgegen steht. Vgl. hierzu bereits Peter Dear. „Miracles, Experiments, and the Ordinary Course of Nature". *Isis* 81 (1990), S. 663–683.

Wissen die Notwendigkeit von gut befestigten Grenzen, regelrechte ‚Festungsbauten' auf den Plan treten.[22]

Theatermaschinen und Festungsbauten – anhand dieser auf den ersten Blick vielleicht seltsam anmutenden architektonischen Artefakte und Phänomene der Zeit sollen im Folgenden zwei heuristische Begriffe gewonnen werden, die dazu dienen, jene interesseleitenden Dynamiken und Rahmensetzungen der Wissensproduktion gerade in ihrer Paradoxikalität zu beleuchten. Wie begründet sich dieses Vorgehen, und wie lässt sich die historische Ausgangssituation diesbezüglich charakterisieren?

Beginnend mit der Kriegsreihe um Italien und Kaiser Karl V. (1500–1558) ziehen ganze Serien von Kriegen über Westeuropa, über Nord- und Südeuropa und schließlich Mitteleuropa, sodass im Umkreis des 17. Jahrhunderts kaum noch kriegsfreie Jahre zu verzeichnen sind.[23] Zeitgenössische Publizisten zählen die dichte Folge von Kriegen in der ersten Jahrhunderthälfte mit grimmigem Rekordbewusstsein zu einem einzigen „Dreißigjährigen Krieg"[24] zusammen und charakterisieren ihr Zeitalter insgesamt als ein „martialisches" oder „eisernes".[25] In der zweiten Jahrhunderthälfte folgt mit den Kriegen Ludwigs XIV. (1638–1715) praktisch ein zweiter ‚Dreißigjähriger Krieg' (1667–1697), was die Friedlosigkeit der Zeit unterstreicht.[26]

In dieser kriegsgewohnten Epoche stehen militärische und wissenschaftliche Revolution – nicht zuletzt auf der Grundlage mechanisch-mathematischer Verfahren und instrumenteller Praktiken – miteinander in enger Verbindung.[27] Es

22 Siehe Gernot Böhme u. W. van den Daele. „Erfahrung als Programm". Dies. u. Wolfgang Krohn. *Experimentelle Philosophie*. Frankfurt a. M., 1977, S. 185–236, insbesondere S. 193ff. Zur Beziehung von Architektur und der in ihr ausgeübten wissenschaftlichen Praxis siehe: Peter Galison. „Buildings and the Subject of Science". *The Architecture of Science*. Hg. v. dems. u. Emily Thompson. Cambridge u. London, 1999, S. 1–25, sowie Lisa Jardine. *Ingenious Pursuits. Building the Scientific Revolution*. New York, 1999.

23 Seit Mitte der 1960er Jahre werden von Seiten der Ethnologie, Anthropologie und Geschichtswissenschaften immer wieder Versuche unternommen, das 17. Jahrhundert im Licht eines umfassenden globalen Krisenszenarios zu deuten. Vgl. Geoffrey Parker u. Lesley M. Smith (Hg.). *The General Crisis of the Seventeenth Century*. 2. Aufl. London u. New York, 1997. Fragen der Kunst und Wissenschaft wird hier allerdings nicht nachgegangen.

24 Konrad Repgen. „Seit wann gibt es den Begriff ‚Dreißigjähriger Krieg'?". *Weltpolitik, Europagedanke, Regionalismus. Festschrift Heinz Gollwitzer zum 65. Geburtstag*. Hg. v. Heinz Dollinger. Münster, 1982, S. 59–70, sowie mit über einhundert Belegen Konrad Repgen (Hg.). *Krieg und Politik 1618–1648*. München, 1988, Anhang I.

25 Belege hierfür bei Henry Kamen. *The Iron Century*. London, 1971, S. XII.

26 Zur Friedlosigkeit der Frühen Neuzeit als Konstituierungsphase moderner Staatlichkeit vgl. Johannes Burkhardt. „Die Friedlosigkeit der Frühen Neuzeit. Grundlegung einer Theorie der Bellizität Europas". *ZHF* 24 (1997), S. 509–574.

27 Vgl. Menso Folkerts, Eberhard Knobloch u. Karin Reich (Hg.). *Maß, Zahl und Gewicht. Mathematik als Schlüssel zu Weltverständnis und Weltbeherrschung*. 2. Aufl. Wiesbaden, 2001, und Jim Bennett u. Stephen Johnston (Hg.). *The Geometry of War* [Ausst.kat.]. Oxford, 1996. Ein Zusammenhang, der nicht nur auf der theoretischen Ebene neuartiger mathematischer und geometrischer Verfahren zu suchen ist, sondern der sich auch und vor allem in der kriegerischen Natur instrumentellen

sind kriegstechnische Fragen, die Nicolò Tartaglias (1499–1557) programmatisch als *Nova Scientia* (1537) betitelte einflussreiche Schrift über die Bestimmbarkeit ballistischer Kurven initiieren.[28] Das berühmte Frontispiz der *Nova Scientia* erweist sich diesbezüglich sowohl als ein Spiegel des hier niedergelegten, kriegsrelevanten Wissens um Geschossflugbahnen als auch als ein Medium, um die ‚neue' Wissenschaft allegorisch zu erläutern.[29] Ein kreisförmiger Mauerring umschließt festungsgleich die allegorischen Figurationen des *quadriviums*, denen auch zwei Geschützmeister mit ihren Mörsern angehören. Als Torwächter fungiert Euklid, durch den die Mathematik als ein unumgänglicher Wegbereiter für jeden, der zur Erkenntnis gelangen möchte, in Szene gesetzt wird. In einem zweiten, höhergelegenen *hortus conclusus* stehen Platon und Aristoteles am Eingang zur Philosophie. Sie verkörpern die Frage nach dem Verhältnis von Mathematik und Naturwissenschaft, d. h. einer experimentell-sinnesgestützten bzw. zahlenmäßig-abstrakten Erkenntnis von Natur.[30]

Die Bildallegorie der *Nova Scientia* weist weit über den Rahmen mechanisch-mathematischer Fragestellungen hinaus. Durch die architektonische Einfassung und Abschottung als Bedingung der Möglichkeit wissenschaftlicher Erkenntnis antizipiert sie die utopischen Ursprünge experimenteller Naturforschung im 17. Jahrhundert. Hier wie dort verbindet sich die Experimentalisierung von Wissen mit einem radikalen Abschluss gegenüber jener Welt, deren Fragen es zu lösen gilt; ein universaler Deutungs- und Erklärungsanspruch von ‚Welt' auf der Grundlage einheitlicher Prinzipien scheint – paradoxerweise – nur möglich durch Ein- bzw. Ausschluss jener buchstäblich unberechenbaren, dynamischen Phänomenwelt, die es zu erklären gilt.

Diese „Paradoxie der Utopie" lässt etwa Tommaso Campanellas (1568–1639) hoch aufragenden Stadtstaat *Civitas Solis* (1599, erschienen 1623), Johann Valentin Andreaes Festungsstadt *Christianopolis* (1619) und Francis Bacons Inselreich

Handelns selbst widerzuspiegeln scheint. Siehe Gernot Böhme. *Am Ende des Baconschen Zeitalters. Studien zur Wissenschaftsentwicklung.* Frankfurt a. M., 1993, S. 436ff. u. ö.

28 Nicolò Tartaglia. *La Nova Scientia.* Bologna, 1984 [Nachdr. d. Ausg. Venedig, 1537]. Vgl. hierzu Stillman Drake u. I. E. Drabkin (Hg.). *Mechanics in Sixteenth-Century Italy. Selections from Tartaglia, Benedetti, Guido Ubaldo, & Galileo.* London, 1969. Tartaglia eröffnet damit eine ganze Serie von Titeln, die die Neuheit einer an mechanisch-experimentellen Kriterien orientierten Wissenschaft im Titel anzeigen. Tartaglias „neue Wissenschaft" arbeitet mit theoretischer Darlegung, geometrischer Argumentation und experimentellem Nachweis. Auch wenn diese Aspekte noch nicht dem wissenschaftlichen Standard der *Nuova Scienza* Galileo Galileis entsprechen, ist Tartaglia ein Vorreiter der kombinierten Anwendung von Mathematik und Experiment und legt mit seinen kinematischen Studien den Grundstein zur Legitimation der Mechanik als Wissenschaft. Er übersetzt als Erster Schriften von Euklid ins Italienische (1543) und von Archimedes ins Lateinische.

29 Siehe zur Allegorik des Frontispizes: Jutta Bacher. „‚Ingenium vires superat'. Die Emanzipation der Mechanik und ihr Verhältnis zu *Ars, Scientia* und *Philosophia.*" *Erkenntnis, Erfindung, Konstruktion. Studien zur Bildgeschichte von Naturwissenschaften und Technik vom 16. bis zum 19. Jahrhundert.* Hg. v. Hans Holländer. Berlin, 2000a, S. 519–553, hier S. 528–532.

30 Ein Gegensatz, den Galileo Galilei hundert Jahre später durch seine *Nuova Scienza* (1638) aufhebt.

New Atlantis (1624, 1627 erschienen) als berechenbare, mathematischen Prinzipien unterliegende Mikrokosmen erscheinen, die ihre humorlose Friedensliebe aus der räumlichen sowie architektonischen Distanzierung und Abschottung gegenüber einer als unsicher und täuschungsreich empfundenen Realität ableiten.[31] Und nicht zufällig kommt es in dieser Zeit in den großen, zur *tabula rasa* neigenden Systementwürfen von René Descartes (1596–1650), Baruch de Spinoza (1632–1677) oder Gottfried Wilhelm Leibniz (1646–1716) zu einer regelrechten Konjunktur architektonischer Metaphorik: Sie kennzeichnet die Verlagerung des Denkens aus der Sphäre des Absoluten des göttlichen Jenseits in die Sinnenwelt des irdischen Diesseits – ohne dabei einen metaphysisch-universalistischen Anspruch abzulegen.[32]

Der Einfluss utopischer Entwürfe auf die Etablierung akademischer Räume scheint verworren und im Einzelnen schwer nachzuweisen. Dennoch ist im 17. Jahrhundert das Bemühen augenfällig, konkreten Orten des Wissens zur Durchsetzung zu verhelfen, die innerhalb enger materieller sowie symbolischer Grenzziehungen und Rahmensetzungen einen potentiell universalen Deutungsanspruch entfalten. Konkrete Schauplätze des Wissens wie Kunstkammern, Laboratorien, Akademien, Observatorien und Theater – alle tragen sie im 17. Jahrhundert dazu bei, Wissen zu akkumulieren, zu inventarisieren und es dadurch handhabbar, überschaubar sowie kommunizierbar zu machen. Dies gelingt wiederum nicht, ohne einer Durchformung und Vereinheitlichung von Beobachtungs- und Darstellungspraktiken Vorschub zu leisten.[33] Die akademischen Räume bergen die

31 Norbert Bolz. „Die Paradoxie der Utopie". *Was kostet der Kopf? Ausgesetztes Denken der Aisthesis zwischen Abstraktion und Imagination.* Dietmar Kamper zum 65. Geburtstag. Marburg, 2001, S. 152–164. Auf die Humorlosigkeit des Utopischen wies bereits Carl Schmitt hin: „Das spezifisch Utopische: die humorlose Planung." Carl Schmitt. *Glossarium.* Berlin, 1991, S. 112. Siehe in diesem Zusammenhang auch Jörg Jochen Berns. „Utopie und Vergessen am Beispiel der Inselutopie des Thomas More". *Kulturelles Vergessen: Medien – Rituale – Orte.* Hg. v. Günter Butzer u. Manuela Günter. Göttingen, 2004, S. 185–193. Zur Utopie und zum utopischen Denken im 17. Jahrhundert siehe grundlegend: Wolfgang Braungart. *Die Kunst der Utopie. Vom Späthumanismus zur frühen Aufklärung.* Stuttgart, 1989.

32 Vgl. zum metaphysischen Ausdruck der architektonischen Metaphorik in der modernen Wissenschaft: Fritz Neumeyer. „Nachdenken über Architektur. Eine kurze Geschichte ihrer Theorie." *Quellentexte zur Architekturtheorie.* Hg. v. dems. München u. a., 2002, S. 9–79, hier S. 9–14 („1. Bauen, Glauben, Denken: Architektur, exemplarische Kunst und Musterwissenschaft?").

33 Zu den unterschiedlichen Laboratoriumskonzeptionen des 17. Jahrhunderts und ihren materiellen Realitäten vgl. Owen Hannaway. „Laboratory Design and the Aim of Science: Andreas Libavius versus Tycho Brahe". *Isis* 77 (1986), S. 585–610. Zur Entwicklung und Einrichtung von Experimentalstätten vgl. Steven Shapin. „The House of Experiment in Seventeenth Century England". *Isis* 79 (1988), S. 373–404; Adi Ophir u. Steven Shapin. „The Place of Knowledge. A Methodological Survey". *Science in Context* 4 (1991), S. 3–21; Graeme Gooday. „The Premisses of Premises. Spatial Issues in the Historical Construction of Laboratory Credibility". *Making Space for Science. Territorial Themes in the Shaping of Knowledge.* Hg. v. Crosbie Smith u. Jon Agar. Basingstoke, 1998, S. 216–245. Zur epistemologischen Relevanz des Raumes aus experimentalwissenschaftlicher Sicht vgl. Hans-Jörg Rheinberger (Hg.). *Räume des Wissens. Repräsentation, Codierung, Spur.* Berlin, 1997. Weitere Literaturangaben in theoretischer und historischer Perspektive bietet der Überblicksartikel von Sabine Krifka. „Schauexperiment – Wissenschaft als belehrendes Spektakel". *Erkenntnis, Erfindung, Konstruktion.*

Utopie des ‚ungestörten' Verkehrs gelehrter Personen, des ‚ungetrübten' Blickes in den Himmel ebenso wie auf den mikroskopischen Objektträger und der ‚uneingeschränkten' Bündelung von Aufmerksamkeit – all dies mit ganz konkreten Anforderungen an den Körper des erkennenden Subjekts, welcher sich in Wahrnehmung, Bewegung und Sprache den materiellen und epistemologischen Bedingungen anzupassen hat.[34] Während es im Rahmen experimenteller Naturforschung also zu einer regelrechten Schärfung der Einzelsinne kommt, zu einer Entgrenzung der Wahrnehmung im Nah- und Fernbereich, geschieht dies unter den Bedingungen körperlicher Instrumentierung.[35]

Innerhalb der architektonischen wie methodischen Grenzen systematischer Naturforschung ist das Bestreben spürbar, das Beobachtbare mit dem Berechenbaren, den konkreten Schauraum mit einem aperspektivischen Feld der Sichtbarkeit, dem Datenraum, in Einklang zu bringen.[36] Ein Gegensatz, den etwa Galileo Galilei (1564–1642) hundert Jahre nach Tartaglias *Nova Scientia* – und ebenfalls motiviert durch die Frage nach der Berechenbarkeit von Geschossbahnen – durch seine *Nuova Scienza* bezeichnenderweise allein im Gedankenexperiment aufzulösen weiß.[37]

Im Mittelpunkt der Bestrebungen, naturgebundene Dynamiken in ein regelhaftes und dadurch berechen- und beherrschbares System, in einen Rahmen zu bringen, steht im 17. Jahrhundert die Maschine.[38] Ohne Weiteres lässt sich die

Studien zur Bildgeschichte von Naturwissenschaften und Technik vom 16. bis zum 19. Jahrhundert. Hg. v. Hans Holländer. Berlin, 2000, S. 773–788.

34 Vgl. zur Wechselwirkung von Wissenschaftsentwicklung und Körperverständnis in der Frühen Neuzeit die grundlegende Studie von Rudolf zur Lippe (1974).

35 Siehe hierzu umfassend: Werner Kutschmann. *Der Naturwissenschaftler und sein Körper.* Frankfurt a. M., 1986.

36 Vgl. zum Begriffspaar Schauraum und Datenraum Wolfgang Schäffner. „Telemathische Repräsentation im 17. Jahrhundert". *Theatralität und die Krisen der Repräsentation. DFG-Symposion 1999.* Hg. v. Erika Fischer-Lichte. Stuttgart u. Weimar, 2001, S. 411–428 und Schramm (2003a).

37 Galilei erbringt in seinen *Discorsi e dimostrazioni matematiche, intorno a due nuove scienze* (Leiden, 1638) den Beweis für die Bestimmbarkeit von Fallbewegungen nach Zahlenverhältnissen. Siehe hierzu James W. McAllister. „Das virtuelle Labor: Gedankenexperimente in der Mechanik des siebzehnten Jahrhunderts". *Kunstkammer, Laboratorium, Bühne – Schauplätze des Wissens im 17. Jahrhundert.* Hg. v. Helmar Schramm, Ludger Schwarte u. Jan Lazardzig. Berlin, 2003, S. 35–55, der nachweist, inwiefern insbesondere die Experimente Galileis allein als Gedankenexperimente möglich waren. Eine trennscharfe Unterscheidung zwischen sinnlich bzw. imaginativ vollzogenem Experimentieren besaß im 17. Jahrhundert demnach keine Priorität.

38 Eine Typologie der Maschine im 17. Jahrhundert bietet Gérard Simon. „Les machines au XVIIe siècle: usage, typologie, résonances symboliques". *Sciences et savoirs aux XVIe et XVIIe siècles.* Paris, 1996, S. 161–181. Grundlegend für die epistemologische Bedeutung maschinellen Denkens in dieser Zeit ist nach wie vor die Studie von Anneliese Maier. *Die Mechanisierung des Weltbildes im 17. Jahrhundert.* Leipzig, 1938 sowie auf breiterer Materialbasis und historisch weitreichendem Fokus Eduard Jan Dijksterhuis. *Die Mechanisierung des Weltbildes.* Berlin, Göttingen u. Heidelberg, 1956. Zur kulturellen Bedeutung maschinellen Denkens generell siehe: Lewis Mumford. *Mythos der Maschine. Kultur, Technik und Macht.* Wien, 1974, sowie Martin Burckhardt. *Vom Geist der Maschine. Eine Geschichte kultureller Umbrüche.* Berlin, 1999, der überzeugend gegen die Entsprechung von Maschinisierung und Säkularisierung in der europäischen Neuzeit argumentiert.

Maschine bzw. maschinelles Denken als einer der größten Antwortgeber dieser Zeit bezeichnen: gleich, ob es um die Anatomie menschlicher oder tierischer Bewegungsapparate, das geregelte Funktionieren des Kosmos oder auch die Homogenisierung eines dem Subjekt verborgenen Staats- und Rechtskörpers geht.[39] Harmonie, Vernunft und Zweckmäßigkeit materialisieren sich in der Maschine, diese wiederum erscheint als einheitsstiftendes, kinetisches Modell bewegter Natur: die Natur der Bewegung und die bewegte Natur finden in der Maschine ihren gemeinsamen Fluchtpunkt.[40]

Die mechanischen Schriften der Renaissance-Ingenieure, die programmatisch den Funktions- und Nützlichkeitsgedanken in die Maschine implantieren, fungieren als direkte Vorläufer der großen Wissenschaftsentwürfe des 17. Jahrhunderts, die antreten, eine haltlos gewordene Neugier, Wundergläubigkeit sowie ein maßloses Staunen methodisch zu bändigen.[41] So stellt sich etwa Francis Bacon durch die Analogisierung von Maschine und experimenteller Methode in eine Reihe mit den Maschinenbaumeistern seiner Zeit, deren ‚selbsttätige' Maschinen das Funktionieren der Natur nachzuahmen vorgeben.[42] Zeigt sich bei Bacon die experimentelle Methode als maschineller Zugriff auf die Natur – und die Natur selbst nach maschinellen Prinzipien arbeitend –, so führt René Descartes' Begrün-

39 Alex Sutter. *Göttliche Maschinen. Die Automaten für Lebendiges bei Descartes, Leibniz, La Mettrie und Kant.* Frankfurt a. M., 1988. Das Verhältnis von Imagination und Maschine beleuchtet das Themenheft „La machine dans l'imaginaire (1650–1800)". *Revue des sciences humaines* 58 (1982) sowie Bernhard Dotzler. *Papiermaschinen. Versuch über Communication & Control in Literatur und Technik.* Berlin, 1996, der insbesondere den Charakter der Maschine als papierene, allein im Entwurf Realität erlangende Wunschmaschine herausstellt. Zum Einfluss maschineller Modelle auf die Konstituierungsphase neuzeitlicher Wissenschaft im 17. Jahrhundert siehe: Silvio A. Bedini. „Die mechanische Uhr und die wissenschaftliche Revolution". *Die Welt als Uhr. Deutsche Uhren und Automaten 1550–1650.* Hg. v. Klaus Maurice u. Otto Mayr (Hg.). München u. Berlin, 1980, S. 21–29. Zur Maschine als staatsphilosophischem Denkmodell siehe: Barbara Stollberg-Rilinger. *Der Staat als Maschine. Zur politischen Metaphorik des absoluten Fürstenstaates.* Berlin, 1986.

40 Dies wird deutlich an dem Metaphernwechsel, den Johannes Kepler 1615 vom Kosmos *instar divini animalis* zum Kosmos *instar horologii* (1615) vollzieht. Die Methode und Funktion der kosmologischen Maschinenmetapher nicht nur in ihrem astronomischen, sondern auch in ihrem mechanischen Zusammenhang zu klären, war Ergebnis der descartesschen Physik. Descartes schuf hierfür die metaphysischen Voraussetzungen durch die methodische Trennung von *res extensa* und *res cogitans.* Eine mechanisch-geometrische Erklärung der gesamten Physik wurde hierdurch möglich. Vgl. Wilhelm Schmidt-Biggemann. „Maschine". *Historisches Wörterbuch der Philosophie.* Bd. 5. Hg. v. Joachim Ritter. Darmstadt, 1980, S. 790–802, hier S. 792.

41 Vgl. zur ingenieurswissenschaftlichen Maschinenliteratur im 16. und 17. Jahrhundert grundlegend Ansgar Stöcklein. *Leitbilder der Technik. Biblische Tradition und technischer Fortschritt.* München, 1969, besonders S. 27–41, sowie Marcus Popplow. *Neu, nützlich und erfindungsreich. Die Idealisierung von Technik in der Frühen Neuzeit.* Münster, 1998, der den gesellschaftlichen und institutionellen Hintergrund der Technik-Literatur mit Blick auf das Erfindertum auf breiter Quellenbasis beleuchtet. Siehe aus kommunikationstheoretischer Sicht: Jean Pierre Séris. *Machine et communication. Du théâtre des machines à la mécanique industrielle.* Paris, 1987. Einen reich bebilderten und bibliographisch aufbereiteten Überblick über die Maschinenliteratur zwischen 1500 u. 1750 bietet: Andrea Barghini u. a. (Hg.). *La Cultura delle macchine. Dal Medioevo alla Rivoluzione industriale nei documenti dell'archivio storico A.M.M.A.* Roma, 1989.

42 Zum hier vorherrschenden Mimesis-Verständnis siehe Popplow (1998), S. 154ff.

dung einer rationalistischen Methode dazu, den menschlichen Körper selbst als Erkenntnisapparat, als Maschine zu interpretieren. Erst durch die maschinelle Deutung des menschlichen Wahrnehmungsapparates vermag Descartes die Entstehung von Irrtümern und Illusionen im Denken aufzulösen.

Doch nicht nur der Wahrnehmungs-, sondern auch der Schriftraum wird in einer Zeit der Glaubens- und Religionskriege von der einheitsstiftenden Kraft maschinellen Denkens erfasst. So lässt sich die Energie, mit der Leibniz den Bau einer – zu Lebzeiten nie vollständig funktionstüchtigten – Rechenmaschine betreibt, nur vor dem Hintergrund seiner Idee einer auf Rechenoperationen basierenden Universalsprache angemessen verstehen: Die konfliktträchtige, ja, zerstörerische Dynamik des gedruckten Wortes ebenso wie Missverständnisse und Streitigkeiten jeder Art sollen mit dem Aufruf zum Rechnen und durch den Rückgriff auf ein Kalkül schlagartig beseitigt werden.[43] Vor diesem Hintergrund erscheint es keineswegs ungewöhnlich, wenn den pansophischen Pädagogen Johann Amos Comenius (1592–1670) sein technotheologisches Weltverständnis angesichts kriegerischer Verheerungen zur Erfindung einer *machina didactica* führt. Eine „*Methode der menschlichen Bildung*", die „*mechanisch ist:* das heißt, dass sie alles so zuverlässig vorschreibt, dass alles, was nach ihr gelehrt, gelernt und gehandelt wird, unmöglich nicht vorankommen kann, in gleicher Weise wie es bei einer gut konstruierten *Uhr*, einem *Wagen*, einem *Schiff*, einer *Mühle*, und einer beliebigen artifiziell zur Bewegung befähigten *Maschine* der Fall ist."[44]

Die Maschine, so ließen sich diese wenigen Beispiele zusammenfassen, zeigt sich als explikative und explorative Metapher einer vollständigen Lösung virulenter Probleme und Fragen. Darüber hinaus ist sie Medium einer buchstäblichen Enträtselung und Entzauberung eines allein in seiner Dynamik begreifbaren

43 Zur Genese symbolischer Maschinen bei Leibniz vgl. Sybille Krämer. *Symbolische Maschinen. Die Idee der Formalisierung in geschichtlichem Abriß*. Darmstadt, 1988.

44 „Optandum vero insuper *Methodum culturae humanea esse Mechanicam*: hoc est, tam certo Omnia praescribentem, ut quicquid sic docebitur, & discetur, & agetur, non procedere non possit, aeque ut bene constructum *Horologium, Currus, Navis, Mola,* & quaevis artificiosa ad motum parata *machina*." Zitiert nach der deutschen Übersetzung: Johann Amos Comenius. „E Scholasticis Labyrinthis Exitus in planum. Sive, Machina Didactica, mechanice constructa: ad non haerendum amplius (in docendi & discendi muniis) sed progrediendum" (1657) / „Aus den Labyrinthen der Schule der Auszug ins Freie. Oder, Die didaktische Maschine, mechanisch konstruiert: um nicht länger steckenzubleiben (in den Angelegenheiten des Lehrens und Lernens), sondern Fortschritte zu machen". Übs. v. Rupert Röder. Quellenstandort Online: http://www.didactools.de/comenius/machdidk.htm (Februar 2006), § 21. Vgl. hierzu auch: Rupert Röder. „Comenius' Machina Didactica: Das pädagogische Konzept des Mediums in der Dialektik der Moderne". *Comenius-Jahrbuch* 7 (1999). Baltmannsweiler, 1999, S. 53–69. Es ist demnach nicht verwunderlich, dass der technotheologische Universalist Comenius, der den neuen experimentellen Methoden aufgeschlossen gegenübersteht, ganz am Ende seines Lebens, als die Vollendung seines zehnbändigen Emendationswerkes nicht mehr möglich scheint, mit aller Konsequenz an die Erbauung eines *perpetuum mobile* geht, durch welches er die Gegenwart des lebendigen Gottes – und also den planvollen und regelhaften Weltenbau – viel wirksamer zur Erscheinung zu bringen erhofft, als es sein ebenfalls maschinell durchdrungenes „Entfehlerungswerk" zu tun imstande ist. Vgl. Klaus Schaller. *Die Maschine als Demonstration des lebendigen Gottes. Johann Amos Comenius im Umgang mit der Technik*. Hohengehren, 1997.

Weltgefüges.[45] Bemerkenswert dabei ist, dass die Maschine ihr Überzeugungs- und Erklärungspotential nun aber gerade einer Unschärfe verdankt, die Phänomen und Begriff umgeben.[46] Genau zu jener Zeit, als die Maschine ihre größte Evidenzkraft bei der Enträtselung der Welt entfaltet, lebt der listig täuschende, wunder- und staunenproduzierende Charakter der antiken Theater- und Kriegsmaschine wieder auf.[47] Diese Beobachtung markiert einen paradoxen Ausgangspunkt für die vorliegende Untersuchung: Gerade weil die maschinelle Kunst als eine irritierende, merk- und fragwürdige Kunst zu faszinieren weiß, ist die in sie gelegte Antwortkraft so gewaltig. Bemerkenswert daran ist, dass die Antwort, die die Maschine gibt, dasjenige also, was sie zeigt, natürlich stets sie selbst bleibt. Ein Umstand, auf den bereits Leibniz hinweist, wenn er in der *Monadologie* (1715) an den Leser die lapidare Aufforderung richtet, doch einmal in eine große, mühlenartige Maschinerie hineinzusteigen, um zu schauen, worin genau ihr Erklärungspotential besteht.[48]

Vor dem hier skizzierten Hintergrund stellen *Theatermaschine* und *Festungsbau* nicht bloß heuristisch vielversprechende Begriffe dar, sondern sie sind gerade auch als materielle Artefakte dieser Zeit von Interesse. Gefragt werden soll nun zum einen, inwiefern die Maschine als Spektakel selbst gleichsam als ein Ursprung des Fragens jener umfassenden „Machination" des Wissens im 17. Jahrhundert verstanden werden könnte. Demgegenüber steht zum anderen die Frage, inwiefern affektiv besetzte, materielle, symbolische ebenso wie regulatorische *Fortifikationen* als Grenzen des Wissens dieser Zeit fungieren. Ich möchte noch einmal betonen, dass hier vor allem paradoxale Energien eines naturwissenschaftlich (mathematisch, experimentell und maschinentechnologisch) fundierten Wissenstypus fokussiert sind; Dimensionen von *Historia-* und *Philologia-*Wissen, die sich in der Frühen Neuzeit ja ebenfalls verändern, bleiben weitgehend ausgeblendet.

Das erste Kapitel der vorliegenden Untersuchung widmet sich dem spektakulären Charakter der Maschinen dieser Zeit. Die Materialgrundlage hierfür bildet – mit Blick auf paradoxe Aspekte der Wissensproduktion – das Korpus an Maschinen- und Instrumentenbüchern, welches, hervorgehend aus den kriegstechnischen Bilderhandschriften des 14. und 15. Jahrhunderts, in der Renaissance mit

45 Marcus Popplow hat einen entsprechenden Übergang des Maschinenbegriffes von der statischen Konstruktion zum dynamischen Getriebe nachgewiesen. Vgl. Marcus Popplow. „Die Verwendung von lat. *machina* im Mittelalter und in der Frühen Neuzeit – vom Baugerüst zu Zoncas mechanischem Bratenwender". *Technikgeschichte* 30.1 (1993), S. 7–26. Er zeigt, inwiefern Weltwahrnehmung und Weltmodell sich in ästhetischer, epistemologischer und begrifflicher Hinsicht aufeinander zu bewegen.

46 Zur notorischen Unschärfe des Maschinenbegriffes siehe Günter Ropohl. „Die Maschinenmetapher" *Technikgeschichte* 58 (1991), S. 3–14.

47 Zur Bedeutung von *machina* als Theater- und Kriegsmaschine siehe Schmidt-Biggemann (1980), S. 790.

48 Gottfried Wilhelm Leibniz. „Les principes de la philosophie où la Monadologie/Die Prinzipien der Philosophie oder die Monadologie". *Philosophische Schriften*. Bd. 1. *Kleine Schriften zur Metaphysik*. Hg. u. übs. v. Hans Heinz Holz. 2. Aufl. Darmstadt, 1985, S. 438–483, hier S. 445f.

Jacques Besson (1510–1576), Jean Errard de Bar-le-Duc (1554–1610) und Agostino Ramelli (1531–1600) u. a. nicht nur einem neuartigen Verständnis des Maschinellen zur Durchsetzung verhilft, wie es sich etwa in den Anfängen des 17. Jahrhunderts bei Vittorio Zonca (geb. 1580), Heinrich Zeising (gest. 1613), Salomon de Caus (1576–1626) und Giovanni Branca (1571–1640), später dann bei Georg Andreas Böckler (1617–1687) und Jacob Leupold (1674–1727) zeigt,[49] sondern auf der Grundlage eines mechanischen Weltbildes auch im philosophischen Denken und ästhetisch relevanten Handeln der Zeit eine kulturprägende Kraft entfaltet.[50] Die damit einhergehende wort- und begriffsgeschichtliche Zäsur ist mittlerweile facettenreich herausgearbeitet worden.[51] Nahezu alle vergleichbaren Arbeiten vernachlässigen jedoch die für ein Verständnis nachhaltiger kultureller Wirkungen von Maschinenkonzepten des 17. und frühen 18. Jahrhunderts wichtige, wenn nicht gar zentrale Rolle der Theatermaschine.[52] Ein im engeren Sinne technikgeschichtliches Verständnis des Maschinen- und Automatenparadigmas, wie es sich etwa im Zeichen der Räderwerkautomation durchsetzt,[53] kommt unter Berücksichtigung performativer Aspekte des Wissens ohne eine angemessene Würdigung des Aufführungscharakters der Maschine nicht aus.[54] Erst

49 Siehe Marcus Popplow. „Maschinenzeichnungen der ‚Ingenieure der Renaissance'". *Frühneuzeit-Info* 1 (2004), S. 13–32. Zu der bislang wenig untersuchten Bildpraxis der Renaissance-Ingenieure siehe die breit angelegte Studie von Wolfgang Lefèvre (Hg.). *Picturing Machines. 1400–1700*. Cambridge/Mass. u. London, 2004.

50 Vgl. Hanno Möbius u. Jörg Jochen Berns (Hg.). *Die Mechanik in den Künsten. Studien zur ästhetischen Bedeutung von Naturwissenschaft und Technologie*. Marburg, 1990; Horst Bredekamp. *Antikensehnsucht und Maschinenglauben. Die Geschichte der Kunstkammer und die Zukunft der Kunstgeschichte*. Berlin, 2000. Dennis Des Chene hat jüngst am Beispiel Descartes' plausibel gemacht, inwiefern die Materialität und Performativität faszinierender Automaten und verblüffender Grottenmaschinerien die theoretische Ausdeutung der gesamten Physik *sub specie machinae* beflügelt hat (Dennis Des Chene. *Spirits and Clocks. Machine and Organism in Descartes*. Ithaca u. London, 2001). Ähnlich, aber mit einer philosophisch und kulturgeschichtlich umfassenderen These argumentiert Zakiya Hanafi. *The Monster in the Machine: Magic, Medicine, and the Marvelous in the Time of the Scientific Revolution*. Durham, 2000, die das Monströse nicht als das Andere der Maschine begreift (und umgekehrt), sondern es in der Maschine selbst sieht. Vgl. hierzu bereits: Wilhelm Schmidt-Biggemann. *Maschine und Teufel. Jean Pauls Jugendsatiren nach ihrer Modellgeschichte*. Freiburg u. a., 1975.

51 Vgl. Karlheinz Jakob. *Maschine, Mentales Modell, Metapher. Studien zur Semantik und Geschichte der Techniksprache*. Tübingen, 1991.

52 Siehe zur epistemologischen Bedeutung der Theatermaschine: Geneviève Rodis-Lewis. „Machinerie et perspectives curieuses dans leur rapport avec le cartésianisme". *XVIIe Siècle* 32 (1956), S. 461–474; Madeleine Horn-Monval. „La grande machinerie théâtrale et ses origines". *Revue d'histoire du théâtre* 4 (1958), S. 291–308; Margret Dietrich. „Vom Einfluß der Mathematik und Mechanik auf das Barocktheater". *Sonderabdruck aus dem Anzeiger der phil.-hist. Klasse der Österreichischen Akademie der Wissenschaften* 107.1 (1970), S. 7–22, sowie Richard Weihe. *Die Theater-Maschine. Motion und Emotion*. Zürich, 1992, der anhand der Theatermaschine Konzepte des Mechanischen und Vitalen entwickelt und diese für die Theaterrezeption bis in die Gegenwart in Anschlag bringt.

53 Vgl. Gerhard Dohrn-van Rossum. *Die Geschichte der Stunde. Uhren und moderne Zeitordnung*. München u. a., 1992.

54 Vgl. Jörg Jochen Berns. *Die Herkunft des Automobils aus Himmelstrionfo und Höllenmaschine*. Berlin, 1996, der den neuzeitlichen Automobilitätsgedanken aus den Inszenierungen der Selbstbewegtheit in Trionfi ableitet, die im 15. u. 16. Jahrhundert der Herrscherapotheose dienten.

unter Einbeziehung der spektakulären Dimension der Maschine tritt deren paradoxer Charakter zutage: Maschinen sind merk- und staunenswürdige Objekte, in denen Funktion und Illusion, Zweck und Spiel, Mathematik und Magie miteinander verbunden sind.[55] Auch scheint es, dass erst die Betrachtung der Maschine als Spektakel den Langzeitwirkungen des *Theatrum machinarum* in wahrnehmungs- und imaginationsgeschichtlicher Perspektive gerecht zu werden vermag.[56]

Das zweite Kapitel untersucht die konkreten Interferenzen zwischen Maschinen- und Festungsbau, also zwischen Ingenieurs- und Architekturwissen, wie sie sich zunächst in der Person des Konstrukteurs auffinden lassen. In einer Zeit, die durch zwei äußerst gegensätzliche kulturelle Energien rhythmisiert wird – eine hochentwickelte Kriegs- sowie eine bisher nicht gekannte Festkultur[57] –, entwerfen und bauen viele Festungsbaumeister Theatermaschinen und nicht wenige Theatralarchitekten sind auch (und vor allem) Festungsbaumeister.[58] Geradezu exemplarisch erscheint hier das Werk des Ulmer Stadtbaumeisters Joseph Furttenbach (1591–1667).[59] Furttenbachs Architektur- und Ingenieurskunst, die die Grundlage des zweiten Kapitels darstellt, wurzelt in einer „Hoch-Zeit des Pathos, des Prunks, der Phantasie, aber auch der Angst, sterben zu müssen."[60] Theater-, Wasser- und Feuerwerksmaschinen stellen hier die spektakuläre, dynamische Seite eines ingeniösen architektonischen Schöpfungswillens dar, dessen ‚ernste' Seite

55 Diese allemal anzutreffende, paradoxe Gestalt der Maschine findet sich bereits im Titel bei Mario Bettini. *Apiaria vniversæ philosophiæ mathematicæ: in qvibvs paradoxa et noua pleraque Machinamenta ad vsus eximios traducta, & facillimis demonstrationibus confirmata* [...]. Bononiae, 1642. Auch die zahlreichen Spiegelmaschinen aus Athanasius Kirchers *Ars magna lucis et umbrae* (1645) (vgl. Jurgis Baltrusaitis. *Der Spiegel. Entdeckungen, Täuschungen, Phantasien.* Gießen, 1986) oder die Maschinenmenschen eines Giovanni Battista Bracelli (vgl. Giovanni Battista Bracelli. *Bizzarie di varie figure.* Hg. u. eingel. v. Wolfgang Max Faust. Nördlingen, 1981 [Nachdr. d. Ausg. Florenz, 1624]) stellen kunstvolle Paradoxien dar.

56 Vgl. etwa Édouard Guitton. „La machine dans l'imaginaire des poètes français de 1750 à 1770". *Revue des sciences humaines* 58 (1982), S. 95–109.

57 Betrachtet man das 17. Jahrhundert im medialen Spiegel eines *Theatrum Europaeum*, dann lassen sich in den zahlreichen, kostbar illustrierten Bänden v.a. eine hochentwickelte Kriegs- sowie eine bisher nicht gekannte Fest- und Theatralkultur als Amplituden kultureller Rhythmik erkennen. Vgl. Helmar Schramm. „Kunstkammer, Laboratorium, Bühne im Theatrum Europaeum". *Kunstkammer, Laboratorium, Bühne. Schauplätze des Wissens im 17. Jahrhundert.* Hg. v. dems., Ludger Schwarte u. Jan Lazardzig. Berlin u. New York, 2003d, S. 10–35.

58 Vgl. Christoph L. Frommel u. Nicholas Adams (Hg.). *Fortifications, Machines, and Festival Architecture. The Architectural Drawings of Antonio da Sangallo the Younger and his Circle.* Chicago, 1994; Gregor Scherf. *Giovanni Battista Aleotti (1546–1636). ‚Architetto mathematico' der Este und der Päpste in Ferrara.* Marburg, 1998.

59 Vgl. Margot Berthold. *Joseph Furttenbach (1591–1667). Architekturtheoretiker und Stadtbaumeister in Ulm.* Phil. Diss. München, 1951, die nach wie vor die einzige monographische Abhandlung über Furttenbach darstellt.

60 Dietrich Mack. „Ingenieure der Unendlichkeit". *Barockfeste. Nachrichten und Zeugnisse über theatralische Feste nebst einem Singspiel der Markgräfin Wilhelmine von Bayreuth.* München, 1979, S. 8–11, hier S. 8f.

sich bei Furttenbach in einem allemal anzutreffenden Fortifikationsdenken niederschlägt.[61]

In einer von kriegerischen Auseinandersetzungen und aufkommender Territorialstaatlichkeit geprägten Repräsentationskultur materialisiert sich im Festungsbau der Wunsch nach Disziplin, Kontrolle und Übersichtlichkeit.[62] Festungsbauentwürfe verkörpern dergestalt die Paradoxie der Uneinnehmbarkeit, der planerisch-strategischen Vorausschau, welche den Ausschluss des Nicht-Berechenbaren, Zufälligen und Widersprüchlichen zum Quell ihrer Phantasmatik hat. In dem nachgerade verspielten Hang zu immer neuen, labyrinthisch anmutenden Befestigungsmethoden (Manieren), mit denen Ingenieure wie Samuel Marolois (1572–1627), Menno van Coehoorn (1641–1704) bis hin zu Sébastien le Prestre de Vauban (1633–1707) den europäischen Kulturraum überziehen, erscheinen machttechnisches Kalkül sowie experimentelles Denken und Handeln auf symbiotische Weise verbunden.[63] Dabei wäre die städtebauliche Realität des Festungs-

61 Zur bemerkenswerten Synthese von Lust- und Ernst-, von Zivil- und Kriegsbaukunst bei Furttenbach vgl. Brigitte Wormbs. „Gartenlust und Festungsbau. Joseph Furttenbach (1591–1667)". *Baden-Württemberg* 38.5 (1991), S. 26–27. Die affektive Dimension des Fortifikationswesens, das neben seiner kriegstechnischen Funktion auch zutiefst spielerische Elemente aufweist, wird vielleicht am eindrucksvollsten in der Fortifikationsmanie des Onkel Toby in Laurence Sternes *Life & Opinions of Tristram Shandy, Gentleman* (London, 1760–67) geschildert. Einen Überblick über heute noch erhaltene Festungsbauten im deutschsprachigen Gebiet bietet Hartwig Neumann. *Festungsbau-Kunst und -Technik. Deutsche Wehrbauarchitektur vom XV. bis XX. Jahrhundert. Mit einer Bibliographie deutschsprachiger Publikationen über Festungsforschung und Festungsnutzung.* Köln, 2004 [Nachdr. d. Ausg. Jülich, 1987]. Zur Festungsbaukunst als ingenieurswissenschaftlicher Praxis siehe: Feik Loesch. *L'Art de la Fortification. Festungsbau und Festungskrieg vom 16. bis zum 18. Jahrhundert.* Dresden, 2001. Eine erschöpfende Bibliographie zum Festungsbau aus militärgeschichtlicher Perspektive bietet: Klaus Jordan. *Bibliographie zur Geschichte des Festungsbaues von den Anfängen bis 1914.* Marburg, 2003. Tatsächlich scheint eine solitäre, systemimmanente Betrachtung des Festungsbaus als kulturelle Praxis zur Erklärung des Phänomens wenig hilfreich. Hierauf hat mit Nachdruck Henning Eichberg. *Festung, Zentralmacht und Sozialgeometrie. Kriegsingenieurwesen des 17. Jahrhunderts in den Herzogtümern Bremen und Verden.* Köln u. Wien, 1989, hingewiesen. Zur Kritik an der Sozialgeometrie-These Eichbergs siehe jetzt Ralf Gebuhr. „Festung und Repräsentation. Zur Sozialgeometrie-These von Henning Eichberg". *Technik, Arbeit und Umwelt in der Geschichte. Günter Bayerl zum 60. Geburtstag.* Hg. v. Torsten Meyer u. Marcus Popplow. Münster, 2006, S. 181–200, der sich vor allem gegen die von Eichberg vertretene These der visuellen Codierung von Macht im Festungsbau wendet. Mit Recht weist er darauf hin, dass die Bastionärsfestungen in der Regel hinter Festungswällen lagen (heute noch zu sehen in Palmanova), die die Städte in der sie umgebenden Landschaft gleichsam verborgen hielten.

62 Siehe Henning Eichberg. „Geometrie als barocke Verhaltensnorm. Fortifikation und Exerzitien". *Zeitschrift für Historische Forschung* 1 (1977), S. 17–50.

63 Siehe Henning Eichberg. „Ordnen, Messen, Disziplinieren. Moderner Herrschaftsstaat und Fortifikation". *Staatsverfassung und Heeresverfassung in der europäischen Geschichte der frühen Neuzeit* (= Historische Forschungen 28). Hg. v. Johannes Kunisch. Berlin, 1986, S. 347–375, sowie den von Michael Maass herausgegebenen Ausstellungskatalog *„Klar und lichtvoll wie eine Regel". Planstädte der Neuzeit vom 16. bis zum 18. Jahrhundert.* Karlsruhe, 1990, der den philosophischen Einflüssen auf die frühneuzeitliche Stadtplanung nachgeht. Eine Übersicht und Erläuterung der Entwürfe der genannten Ingenieure bietet: David Buisseret. *Ingénieurs et fortification avant Vauban. L'organisation d'un service royal aux XVIe–XVIIe siècles.* Paris, 2002.

baus durch eine bloß artillerieabwehrende sowie staatlich-repräsentative Funktion nur unzureichend beschrieben:[64] Festungsbauten sind Monumente der Angst und des Schreckens.[65] Ihre gebaute Realität ist auf vielfältige Weise eingebunden in Konfigurationen des Denkens und Handelns.[66] Furttenbachs Architekturwerk ist diesbezüglich von einem kriegsabwehrenden, sozialgeometrischen Kalkül durchdrungen. Fortifikatorische Überlegungen sind bei ihm aufs Engste verbunden mit Fragen der Produktion, Akkumulation und Distribution von Wissen. Dies reicht bis zur Frage der sprengstoffgleichen Wirkung und Reichweite seiner eigenen Schriften, „sintemahlen es doch umb deß Menschen Gedancken gar ein schnell / und gleichsam wie umb ein Zunder [...] beschaffenheit hat", wie er in seiner *Architectura recreationis* (1640) bemerkt.[67]

Im dritten Kapitel dieser Untersuchung sollen *Theatermaschine* und *Festungsbau* vor allem als heuristische Begriffe zum Aufspüren von Paradoxien in der Wissensproduktion des 17. Jahrhunderts eine Rolle spielen. Die fünf Unterkapitel sind problemorientiert konzipiert, legen aber ausgewählte Texte jeweils eines Autors zugrunde. Ein gemeinsamer Dreh- und Angelpunkt der unterschiedlichen Textsorten der hier behandelten Autoren (Johann Valentin Andreae, Francis Bacon, René Descartes, Bengt Skytte, Gottfried Wilhelm Leibniz) findet sich in dem konstruktiven *Prinzip der Grenze*, welches Entwurf und Einrichtung einer neuen, an der sinnlichen Erfahrung orientierten Wissenschaft begleitet.[68] Gemeint sind jene Grenzen, die die Strukturierung und handlungsleitende Kraft von

64 Vgl. Heinz Stoob. „Die Stadtbefestigung. Vergleichende Überlegungen zur bürgerlichen Siedlungs- und Baugeschichte, besonders der frühen Neuzeit". *Europäische Städte im Zeitalter des Barock.* Hg. v. Kerstin Krüger. Köln u. Wien, 1988, S. 25–56, und Hartwig Neumann. „Reißbrett und Kanonendonner. Festungsstädte der Neuzeit". *„Klar und lichtvoll wie eine Regel". Planstädte der Neuzeit vom 16. bis zum 18. Jahrhundert* [Ausst.kat.]. Hg. v. Michael Maass. Karlsruhe, 1990, S. 51–76.

65 Vgl. die Ansätze des französischen Historikers Jean Delumeau zu einer Kulturgeschichte der Angst und der Sicherheit, da er sich nicht auf eine Geschichte der Emotionalität beschränkt, sondern diese in Beziehung setzt zur Herausbildung von Architekturen ebenso wie zu spezifischen Verhaltens- und Denkweisen: Jean Delumeau. *Angst im Abendland. Die Geschichte kollektiver Ängste im Europa des 14. bis 18. Jahrhunderts.* Reinbek bei Hamburg, 1985. Delumeau lässt seine vielbeachtete Studie zur Angst bezeichnenderweise mit dem Eintritt des Italienreisenden Michel de Montaignes (1580/81) durch die berühmte Nachtpforte in das befestigte Augsburg beginnen. Als Gegenstück konzipiert ist die Geschichte des Sicherheitsdenkens und -empfindens: Ders. *Rassurer et protéger. Le sentiment de sécurité dans l'Occident d'autrefois.* Paris, 1989. Siehe auch Markus Meumann u. Dirk Niefanger (Hg.). *Ein Schauplatz herber Angst. Wahrnehmung und Darstellung von Gewalt im 17. Jahrhundert.* Göttingen, 1997. Vgl. zu einer Kulturgeschichte der Angst jetzt auch die aspektreichen Ansätze von Hartmut Böhme. „Theoretische Überlegungen zur Kulturgeschichte der Angst und der Katastrophe". *Sentimente, Gefühle, Empfindungen. Zur Geschichte und Literatur des Affektiven von 1770 bis heute.* Hg. v. Anne Fuchs u. Sabine Strümper-Kropp. Würzburg, 2003b, S. 27–45.

66 Vgl. Eichberg (1989), S. 418–431 u. S. 561–592.

67 Joseph Furttenbach. *Architectura Recreationis* [...]. Augsburg, 1640, S. 84.

68 Zum Paradox der Grenze siehe Markus Bauer u. Thomas Rahn. „Vorwort". *Die Grenze. Begriff und Inszenierung.* Hg. v. dens. Berlin, 1997, S. 7f.: „Die Realisierung der Grenze steckt in einem apriorischen Paradox: Ohne die erkannte oder bestimmte Grenze sind die Dinge nicht verfügbar, oft auch nicht sichtbar. Mit den Dingen ist wiederum die Grenze nicht mehr sichtbar. Die Grenze des Grenzbegriffs ist der Gegenstand."

Räumen sowie die Markierung konkreter Lokalitäten der Wissensproduktion auf spezifische Weise zutage treten lassen. Sie umfassen akademische Architekturen ebenso wie aus einer einheitsstiftenden Methodik legitimierte Handlungsarchitekturen. Der Begriff der *Fortifikation* kennzeichnet hier die paradoxe Dimension dieser Grenzziehungen und Rahmensetzungen, aus deren erklärter Gegnerschaft zu Sinnestäuschungen, überbordender Neugierde und Wundergläubigkeit ein prinzipiell widerspruchsfreier, tendenziell frag- und humorloser utopischer Raum hervortritt. Das Zusammenspiel von Lokalität und Universalität, von konkreten Schauplätzen des Wissens und ihrem repräsentativen, potentiell universalen Deutungsanspruch, erweist sich als grundlegend für eine Bestimmung der Theatralität wissenschaftlicher Praxis.[69]

Wenn Gottfried Wilhelm Leibniz in seinem *Discours de métaphysique* (1686) die Aufgabe des Wissenschaftlers mit derjenigen eines Baumeisters vergleicht, dann zeigt sich, wie eng das Prinzip der Grenze mit jenem dynamischen Prinzip der Maschine verbunden ist: „Derjenige", so heißt es bei ihm, „welcher auf vollkommene Weise handelt", gleiche „einem guten Architekten, der seinen Platz und die für das Bauwerk bestimmten Gelder auf die vorteilhafteste Weise verwendet, so daß er nichts zuläßt, was störend wäre oder was die Schönheit, die das Bauwerk haben könnte, vermindern würde" sowie „einem geschickten Maschinisten, der seine Wirkung auf dem am wenigsten umständlichen Wege erzielt, den er wählen kann."[70] Die Regelhaftigkeit, Funktionalität und Zweckmäßigkeit des Maschinellen, die Leibniz hier zum Maßstab der Wissensproduktion macht, kommt im 17. Jahrhundert nicht aus ohne die Dimension des Überraschenden und Überwältigenden, des Spektakulären.[71] Dies zeigt sich gerade auch bei Leibniz, der die staunenswerte, illusionistische, spielerische, kurz: die paradoxe Qualität der Maschine in ihrer erkenntnispraktischen Dimension ernst zu nehmen weiß.

Im vierten und abschließenden Kapitel soll aus der distanzschaffenden Perspektive des 18. Jahrhunderts sozusagen nach den Bedingungen der Möglichkeit der vorliegenden Arbeit gefragt werden. Leitend ist hier die Annahme, dass gerade Paradoxien, welche als eigensinnige Energiequellen der Wissensproduktion im

69 Vgl. Helmar Schramm. „Einleitung. Ort und Spur im Theatrum scientiarum". *Kunstkammer, Laboratorium, Bühne. Schauplätze des Wissens im 17. Jahrhundert.* Hg. v. dems., Ludger Schwarte, Jan Lazardzig. Berlin u. New York, 2003c, S. XI–XXIV, hier S. XV.

70 „On peut donc dire que celuy qui agit parfaitement est semblable [...] à un bon Architecte qui ménage sa place et le fonds destiné pour le bastiment de la maniere la plus avantageuse, ne laissant rien de choquant, ou qui soit destitué de la beauté dont il est susceptible; [...] à un habile machiniste qui fait son effect par la voye la moins embarassée qu'on puisse choisir." Gottfried Wilhelm Leibniz. „Discours de métaphysique / Metaphysische Abhandlung". *Philosophische Schriften.* Bd. 1. *Kleine Schriften zur Metaphysik.* Hg. u. übs. v. Hans Heinz Holz. 2. Aufl. Darmstadt, 1985, S. 56–172, hier S. 66f.

71 So hat beispielsweise Fernand Hallyn. „Aspects de la problématique de l'illusion chez Descartes". *L'illusion au XVIIe siècle* (Littératures classiques 44). Hg. v. Patrick Dandrey u. Georges Forestier. Paris, 2002, S. 284–304, gezeigt, inwiefern Descartes Automaten und Maschinen stets als Produzenten eines Spektakels behandelt.

Mittelpunkt dieser Untersuchung stehen, charakteristisch sind für eine Phase der „offenen Epistemologie".[72] Der Blick auf die barocke Erscheinungsform des ‚Projektemachens' erscheint hier interessant, weil sein Protagonist, der Projektemacher, verstanden als Magus, Alchemist, irrlichternder Ideenverkäufer und Erfinder, im 18. Jahrhundert gleichsam herausbefördert wird aus einem sich institutionalisierenden und zunehmend autonom agierenden Wissenschaftssystem. Interessant ist dies auch deshalb, weil es nicht zuletzt die Wissenschaften selbst sind, die im 17. Jahrhundert aus dem Geiste des Projektiven, d. h. des Entwerfens, Skizzierens, Erprobens, hervorgehen.

Abschließend noch zwei methodische Anmerkungen, die sich auf meinen Umgang mit Bildern sowie mit fremdsprachigen Zitaten beziehen: Die Einbeziehung von Bildmaterial in die Argumentation erfolgt in dieser Untersuchung nur in Ausnahmefällen unter illustrativen Gesichtspunkten. Insofern Bildern und den ihnen eigenen visuellen Strategien selbst ein erkenntnistheoretischer Aussagewert zukommt, habe ich diesen – im Rahmen meiner Möglichkeiten – zu erfassen und in der Analyse zu berücksichtigen versucht. Dies bedeutet, dass zwar inszenatorische Aspekte der Wissensproduktion in Bildern herausgearbeitet und gegebenenfalls kontextualisiert werden, auf eine explizit kunstwissenschaftliche Analyse des Bildmaterials jedoch verzichtet wird. Fremdsprachige Zitate sind in dieser Arbeit in der Regel in deutscher Übersetzung angeführt – eine Ausnahme stellen englischsprachige Zitate dar. Das Originalzitat in französischer, italienischer oder lateinischer Sprache findet sich jeweils in den Anmerkungen. Sofern nicht anders vermerkt, sind die Übersetzungen meine eigenen.

72 Vgl. Gumbrecht/Pfeiffer (1991).

THEATERMASCHINE

Zum Anfang des 18. Jahrhunderts erscheint ein Werk, welches wie kaum ein anderes den gesamten wissenschaftlichen Horizont dieser Zeit in sich zu vereinen scheint. Die Auseinandersetzung des Universalphilosophen und Wissenschaftsorganisators Gottfried Wilhelm Leibniz mit dem englischen Philosophen und Pädagogen John Locke, von der hier die Rede ist, bietet gleichsam einen Panoramablick auf die erkenntnistheoretischen Kontroversen eines gerade vergangenen Jahrhunderts, welches durch tiefe kulturelle Umbrüche und gravierende epistemologische Veränderungen gezeichnet ist. Der Wissenskosmos, der hier am Ende des Buches in seine unterschiedlichen fakultativen Bereiche zergliedert wird, umfasst die Mathematik, Geometrie, Theologie, Jurisprudenz, Medizin, Philosophie, Rhetorik ebenso wie Ökonomie, Staatsverwaltung und ein weites Spektrum an mechanischen Künsten. Sie alle werden gemäß den leibnizschen „Hauptanordnungen aller wissenschaftlichen Wahrheiten" („deux dispositions principales de toutes les verités doctrinales")[1] unterteilt in ihre theoretischen und praktischen Seiten. Gerade in der gegenseitigen Befruchtung von Theorie und Praxis, so die Grundannahme des leibnizschen Ansatzes, liege der fundamentale Nutzen, den die Wissenschaften der Menschheit brächten.

Betrachtet man aus heutiger Perspektive die wissenschaftliche Umbruchsituation des 17. Jahrhunderts, so erscheint gerade die Philosophie Leibniz' auf den ersten Blick am wenigsten geeignet, um praktischen Seiten der Wissensproduktion auf die Spur zu kommen. Der allgegenwärtige Synthetisierungs- und Harmonisierungsgedanke, der sein erkenntnisphilosophisches Werk durchwaltet und der wie eine Antwort auf die kriegerischen Verwerfungen des Jahrhunderts wirkt, scheint ‚Störungen' und ‚Unreinheiten' erkenntnispraktischen Handelns gleichsam zu überblenden und zu verdecken. Im Zeichen eines einheitsstiftenden Kalküls werden Mathematik und Mechanik bei ihm kosmosschaffend exerziert und nicht zufällig zeichnet sich sein auf die Glückseligkeit menschlicher Existenz gerichtetes Systemdenken bereits im Kern durch explizit theatrale Züge aus.[2] Mit einigem Recht ließe sich deshalb behaupten, dass Leibniz' monadische Philoso-

1 Gottfried Wilhelm Leibniz. *Nouveaux essais sur l'entendement humain / Neue Abhandlungen über den menschlichen Verstand.* 2 Bde. Übs. u. hg. v. Wolf v. Engelhardt u. Hans Heinz Holz. Frankfurt a. M., 1996, S. 670f.

2 Vgl. Hans Barth. „Das Zeitalter des Barocks und die Philosophie von Leibniz". *Kunstformen des Barockzeitalters.* Hg. v. Rudolf Stamm. München, 1956, S. 413–434.

phie in ihren Grundzügen charakteristische Eigenschaften einer Theatermaschine aufweist.[3]

Wie ist diese Behauptung zu verstehen? Ist es nicht vielmehr so, dass gerade der Wissenschaftsorganisator Leibniz kaum ein ernsthaftes Interesse für die Theaterproduktionen seiner Zeit hegte?[4] Was haben die spektakulären Flug-, Verwandlungs- und Effektmaschinen der barocken Theaterbühne mit der Vernunftphilosophie eines Leibniz und darüber hinaus mit der Wissensproduktion seiner Zeit zu tun?

Bereits in den 1970er Jahren ist seitens der theatergeschichtlichen Forschung nachdrücklich auf die exemplarische Dimension der Theatermaschine für das neue, an systematischer Kreation orientierte wissenschaftliche Weltbild hingewiesen worden. Maschinentheater böten gleichsam eine „kleine Welt", um Mathematik und Mechanik als kosmosschaffende Prinzipien anzuwenden. Am „Endlichen soll das Unendliche dargestellt werden, aus der geregelten Struktur des Bekannten das Unbekannte erahnbar sein, Materie in Bewegung wird als Spiegel der ewigen Energie begriffen."[5] Doch ist die Theatermaschinerie des Barocktheaters als Schauplatz mechanischer und mathematischer Prinzipien in ihrer epistemologischen Dimension damit nur einseitig beschrieben. Die ungeheure Faszination, die die Zeitgenossen Leibniz' angesichts der maschinellen Wunder, Metamorphosen und magischen Operationen der barocken Verwandlungsmaschinerie erfasste, bleibt dahinter verborgen. Erst unter Berücksichtigung des spektakulären Charakters – nicht nur der Bühnenapparaturen, sondern auch und gerade der vielfältigen anderen Maschinen zeitgenössischer Ingenieurskunst – vermag man vor dem Hintergrund eines mechanischen Weltbildes dem Einfluss der Theatermaschine gerecht zu werden. Das barocke Maschinentheater stellt diesbezüglich nicht nur einen Schauplatz mechanisch-mathematischer Schöpfung dar, vielmehr bietet es einen Schlüssel, um ästhetische Ausgangsbedingungen der Wissensproduktion anhand der Maschinenfaszination dieser Zeit aufzuspüren. Gerade hier zeigt sich Leibniz, der während seines Parisaufenthaltes (1672–1676) Gelegenheit hatte, die maschinelle Verwandlungskunst der Bühne zu erleben, als überraschender Gewährsmann für die spektakuläre, staunenerregende Qualität der Maschine. So verbindet sich bei ihm beispielsweise die Betrachtung einer Flugmaschine mit der

3 Dies legt bereits Dietrich (1970) nahe. Zum Einfluss maschinellen Denkens auf Leibniz' Philosophie vgl. u. a. Werner Künzel u. Peter Bexte. *Gottfried Wilhelm Leibniz' Barock-Projekte. Maschinenwelt und Netzwerk im 17. Jahrhundert.* Berlin, 1990, die die Vorreiterrolle Leibniz' mit Bezug auf computationelles Denken betonen.

4 Tatsächlich sind die Verbindungen Leibniz' zum Theater bisher kaum systematisch untersucht worden. Zahlreiche Hinweise auf die kritische Anteilnahme Leibniz' am Operngeschehen an den Welfenhöfen in Braunschweig, Hannover und Wolfenbüttel finden sich bei Rosenmarie Elisabeth Wallbrecht. *Das Theater des Barockzeitalters an den welfischen Höfen Hannover und Celle.* Hildesheim, 1974, S. 173–213.

5 Dietrich (1970), S. 8 u. 9. Am Beispiel Descartes vgl. bereits Rodis-Lewis (1956).

Frage nach dem Ursprung unserer Einfälle, Ideen und Assoziationen, den ‚fliegenden Gedanken', wie er sie nennt.[6]

Ausgehend von den Theatermaschinen der barocken Bühnen, soll in diesem Kapitel der Versuch unternommen werden, den paradoxen Charakter maschineller Kunst im 17. Jahrhundert zwischen Funktion und Admiration, Rationalität und *merveilleux* näher zu bestimmen.[7] Die Maschine, verstanden als eine trickreiche, listige Technik, um Überraschung und Erstaunen zu erzeugen, spielt nicht nur im Kontext der barocken Bühne eine Rolle. Vielmehr zeichnen sich bereits die mitunter merkwürdig anmutenden Produktions- und Illusionsmaschinen der Renaissance-Ingenieure durch ihren Publikumsbezug aus, wie im ersten Schritt dargestellt werden soll. Im zweiten Schritt soll der Blick insbesondere auf die textuellen und bildlichen Inszenierungen der Maschine fallen, offenbart sich doch hier immer wieder jene seltsame Verschränkung von Praktikabilität und Utopie, von Technizität und Illusionistik, die die Phantasmatik der Maschine prägt.[8] Orientiert sich der Gang der Untersuchung dabei wesentlich an exemplarischen Beispielen barocker Maschinenkunst (hier insbesondere aus der *Theatrum machinarum*-Literatur), so verhilft die begriffsgeschichtliche Betrachtung der Maschine dazu, diese Beispiele in einen Rahmen zu verorten, der etwa von der Mitte des 16. Jahrhunderts bis zur zweiten Hälfte des 18. Jahrhunderts reicht. Hier wird auch deutlich, inwiefern die begriffliche Differenzierung und Spezialisierung der Maschine und letztlich die Anwendung ökonomischer Kriterien (Funktionalität und Nützlichkeit) auf das, was eine Maschine ist, einer Austreibung magischer, spielerischer und rätselhafter Seiten der Maschine gleichkommt. Mit anderen Worten: In der begrifflichen und praktischen Scheidung und Differenzierung evidentieller und illusionistischer Seiten der Maschine entledigt sich die Maschine

6 Vgl. hierzu unten das Kapitel „Theorie und Praxis (Leibniz)".

7 Vorüberlegungen zu diesem Kapitel finden sich in meinem Aufsatz „Die Maschine als Spektakel – Funktion und Admiration im Maschinendenken des 17. Jahrhunderts". *Instrumente in Wissenschaft und Kunst – Zur Architektonik kultureller Grenzen im 17. Jahrhundert.* Hg. v. Helmar Schramm, Ludger Schwarte u. Jan Lazardzig. Berlin u. New York, 2006, S. 167–193. Vgl. zur Bestimmung der barocken Wissenskultur aus dem Zusammenspiel von Rationalitätsstreben und Orientierung am Wunderbaren den grundlegenden Aufsatz von Herbert H. Knecht. „Le fonctionnement de la science baroque: le rationnel et le merveilleux". *Baroque* 12 (1987), S. 53–70. Knecht argumentiert zu Recht, dass Rationalitätsstreben und Orientierung am Wunderbaren im 17. Jahrhundert Hand in Hand gehen. Seinem Argument, darin läge gerade kein Widerspruch, würde ich entgegenhalten, dass die paradoxale Spannung zwischen *ratio* und *merveilleux* einen Eigenwert besitzt, der den Zeitgenossen als produktive, irritierende Kraft bewusst war. Deutlich wird dies etwa in den eingangs genannten Schriften, die die Paradoxie bereits im Titel führen.

8 Siehe hierzu Brigitte Felderer. „Einleitung". *Wunschmaschine – Welterfindung. Eine Geschichte der Technikvisionen seit dem 18. Jahrhundert.* Hg. v. ders. Wien u. New York, 1996, S. 1–6, die die Bedeutung des utopischen Potentials von Maschinenentwürfen für die Gestaltung der Zukunft unterstreicht: „Technikvisionen sind in diesem Zusammenhang zu verstehen als mnemotechnische Strukturen, die es erlauben, Unvorstellbares denkbar zu machen, ein Bild des Noch-nie-Gesehenen zu entwerfen, Resultate als Ergebnisse von Prozessen zu verstehen, soziales Geschehen als basierend auf mechanistischen Vorgängen zu begreifen." (S. 5).

ihres paradoxen Charakters gleichsam ‚selbsttätig'. Während die Maschine im Bereich wissenschaftlicher Erkenntnis in ihrer Regelhaftigkeit und Gesetzmäßigkeit Beweiskraft für das Funktionieren der Natur entfaltet, findet ihre spektakuläre und illusionistische Erscheinungsseite – zumindest vordergründig – nur noch außerhalb wissenschaftlichen Erkenntnisstrebens, etwa im Theater, im Salon oder in der technikvermittelnden Kinder- und Jugendliteratur einen legitimen Ort.

Der Einfluss der Maschine und maschinellen Denkens auf die großangelegten Systementwürfe dieser Zeit – sei es Thomas Hobbes' *Leviathan*, Francis Bacons Plan einer *Instauratio magna*, René Descartes mechanistische Neubegründung der Physik oder Leibniz' *Neues System* – verdankt sich wohl kaum allein der Möglichkeit einer rationalen Entschlüsselung und Enträtselung der Welt. Vielmehr steht zu vermuten, dass gerade die spektakuläre, staunen- und bewunderungerregende Dimension der Maschine einen Ursprung, einen Quell des Fragens darstellt.

Theatermaschinen im 17. Jahrhundert

Die maschinelle Verwandlungskunst des 17. Jahrhunderts gilt als Ausweis barocker Ästhetik schlechthin.[9] „Alles dasjenige, was durch Maschinen gemacht wird, erschien immer schon staunenswert, außerordentlich und überraschend“, so beschreibt der jesuitische Festtheoretiker und Emblematiker Claude-François Menestrier (1631–1705) die Wirkung der Theatermaschine auf das Publikum.[10] Menestrier steht mit seinem Urteil beispielhaft für die Faszination und Begeisterung, die dem theatralen Maschinenapparat im 17. Jahrhundert entgegengebracht wird. Um so erstaunlicher erscheint es, dass bislang keine monographische Darstellung, keine ‚Geschichte‘ der Theatermaschine vorliegt.[11] Trotz bemerkenswerter Versuche, dem Phänomen theatraler Maschinenkunst im Rahmen einer

9 Vgl. etwa Margarete Baur-Heinhold. *Theater des Barock. Festliches Bühnenspiel im 17. und 18. Jahrhundert.* München, 1966, S. 133 und Hermann Bauer. *Barock. Kunst einer Epoche.* Berlin, 1992, S. 217–251, sowie Hans Georg Nicklaus. „Opern des Barock als technisches Spektakel“. *Frühneuzeit-Info* 1 (2004), S. 40–46. Wenn im Folgenden die Theatermaschine wechselweise als ‚Maschinenapparat‘ oder ‚Spektakelapparat‘ bezeichnet wird, dann geschieht dies zum einen aufgrund der stilistischen Variabilität; zum anderen aber um zu verdeutlichen, dass ‚Theatermaschinen‘ mehr darstellen, als nur die bühnentechnischen Verwandlungs-, Erscheinungs-, Flug- und Effektmaschinen.

10 „Tout ce qui se fait par Machines a toûjours paru admirable, extraordinaire, & surprenant.“ Claude-François Menestrier. *Traité des Tournois, Ioustes, Carousels, et autres Spectacles Publics.* Lyon, 1669, S. 141. Zur Person Menestrier liegt bisher m. W. keine moderne Einzelstudie vor. Vgl. aber Paul Allut. *Recherches sur la Vie et sur les Œuvres du P. Claude-François Menestrier de la Compagnie de Jésus. Suivis d'un Recueil de Lettres inédites de ce Père à Guichenon, & de quelques autres Lettres de divers Savants de son temps, inédites aussi.* Lyon, 1857.

11 Der vorliegende Band soll und kann dies nicht leisten. Vielmehr geht es hier darum, zu zeigen, dass eine dezidiert bühnentechnische Behandlung der Theatermaschine zu kurz greift, und Aspekte zu nennen, die es im Rahmen einer solchen Geschichte zu beachten gälte. Einen guten Überblick über die Quellen zur Bühnentechnik im 17. und 18. Jahrhundert bietet: Hans-Joachim Scholderer. *Das Schlosstheater Ludwigsburg. Geschichte, Architektur, Bühnentechnik. Mit einer Rekonstruktion der historischen Bühnenmaschinerie* (= Schriften der Gesellschaft für Theatergeschichte Bd. 71). Berlin, 1994, S. 99–106, mit weiterer Literatur (S. 207–217). Eine Geschichte der Theatermaschine im Rahmen einer ‚Geschichte maschineller Darstellungskunst‘ begänne freilich nicht erst im 16. und 17. Jahrhundert. Sie kann – um nur einen Strang zu nennen – bis weit in die mittelalterliche Sakralkultur hinein verfolgt werden. Siehe Johannes Tripps. *Das handelnde Bildwerk in der Gotik. Forschungen zu den Bedeutungsgeschichten und der Funktion des Kirchengebäudes und seiner Ausstattung in der Hoch- und Spätgotik.* 2. Aufl. Berlin, 2000.

Geschichte der Bühnentechnik,[12] der Festkultur,[13] der Theaterarchitektur[14] bzw. in biographischer Form[15] zu begegnen, muss ein gravierendes Manko dieser und anders gelagerter Arbeiten darin gesehen werden, dass diese zumeist ohne Berücksichtigung kulturgeschichtlich relevanter Erscheinungsformen der Maschine vorgehen, ja, sich vollkommen auf den Horizont der Bühnentechnik beschränken. Hervorhebenswert sind hingegen vereinzelte Ansätze, die den Maschinenapparat der barocken Bühne in einen erweiterten kulturellen Rahmen stellen und die insbesondere nach den epistemologischen Bedingungen der Theatermaschine fragen.[16]

In ihrer einflussreichen Studie *Wonders and the Order of Nature* haben Lorraine Daston und Katharine Park die Konstituierungsphase neuzeitlicher Wissenschaft im 17. Jahrhundert vor dem Hintergrund eines affektiven, am Staunenswerten und Wunderbaren orientierten Naturbegreifens neu erzählt.[17] Aus der ungeheuer reichen und vielfältigen Literatur, die sich zwischen Hochmittelalter und Aufklärung in Westeuropa dem Merkwürdigen, dem Monströsen und dem Kuriosen widmet, destillieren die Autoren eine unserem heutigen, am Regelhaften und Normalen orientierten Naturverstehen entgegenstehende Ordnung der Natur, die

12 Vgl. Jean Moynet. *L'envers du théâtre: machines et décorations.* Paris, 1990 [Nachdr. d. Aufl. Paris, 1873]; Paul Zucker. *Die Theaterdekorationen des Barock. Eine Kunstgeschichte des Bühnenbildes.* Berlin, 1925; Günter Schöne. *Die Entwicklung der Perspektivbühne von Serlio bis Galli-Bibiena. Nach den Perspektivbüchern.* Leipzig, 1933; E. Carrick. „Theatre machines in Italy 1400–1800". *The Architectural Review* 70 (1931), S. 9–14 u. S. 34–36; Orville K. Larson. *Italian Stage Machinery 1500–1700.* Illinois, 1956; Siegfried Albrecht. „Bühnenbild und Bühnentechnik". *Teatro. Eine Reise zu den oberitalienischen Theatern des 16.–19. Jahrhunderts* [Ausst.kat.]. Hg. v. Österreichischen Theatermuseum. Marburg, 2001a, S. 28–48; Luca Ronconi u. a. (Hg.). *Lo spettacolo e la meraviglia. Il Teatro Farnese di Parma e la festa barocca.* Turin, 1992 und Klaus-Dieter Reus. *Faszination der Bühne. Barockes Welttheater in Bayreuth. Barocke Bühnentechnik in Europa* [Ausst.kat.]. Bayreuth, 1999. Die Aktualität der Thematik belegt Ralf Haekel. „Theatertechnik im 17. Jahrhundert und ihr Verhältnis zum Großen Welttheater". *Zeitsprünge. Forschungen zur Frühen Neuzeit* 8 (2004), S. 277–294. Qualitativ hochwertige Abbildungen bietet der von Ulf Küster herausgegebene Katalog *Theatrum mundi. Die Welt als Bühne.* München, 2003.

13 Hans Tintelnot. *Barocktheater und Barocke Kunst. Die Entwicklungsgeschichte der Fest- und Theater-Dekoration in ihrem Verhältnis zur Barocken Kunst.* Berlin, 1939; Baur-Heinhold (1966); Bauer (1992), S. 217–251.

14 Martin Hammitzsch. *Der Moderne Theaterbau* (= Beiträge zur Bauwissenschaft Bd. 8). Berlin, 1906, insbesondere S. 105–116 zu den Theatermaschinen Joseph Furttenbachs.

15 Vgl. Per Bjurström. *Giacomo Torelli and Baroque Stage Design.* Stockholm, 1961; Horst Richter. *Johann Oswald Harms. Ein deutscher Theaterdekorateur des Barock.* Emsdetten, 1963; Frommel/Adams (1994); Scherf (1998).

16 Dies ist Mitte der 1990er Jahre im Rahmen einer Ausstellung geschehen. Vgl. Enrico Gamba u. Vico Montebelli (Hg.). *Macchine da Teatro e Teatri di Macchine. Branca, Sabbattini, Torelli, scenotecnicie meccanici del Seicento* [Ausst.kat.]. Urbino, 1995. Siehe ferner Horn-Monval (1970); Florian Nelle. „Descartes und der Regenbogen im Wasserglas. Von der beobachteten zur inszenierten Natur". *Theatralität und die Krisen der Repräsentation.* Hg. v. Erika Fischer-Lichte. Stuttgart u. Weimar, 2001, S. 374–392; Viktoria Tkaczyk. „*Cumulus ex machina.* Wolkeninszenierungen in Theater und Wissenschaft." *Spektakuläre Experimente. Praktiken der Evidenzproduktion im 17. Jahrhundert.* Hg. v. Helmar Schramm, Ludger Schwarte u. Jan Lazardzig. Berlin u. New York, 2006, S. 43–77.

17 Daston/Park (1998), insbesondere S. 215–254.

gerade die „kognitiven Leidenschaften" eines Bacon, Boyle, Hobbes, Descartes oder Leibniz bestimmten.[18] Insofern sich Daston und Park ganz explizit auf „the canon of natural wonders" beschränken,[19] bleibt eine Beschäftigung mit technisch erzeugten Wundern (insofern sie nicht den *Artificialia* der Kunst- und Wunderkammern angehören) weitgehend aus. Dabei bietet gerade die barocke Bühne, die ja ganz auf die Affekterregung ausgerichtet ist, ein reiches Reservoir kunstvoll erzeugter Naturspektakel.[20] Tatsächlich scheint die maschinelle Verwandlungskunst der Bühne noch für lange Zeit eine Art Rückzugsraum des Wunders und des Wunderbaren zu bieten.[21] Gerade im Land der aufgeklärten Enzyklopädisten bleibt der Diskurs des Wunderbaren auf der Bühne dominant, trotz einer generell zunehmenden Kritik an der Unnatürlichkeit der französischen Oper. So lässt Jean-Jacques Rousseau (1712–1778) Julie in der *Nouvelle Héloïse* (1761) schreiben:

> Über die französische Oper bleibt mir Ihnen mitzuteilen, dass der allergrößte Makel, den ich dort festzustellen meine, ein falscher Geschmack von Größe ist, durch den man das Wunderbare zur Darstellung bringen wollte, welches, da es keinem anderen Zweck als der Einbildungskraft dient, seinen berechtigten Platz in der epischen Dichtung hat, aber auf dem Theater lächerlich wirkt. Wenn ich es nicht gesehen hätte, dann hätte ich Mühe zu glauben, dass sich Künstler finden lassen, die einfältig genug sind, den Sonnenwagen nachzubauen und Zuschauer, die kindisch genug sind, sich diese Nachahmung anzuschauen.[22]

18 Zum Begriff der *kognitiven Leidenschaften* siehe Lorraine Daston. *Wunder, Beweise und Tatsachen. Zur Geschichte der Rationalität.* Frankfurt a. M., 2001, S. 77–97.

19 Daston/Park (1998), S. 16.

20 Doris Kolesch. *Theater der Emotionen. Ästhetik und Politik zur Zeit Ludwigs XIV.* Frankfurt a. M., 2006, S. 85–95 betrachtet die berühmte *Machine de Marly*, mit der die Wasserspiele im Park von Versailles angetrieben wurden, entsprechend als eine Technik der Gefühlserzeugung.

21 Siehe zu Begriff und Konjunktur des Wunderbaren in Früher Neuzeit und Gegenwart (Neo-Barock) den grundlegenden Artikel von Karlheinz Barck. „Wunderbar". *Ästhetische Grundbegriffe.* 7 Bde. Hg. v. dems. u. a. Stuttgart u. Weimar, 2005, Bd. 6, S. 730–773.

22 „Il me reste à vous dire sur l'Opéra français que le plus grand défaut que j'y crois remarquer est un faux goût de magnificence, par lequel on a voulu mettre en représentation le merveilleux, qui, n'étant fait que pour être imaginé, est aussi bien placé dans un poème épique que ridiculement sur un théâtre. J'aurais eu peine à croire, si je ne l'avais vu, qu'il se trouvât des artistes assez imbéciles pour vouloir imiter le char du soleil, et des spectateurs assez enfants pour aller voir cette imitation." Jean-Jacques Rousseau. *La nouvelle Héloïse. Lettres de deux amants habitants d'une petite ville au pied des Alpes.* Paris, 1988, *Lettre XXIII à Madame d'Orbe.* Vgl. hierzu Alois M. Nagler. „Maschinen und Maschinisten der Rameau-Ära". *Maske und Kothurn* (1957), S. 128ff.

Techniken des Wunderbaren

Neben der Montanindustrie, der Schifffahrt und dem Kriegswesen (vor allem Artillerie und Fortifikation) gehört im 17. Jahrhundert das Theater zu jenen Orten, an denen mehrere Dutzend Menschen zur gleichen Zeit und auf engstem Raum in die präzise Realisierung konkreter technisch-maschineller Abläufe integriert sind. Die Synchronisierung und Durchformung von Handlungsabläufen im Rahmen einer komplexen maschinellen Dramaturgie findet hier einen Höhepunkt. Entsprechend ist das Kennzeichen barocker Bühnentechnik die hölzerne Maschinerie und die im Verborgenen, d. h. im Schnürboden, im Bühnenunterboden sowie in den Kulissengängen wirkende, menschliche Arbeit, die die überraschende, staunen- und bewunderungerzeugende (und -einfordernde) Tätigkeit der Maschinerie vor Publikum sicherstellt. Die Betonung der menschlichen Mitarbeit an der listreichen maschinellen Verwandlungskunst ist zentral, insofern jeder allein an technischen Kriterien orientierte Systematisierungsversuch der Theatermaschine problematisch erscheinen muss. Potentiell kann jede Maschine auf der Bühne in Effekt gebracht werden, etwa hydraulische Pumpen für Fontainen, Kaskaden und Naumachien, Projektionsmaschinen oder automatenhafte Wagen und Gefährte unterschiedlichster Art. Sie alle tragen dazu bei, dass das überraschende Wirken der Theatermaschine im Laufe des Jahrhunderts zum eigentlich handlungstragenden Element der Bühne wird.[23]

Die Verwendung von Theatermaschinen steht im Kontext einer maschinellen Dynamisierung und Durchdringung des Theaterraumes, wie sie mit der Ablösung der statischen Reliefbühne der Hochrenaissance durch die Verwandlungs- und dann die Kulissenbühne begründet wird. Voraussetzung für die Perfektionierung und Verfeinerung der maschinellen Effekte ist ein fester Theaterraum, in dem die mitunter komplexen Apparaturen dauerhaft installiert werden können. Zählt die bewegte Kulisse als Bühnendekoration im engeren Sinne nicht zum Spektrum der Theatermaschinen, so ist die Trennung von den übrigen Verwandlungs- sowie den Effekt-, Flug- und Erscheinungsmaschinen in technikgeschichtlichen Kategorien zwar sinnvoll, nicht aber mit Blick auf das Zusammenspiel von Maschine und Zuschauer, d. h. aus ästhetischer Perspektive.

Für eine Geschichte der Theatermaschine müssten ferner auch jene mechanisch-maschinellen Sakralautomaten herangezogen werden, die im Zeichen der Räderwerkautomation das Sakraltheater der gotischen Kirchen und Kathedralen durchdringen. Johannes Tripps belegt materialreich, inwiefern einzelne Bauteile von Kirchen und Kathedralen im hoch- und spätgotischen Europa in künstlerischer Ausstattung klar bestimmbare Erlebnis- und Erzählräume strukturie-

23 Dies gilt natürlich in erster Linie für die Maschinenstücke, d. h. librettiartige Texte mythologischen Inhalts, die dem Spektakelapparat regelrecht auf den Leib geschrieben wurden. Aber auch die zunehmende Maschinisierung des Bühnenvorhanges und die maschinellen Dekorationswechsel, die mit der Akteinteilung synchron gehen, lassen diese These zu.

ren.[24] Eine Schlüsselfunktion nehmen dabei scheinbar selbstbewegliche Figuren ein (‚handelnde Bildwerke'), die an festgelegten Orten im Kircheninneren wie -äußeren an Festtagen wie Pfingsten, Mariä Verkündigung oder Christi Himmelfahrt die Gottesschau ermöglichen. Die anwachsende ‚Sehnsucht des Schauens' ab der zweiten Hälfte des 12. Jahrhunderts führt nicht nur zu einer Sichtbarmachung von Hostie und Reliquie, sondern läßt auch eine Fülle handelnder Bildwerke entstehen: sterbende Kruzifixe mit beweglichen Augen und Mündern, abnehmbare Kruzifixe mit beweglichen Armen, auffahrende Salvatorfiguren u. v. m. Um den handelnden Bildwerken überirdischen Glanz zu verleihen, wurde auch der Einfall des Sonnenlichtes kalkuliert. Ein Gedanke, der von Gegenreformation und Barock aufgegriffen wird, etwa in den Altären Gian Lorenzo Berninis.

Vor diesem Hintergrund ist die von Filippo Brunelleschi zum Annunziatenfest im Jahr 1436 in San Felice di Piazza in Florenz entwickelte Flugmaschine, die den Erzengel aus dem sich öffnenden himmlischen Paradies des Dachstuhles, einem künstlich illuminierten Sternenzelt an der kuppelförmigen Decke, vor der Jungfrau Maria landen lässt, bereits ein spätes Beispiel der Sakralmaschinerie. Diese sehr komplexe Maschine, die bis 1525 in Betrieb gewesen sein soll, entwickelt in der Vertikalen drei lebendige Bilder. Kinder in Engelskostümen, die auf einem eisernen, rosettenartigen Gerüst, einem „Engelsstrauß", wie Giorgio Vasari ihn nennt, herabgelassen werden, begleiten die Herabkunft Gabriels. Bemerkenswert ist diese Maschine insofern, als sie zu einem Zeitpunkt entsteht, an dem die Innovationsfreudigkeit der italienischen Renaissancehöfe die Grenze von Sakral- und Profanmaschinerie allmählich auflöst. Die vermutlich größte Bühnenmaschine des 15. Jahrhunderts, eine Drehbühne, die Zuschauern das Paradies im Inneren eines sich eröffnenden Berges offenbart, wird von Leonardo da Vinci 1490 am Mailänder Hof anlässlich der Hochzeitsfeierlichkeiten für Gian Galeazzo und Isabella von Aragon errichtet.[25]

24 Tripps (2000). Den Übergang von den maschinell animierten Bildwerken im Kirchenraum zu den Maschinentheatern der Renaissance markieren die *ludi theatrales* im Kontext der Feierlichkeiten von Gründonnerstag bis Christi Himmelfahrt mit ihren Aszensionen. Vgl. ebd., S. 127f. Jörg Jochen Berns. „Sakralautomaten. Automatisierungstendenzen in der mittelalterlichen und frühneuzeitlichen Frömmigkeitskultur". *Automaten in Kunst und Literatur des Mittelalters und der Frühen Neuzeit.* Hg. v. Klaus Grübmüller u. Markus Stock. Wolfenbüttel, 2003, S. 197–222, bestimmt die sakrale Produktivkraft der Automation noch grundlegender, nämlich über den haptisch-imaginativen Nachvollzug eines mechanisch-maschinellen Modells, d. h. der Konjunktion von Rosenkranz und Zahnrad, von *rosa* und *rota.* Erst in einem zweiten Schritt schließt er an die Figurenautomaten, das ‚handelnde Bildwerk' an. Hier auch weitere Hinweise und Überlegungen zu einer ‚Frühgeschichte' der Theatermaschine. Zum mechanisch-maschinellen Komplex der hochmittelalterlichen Gebets- und Frömmigkeitstechniken aus imaginationgeschichtlicher Sicht siehe bereits: Jörg Jochen Berns. *Film vor dem Film. Bewegende und bewegliche Bilder als Mittel der Imaginationssteuerung in Mittelalter und Früher Neuzeit.* Marburg, 2000.

25 Siehe Siegfried Albrecht. „Exkurs: Voraussetzungen der modernen Theaterpraxis". *Teatro. Eine Reise zu den oberitalienischen Theatern des 16.–19. Jahrhunderts* [Ausst.kat.]. Marburg, 2001b, S. 199–207, hier S. 204f. mit weiteren frühen Beispielen. Zu der zeichnerisch-imaginativen Genese der Maschinenentwürfe Leonardos siehe jetzt den Band von Paolo Galluzi (Hg.). *La mente di Leo-*

Diese spektakulären Vorläufer barocker Theatermaschinen stellen gleichsam das technische Reservoir höfischer Intermedien. Die Intermedien des ausgehenden 16. Jahrhunderts, die sich nach und nach zum eigentlichen Mittelpunkt der antikischen Komödien- und Tragödienaufführungen der humanistisch geprägten Renaissancebühne entwickeln und die aufgrund der Dominanz von Musik und Bild als direkte Vorläufer der Oper angesehen werden können, öffnen die Bühne – etwa durch praktikable Himmelsprospekte und einen mit Klappöffnungen versehenen Bühnenboden – erstmals in die Vertikale. Bernardo Buontalenti (1523–1608), der mit den Hochzeitsfeierlichkeiten Ferdinando de Medicis und Christine von Lothringens 1589 das wohl bedeutendste Fest des Jahrhunderts inszeniert, steht für die Einführung der Szenenwechsel auf offener Bühne, die mit Hilfe der bei Vitruv und Pollux beschriebenen Drehprismen, nun perspektivisch in die Tiefe gestaffelt, realisiert werden.[26] Diese drehbaren, dreiseitigen Dekorationsträger, sogenannte *Periaktoi*, finden über die Schule Vasaris und Buontalentis, etwa durch Giulio (ca. 1580–1635/36) und Alfonso (ca. 1600–1656) Parigi, Inigo Jones (1573–1652), Joseph Furttenbach (Telari-Bühne) und Giovanni (1605–1655) und Lodovico Ottavio (1636–1707) Burnacini ihren Weg von Italien bis nach Nordeuropa.[27] Mit der Verwandlungsbühne erweitert sich formal wie thematisch die Serlianische Typendekoration zu einem breiteren, gleichwohl nicht minder stereotypen Repertoire an Handlungsorten.[28]

Die Einführung des Kulissenwesens durch den *Architetto mathematico* Giovanni Battista Aleotti (1546–1636), eine wahrscheinlich 1606 erstmals im *Teatro degli Intrepidi* in Ferrara angewandte und 1628 im *Teatro Farnese* in Parma ausgearbeitete Verwandlungstechnik, die von seinem Schüler Giacomo Torelli (1608–1678) perfektioniert wird, ermöglicht einen schnellen und überraschenden Wechsel der Dekorationen auf offener Bühne.[29] Eine mehrmalige Verwandlung des Bühnenbildes wird zum spektakulären Regelfall der barocken Bühne und leistet der Aufhebung der aristotelischen Einheit der Handlung, der Zeit und des Ortes,

nardo. Nel laboratorio del Genio Universale [Ausst.kat.]. Florenz, 2006, vor allem das Kapitel 5 „Il movimento agente universale“ (S. 233–312), sowie die Zusammenstellung bei Carlo Pedretti. *Leonardo. The Machines*. Florenz, 1999.

26 Zur antiken Bühnentechnik und deren Verwendung vgl. Horst Dieter Blume. *Einführung in das antike Theaterwesen*. Darmstadt, 1978, S. 66–72.

27 Diese kamen wohl auch bei Furttenbachs eigener Theaterausstattung im Ulmer Binderhoftheater zur Anwendung. Vgl. hierzu ausführlich: Stijn van Bruggen. „Bühnentechnik der italienischen Renaissance in Deutschland“. *Bühnentechnische Rundschau* 3–5 (1998), S. 34–36, 48–52, 54–60. Seitens der Furttenbach-Forschung wird immer wieder betont, dass die Baupläne für die sogenannte Telari-Bühne eine funktionierende Umsetzung nicht ermöglicht hätten. Vgl. unten das Kapitel „Maschinelle *Recreation*“.

28 Als frühester Systematisierungsversuch wird gemeinhin die Untergliederung bei Claude-François Menestrier. *Des Ballets Anciens et Modernes selon les Règles du Théâtre*. Paris, 1684, S. 171–174, betrachtet. Vgl. Harald Zielske. *Handlungsort und Bühnenbild im 17. Jahrhundert. Untersuchungen zur Raumdarstellung im europäischen Theater*. München, 1965, S. 43.

29 Zur Diskussion der Rolle Aleottis bei der Einführung der Kulissenbühne siehe Scherf (1998), S. 193–196.

Vorschub. Diese Technik erlaubt es, vor den Augen der Zuschauer innerhalb kürzester Zeit eine maschinell betriebene Inversion und Partialisierung des Raumes vorzunehmen, in dem sich etwa der Himmel zur Hölle, eine Gartenlandschaft in einen Festsaal verwandelt. Mindestens sechs (und bis zu zwölf) Kulissenschienen partialisieren die barocke Perspektivbühne zum Bühnenprospekt hin, der, ebenfalls auf nebeneinander liegenden Kulissenschienen, mit dem Kulissenwechsel synchronisiert werden kann. Eine Verständigung der Bühnenarbeiter untereinander erfolgt durch Handzeichen, Zurufe und Pfiffe.

Werden die Dekorationswechsel auf den in den Bühnenboden eingelassenen Gleitschienen zunächst noch durch mehrere Bühnenarbeiter vollzogen, so geht die Tendenz dahin, den Wechsel durch einen horizontal bzw. vertikal (so in Drottningholm) unter dem Boden installierten Wellbaum zu synchronisieren, für dessen Betätigung nur noch ein einzelner Bühnenarbeiter notwendig ist.[30] Nicht nur die Kulissen, sondern auch die Wechsel des Hintergrundprospektes und der Soffitten, die die Oberbühnenmaschinerie verbergen, werden in einem maschinellen Komplex vereint. Noch heute treibt in den barocken (bzw. ‚barockisierten') Theaterbauten in Ludwigsburg und Bad Lauchstädt der Wellbaum der Unterbühne über eine Seilverbindung zur Oberbühne auch den Wellbaum auf dem Schnürboden an.[31] Die dabei entstehenden Reibungskräfte sind so groß, dass schwere Arbeitsgewichte für die Bewegung notwendig sind. In Paris, wo sich in der zweiten Jahrhunderthälfte die ‚Avantgarde' der Theatermaschinisten zusammen findet, entwickelt sich die Maschinisierung der Bühne in enger Korrespondenz zu dem wachsenden absolutistischen Herrschaftsanspruch. Auf der riesigen Bühne der *Opéra Royal* in Versaille werden die über zehn Meter hohen Kulissen in zwölf Kulissengassen durch eine gigantische Unterbodenmaschinerie bewegt. Deren auf vier Stockwerke verteilte, mannshohe Trommeln werden durch tonnenschwere Gewichte angetrieben. Für die Positionierung der Gewichte vor der Aufführung sind achtzig Bühnenarbeiter notwendig, während der Aufführung genügt hingegen eine einzelne Person, die die Verschnürungen im richtigen Augenblick löst und die Gegengewichte in die Tiefe gleiten lässt. Die effektvolle, spielerische Leichtigkeit, mit der sich die überdimensional großen Kulissen und Prospekte in Bewegung versetzen, veranlasst die Zeitgenossen immer wieder von ‚Zauber' und ‚Magie' zu sprechen. Giacomo Torelli, ab 1645 in Paris tätig und wohl der am meisten gefeierte Maschinist des Jahrhunderts,[32] wird die Kopplung von je zwei Kulissen, wobei die nach vorn rückende gleichzeitig die vorherige nach hinten zieht, als eigene Erfindung zugeschrieben. Die „Zeitgenossen [waren] von der in einem Momente bewerkstelligten Verwandlung von insgesamt 48 Kulissen so be-

30 Zum Theater in Drottningholm siehe Agne Beijer. *Slottsteatrarna pa Drottningholm och Gripsholm*. Stockholm, 1937.

31 Siehe Scholderer (1994), S. 128ff.

32 Giacomo Torelli ist der erste neuzeitliche Ingenieur, der ausschließlich für das Theater arbeitet. Vgl. Bjurström (1961).

eindruckt, dass sie von Gedankenschnelle sprachen, ja von ‚magia naturale', der natürlichen Zauberei eines großen Hexenmeisters, von einer ‚essenza della meraviglia', einem Inbegriff des Wunders."[33] Wunder, die freilich einem politischen Kalkül entspringen, setzen sie doch den Geltungsanspruch absolutistischer Herrschaft eindrucksvoll in Szene. Aber nicht allein in Paris, überall in Europa lassen die Maschinisten im Auftrag der fürstlichen „Erdengötter" vor den Augen des höfischen Publikums die Elemente in Bewegung geraten, so dass diese von ihrem zumeist durch den perspektivischen Augpunkt bestimmten Platz gleichsam über Himmel und Hölle zu gebieten scheinen.[34]

Einen gerade aufgrund seiner Konventionalität bedeutsamen Einblick in das frühbarocke Spektrum an Theatermaschinen bietet der Architekt und Ingenieur Nicola Sabbattini (1575–1654) in seinem bühnentechnischen Traktat *Pratica di fabricar scene, e machine ne'teatri* von 1638.[35] Im zweiten, den Maschinen der Intermedien gewidmeten Buch werden neben drei unterschiedlichen Formen des Dekorationswechsels Verwandlungsmaschinen aufgeführt, die, etwa durch ein ausgeklügeltes System metallener Scharniere, die Dekoration kontrolliert zum Einsturz bringen.[36] Die Mehrzahl der Verwandlungen – „Wie man es machen kann, dass eine Person sich in Stein oder etwas anderes verwandelt" oder „Wie man es darstellen kann, dass Felsblöcke oder Klippen sich in Menschen verwandeln" sind die entsprechenden Kapitel übertitelt[37] – basieren auf Hebemechanismen, die durch Hebel Menschen und Dekorationselemente aus dem Bühnenboden hervortreten und im gleichen Augenblick herabsinken lassen. Eine Technik, die auch für das plötzliche Erscheinen von Götterfiguren verwendet wird (Abb. 1).

33 Edmund Stadler. „Die Raumgestaltung im barocken Theater". *Kunstformen des Barockzeitalters.* Hg. v. Rudolf Stamm. München, 1956, S. 190–226, hier S. 214.

34 Siehe Jörg Jochen Berns u. a. (Hg.). *Erdengötter. Fürst und Hofstaat in der Frühen Neuzeit im Spiegel von Marburger Bibliotheks- und Archivbeständen* [Ausst.kat.]. Marburg, 1997.

35 Die deutsche Übersetzung von Willi Flemming von 1926, nach der hier zitiert wird, ist nicht nur sprachlich, sondern auch orthographisch nicht immer zuverlässig: Nicola Sabbattini. *Anleitung Dekorationen und Theatermaschinen herzustellen. Pratica di fabricar scene, e machine ne' teatri* [...]. *Originalausgabe aus dem Jahr 1639.* Übs. u. hg. v. Willi Flemming. Weimar, 1926. Dies ist für lange Zeit eine der wenigen architekturtheoretischen Abhandlungen zur Theatermaschine. Sie wird 1676 ergänzt durch den zur damaligen Zeit unpubliziert gebliebenen *Trattato sopra la struttura de' teatri e scene* des Mantuaner Hofarchitekten Fabrizio Carini Motta (neu hg. u. erl. von Edward A. Craig. Milano, 1972). Motta erweitert noch einmal den Spielraum der Maschinen in Ober- und Unterbühne. Das Bühnenhaus ist jetzt höher als das Dach des Zuschauerrraumes. Mit Mottas Neuerungen war die barocke Bühne in ihren wesentlichen Elementen entwickelt. Siehe Scholderer (1994), S. 101.

36 Erstens durch das Entfernen der bemalten Leinenüberzüge der Kulissenbauten per Stange aus dem Kulissengang; zweitens durch Schiebekulissen und drittens durch Periaktoi. Sabbattini bevorzugt die dritte Variante.

37 „Come si poßa fare, che vna persona si transmuti in Sasso, ò altro. cap. 25"; „Come si poßa rappresentare, che i sassi, ò scogli si tramutino in huomini. cap. 26." Sabbattini (1638, 1926), Buch II, Kap. 25 u. 26.

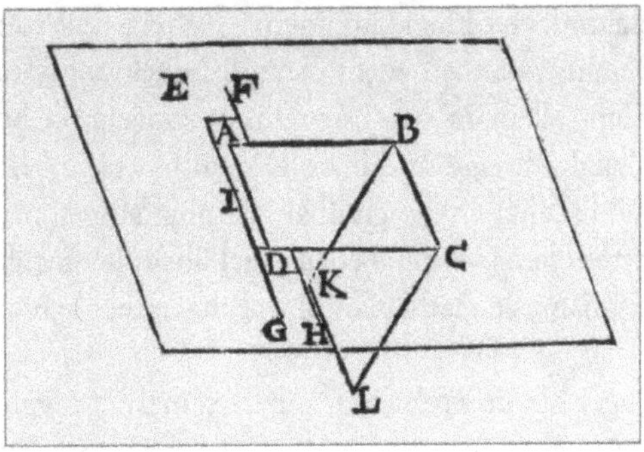

Abb. 1 Funktionsplan einer Erscheinungsmaschine nach Nicola Sabbattini (*Pratica di fabricar scene, e machine ne' teatri*, 1638): „Secondo modo come si possano far uscire gli huomini di sotto il Palco con prestezza" („Zweite Art, wie man Menschen geschwind von unten her auf die Bühne gelangen lassen kann"). Sabbattini schildert die Koordinationsleistung, die den maschinellen Effekt auszeichnet. Fünf Personen sind hier als maschinelle Elemente in die Zeichnung mit aufgenommen: „Sia l Apertura A.B.C.D. e la Barella E.F.G.H. e la persona, che dourà urcire I. & i quattro huomini, che douranno alzare la Barella E.F.G.H. Quando sarà aperto lo Sportello A.D. in K.L. all hora detti huomini in E.F.G.H. alzaranno la Barella sino sotto il piano del Palco, nel medesimo tempo quello che era in I. con un sol passo sorgerà con prestezza sopra il Palco; subito poi si calarà la Barella al suo luogo riserrando lo Sportello, che in questo modo si sarà fatto, quanto bisognarà." („Es sei die Öffnung ABCD und die Trage EFGH, die Person, die hindurchgehen muss, sei I und die vier Männer, die die Trage heben sollen, EFGH. Wenn das Türchen AD nach KL aufgetan ist, werden gleichzeitig besagte Männer bei EFGH die Trage bis unterhalb des Fußbodens der Bühne heben, zu gleicher Zeit wird der bei I Befindliche mit einem einzigen Schritt schnell von unten her auf die Bühne steigen. Alsbald wird dann die Trage an ihren Platz niedergelassen und das Türchen geschlossen; und damit wäre alles Nötige geschehen.") Sabbattini (1926), S. 99 u. 236.

So schlicht dieser Plan einer Erscheinungsmaschine zunächst wirkt, so komplex ist der soziale und ästhetische Kontext, der ihn ermöglicht. Der von der Maschine hervorgebrachte Effekt ist gebunden an die Professionalisierung des Bühnenpersonals. Diesem wird nicht nur eine Kenntnis des Textes und der Musik abverlangt, sondern ein dramaturgisches Wissen, welches den maschinellen Effekt allererst zu denken weiß. Immer wieder hebt Sabbattini auf die fast maschinenhafte Verlässlichkeit und Geschultheit des Bühnenpersonals ab, welches sich ganz dem staunenerregenden Wirken der Maschinen unterordnet bzw. diesem zuarbeitet.[38]

Einen Höhepunkt findet die Maschinisierung des Bühnenraumes in den Flugmaschinen. Die mitunter schwerelos anmutende Leichtigkeit, mit der Akteure in ihren aus der Obermaschinerie herabgeführten Flugsitzen in den Augen der Betrachter den Luftraum des Theaters nach scheinbar allen Richtungen hin beherrschen, spiegelt sich in den mit leichter Feder ausgeführten Bühnenbilddarstellungen, etwa aus dem Umfeld Torellis oder durch Matthäus Küsel für Lodovico Ottavio Burnacini.[39] Illustrationen dieser Art stehen in vieldeutigem Kontrast zu

38 „[H]auendo anco in consideratione di metterci persone atte à questo, e che habbiano picca d'honore, acciòche le cose passino con buon ordine" („Man muss auch darauf bedacht sein, geübte Personen darzu zu verwenden, die ihre Ehre darin sehen, dass diese Dinge in guter Art und Ordnung vor sich gehen"), heißt es am Ende des Kapitels „Come si debbano aprire, e serrare le Aperture del Palco" („Wie man den Himmel aufteilen kann"). Sabbattini (1638, 1926), Buch II, S. 96.

39 Zum Werk Burnacinis siehe mit weiteren Literaturhinweisen: Küster (2003), S. 134ff.

den technischen Entwürfen ungeschmückter Flugmaschinen.[40] Dabei ist die fundamentale ikonographische Differenz zwischen szenischem Erscheinungsideal und technologischem Entwurf nicht allein in der Darstellungskonvention begründet. In dieser Differenz wird zugleich eine imaginäre Dimension technisch-mechanischer Machbarkeit, die Wunschmaschine, greifbar.[41] Üppig ausgeführte Darstellungen herabsinkender Götterfiguren verraten ebensoviel über die Aufführungspraxis wie über die Allmachtsphantasie mathematisch-mechanischer Schöpfungskunst ihrer Erfinder.

Komplex choreographierte Flüge, die in wechselnden Bewegungsrichtungen den gesamten Bühnenraum durchmessen, werden in der Regel durch Großmarionetten bewerkstelligt, die teils durch Laufkatzen und Seilzüge, teils durch die Motorik des im Inneren sitzenden Maschinisten gelenkt werden.[42] So lässt Giacomo Torelli im Vorspiel zu der epochemachenden Aufführung von *La Finta Pazza* (1641) einen Akteur auf einem Drachen von der Hinterbühne bis zum Bühnenportal reiten.[43] Von zahlreichen Arbeitsgalerien und Brücken aus bedient, gehörten schließlich praktikable Wolkenmaschinen zum Standardinventar der entwickelten Theater- und Opernbühne des 17. Jahrhunderts.[44] In großer technischer Variabilität können sie als Flug- und Erscheinungsmaschinen dienen. Die hölzerne Mechanik der Flugapparate wird zu diesem Zweck durch illusionistisch aufbereitete und üppig drapierte Stoffe bzw. durch bemalte Papp- oder Holzschnitte verhüllt. Durch indirekte Illuminationen vermögen die Maschinisten zudem deren farbliche Apparenz in beständige Metamorphosen zu versetzen. Wolkenma-

40 Siehe Küster (2003), S. 132f.

41 Vgl. Felderer (1996), S. 5.

42 Siehe Albrecht (2001a), S. 41. Zur Figur des Fliegens in Theater und Wissenschaft siehe Viktoria Tkaczyk. „Kurz vor dem Abheben. Zu den Flugexperimenten Robert Hookes". *Zeitschrift für Sprache und Literatur* 1 (2005), S. 99–119.

43 Ebd. Zur Abfolge der maschinellen Innovationen auf der barocken Bühne siehe Baur-Heinhold (1966), S. 123ff.

44 Die Gestaltung und Bewegung der Wolken nimmt neben der Behandlung des Wassers den größten Teil der von Sabbattini im zweiten Buch der *Prattica* geschilderten Maschinen ein. Die Kapitel sind wie folgt übertitelt: Kapitel 43: „Come si poßa calare vna Nuuola sopra il Palco dal Cielo per dritto con persone dentro"; Kapitel 44: „Come in altro modo si poßa far calare dal Cielo vna Nuuola sopra il Palco con Persona dentro"; Kapitel 45: „Come si poßa far calare una Nuuola, che dal estremità del Cielo venga sempre all' inanzi sino à mezo il Palco con persone sopra"; Kapitel 46: „Come si faccia calare vna Nuuvola piciola, la quale abbaßandosi diuerà sempre maggiore"; Kapitel 47: „Come si possa far' andare vna Nuuola per trauerso"; Kapitel 48: „Come in altra maniera si poßa far' andare una Nuuola per trauerso"; Kapitel 49: „Come si possa far calare vna Nuuola, la quale si diuida in tre parti, e di poi nel salire si riunisca in vna"; Kapitel 50: „Come si possa far calare dal Cielo vna persona senza Nuuola, la quale venuta sopra il Palco possa subito caminare, e ballare." Einen Bogen von der Wolkenversessenheit der barocken Bühne zur naturwissenschaftlichen Beobachtung und Systematisierung der Wolken spannte die Ausstellung *Wolkenbilder*, die 2004 im Jenisch-Haus in Hamburg-Othmarschen zu sehen war. Siehe Bärbel Hedinger, Inés Richter-Musso u. Ortrud Westheider (Hg.). *Wolkenbilder. Die Entdeckung des Himmels* [Ausst.kat.]. München, 2004. Zur Wolkenverwendung auf der barocken Bühne siehe ferner Joseph Imorde. *Affektübertragung*. Berlin, 2004, S. 175–220 (Kapitel 5: „Offenbare Wolkigkeit"), sowie Tkaczyk (2006).

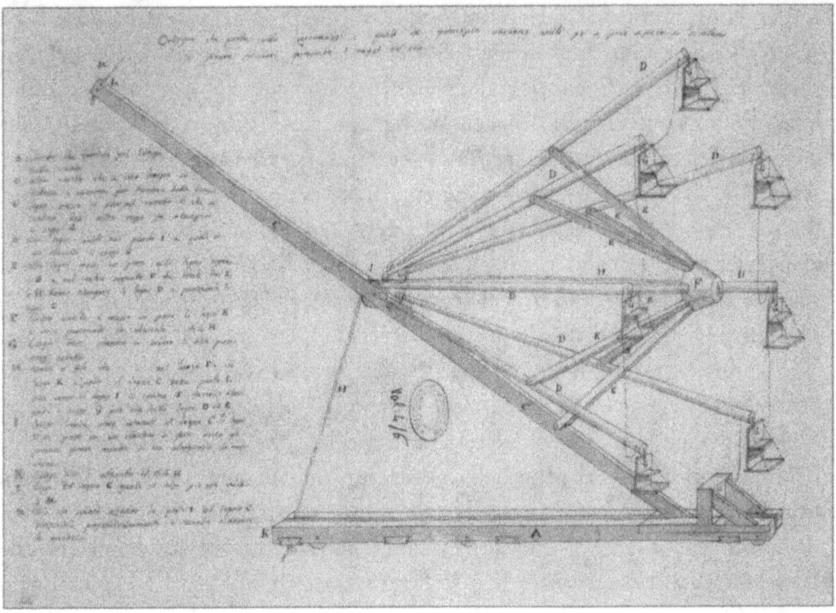

Abb. 2 „Macchina per apparizione a vista". Diese, dem Umfeld Giovanni Battista Aleottis am *Teatro Farnese* zuzurechnende Erscheinungsmaschine (erstes Drittel des 17. Jahrhunderts), bringt sieben Darsteller durch das technische Prinzip eines Schirmes am Bühnenhimmel zu einer Sonnengloriole zusammen (Archivio di Stato di Parma, Mappe e Disegni. Bd. 4/6).

schinen ermöglichen sowohl die maschinell gestützte Verlebendigung des Bühnenhorizontes mit Engeln und Göttergestalten, als auch, in Kombination mit Absenkmechanismen oder ausklappbaren Holzstufen, deren Herabkünfte. In den Schlussapotheosen des Maschinentheaters kommen Wolkenmaschinen zumeist in Form von Gloriolen zum Einsatz, die ihre Flugsitze über eine Schirmmechanik um den *point de vue* am Bühnenhorizont ausspreizen (Abb. 2).[45]

Zur Grundausstattung einer Barockbühne gehören ferner Effektmaschinen wie Wind-, Donner- und Regenmaschinen sowie Vorrichtungen, um Blitze zucken zu lassen. Sabbattini schildert die Fabrikation und Verwendung hölzerner Blitzkaskaden ebenso wie das durch Laufkatzen bewerkstelligte Aufziehen eines auf Leinwand aufgetragenen Regenbogens.[46] In der effektkalkulierten Beherrschung naturgebundener Veränderungen und Bewegungen liegt wohl die größte Faszination des Maschinentheaters. Exemplarisch hierfür steht der maschinelle

45 Vgl. auch die Abbildungen bei Küster (2003), S. 134.

46 Sabbattini (1638, 1626), Buch II, Kapitel 41: „Come si poßa fare apparire l'Iride, ouero Arco Celeste."

Variantenreichtum, mit dem Wasser auf der Bühne in Szene gesetzt wird.[47] Berühmt wird Berninis Aufführung *Überschwemmung des Tiber* von 1638, welche dieser, ein Jahr, nachdem der Tiber über die Ufer getreten war, auf die Bühne bringt.[48] Im Gegensatz zu den Naumachien antiken Stils, die Aleotti zehn Jahre zuvor im *Teatro Farnese* durchgeführt hatte, wird nun die kontrollierte Bewegung des Elements zum eigenständigen Akteur. Boote bewegen sich auf echtem Wasser, das schließlich auf die Zuschauer zuschwappt und erst im letzten Augenblick zurückgehalten wird, Häuser stürzen lärmend in den Wassermassen ein und bedrohen die Zuschauer. Kaum ein größeres Theater verzichtet im 17. Jahrhundert auf die kunstvolle Beherrschung dieses Elements. Dort, wo kein Flusswasser die Bühne flutet, vermögen rundum wellenartig gezackte Wellbäume den Bühnenboden in Bewegung zu versetzen. Scherenschnittartig gestaffelte Meereswogen aus Holz laufen in der Horizontalen gegeneinander, drapierte und bemalte Stoffbahnen, über Laufräder gekurbelt, imitieren einen Wasserfall – die in Effekt gebrachte Bewegung des Wassers sorgt für Staunen und Bewunderung.[49] Dabei ist das *meraviglia* nicht nur oberstes Ziel und Bestätigung geglückter maschineller Bewegungskunst, sondern es haftet diesem zugleich ein rezeptionsdisziplinatorisches Moment an, welches die Zuschauer regelrecht zum Schweigen zwingt und sie auf ihren Plätzen arretiert.[50] Diese sinnesbemächtigende Kraft spektakulärer Effekt-Ästhetik hat ihren Anteil an der Durchsetzung rezeptionsästhetischer Paradigmen, die mit der Einrichtung feststehender Theaterbauten wirksam werden.[51] Symptomatisch mag es hier erscheinen, dass kaum ein Natureffekt so variantenreich erzeugt wird wie der Donner.[52] Es findet sich heute beispielsweise noch im Ostankino-Theater bei Moskau eine Donnermaschine, die auf dem Schnürboden über den Köpfen der Zuschauer angebracht ist. Von einem Göpel angetrieben schlagen wuchtige hölzerne Zahnräder auf einen vierzig Zentimeter tiefen höl-

47 Zucker (1925), S. 7: „Erst das Zeitalter des Barock ließ den formalen Kräften des Wassers freien Spielraum. ‚Das Leben des Wassers ist seine Fortbewegung, der Wunsch der Renaissance sein Stillstand.' Im Gegensatz dazu waren die bewegten Wasser geradezu eine der Eigentümlichkeiten des Barock. Im Garten und auf der Bühne wurde das Wasser in allen möglichen Erscheinungsformen verwandt. Es fehlte fast in keiner Oper auf der Bühne eine Fontäne, eine Kaskade, ebenso wie ein Abschluß selten vergessen wurde."

48 Vgl. hierzu Irving Lavin. *Bernini and the Unity of the Visual Arts.* 2 Bde. New York, London, 1980, Bd. 1, S. 154ff.

49 Zur Bühnenmaschinerie des Teatro Farnese im Rahmen einer Ästhetik des Wunderbaren siehe Ronconi (1992).

50 Vgl. Willi Flemming. „Le merveilleux dans le théâtre de l'Allemagne à l'époque baroque". *Revue du Théâtre* 15 (1963), S. 13–20.

51 Vgl. Weihe (1992).

52 Vgl. Florian Nelle. „Theaterdonner – Geräusche und Illusion um 1800". *Stimmen – Klänge – Töne. Synergien im szenischen Spiel.* Hg. v. Hans-Peter Bayerdörfer. Tübingen, 2002, S. 501–515, der für die Zeit um 1800 einen Paradigmenwechsel von der Dominanz des Auges hin zur Dominanz des Ohres ausmacht.

zernen Resonanzkasten, der mit Metallblechen beschlagen ist, um den Donnerhall zu verstärken.[53]

Ist die Saalbühne der Renaissance noch in das diffuse Licht eines im Zuschauerraum vor dem Bühnenportikus hängenden Kronleuchters getaucht, so verlangt die Aufschließung des Tiefenraumes neuartige Beleuchtungsverfahren.[54] Das flackernde Licht von Öl- und Wachslichtern trägt bereits zur virtuellen Dynamisierung der Bühne bei, dies wird durch die Maschinisierung des Bühnenraumes nun potenziert. Der Zauber indirekter Ausleuchtung, etwa von Wolkenmaschinen, verstärkt nicht nur deren Effekt, sondern muss als konstitutives Element betrachtet werden. Die zahlreichen, samten durch das Transparent der Dekoration schimmernden Lichter dämmen gleichsam die harten mechanischen Bewegungsabläufe und flexibilisieren diese. Verwandlungs-, Erscheinungs-, Flug- und Effektmaschinen: überall vermag die kunstvolle Illumination auf die mechanischen Bewegungen einzuwirken und deren Suggestivität zu verstärken. Begleitet wird dies durch die ‚Maschinisierung des Lichts', insofern Beleuchtungsvorgänge durch einen maschinellen Komplex synchronisiert werden können. Durch ein ausgefeiltes System von Winden, Wellen, Umlenkrollen und Gewichten können beispielsweise noch heute im Theater in Drottningholm die Rampenbeleuchtung hochgefahren und gleichzeitig die Lichterbäume hinter den Kulissen zur Szene hin- bzw. von dieser abgewendet werden.

Maschinen werden nicht nur aus architektonischer Sicht zum gestaltgebenden Element der Barockbühne, sondern zu deren eigentlichem Akteur. Dabei münden Aufführungen nicht selten in eine regelrechte Orgie maschineller Bewegungskunst. Angefangen bei den Wechselkulissen, über kunstvolle Illusionsapparate zur kontrollierten Verheerung durch die vier Elemente,[55] bis hin zu spektakulären, maschinell unterstützten Emanationen des Göttlichen – die dichte Folge technischer Neuerungen beschleunigt und prägt die Art und Weise, mit der die Theatermaschinerie das Imaginäre des Barockzeitalters ausfüllt und gestaltet. Ja, das Spektakel entfaltet sich vollends erst in der Kolportage, sei es in Kupferstichen oder begleitenden Berichten. Dieser Vorgang ist wesentlich an die Aufführungsbedingungen des Maschinentheaters selbst gebunden: dessen Ruhm beruht auf zumeist einmaligen Aufführungen vor ausgewähltem, höfisch-adligem Publikum anlässlich eines herausragenden Ereignisses, einer Verlobung, einer Hochzeit, eines Friedensschlusses.[56]

53 Die Donnermaschinen des Barocktheaters werden bis ins 20. Jahrhundert mit erstaunlicher Kontinuität verwendet.

54 Zur Genese der barocken Bühnenbeleuchtung siehe Johannes Bemmann. *Die Bühnenbeleuchtung vom geistlichen Spiel zur höfischen Oper als Mittel künstlerischer Illusion*. Diss. Leipzig, 1933.

55 Siehe z. B. die entsprechenden Kapitel bei Sabbattini (1638/1926), Buch II, Kapitel 51 „Il Vento come si finga"; Kapitel 52 „Come si poßano fingere i Lampi"; Kapitel 53 „I Tuoni come si fingano".

56 Entsprechende Beispiele bei Baur-Heinhold (1966), S. 130ff. Dies heißt nicht, dass die Maschinenaufführungen nur ein einziges Mal stattfinden, doch tragen die feierlichen Anlässe der Erstaufführungen wesentlich zum imaginären Reservoir der Theatermaschinen bei.

Der Ruhm des Maschinisten lebt weiter in Form des Festberichts und die Maschinen bevölkern die Köpfe selbst derer, die dem Ereignis nicht beiwohnen konnten.

Herausragende Maschinenspektakel, die in Paris, der Hauptstadt maschineller Spektakel, in der zweiten Hälfte des Jahrhunderts die Sensationslust des Publikums befriedigen, können zur lebenslang kolportierten Legende eines Maschinisten werden.[57] Dabei ist das Spektakuläre und Neue der Maschinen nicht allein eine durch die Anwesenheit des Berichtenden verifizierte Qualität, sondern gehört zur Konvention des Sprechens über die Maschinen. Die zahlreichen *Pièces* oder *Tragédies à machine*, die in der Gründungsphase der französischen Oper dem Spektakelapparat gleichsam auf den Leib geschrieben werden – eine Entwicklung, vor der der jesuitische Theatertheoretiker François-Hédelin d'Aubignac (1604–1676) inmitten der *Quérelle des anciens et modernes* ausdrücklich warnt –, konstituieren zunächst ein eigenes (wenn auch kurzlebiges) Genre.[58]

Die Aufführungsberichte, die dieses Genre umgeben – vor allem die des monatlich erscheinenden *Mercure Galant*, dessen Herausgeber Jean Donneau de Visé (1638–1710) selbst Autor eines Maschinenstückes ist – schildern den Einsatz und die Wirkung der Theatermaschinen auf monoton euphorische Weise. So heißt es etwa über die Maschinentheater-Aufführungen des stadtbekannten Marquis de Sourdéac (1620–1695), der unter anderem als Maschinist in der Truppe Molières tätig ist und zu den Mitbegründern des Opernwesens in Frankreich gezählt werden kann, „er hatte etwas von solcher Schönheit, von solcher Neuheit und etwas so überwältigendes geschaffen, dass man aus allen vier Ecken der Welt kam, um es zu bewundern."[59] Seine Maschinen seien mit „aller nur erdenklichen Akkuratheit ausgeführt worden."[60] Die Theatermaschinen der von Sourdéac zur Zeit des Parisaufenthalts von Leibniz ausgestatteten Aufführung des *Pièce à machine Circé* wer-

57 So etwa im Fall des Marquis de Sourdéac, einem theaterverrückten Lebemann und talentierten Maschinisten, der durch das Maschinenspektakel *Le Toison d'Or* berühmt wurde, das er 1660 anlässlich des Friedensschlusses mit Spanien und der Hochzeit Ludwig XIV. in seinem Schloss in Neufbourg gegeben hatte. Bis an sein Lebensende wird er mit dieser Aufführung in Verbindung gebracht, obwohl er schon zu Leibniz' Pariser Zeit verarmt und sozial degradiert war. Vgl. V. u. M. Delavigne. „Un grand Seigneur au XVII. Siècle. Le Marquis de Sourdéac". *La Revue Hebdomadaire* 20 (1911), S. 450–483.

58 Siehe François-Hédelin d'Aubignac. *Dissertation sur la condemnation des Théâtres*. Paris, 1666, S. 149. Maschinenstücke der von d'Aubignac kritisierten Art schrieben beispielsweise Pierre und Thomas Corneille. Siehe Margret Dietrich. „Der Barocke Corneille. Ein Beitrag zum Maschinen-Theater des 17. Jahrhunderts". *Maske und Kothurn* 4 (1958), S. 199–219 u. 316–345. Zur Begründung des Opernwesens in Paris immer noch grundlegend trotz zahlreicher Mängel und fehlender Quellenangaben: Charles Nuitter u. Ernest Thoinan. *Les origines de l'opéra française*. Paris, 1886 [Nachdr. d. Ausg. Genf, 1972]. Siehe auch den Überblicksartikel von Jérôme de La Gorce. „L'opéra en France". *Spectaculum Europaeum. Theatre and Spectacle in Europe/Histoire du spectacle en Europe (1580–1750)*. Hg. v. Pierre Béhar. Wiesbaden, 1999, S. 385–404.

59 „[I]l se preparoit à faire quelque chose de si beau, de si nouveau & de si surprenant pour les Machines, qu'on le fut venu admirer des quatre coins du Monde." *Mercure Galant*. Bd. 3. Paris, 1673, S. 154.

60 „[E]lles estoient executées avec toute la justesse imaginable." *Mercure Galant*. Bd. 3. Paris, 1673, S. 153.

den von der *Gazette d'Amsterdam* als „jede Vorstellungskraft übersteigend" beschrieben.[61] Zahllose weitere Beispiele Wunder verheißender Aufführungsberichte ließen sich anführen.[62] Sie alle tragen dazu bei, nicht nur das Sprechen über Maschinen, sondern auch deren Wahrnehmung als Ausdruck einer wirkmächtigen Konventionalisierung zu erkennen, die das Moment der Dysfunktion der Maschine zugunsten des Wunderbaren schlichtweg auszublenden scheinen. Dabei ist die materiale Grenze der Maschinisierung des Theaters deutlich gegeben. So im *Théâtre des Machines* (*Théâtre des Tuileries*), das Carlo Vigarani 1662 ausstattet und welches so gewaltige Ausmaße annimmt, dass der Lärm, den die Maschinerie auslöst, den Einsatz von Musik und Sprache verunmöglicht.[63] Aus gelegentlichen Anmerkungen ist zu ersehen, dass die waghalsigen Techniken auch Anlass zu Spott und Gelächter bieten, schlägt ihr Einsatz fehl. So schreibt Jules de La Mesnardière (1610–1663) in seiner Poetik aus der Frühzeit des Maschinentheaters in Paris:

> Es ist wahr, dass diese Kunstfertigkeiten manches Mal den Blicken schmeicheln, aber man muss auch daran erinnern, dass sie den Nachteil haben, unter dem einfachen Volk häufig Gelächter auszulösen – selbst unter den Älteren –, wenn sie nicht nach Maßgabe der Bühne funktionieren.[64]

Unter dem Einfluss der Theatermaschine wird die Bühne zum Ort spektakulärer Überraschungen und mechanischer Verzauberungen. Doch offenbart bereits ein Blick auf die Lexikographie des aus dem Lateinischen in die europäischen Landessprachen übernommenen Maschinenbegriffes, dass nicht allein die Theatermaschine Techniken der Verwunderung bereithält, sondern dass die *techné* selbst in einer Ästhetik des Wunderbaren anzusiedeln ist: Produktions- und Illusionsmaschine erscheinen aus rezeptionsästhetischer Sicht mitunter ununterscheidbar. So gibt Antoine Furetière in seinem *Dictionnaire* (1695) einen Überblick über den Maschinenbegriff, der, zunächst von der vitruvianischen Definition

61 „[S]i extraordinaires qu'ils passent l'Imagination." *Gazette d'Amsterdam* (14.2.1675).

62 „Chaque description d'opéra, dans les lettres et les mémoires du temps, se termine par un éloge des décorations et des machines." Moynet (1873), S. 18.

63 „C'est sur ces espaces que le sieur Charles Vigarany, outre plusieurs autres suprenantes Machines, en a fait marcher une de 60. pieds de profondeur sur 45. de largeur, & a eu la hardiesse d'y porter toute la Maison Royalle, & pour le moins 60. autres Personnes tout à la fois, avec autant d'estonnement de la facilité de ceux qui le permirent, que d'admiration de l'asseurance de l'Entreprenneur, & de la beauté de l'ouvrage." Michel de Pure. *Idée des Spectacles anciens et nouveaux*. Paris, o.J. [1668], S. 313f. Die Bühne hatte immense Ausmaße: 46 m Länge, 20,60 m Breite und 17 m Höhe. Der Schnürboden für die Flugmaschinen hatte noch einmal eine Höhe von 6,66 m, der Bühnenkeller für die Höllenmaschinen eine Tiefe von 5,28 m. Der Saal konnte 5000 bis 6000 Personen fassen. Siehe Horn-Monval (1958), S. 306.

64 „Il est vray que ces artifices plaisent quelquefois à la veuë; mais il faut aussi reconnoître qu'ils ont le desauantage d'exciter souuent des risées parmi un Peuple indiscret, & mesme parmi les plus ages, quand ils manquent de ioüer selon l'intention de la Scéne." Jules de La Mesnadière. *La Poëtique*. Paris, 1640, S. 418.

ausgehend, seine Beispiele fast ausschließlich aus der Theatermaschinerie schöpft.[65] Diese wird ihm zum Explikationsmodell aller einschlägigen Eigenschaften der Maschine. Wortwörtlich übernimmt er seine Definition aus dem Werk des Festtheoretikers Menestrier: „Allgemein nennt man Maschine all dasjenige, was seine Bewegung allein aus der Kunstfertigkeit der Menschen schöpft wie die Theaterkulissen, [als da sind] die Wagen, die Wolken, die Schiffe."[66] Die ‚Organüberbietung', d.h. die maschinelle Überbietung des Menschen in Präzision, Genauigkeit und Kraft, die seit Georg Agricolas Büchern über den Bergbau Signum der Maschine ist und die in der *Theatrum machinarum*-Literatur eindrucksvoll durch die Räderwerkgetriebe der Mühlen in Szene gesetzt wird, sieht Furetière idealiter in den Flugapparaten der theatralen Universalmaschinerie verwirklicht. Diese führten die den Maschinen inhärente Übermenschlichkeit (zugleich sinnbildlich als Attribut des Göttlichen) am deutlichsten vor Augen, denn sie dienten den Menschen dazu, „Dinge zu tun, die ihre eigenen Kräfte übersteigen wie die Flüge, die Herabkünfte etc."[67] Zwar erwähnt Furetière in einem Unterartikel auch noch die *Machines de Ballet,* Maschinen, die Staunen und Überraschung bei den Zuschauern auslösten, da sie das Geheimnis ihres Tätigseins gerade nicht offenbarten – „Erfindungen zum Dekorationswechsel, zum Fliegen durch die Luft, zum Bewegen von Tieren und andere Kunstfertigkeiten, die die Zuschauer überraschen und unterhalten, da sie deren Geheimnis nicht kennen"[68] –, doch sind diese gleichsam

65 „[A]ssemblage de plusieurs pieces fait par l'art des Mechaniques, qui sert à augmenter la vertu des forces mouvantes." Antoine Furetière. „MACHINE". *Le dictionnaire universel* […]. Bd. 2. Den Haag u. Rotterdam, 1690 [o.P.].

66 „On donne le nom de machine en general à tout ce qui n'a de mouvement que par l'artifice des hommes, comme les scenes & les Theatres mobiles, les chars, les nuës, les vaisseaux, & aussi ce qui sert aux hommes pour faire des choses qui sont au dessus de leurs forces, comme les vols, les descentes, &c." Furetière (1690). Bei Menestrier heißt es entsprechend: „On donne le nom de Machines à tout ce qui n'a de mouvement que par l'artifice des hommes. Les Scenes, & les Theatres mobiles, les Chars, les Nues, les Vaisseaux, par quelque voye qu'ils soient mûs, sont veritablement Machines, parce qu'estant de leur nature des estres morts, & immobiles, soit qu'ils soient mûs par des ressorts, par des poids, par le vent, par l'eau, par le feu, ou par des animeaux, c'est de l'industrie des hommes qu'ils reçoivent ces mouvemens." Menestrier (1669), S. 142. Furetières Maschineneintrag ist insgesamt sehr dem antiken Maschinenverständnis verpflichtet. So nennt er an zweiter Stelle seines Artikels die „MACHINE INFERNALE", die Höllenmaschine der Artillerie. An dritter Stelle nennt er schließlich Theatermaschinen im engeren Sinne, er nennt sie *Machines de Ballet.* Der vierte Unterartikel, der zugleich der längste ist, ist dem *Deus ex machina* gewidmet: „MACHINE, se dit en termes de Poësie Dramatique, & Epique, de l'artifice par lequel on a recours à quelque Puissance superieure, ou à une Divinité pour executer une chose qui est aus dessus des forces de la nature."

67 „[C]e qui sert aux hommes pour faire des choses qui sont au dessus de leurs forces, comme les vols, les descentes, &c." Diese Theatermaschinen stehen Pate für eine Reihe von anderen, die ebenfalls dazu dienen, die menschliche Kraftanstrengung zu ersetzen (und zu potenzieren): „Le levrier, le coin, la vis, la poulie, les moufles, les verrins, le guindal, les gruës, le capestan, sont des *machines* fort necessaires. Le pressoir, la calandre sont des puissantes *machines*." Furetière (1690).

68 „[D]es inventions pour faire changer les decorations, faire des vols en l'air, faire mouvoir des animaux, & autres artifices qui surprennent & divertissent les spectacteurs qui n'en sçavent pas le secret." Furetière (1690). Die Geheimhaltungstendenz, die den Verwandlungszauber der Bühne gerade auch unter Architekten umgab, beklagt noch Christian Ludwig Stieglitz. *Encyklopädie der bürgerlichen*

nur der Spezialfall des auf Verwunderung angelegten technischen Apparates. An höchster Stelle, so heißt es schließlich zum Ende des Eintrages in Übernahme der Maschinenhierarchie der *Theatrum machinarum*-Literatur, stünden die Automaten, z. B. Uhren, „die schönsten Maschinen, die je erfunden worden sind",[69] deren Funktionieren also ohne die andauernde Intervention menschlicher Hand gewährleistet ist.[70] Noch bis in die *Encyclopédie* der Aufklärer Diderot (1713–1784) und d'Alembert (1717–1783) lässt sich belegen, dass die Maschine vor allem als Spektakel eine Rolle spielt.

Begriff und Metapher

Furetières bemerkenswerte lexikalische Verknüpfung von Spektakel und Maschine, die sich vor allem an dem Erlebniswert der Maschine festmacht, erscheint vor dem begriffsgeschichtlichen Horizont von ‚Theater' und ‚Maschine' noch einmal in anderem Licht. Beiden Begriffen kommt in dem hier behandelten Zeitraum auf je spezifische Weise eine Wissen ordnende und Orientierung stiftende Funktion zu. Gerade mit Blick auf die experimentelle Wissensproduktion ist die begrifflich-metaphorische Interferenz von ‚Theater' und ‚Maschine' bedeutsam. Zum einen liegt dies an der semantischen Dimension der Täuschung, der List, die auch dem Maschinenbegriff seit der Antike eigen ist. Zum anderen berühren sich diese beiden Begriffe in ihrer Funktion als Ordnungs- und Weltdeutungsmetapher. Als Spezialfall der mit *Theatrum* titulierten enzyklopädisch ausgerichteten Kompilationswerke, die zwischen 1500 und 1700 in großer Dichte erscheinen, führt die *Theatrum machinarum*-Literatur schließlich beide Stränge zusammen.

Die ältesten konkreten Verwendungen des Wortes ‚Maschine' (von griech. *mechané*) in der Antike beziehen sich auf Theater- und Kriegsmaschinen. ‚Maschine' meint hier ein funktionierendes künstliches Gebilde, welches von seinem Erfinder auf den Effekt hin angelegt ist und die Möglichkeit der Täuschung impliziert:

Baukunst. 6 Bde. Leipzig, 1792–1798, Bd. 4 (1797), S. 533–701, wenn er erwähnt, dass bei Leonhard Christoph Sturms Besuch im *Salle des Machines* in den Tuilerien „die Mechanics des Maschinenwerks viel mehr als ein Geheimnis angesehen und also nicht jedem zu beschauen erlaubte ward."

69 „[L]es plus belles *machines* qui ayent jamais eté inventées." Furetière (1690). Peter Rück. „Die Dynamik mittelalterlicher Zeitmaße und die mechanische Uhr". *Die Mechanik in den Künsten. Studien zur ästhetischen Bedeutung von Naturwissenschaft und Technologie*. Hg. v. Hanno Möbius u. Jörg Jochen Berns. Marburg, 1990, S. 17–30, unterstreicht die paradigmatische Bedeutung der Uhr für die Mechanik zwischen 500 und 1500. Eine Analogisierung von mechanischer Räderuhr und den Bewegungen der Himmelskörper wurde wohl erst durch Oresme um 1350 vorgenommen. Zum Signum eines *geregelten Funktionierens* wurde die Räderuhr aber erst im 16. Jahrhundert. Siehe Popplow (1993), S. 15 u. 20.

70 Eine Maschine bezeichnet ferner etwas Gravierendes, Gewichtiges oder eine schwerwiegende Sache, dies sowohl ideell als auch materiell: „MACHINES, se dit aussi des choses pesantes & difficiles à remuer. Un galion est une puissante *machine*. La grosse cloche de Roüen, les Obelisques de Rome sont de puissantes *machines*, qu'on a de la peine à remuer, à transporter." Furetière (1690).

„verdeckt der Effekt die Bewegung, ist die Maschine ein Täuschungsinstrument, stimmen beide überein, ist die Maschine sozusagen ehrlich.“[71] Dieser konkrete Sinn, der heute noch im *Deus ex machina* überliefert ist, löst sich bei der Übertragung des Begriffes ins Lateinische gewissermaßen auf. Im Unterschied zum Theaterbegriff findet der Maschinenbegriff zwischen Antike und Früher Neuzeit nur sehr eingeschränkt Verwendung. Vor allem als Bezeichnung für Belagerungsmaschinen (vor allem Rammbock, Belagerungsturm, Schutzhütte) ist er in den mittelalterlichen Quellen nachweisbar, verliert hier aber jede Beziehung von einem technischen Hilfsmittel (*machina*) zu einer Lehre theoretischer Wirkungsprinzipien (Mechanik).[72] Auch geht die semantische Dimension des Listigen und Täuschenden samt der Theatermaschine so gut wie verloren und wird erst im Zuge der Antikenrezeption des 15. und 16. Jahrhunderts wieder erinnert (Abb. 3).[73] Erst um 1500 lässt sich eine ‚moderne' Verwendung von *machina* auf Bewegungen im Sinne der geregelten, ständig wiederholten Abläufe von Getriebemechanismen in Maschinen belegen. Ähnliches gilt für die Räderwerkautomation der Uhr, die seit der Mitte des 14. Jahrhunderts ihren kulturprägenden Einfluss auf Denk- und Handlungsweisen auszuüben begonnen hatte und die erst jetzt die Bedeutungsdimension eines ‚geregelten Funktionierens' erhält.

Auch als metaphorisches Modell weist die ‚Maschine' zu Beginn der Frühen Neuzeit Bezüge zur Theatermetapher auf. Die seit der Antike nachweisbare *theatrum mundi*-Metapher,[74] die mit Bezug auf ihre ursprünglich rhetorische Verwendung durch den Humanismus wiederbelebt und neu akzentuiert wird, trägt als ein „distanzgewährendes Orientierungsmodell“ unter positivem wie negativem Vorzeichen in der kulturellen Umbruchsphase des 15. und 16. Jahrhunderts entscheidend zur begrifflichen Erfassung und Deutung von ‚Welt' bei. Im Zeichen disparater Erfahrungsräume und fragwürdig erscheinender Glaubensprinzipien unterstützt die Theatermetapher „ganz konkret das Bemühen, sich einen Begriff von der Welt zu machen.“[75] In diesem Punkt berühren sich die Theater- und die Maschinenmetapher. So spricht etwa Erasmus von Rotterdam von „dieser wunderbaren Bühne der Welt“

71 Schmidt-Biggemann (1980), S. 790.

72 Popplow (1993), S. 10.

73 Vgl. Karl-Heinz Ludwig u. Markus Popplow. „Maschine“. *Lexikon des Mittelalters.* 10 Bde. Hg. v. Robert-Henri Bautier. Stuttgart u. Weimar, 1980–1999, Bd. 6. (1993), S. 362f. In frühmittelalterlichen Rechtstexten und in theologischen Traktaten wurde *machina* zuweilen noch in diesem Sinn verwendet, zumeist mit Hinweis auf Machenschaften des Teufels oder der Häretiker. In hochmittelalterlichen Quellen sind solche Belege nicht mehr zu finden. Noch bei Johann Heinrich Zedler (1706–1763) findet sich allerdings die Bedeutung der Maschine als ‚List'.

74 Siehe Ernst Robert Curtius. *Europäische Literatur und Lateinisches Mittelalter.* 11. Aufl. Tübingen u. Basel, 1993, S. 148–154.

75 Helmar Schramm. „Theatralität“. *Ästhetische Grundbegriffe.* 7 Bde. Hg. v. Karlheinz Barck u. a. Stuttgart u. Weimar, 2005, Bd. 6, S. 48–73, hier S. 50. Siehe zur *theatrum*-Metapher in der Frühen Neuzeit den grundlegenden Artikel von Thomas Kirchner. „Der Theaterbegriff des Barocks“. *Maske und Kothurn* 31 (1985), S. 131–140, sowie Ann Blair. *The Theater of Nature. Jean Bodin and the Renaissance Science.* Princeton, 1997, S. 153–179.

Von der Architectur/das xviij. Cap. 607

Augenſcheinlich Exempel mancherley geſtalt wunder-barlicher Machination/ ſeltzamer Kriegßrüſtung der Alten/zu Waſſer vnd Landt/ vor Erfindung des Geſchützes im brauch geweſen.

daß man in den Theatris ſolche Kranen gebraucht hab/wo man etwas in die höhe in einem Schawſpiel auffheben oder verzucken wolte. Andere deuten dieſen Rüſtzeug auff den Balcken mit den Hacken/ ſo man auff den groſſen Meerſchiffen zu vorderſt am ſpitzen auffhencket. Vnd wo man in einem Schiffkrieg zuſammen trifft/ in der Feind Schiff zu beyden theilen fallen laſſet/damit keins vom andern weichen möge. Aber dieſer ding aller beſchaw zu beſſerm verſtand nechſt fürgeſetzte Figur. Hie merck weiter/Günſtiger Leſer/dieweil die nechſt beyde folgende Capitel weiters

Ee iiij nicht

Abb. 3 Illustration zur deutschen Übersetzung von Vitruvs Architekturwerk durch Walther Hermann Ryff (1614). Der antike Sinn der *machina* als Kriegs- und Theatermaschine wird hier anschaulich. Die bei Vitruv durch Tier-Attribute ausgezeichneten Maschinen werden graphisch interpretiert.

als *mirabilem hanc mundi machinam*, an der sich Menschen, aber auch die Götter erfreuen.[76] Entgegen eines modernen technizistischen Verständnisses rekurriert er hier auf die im Mittelalter vorherrschende Bedeutung der *machina* als eines „Weltengerüstes", welches die Stabilität und Dauerhaftigkeit des Weltgefüges hervorhebt. Erst nach 1500 beginnt sich die Metapher der ‚Weltmaschine' an dem neuartigen Maschinenverständnis der Renaissance zu orientieren, setzt sich folglich ein Verständnis der Welt als *machina mundi* durch, welches die ewige Bewegung mit der mechanischen Tätigkeit einer Maschine gleichsetzt. Gott wird gleichsam zum obersten Ingenieur einer Weltmaschine.[77] Valentin Weigel denkt entsprechend über die Konstruktion der „Machina mundi" nach.[78] Damit kündigt sich eine Dominanzverlagerung an. Zwar ist die Theatermetapher in der dramatischen Dichtung des 17. Jahrhunderts ungebrochen virulent, wird nachgerade zur barocken Leitmetapher für ‚die Welt als Bühne', doch beginnt die Maschinenmetapher ihr dieses ‚Weltdeutungspotential' streitig zu machen. Johannes Kepler (1571–1630) beschreibt 1615 das kosmische Wirken im Bild der Räderwerkautomation, bei Descartes erfährt die Maschinenmetapher eine Ausdehnung auf die gesamte Physik. Parallel dazu lässt sich ab der Mitte des 17. Jahrhunderts beim Theaterbegriff eine Verschiebung von der metaphorischen zu einer eher rhetorisch-instrumentellen Verwendung beobachten, welche gewissermaßen als Antwort auf die Institutionalisierung des Theaterwesens und den damit einhergehenden Fragen nach sozialer und politischer Nutzanwendung verstanden werden kann.[79] Helmar Schramm bemerkt darüber hinaus, dass die Idee des *theatrum mundi* die Geschichte des real existierenden Mechanismus durchläuft, mit der eine Profanierung, Banalisierung und schließlich auch eine Ironisierung einhergeht. Spürbar wird dies etwa in der 1624 herausgegebenen *Physiologia* des jesuitischen Universalgelehrten Athanasius Kircher (1602–1680), einer „Weltbühne der Paradoxien" (*spectacula paradoxa rerum*), die auch den technischen Entwurf einer Metaphernmaschine enthält.[80] Die hier markierten Interferenzen zwischen den begriffsgeschichtlichen Modellen eines *theatrum mundi* (*machina mundi*) und der Welt *sub specie machinae*, die gleichsam die „Hintergrundmetaphorik"[81] der Theatermaschine darstellen, stehen auf der Symptomebene sprachlicher Äußerungen für tiefgreifende kulturelle und insbesondere ästhetische Veränderungen. In diesem Kontext kann auch die Herausbildung qualitativ neuartiger Theaterarchitekturen im 16. und 17. Jahrhundert als praktische Arbeit am Begrifflichen verstanden werden.

76 Vgl. Schramm (2005), S. 53.

77 Siehe Popplow (1993), S. 14f.

78 Valentin Weigel. „Vom Ort der Welt (1573)". *Valentin Weigel. Sämliche Schriften.* 7 Bde. Hg. v. W.-E. Peuckert u. W. Zeller. Stuttgart-Bad Cannstatt, 1962–1978, Bd. 1 (1962), S. 13.

79 Vgl. Schramm (2005), S. 56.

80 Siehe Gustav René Hocke. *Die Welt als Labyrinth. Manier und Manie in der europäischen Kunst. Beiträge zur Ikonographie und Formgeschichte der europäischen Kunst von 1520–1650 und der Gegenwart.* Reinbek b. Hamburg, 1957, S. 123. Vgl. auch Schramm (2005), S. 54.

81 Zur Maschinenmetaphorik als organische und mechanische Hintergrundmetaphorik siehe Hans Blumenberg. *Paradigmen zu einer Metaphorologie.* 2. Aufl. Frankfurt a. M., 1998, S. 91–110.

Ganz direkt begegnen sich die frühneuzeitliche *theatrum*-Metapher und der Maschinenbegriff nun im Rahmen der als *Theatra* gekennzeichneten, enzyklopädisch angelegten Kompilationswerke.[82] Begründet durch Jacques Bessons (1510–1576) postum erschienenes *Theatrum instrumentorum et machinarum* (1578) und bis hin zu Jacob Leupolds neunbändigem *Theatrum machinarum* (1724–1739),[83] stehen die *Theatra* exemplarisch für ein gewandeltes Maschinenverständnis.[84] Diese Maschinen- und Instrumentensammlungen bieten eine Art Enzyklopädik des frühneuzeitlichen Maschinenparks in Darstellungen und Konstruktionserläuterungen gleichermaßen praktikabler wie auch phantastischer Apparaturen. Sie lösen die technischen Bildhandschriften des Spätmittelalters ab, die sich vor allem der Darstellung militärtechnischer Anlagen, insbesondere der Belagerungstechnik, widmen.[85]

Unter den ungeheur vielfältigen Erscheinungsformen der *theatrum*-Metapher als Buchtitel steht die Sammlungsfunktion sicherlich an erster Stelle.[86] Verbreitet sind die *Theatra* darüber hinaus etwa im Zusammenhang frühneuzeitlicher Geschichtsdarstellungen, als Atlas und Landkarte, als Gedächtnistheater, als Theater der Natur bzw. des Kosmos.[87] Ein übergreifendes Merkmal dieses sehr heterogenen Gegenstandsfeldes scheint darin zu bestehen, dass die *theatrum*-Metapher

82 Zur Ordnung und Repräsentation von Wissen durch die mit *Theatrum* betitelten enzyklopädisch ausgerichteten Werke in der Frühen Neuzeit siehe die Klassifizierungsversuche bei William N. West. *Theatres and Encyclopedias in Early Modern Europe*. Cambridge/Mass. u. a., 2002, sowie Markus Friedrich. „Das Buch als Theater. Überlegungen zu Signifikanz und Dimension der Theatrum-Metapher als frühneuzeitlichem Buchtitel". *Wissenssicherung, Wissensordnung und Wissensverarbeitung. Das europäische Modell der Enzyklopädien*. Hg. v. Theo Stammen und Wolfgang E. J. Weber. Berlin, 2004, S. 205–232.

83 Jacques Besson. *Theatrvm Instrvmentorvm et Machinarvm* [...]. Lyon, 1578; Jacob Leupold. *Theatrum Machinarum* [...]. 9 Bde. Leipzig, 1724–1739.

84 Während die Maschinenbücher begriffsgeschichtlich mehrfach untersucht wurden, steht eine umfassende Behandlung ihrer Ikonographie noch aus. Vgl. hierzu jetzt die Hinweise bei Jutta Bacher. „Das Theatrum Machinarum – Eine Schaubühne zwischen Nutzen und Vergnügen". *Erkenntnis, Erfindung, Konstruktion. Studien zur Bildgeschichte von Naturwissenschaften und Technik vom 16. bis zum 19. Jahrhundert*. Hg. v. Hans Holländer. Berlin, 2000b, S. 255–297, sowie zur Bildpraxis des noch nicht kodifizierten frühneuzeitlichen Ingenieurwesens: Lefèvre (2004).

85 Siehe Marcus Popplow. „Militärtechnische Bildkataloge des Spätmittelalters". *Krieg im Mittelalter*. Hg. v. Hans-Henning Kortüm. Berlin, 2001, S. 251–268 u. 301–309, sowie Rainer Leng. *Ars belli. Deutsche taktische und kriegstechnische Bilderhandschriften und Traktate im 15. und 16. Jahrhundert*. 2 Bde. Wiesbaden, 2002.

86 Vgl. etwa Harriet Roth. *Der Anfang der Museumslehre in Deutschland. Das Traktat „Inscriptiones vel Tituli Theatri Amplissimi" von Samuel Quiccheberg*. Berlin, 2000, mit weiteren Beispielen.

87 „Im frühneuzeitlichen Umgang mit dem vorhandenen Wissen kamen so scheinbar unvereinbare Dinge wie humanistische Lese- und Exzerpierpraxis, Weltdeutung gemäß spekulativen Prinzipien, natürliche Gotteserkenntnis und moralische Gotteserkenntnis zwanglos zusammen." Friedrich (2004), S. 232. Die Erforschung der wissensordnenden Funktion der *theatrum*-Metapher steht noch am Anfang. So ist z. B. ihre Spezifik gegenüber der älteren *speculum*-Metapher unklar (ebd., S. 206). Aber auch der Einfluss des Theaters und der Materialität konkreter Architekturen auf die Architektonik des Buches ist (mit bedeutsamen Ausnahmen) kaum erforscht (siehe hierzu unten das Kapitel 2). Zur enzyklopädischen Ordnung gelehrten Wissens nach Einführung des Buchdrucks siehe grundlegend: Helmut Zedelmaier. *Bibliotheca universalis und Bibliotheca selecta. Das Problem der Ordnung des gelehrten Wissens in der Frühen Neuzeit*. Köln, Weimar u. Wien, 1992.

sowohl darstellungs- als auch gegenstandsbezogen fungiert. So kann sowohl das Verhältnis des Lesers zum Buch bezugnehmend auf die *theatrum*-Metapher gedeutet werden als auch der Gegenstand selbst, der zur ‚Bühne' wird.[88] Die Form der Darstellung der Maschinen in den *Theatra* hat insofern also auch Anteil an der Bestimmung dessen, was hier als Maschine begriffen wird.

Inventiert, zusammengestellt und erläutert wurden die Maschinen in der Regel von Architekten-Ingenieuren.[89] Das Verständnis dessen, was eine Maschine auszeichnet, ist dabei stark den im 16. Jahrhundert wiederentdeckten, pseudo-aristotelischen *Quaestiones mechanicae* verpflichtet.[90] Waren diese im Mittelalter nahezu unbekannt geblieben, werden sie nun, in mehrere moderne Sprachen übersetzt, zum einflussreichen Nukleus technischer Literatur. Ähnlich bedeutsam für das hier zum Ausdruck kommende Maschinenverständnis ist die Übersetzung und Kommentierung von Vitruvs *De architectura* (1486), dessen zehntes Buch sich hauptsächlich der Kriegsmaschinerie widmet.

Beide Texte sind in ihren Definitionen der ‚Maschine' keinesfalls eindeutig. Gemeinsam ist ihnen aber, dass sich mit der Maschine Wirkprinzipien der Natur nachahmen und diese mit Bezug auf ein Publikum Verwunderung auslösend in Szene setzen lassen können.[91] Bei Aristoteles heißt es:

> Verwunderung erregen natürliche Vorgänge, wenn ihre Ursache nicht erkannt ist, und naturwidrige, wenn sie durch menschliche Kunst dem Menschen zum Nutzen sich abspielen. In vielen Fällen bewirkt die Natur nämlich das Gegenteil von dem, was für uns nutzbar ist; denn die Natur nimmt stets und ohne Ausnahme denselben Lauf, während die Nutzbarkeit vielfältigen Veränderungen unterworfen ist. Wünscht man nun, etwas gegen die Natur zu unternehmen, so bereitet es wegen der Schwierigkeit einige Verlegenheit und bedarf unserer Kunst. Deshalb nennen wir auch denjenigen Teil der ‚Kunst', welcher uns bei derartigen Verlegenheiten zu Hilfe kommt, ein mechanisches Hilfsmittel (μηχανή).[92]

88 Vgl. Friedrich (2004), S. 205ff. Darüber hinaus fand der *Theatrum*-Titel mitunter als reines Modephänomen Anwendung, wie Friedrich zu Recht betont.

89 Vgl. zu diesem weiten, im vitruvianischen Ideal stehenden Berufsbild: Ulrich Schütte. „Architekt und Ingenieur". *Architekt und Ingenieur. Baumeister in Krieg und Frieden* [Ausst.kat.]. Hg. v. d. Herzog August Bibliothek Wolfenbüttel. Wolfenbüttel, 1984, S. 18–31.

90 Einführung und Kommentar durch Fritz Krafft. *Dynamische und statische Betrachtungsweise in der antiken Mechanik.* Wiesbaden, 1970, insbesondere S. 1–45 u. 137–168, der für die Echtheit des Textes plädiert. Zur ‚Wiederentdeckung' und Bedeutung der pseudo-aristotelischen *Mechanik* im 15. Jahrhundert vgl. Paul Lawrence Rose u. Stillman Drake. „The Pseudo-Aristotelian *Questions of Mechanics* in Renaissance Culture". *Studies in the Renaissance* 18 (1971), S. 65–104; zur Bedeutung der *Quaestiones* für die Maschinenliteratur im 16. u. 17. Jahrhundert siehe Heribert M. Nobis. „Die wissenschaftstheoretische Bedeutung der ‚Quaestiones Mechanicae'". *Der Wissenschaftsbegriff. Historische und systematische Untersuchungen.* Hg. v. Alwin Diemer. Meisenheim, 1970, S. 47–63.

91 Dies hat Popplow (1998), S. 147–168, herausgearbeitet.

92 Zit. n. Krafft (1970), S. 21f., der hier eine Verbesserung der einzigen deutschen Übersetzung (Aristoteles. *Mechanische Probleme (Quaestiones Mechanicae).* Hg. u. übs. v. Friedrich Theodor Posel-

Ein Wirken ‚gegen die Natur' zielt hier vor allem auf die überraschende und für den ‚Laien' nicht einsehbare Apparenz maschineller Kunst.[93] Als ‚erstes Phänomen' und sowohl Grundlage der Natur als auch der Maschine bestimmt Aristoteles den Kreis. Der Kreis vereine Statik und Bewegung, Vorwärts- und Rückwärtsbewegung in sich und sei aufgrund dieser Vereinigung von Gegensätzen außergewöhnlich und bemerkenswert, er sei das erste aller Wunder. Die Maschine verberge die Fähigkeit des Kreises, sie zeige nur dessen Effekt und erscheine deshalb als ein Wunder:

> Diese dem Kreise zugrundeliegende natürliche Anlage machen sich nun die Ingenieure zunutze beim Bau einer Maschine [*órganon*], deren (Antriebs)Prinzip sie verborgen halten, damit von dem Mechanismus [*mechánema*] nur das Wunderbare [*thaumastón*] sichtbar, die Ursache aber im Dunklen bleibt.[94]

Die heterogenen Maschinen-Definitionen Vitruvs schließen an (Pseudo-)Aristoteles an und bieten eine Untergliederung in Hebe-, Zug- und pneumatische Maschinen:

> Eine Maschine ist ein beständiges, (in sich geschlossenes), aus Holz zusammengesetztes Gebilde, das besonders befähigt ist, Lasten zu bewegen. Sie wird durch kreisförmige Umdrehungen, die die Griechen *kyklikḗ kínesis* nennen, künstlich in Bewegung gesetzt.[95]

Bereits bei Georg Agricola (1494–1555), der sich in seinem Bergbau-Traktat *De re metallica* (erschienen 1556) mit einer für das 16. und 17. Jahrhundert überaus prominenten Technik befasst, wird diese Bedeutung deutlich.[96] Er übernimmt im sechsten Buch die Einteilung der *machinae* durch Vitruv, ordnet ihnen aber in technischer und funktionaler Hinsicht ganz andere Vorrichtungen zu. *Machina*

ger. Hannover, 1881) bietet. Vgl. ferner die griechisch/englische Parallelausgabe: Aristotle. *Minor Works. On colours, On things heard, Physiognomics, On plants, On marvellous things heard, Mechanical Problems, On indivisible lines, Situations and names of winds, On Melissus, Xenophanes, and Gorgias. With an English translation by M.S. Hett.* London u. Cambridge/Mass., 1936 [1980] (= The Loeb Classical Library), S. 327–411, hier S. 331.

93 Popplow (1998), S. 152 schreibt hierzu: „So erscheint die Rede vom Handeln gegen die Natur [...] vielmehr in den Gedanken der Imitation der Natur eingebettet."

94 Krafft (1970), S. 23f. Zur Diskussion des Einflusses von pseudo-aristotelischer und vitruvianischer Mechanik auf die Maschinenbücher siehe Popplow (1998), S. 98–115. Popplow kommt nach gründlicher Quellenprüfung zu dem Befund, dass der vielschichtige Maschinenbegriff Vitruvs, im Gegensatz zum modernen und in den Maschinenbüchern des 16. und 17. Jahrhundert zum Ausdruck kommenden Verständnis, noch nicht den Anspruch auf Selbsttätigkeit kannte (S. 103).

95 Vitruvius. *De architectura libri decem. Zehn Bücher über Architektur.* Hg., übs. und mit Anm. vers. von Curt Fensterbusch. 5. Aufl. Darmstadt, 1996, S. 459.

96 Die folgenden begriffgeschichtlichen Ausführungen orientieren sich an Jakob (1991), S. 119–145, und Popplow (1998), S. 16–21.

meint hier vor allem die Mechanisierung der durch Wasser- und Körperkraft angetriebenen Vorgänge.[97] Diesem in der deutschen Übersetzung (1557) „Zeug" oder „Gezeug" genannten technischen Hilfsmittel oder Gerät unterliegt der Maßstab der Organüberbietung, wenn es „weitt alle menschliche kräfft übertriffet."[98] Das Attribut der Künstlichkeit, anhand dessen Agricola eine Unterscheidung zum bloßen Werkzeug einführt – „Gezeuge so berg vnnd wasser hebe / seindt viel / vnd mancherley formen / vnd etlich auß inen sehr künstlich"[99] –, umschreibt die besondere handwerkliche Kunstfertigkeit, mit welcher die Maschine erzeugt wird und schließt an die pseudo-aristotelische Unterscheidung von Instrument und Maschine an. Ferner zeigt dies bereits die kunstfertig-technische Überlistung der Betrachter auf, die Heinrich Zeising (gest. 1613) in seinem *Theatrum machinarum* von 1607 in Anlehnung an die *Quaestiones mechanicae* formuliert: „Denn die Kunst vermag die Natur zubezwingen / in denen dingen / in welchen der Mensch von der Natur bezwungen wird."[100] Bei Zeising, dessen *Theatrum* im Laufe von hundert Jahren vier Auflagen erreicht, findet sich auch die für das ganze Jahrhundert geltende Reformulierung Virtruvs: „Das Machina sey ein rüstzeug / von Materi (alß Holtz/Eisen oder dergleichen) zusammen geordnet / welches grosse krafft und vermögen hat / schwere vnd grosse Lasten zu bewegen."[101] Zeising, der den ersten Teil seines *Theatrum* mit „Vilerley künstliche MACHINAE" übertitelt, stellt hebende und transportierende Maschinen (z. B. Haspel, Zugwinde und Flaschenzug) in den Mittelpunkt, deren Leistung in den Kupferstichillustrationen Eindruck heischend inszeniert wird.

Für die rasche Verbreitung des bei Zeising noch durchgehend lateinisch verwendeten Begriffes *machina*, *machinae* sorgten Techniktexte, die direkt auf französische oder italienische Vorbilder zurückgehen. Salomon de Caus, dessen Maschinenbuch (1615) noch im gleichen Jahr in deutscher Übersetzung erscheint, fasst alle von ihm beschriebenen „so wol nützlichen alß lustigen Machiner" einheitlich unter den Begriff *machina*.[102] Bei de Caus findet sich die Untergliederung in Hebemaschinen, pneumatische Maschinen und Automaten (*Banauson*), eine qualitative und spektakuläre Steigerung, die auf ähnliche Weise auch das Werk Zeisings gliedert. In Georg Andreas Böcklers *Theatrum machinarum novum*

97 Siehe Popplow (1998), S. 17.

98 Georg Agricola. *Vom Bergkwerck 12 Bücher* […]. Basel, 1557, S. 146. Zu den unterschiedlichen Gerätschaften, die im Lateinischen als *machina* bezeichnet werden, siehe das anhängende Fachwortregister unter der Überschrift „An den günstigen leser": „Wie alle künste vnd handtwerck ihre Instrument vnd nammen habendt / also hatt auch die kunst deß Bergwercks für andere mehr instrument vnd gezeuge / vnd deßhalben auch mehr eigne nammen und uocabeln."

99 Agricola (1557), S. CXXII.

100 Heinrich Zeising. *Theatri machinarum* [6 Teile]. 3 Bde. Leipzig, 1607–1614, Teil I, S. 17.

101 Zeising (1607), Teil 1, S. 3.

102 „Ist aber eine Machina […] eine feste coniunction oder Zusammenfügung ettlicher materialien / es sey gleich von Holtzwerck oder andern Sachen / welche entweder durch sich selbst / oder durch etwas anders seine gewisse Bewegung hat", heißt es in der Vorrede zur deutschen Übersetzung von Salomon de Caus. *Von gewaltsamen Bewegungen* […]. Frankfurt, 1615, mit Bezug auf Vitruv.

(1661) taucht der Maschinenbegriff nur ein einziges Mal auf. Dessen Synonym ‚Mühle' verdeutlicht aber, dass ‚Maschine' nun weniger in ‚Gegnerschaft' zur Natur verwendet wird, sondern als Sammelbegriff für ein Spektrum funktionaler Bewegungen. Böckler geht es um das Prinzip der geregelten Bewegung, das sich in den Attributen für die unterschiedlichen Arbeitsweisen bzw. Arbeitsverfahren der Mühle spiegelt: Blas-, Bohr-, Mahl-, Mang-, Polier-, Säge-, Schleif-, Schrot-, Stampf- und Walkmühle. Die zweite Gruppe von Kompositbildungen zeigt, dass das Ideal der Selbsttätigkeit unter Einschluss eines ‚natürlichen' Antriebs erlangt wurde: Gewichts-, Hand-, Ochsen-, Pferd-, Ross-, Tret-, Wasser- und Windmühle.[103]

Entscheidend mit Bezug auf den ursprünglichen griechischen Wortsinn eines auf den Effekt hin ausgelegten (‚ehrlichen' oder ‚listig-täuschenden') Gerätes ist aber die Orientierung dieser Bücher am Schaueffekt. Marcus Popplow formulierte seitens der Technikgeschichte die Einsicht, dass „der moderne Maschinenbegriff" sich im „16. Jahrhundert nicht unter Bezug auf eine [...] ‚wissenschaftliche' Begriffsbestimmung" herausbildete, „sondern im Rahmen der publikumswirksamen Darstellung der Ingenieurstechnik."[104] Eine Vielzahl neuer, auf selbsttätiges Funktionieren ausgerichteter Getriebemechanismen, vor allem Vorrichtungen im Wasserbau, aber auch mechanische Bratenwender, Leseräder oder Ventilatoren werden in den Maschinentheatern zum Ausweis ingeniöser Kunst. Unabhängig von ihrer konkreten funktionalen Verwendung herrscht die Tendenz vor, alle als besonders beeindruckend eingeschätzten Erfindungen mit *machina* zu benennen. Gleichwohl diese *machinae* auf symptomatische Weise als Theatermaschinen bezeichnet werden können, finden Theatermaschinen hier im engeren Sinne keinen Platz. Ein lexikalisch stabiler Begriff der ‚Theatermaschine', wie er sich im Laufe des 18. Jahrhunderts als bühnentechnischer Oberbegriff für die große Zahl an standardisierten Verwandlungs-, Erscheinungs-, Flug- und Effektmaschinen herausschält, ist noch nicht etabliert. Zwar sind spektakuläre Flugmaschinen bereits für die *Sacra rappresentazione* der Renaissance dokumentiert und auch der Begriff der Theatermaschine taucht beispielsweise im Titel von Sabbattinis bühnentechnischem Traktat (*Practica de fabricar scene, e machine ne' teatri*) auf, doch ist damit noch nicht die lexikalische Eigenständigkeit gegenüber einem sehr weit gefassten Verständnis von ‚Maschine' gegeben.[105]

103 Bei Böckler ist auf der sprachlichen Ebene bereits jener Wandel angedeutet, der in Jakob Leupolds *Theatrum machinarum* schließlich auch im nüchternen, funktionsorientierten Bildprogramm vollzogen wird.

104 Popplow (1998), S. 99.

105 Vgl. Furètiere (1690). Zur Herausbildung der Fachsprache siehe das Standardwerk von Urs. H. Mehlin. *Die Fachsprache des Theaters. Eine Untersuchung der Terminologie von Bühnentechnik, Schauspielkunst und Theaterorganisation.* Düsseldorf, 1969. Während die Zahl der Abhandlungen zu theaterarchitektonischen Fragen bis zum Ende des 19. Jahrhunderts stetig anschwoll, sind Abhandlungen zu maschinellen Einrichtungen relativ selten. Neben den Werken von Sabbattini, Furttenbach und Motta sind für das 17. Jahrhundert keine vergleichbaren bühnentechnischen Abhandlungen bekannt (vgl. Schmolderer (1994), S. 104). Im 18. Jahrhundert sind hier neben den Enzyklopädisten zu erwäh-

Eindrucksvoll markiert ist die lexikalische Erfassung der Theatermaschine erst durch den Eintrag in der *Encyclopédie* Diderots im letzten Drittel des 18. Jahrhunderts. Im Anschluss an den Maschineneintrag finden sich – gleichsam ausgesondert aus dem Maschinenpark der Frühindustrialisierung – die *Machines de théâtre*. Der von dem Philologen und Dramatiker Nicolas Boindin (1676–1751) verfasste und komparatistisch aufgebaute Eintrag widmet sich ausführlich den Theatermaschinen des griechischen Theaters, um immer wieder die Ähnlichkeit zu den zeitgenössischen Bühnenmaschinen zu konstatieren.[106] Unterschieden werden drei Arten von Maschinen, nämlich mobile Dekorationselemente in der Vertikalen, Hebe- und Senkmaschinen sowie Flugmaschinen für die Horizontale:

> Wie bei uns, so gab es bereits bei den Alten grundsätzlich drei verschiedene Arten [von Theatermaschinen]: Solche, die nicht der Hinabkunft dienten, sondern den Bühnenraum [vertikal] durchquerten; weitere, mit denen die Götterfiguren auf die Bühne herabstiegen und drittens solche, die dazu dienten, Personen in die Luft hinaufzuheben oder herabzulassen, so dass sie zu fliegen schienen.[107]

Als bedeutender Unterschied zu den antiken Maschinen wird das Kulissensystem sowie die neuartige Bewegungsqualität und -variabilität der modernen Theatermaschinen hervorgehoben. Insbesondere aber verdienen die von dem Architekten Radel entworfenen und sieben Jahre später (1772) publizierten 49 *Planches* Beachtung, welche ein von dem antikisierenden Eintrag unabhängiges Bildprogramm zeitgenössischer Theatermaschinen bieten (Abb. 4). Der Bereich des *Spectacle* wird hier auf insgesamt 88 Tafeln summiert, wohingegen der gesamte Bereich ‚Landwirtschaft' inklusive der Darstellungen von Wasser- und Windmühlen, Öl- und Weinpressen gerade einmal 85 Tafeln umfasst.[108] Eine allgemeine Tendenz zur Fachsprache, die sich in der Ausgliederung der Theatermaschine aus dem Spektrum der Maschinen niederschlägt und die mit der Verein-

nen das 16. Kapitel „Von dem Opernhause" von Leonhard Christoph Sturm. *Vollständige Anweisung großer Herren Paläste zu bauen.* Augsburg, 1718; Johann Friedrich Penther. *Ausführliche Anleitung zur Bürgerlichen Baukunst.* Augsburg, 1748; Jacopo Fabris. *Instruktion in der theatralischen Architektur und Mechanique (1760).* Hg. v. Torben Krogh, Kopenhagen, 1930, sowie schließlich der ausführliche Eintrag von Stieglitz (1797), Bd. 4., S. 533–701, die genannte Literatur zusammenfassend.

106 Grundlage des Artikels ist der erste Band der Abhandlung von Nicolas Boindin. *Discours sur la forme et la construction du théâtre des anciens.* Paris, 1761. Als antike Quellen werden Pollux und Sueton (*De Nerone*) namentlich erwähnt.

107 „[L]es anciens en avoient commes nous de trois sortes en général; les unes qui ne descendoient point jusqu'en bas, & qui ne faisoient que traverser le théâtre; d'autres dans lesqu'elles les dieux descendoient jusques sur la scene, & de troisiemes qui servoient à élever ou à soutenir en l'air les personnes qui sembloient voler." Denis Diderot u. Jean LeRond d'Alembert (Hg.). *Encyclopédie ou dictionnaire raisonné des sciences, des arts et des métiers.* Bd. 9. Paris, 1765, S. 800.

108 Siehe Andreas Gipper. *Wunderbare Wissenschaft. Literarische Strategien naturwissenschaftlicher Vulgarisierung in Frankreich.* München, 2002, S. 344. Die Abbildungen der Theatermaschinen finden sich in den *Planches.* Bd. 10. Paris, 1772, S. 56–108.

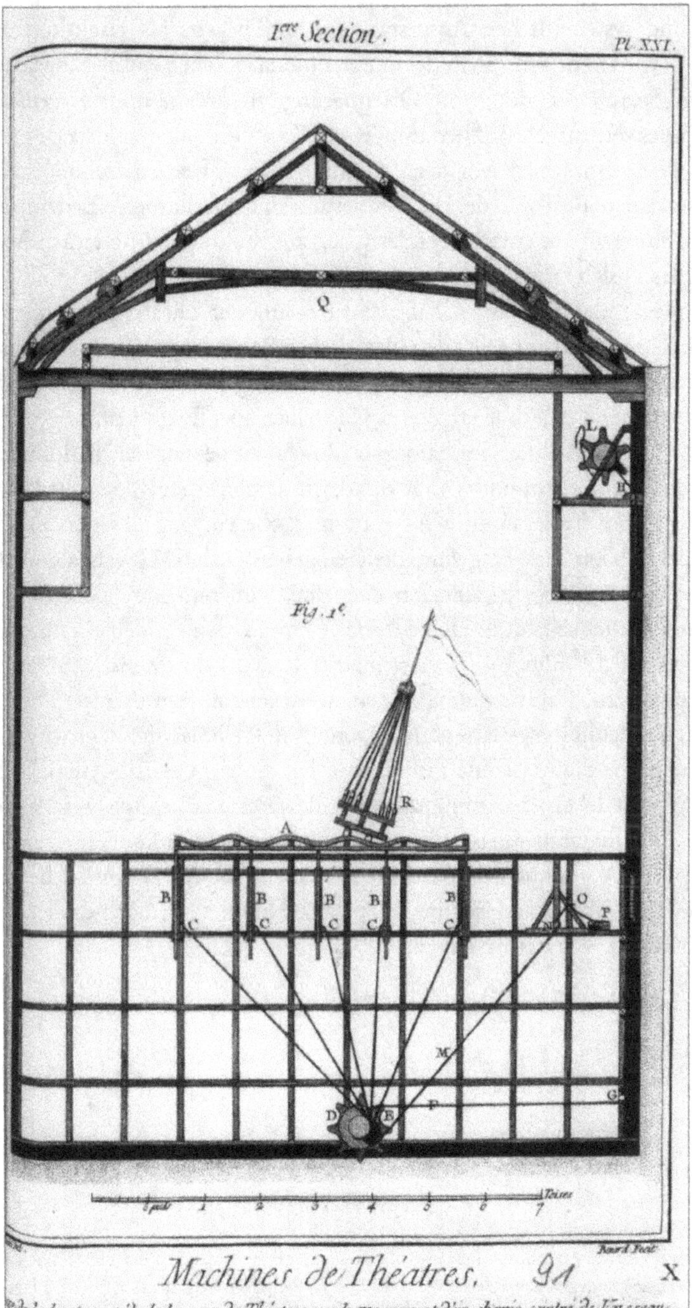

Abb. 4 Theatermaschine aus der *Encyclopédie* (1772). Bei Diderot und d'Alembert stellen Theatermaschinen quantitativ den größten Teil der in den *Planches* abgedruckten Maschinendarstellungen dar. Interessanterweise ist es stets das gesamte Theatergebäude, welches als Maschine dargestellt wird, während die industriellen Maschinen überwiegend separat vom Ort ihrer Anwendung dargestellt werden. Dadurch werden Theatermaschinen ganz explizit als illusionserzeugende Maschinen gekennzeichnet.

heitlichung und systematischen Ausgestaltung des Theaters als Funktionsbau synchron geht, wird in diesen Tafeln der einem rationalistischen Aufklärungsideal verpflichteten *Encyclopédie* durch die Orientierung an *curiosité* und *merveilleux* unterlaufen. Dies verdeutlicht auf herausragende Weise die ikonographische Präferierung der ‚Theatermaschine' vor der ‚Maschine'. Die ‚Theatermaschine' stellt hier so gesehen einen ‚Rest' dar, der die Erinnerung an die funktionale Bedeutung von ‚Theater' sowie an ein entscheidendes Charakteristikum des modernen Maschinenbegriffes in sich trägt.

Paradoxerweise markiert die lexikalische Erfassung der Theatermaschine zur Mitte des 18. Jahrhunderts zugleich den historischen Punkt ihres ‚Verschwindens'. Natürlich bleiben die Kulissenbühne, die Verwandlungs-, Erscheinungs-, Flug- und Effektmaschinen der Bühne erhalten.[109] Sie haben aber ihren herausragenden Stellenwert verloren, der ihnen im barocken Maschinenspektakel als handlungsbestimmender Akteur zukommt. Doch gerade in dem ‚Verschwinden' der Maschine von der Bühne ist der eigentlich symptomatische Vorgang zu sehen, da die Maschine buchstäblich ihre Fragwürdigkeit eingebüßt hat. Das, was als knarrender Spektakelapparat ein Faszinosum darstellte, wird nun im Zeichen eines gewandelten Natürlichkeitsideals als Bedrohung empfunden. In den Raum, den die Maschinen auf der Bühne hinterlassen, tritt (erneut) der Mensch, um sich dort seiner aufgeklärt-idealistischen Ganzheit zu versichern. Jean Baptiste DuBos (1670–1742) kündet in seiner cartesianisch geprägten Gefühlsästhetik gleichwohl von den Spuren, die die Maschine hinterlassen hat. So sieht er „das Genie" der Deklamationskunst in einer „Empfindlichkeit des Herzens", durch welche die Schauspieler „sich maschinenmässig in die Empfindung setzen können, die ihre Rolle verlangt."[110] Die Bühne der Maschine hat sich zu diesem Zeitpunkt bereits radikal ausgeweitet. Von der Maschine als Spektakel kündet nur noch das lexikalische Residuum der ‚Theatermaschine'.

109 Doch bis hin zu Abel Bürja, Professor der Mathematik und Mitglied der Preußischen sowie Russischen Akademie der Wissenschaften, der 1795 sein Perspektivwerk herausgab (Abel Bürja. *Der mathematische Mahler*. Berlin, 1795), haben Wissenschaftler an der mathematisch konzipierten Szene mitgearbeitet. Bürja fasst in seinem Werk noch einmal die wichtigen theoretischen Neuerungen und praktischen Umsetzungen zusammen. Vgl. Dietrich (1970), S. 18.

110 Zitiert nach der Deutschen Übersetzung: Jean Baptiste DuBos. *Kritische Betrachtungen über die Poesie und Mahlerey* [...]. Kopenhagen, 1760, S. 385. Siehe zum Einfluss der Maschine auf die dramaturgische Modellierung: Helmar Schramm. „Demokratie als kategorialer Schein. Zur dramaturgischen Modellierung geselligen Verhaltens". *Cachaça. Fragmente zur Geschichte von Poesie und Imagination*. Hg. v. Bernhard Dotzler u. Helmar Schramm. Berlin, 1996, S. 90–95, hier S. 91.

Die Maschine als Spektakel

Mit der begriffsgeschichtlichen Betrachtung der Maschine ist zugleich der historische Bezugsrahmen für die Maschine als Spektakel abgesteckt. Diesem liegt der Aufstieg der Mechanik zu einer neuen Leitwissenschaft zugrunde. In Guidobaldo Del Montes (1545–1607) *Mechanischer Kunstkammer* (1629 kommentiert und ins Deutsche übertragen von Daniel Mögling), einem der einflussreichsten mechanischen Traktate, welcher weniger durch seine Originalität als vielmehr durch seinen synthetischen Charakter besticht, wird deutlich, inwiefern die Prinzipien der Mechanik die gesamte Tätigkeitswelt durchdringen. Damit einher geht die für das technische Schrifttum der Frühen Neuzeit zentrale Trennung von Hand- und Kopfarbeit:

> Kein Holzhawer (damit wir vom geringsten anfangen) kein Taglöhner / kein Poßler / Sackträger / Ballenbinder / kein Bawer / kein Fuhrman / kein Schiffman / kein Bergman / kein einiger Handwercksman / ja kein einiger Haußman / mag sein obligende Geschäfft zu gewünschtem Ende bringen / ohne Mechanische Hülff vnd Handgriff; kein Bawmeister / kein KriegsObrister kan ohn diese Kunst fortkommen; Summa Summarum / kein einiger Mensch mag in vorigen / jetzigen oder künfftigen Jahren gewiesen werden / der nicht Mechanischer Beförderung / zu fortbringung seines zeitlichen Lebens / entweder vonnöthen gehabt / noch hätte / oder ins künfftig haben würde. Auch die Gelehrten nicht außgenommen / bey denen die Erkantnuß der Mechanischen Principien sehr wol stehet / ob sie schon nit selbst Hand anlegen vnd arbeiten / so sollen sie doch billich wissen / ander Leuth Arbeit geschicklich zu judiciren. Regenten vnd hohe Personen / finden sich selbst dieser Kunst und dero Verstandts vmb so vielmehr benöthiget / vmb wie viel mehr sie ander Leuth Dienst vnd Auffwartens bedörffen / ja vmb wie viel ansehnlichere vnd schwerere Werck sie vor andern gemeinen Leuthen vornehmen vnnd führen.[111]

Der Handarbeit, die durch die Maschine eine sinnvolle Erleichterung erfährt, steht die Kopfarbeit der Ingenieure, die diese Maschinen ersonnen haben, ent-

111 Guidobaldo Del Monte. *Mechanischer Kunstkammer erster Theil / Von Waag / Hebel / Scheiben / Haspel / Keyl / und Schrauffen: Begreiffend die wahre Fundamenta aller Machination. Den Teutschen Künstlern zum besten* […] *auß bewehrten Autoribus* [...] *verfaßt, und mit* [...] *Kupffer Figuren erkläret Durch Danielem Mögling* [...]. Franckfurt am Mayn, 1629, S. 10.

gegen.[112] Entsprechend wenden sich die Verfasser der *Theatrum machinarum*-Literatur an ihre Leser als ein Publikum, welches in den Genuss der Neuheit, Nützlichkeit und Bequemlichkeit der angezeigten Maschinen kommt.[113] Die arbeitserleichternde Leistung der Maschine und die genussreiche Rolle des Zuschauers werden hier harmonisiert. So heißt es etwa bei Heinrich Zeising einleitend:

> [E]s pflegen in einem Theatro, in welchem Schauspiel gehalten werden / fürnemlich dreyerley Personen zu sein: Etliche so da Agiren vnd spielen: Die andern so gebieten vnd weisen: Die dritten so da zusehen. Seind aber nicht diese welche zusehen / dieweil sie aller Sorgen und gescheffte ledig / die aller glückseligsten? Denn die vbrigen sind zum theil mit Sorgen / die andern aber mit mühe vnd arbeit beladen. Eben solches tregt sich auch zu in diesem vnserem gegenwertigen Theatro oder Schaubuch: Denn die ersten Erfinder der künstlichen Machination sind mit grossen und vielfeltigen sorgen beladen gewesen / in dem sie dem grund und fundament der kunst fleissig nachgesinnet / vnd durch vielfeltiges speculieren vielerley Machinas erfunden haben. Nicht ohne grosse mühe vnd arbeit gehet es auch zu / wenn man dieselben Machinas, so von den scharffsinnigen Leuten erfunden / auß ihrer vnd anderer hinderlassenen Schrifften zusammen bringen / vnd auß vielen ein Buch machen wil. Diese Machinas aber nach einander anzuschawen / vnd derselben rationes vnd eigenschafften zu lesen / versehe ich mich werde einen jeden verstendigen mehr lust alß verdrieß bringen.[114]

Zwischen den beiden hier wiedergegeben Positionen, einem programmatischen Nützlichkeits- und Funktionalitätsdenken auf der einen Seite und einem praktischen Streben nach Staunen und Bewunderung auf der anderen Seite, werden die zahllosen Mühlen-, Kriegs- und Unterhaltungsmaschinen in der *Theatrum machinarum*-Literatur in Szene gesetzt. Die hier zur Diskussion stehenden Maschinen lassen eine exakte Unterscheidung von Technizität und Illusionistik kaum zu. Alles, was mechanisch beschreibbar ist, scheint auch technisch realisierbar.[115] Die epistemologische Relevanz der Maschine scheint diesbezüglich genau

112 Vgl. zum Arbeitsverständnis in der *Theatrum Machinarum*-Literatur: Stöcklein (1969), S. 37–41.

113 Popplow (1998), S. 195, betont, dass die in den Maschinenbüchern formulierten Deutungsmuster der Maschinentechnik als „neu, nützlich und erfindungsreich" nicht Ausdruck eines weit verbreiteten Technikverständnisses der frühneuzeitlichen Gesellschaft waren, sondern vielmehr „bestimmte rhetorische Funktionen im Rahmen einer zukunftsorientierten, öffentlichkeitswirksamen Präsentation der Maschinentechnik" erfüllten. Gerade hierin unterscheiden sie sich von den Bilderhandschriften technischen Inhalts des 15. Jahrhunderts.

114 Zeising (1607), *An den günstigen Leser.*

115 Vgl. zu diesem Befund Simon (1996). Martin Burckhardt spricht deshalb von der phantasmatischen und der realen Maschine und dehnt sein Verständnis der Maschine folgerichtig auf symbolische, semantische Dimensionen aus. Als *Geist der Maschine* bestimmt er eben jene transzendentalen

in ihrer geradezu spektakulären, genauer: phantasiedynamisierenden Qualität zu liegen.

Funktion und Admiration

Bereits in den frühen, aus Italien kommenden Maschinenbüchern von Agostino Ramelli (1588; dt. 1620), Fausto Veranzio (1600), Vittorio Zonca (1607) und Giovanni Branca (1629) wird die bewunderungswürdige Tätigkeit der Maschinen aus dem *ingenium* der Ingenieure erklärt. Die mühevolle und kräftezehrende Arbeit der Ingenieure, die immer wieder betont wird, bildet den unsichtbaren inszenatorischen Kontrapunkt zur angestrebten Selbsttätigkeit der abgebildeten Maschinen. So fragt Fausto Veranzio (1551–1617) seine Leser „Vvarumb habe ich dan souil muehe und arbeit die zubeschreiben uerzehret?“[116] Und er beantwortet die Frage durch einen beispiellosen Katalog an Arbeit ersparenden, Bequemlichkeit und Leichtigkeit verheißenden Maschinen. Die Nachahmung, Entfehlerung und Vollendung der Natur durch die Mechanik, sichtbar in den Maschinen, sei „spitzfindig und seltzam“ und bedürfe „scharpffsinnigen Nachdenckens / grosser Kunst / vnd sonderlicher Geschickligkeit“, so Guidobaldo Del Monte.[117] Und seine systematische Darstellung mechanischen Wissens wartet zu diesem Zweck mit einem ganz praktischen Wissen um mechanische Verzauberung auf, welches sich an unterschiedlichen Orten des Buches belegen lässt. „Je kleiner endlich diß Instrument ist / je mehr Verwunderung erweckt es“, heißt es beispielsweise über das staunenerregende Vermögen eines Flaschenzuges.[118]

Heinrich Zeising schildert in der Vorrede zum ersten Teil seiner *Theatri Machinarum* das Vermögen der „Machinalkunst“, durch welches sich Maschinenunkundige beeindrucken ließen:

> Dieweil denn nun des Circkels [i.e. des Kreisprinzips] krafft vnd Natur Contraria vnd widerwertige dinge zulesset: Kan freylich gewiß vnd vnzweifelhafftig sein / daß er auch zur verwunderung die meiste vrsach gebe. Solches ist aber meisten theils dem gemeinen Mann ganz vnwissent und verborgen. Drumb sehen wir auch offt / wie sie gleichsam bestürtzt / Mäuler vnd Nasen auffsperren / vnd sich zu höchsten verwundern / so sie etwan

Aufladungen, die sich die Maschine im Zuge einer mechanischen Begründung der Natur eingehandelt hat. Dieses ‚Unbewusste' der Maschine entstehe dann, wenn die reale Maschine enthistorisiert, also absolut gesetzt werde: „Die phantasmatische Maschine macht der realen Maschine den Prozess.“ Burckhardt (1999), S. 7–29.

116 Fausto Veranzio. *Machinae Novae Fausti Verantii siceni cum declaratione Latina, Italica, Hispanica, Gallica, et Germanica.* Venedig, [1600], S. 1.

117 Del Monte (1629), S. 9.

118 Del Monte (1629), S. 39.

> einen gewaltigen und krefftigen Effect / dieser Kunst der Machination anschawen.[119]

Hier verbindet sich bei Zeising das aristotelische Kraftprinzip mit der abschätzigen Beobachtung des ‚Laien', der die Funktion der Maschine nicht zu entlarven vermag. Am Beispiel dieser Vulgarisierung der aristotelischen *Quaestiones mechanicae* lassen sich entsprechend zwei verschiedene Formen der *admiratio* unterscheiden.[120] Zum einen jene des Ingenieurs bzw. des gebildeten Fachpublikums, welche auf Kennerschaft basiert und welche den Ausgangspunkt eigener Erfindungen darstellt. Zum anderen jene des in Maschinendingen ungebildeten und in bloßer Schaulust agierenden ‚gemeinen Mannes'.

Sinnfällig wird das Verhältnis von Funktion und Admiration in der Relation von Text und Bild. Die meist knapp gehaltenen technischen Erläuterungen der Maschinenbücher, die durch Buchstaben mit den Schaubildern verbunden sind, suggerieren eine Anleitung zur Konstruktion, welche scheinbar dem expliziten Nützlichkeitsanspruch der Maschinenentwürfe entspricht.[121] Doch handelt es sich in der Regel um den bloßen Nachvollzug eines visuell bereits evidenten Sachverhaltes. Folgerichtig wird in Jacobus de Stradas Mühlenbuch (1617) gleich ganz auf begleitende Erläuterungen verzichtet:

> Ich habe sie aber also bloß und ohne schriftliche Erklärung publiciren wollen / nicht allein darumb / daß ich sie also hab gefunden / sondern auch dieweil es etliche verständige Leuthe / welche ich darin umb Rath gefraget / für unnötig gehalten / in betrachtung / daß den unverständigen Verächtern wenig damit gedienet / die verständigen aber / und die den Sachen

119 Zeising (1607), Teil I, S. 8.

120 Vgl. zur Rolle der *admiratio* als Kippfigur zwischen selbstvergessenem Schauen und Wissen generierendem Stimulus im 17. Jahrhundert: Rüdiger Campe. „Die Einstellung des Zuschauers. ‚Admiratio' in den Gärten von Versailles und in der Royal Society zwischen 1660 und 1690". *Theatralität und die Krisen der Repräsentation. DFG-Symposion 1999.* Hg. v. Erika Fischer-Lichte. Stuttgart u. Weimar, 2001, S. 337–354. Siehe ferner Daston/Park (1998), die nachdrücklich auf das Zusammengehen der Affekte *admiratio* und *curiositas* im Zeitalter der wissenschaftlichen Revolution aufmerksam gemacht haben.

121 So heißt es etwa in der Vorrede August Ramellis: „[S]o ich sämptlich nach mögligkeit wie lebhaffte Figuren / mit ihren wunderbahren wirckungen und operationen in Kupfer stechen lassen / in erwegung der vnendlichen nutzbarkeit und sonderbahrer hülffe / so sie in gemein allen Fürsten / vnd einem jeden tapfferen Soldaten / Ja allen Völckern welcher qualiteten vnd würden sie auch seyn mögen bringen können. Aus diesen Vrsachen verehre vnd vberantworte Ich nun jetzund diß Geschenck / allen Adelichen vnd vornehmen ingeniis, welche von Tugend angereitzet / sich in dieser vornehmen Mechanischen Kunst erlustigen / wie ein jeder wird sehen können / der ihme diß gegenwertige Buch / welches ich ihme praesentire, zu lesen wird belieben lassen / darinnen man alle wunderbahre sachen sehen wird / so die Natur / Kunst oder Menschlicher verstand könne oder vermöge / mit dieser wissenschaft vor Menschlichen augen außzuüben." Agostino Ramelli. *Schatzkammer / Mechanischer Künste* [...]. *Darinnen viel unterschiedene Wunderbahre / Kunstreiche Machinae zubefinden / so man zu Friedens vnd Kriegeßzeiten / in =und ausserhalb Vestungen / Auch sonsten hochnützlichen vnd wol gebrauchen kan.* [o. O.], 1620.

> begehren nachzudencken / keiner weitläufftigen Erklärung bedörffen / sintemal die Abriß alle miteinander / so ordentlich und klar / dz man also bald den Anfang / Prozeß und Effect einer jeden Machinen sehen und verstehen könne.[122]

Hier artikuliert sich jene phantasiedynamisierende Strategie, die auf signifikante Weise die gesamte Gattung auszeichnet. Die durch den Buchtitel avisierte Offenlegung der Konstruktion wird zugunsten einer inszenierten Technizität unterlaufen, die den Leser und Betrachter in ein komplexes Spiel des Zeigens und Verbergens einbindet. Damit wird sowohl dem Schaubedürfnis der Laien Rechnung getragen als auch an die praktische Befähigung des erfahrenen Ingenieurs appelliert, dem die Darstellungen Anregung und Inspiration sind. In beiden Fällen steht nicht im Mittelpunkt, *wie* die Maschinen exakt funktionieren, sondern *dass* sie funktionieren.

Auf unterschiedliche Weise versuchen die Maschinenbücher den Betrachter und Leser zu involvieren, um die Leichtigkeit und Widerstandslosigkeit ihres Tätigseins überzeugend zu belegen. Dies geschieht zunächst dadurch, dass der Betrachter sozusagen ins Bild geholt wird.[123] Bereits das Bildprogramm zu Zeisings *Theatrum* kommt ohne Zuschauer nicht aus (Abb. 5). Dabei handelt es sich nicht allein um den sachverständigen Ingenieur, der zusammen mit dem (durch seine spanische Hofkleidung als adlig ausgewiesenen) Financier die Leistung der Maschine begutachtet, sondern auch um ein nobles, am Divertissement sich ergötzendes Publikum, das, neugierig hinzugetreten, die Leistung der Maschine als bestaunenswürdig ausweist.[124] Fast durchgehend fällt die Zeigegeste der (in der Regel männlichen) Hand auf, die in erklärender Absicht auf die Maschine weist. Die Betrachter im Bild bilden durch diese deiktische Geste eine Brücke zu den Erläuterungen Zeisings, die in umständlichen Worten Offensichtliches nachvollziehen. Ihnen wird die technische Erläuterung gleichsam in den Mund gelegt, und sie sind Vorbild für die admirative Haltung, die der Maschine entgegengebracht wird. Bereits im Vorwort bringt Zeising die Rolle des Zuschauenden im Bild und die des Zuschauers vor dem Bild zur Deckung:

122 Iacobus de Strada. *Kunstliche Abriß / allerhand Wasser= Wind= Roß= und Handt Mühlen / beneben schönen und nützlichen Pompen / auch andern Machinen / damit das Wasser in Höhe zuerheben / auch lustige Brunnen und Wasserwerck / dergleichen vor diesem nie gesehen worden. Nicht allein den Liebhabern zur Ubung und Nachrichtung / sondern auch dem gantzen gemeinen Vatterland / zu Dienst und Wolgefallen / so wol in Kriegs= als Friedenszeiten zugebrauchen / verfertiget* [...]. Erster Theil. Franckfurt am Mayn, 1617, Vorrede.

123 Vgl. Claude Gandelman. „Der Gestus des Zeigens". *Der Betrachter ist im Bild. Kunstwissenschaft und Rezeptionsästhetik.* Hg. v. Wolfgang Kemp. 2. Aufl. Berlin, 1992, S. 71–93, der am Beispiel des Zeigegestus in der italienischen Malerei des 15. Jahrhunderts epochenspezifische Appellstrukturen herausarbeitet.

124 Bewunderungswürdige Maschinen werden in der Reiseliteratur immer wieder hervorgehoben. Vgl. Popplow (1998), S. 187–195.

Abb. 5 Das noble Maschinenpublikum in den Kupferstichen bei Heinrich Zeising (*Theatri machinarum*, 1607–1614) erinnert daran, dass Maschinenattraktionen in der Reiseliteratur des 16. und 17. Jahrhunderts einen hohen Stellenwert besaßen. Die Verfasser richteten sich auch nach den Adressaten ihrer Reiseberichte bzw. Reiseanleitungen. Während in Michel de Montaignes privaten Aufzeichnungen über seine Reise durch die Schweiz, Deutschland und Italien (1580/81) überwiegend Nüchternheit in der Beschreibung technischer Konstruktionen vorherrscht, bestimmt bei Thomas Coryate in seiner Beschreibung der *grand tour* (*Coryats Crudities*, 1611), also der typischen Bildungsreise des jungen Adligen, das Wunderbare und Staunenswerte die Behandlung von Maschinen.

Diese Machinas aber nach einander anzuschawen / vnd derselben rationes vnd eigenschafften zu lesen / versehe ich mich werde einen jeden verstendigen mehr lust alß verdrieß bringen. Drumb wird billig jetzt auch der günstige Leser [...] für den aller glückseligsten geachtet / weil er diese Inventiones zu seinem nutz vnd gebrauch / ohne einige mühe vnd sorge anschawen / vnd was ihm am besten zu sein bedüncket erwehlen kan.[125]

125 Zeising (1607), Teil 1, Vorrede.

Abb. 6 Das Frontispiz zu Georg Andreas Böcklers *Theatrum Machinarum Novum* (1661), von ihm selbst entworfen, bietet einen Blick auf den Schauplatz der Mechanischen Künste von Mühl- und Wasserwercken. Auf dem zum ersten Bilddrittel erhobenen Proszenium befinden sich Figurationen von Mechanicus (rechts) und Archimedes (links), die den Bühnenvorhang für den Betrachter aufhalten. Die jeweils hinter ihnen stehenden Portalsäulen weisen sie als fundamentale Stützen der *Artes mechanicae* in deren Zwiegestalt aus Theorie (*Studium*) und Praxis *(Labor)* aus. Durch ihre im bühnenhaften Ausfallschritt stehenden Füße verdecken beide Figuren die hinter ihnen befindlichen Säulen und verlängern diese durch die dem Proszenium vorgelagerten Sockelquadraturen bis an den unteren Bildrand. Die ihnen direkt zugewiesenen Attributierungen – Mechanicus mit Messlatte und Wasserrad in zeitgenössischem Kostüm und Archimedes in antikisiertem Gewand mit Winkel, Zirkel und Buch – werden jeweils parallel an den Längsachsen der Figuren fortgeführt. Das Zusammenspiel aus Theorie und Praxis, beginnend in den Kapitellinschriften *Studium* und *Labor* unterhalb des Bühnendaches, wird somit als im buchstäblichen Sinn tragend ausgewiesen. Es mündet in die diagrammatische Darstellung der Kreiszahl Pi in ihrer höchsten ganzzahligen Annäherung von 22:7, geometrisch formuliert durch die Unterteilung des Kreises in zweiundzwanzig und des Durchmessers in sieben Abschnitte auf Seiten Archimedes; und in die emblematische Verdichtung grobmechanischen Werkzeuges (Axt, Hobel, Säge, Hammer, Zange) seitens Mechanicus. Die Blickachsen der Figuren spiegeln zugleich eine epistemologische Zeitdimension: So ist der nach oben gerichtete Blick des als Zeitgenossen ausgewiesenen Mechanicus auf das *Studium* antiker Mechanik des linken Säulenkapitells gerichtet, während Archimedes durch seinen Blick auf Mechanicus den gegenwarts- und anwendungsorientierten Charakter dieses Wissens unterstreicht. Dem in die Vergangenheit gerichtete Blick des Praktikers wird durch den in der Horizontalen ruhenden, Stetigkeit versprechenden Blick des weisen Theoretikers Archimedes entgegnet. Die auf der Hinterbühne in den Blick genommene Landschaft scheint seltsam unter den Bühnenhorizont gerutscht. Die Mühlenhäuser schließen nicht an die Vorderbühne an. Sie geben den Blick frei auf die Mechanik im Innern und sind zugleich auf Distanz gebracht. Dadurch wird der autonome Charakter der Maschine auf der Bühne unterstrichen. Die Maschine ist der eigentliche Akteur.

Der Begleittext stellt im Verhältnis zu den Abbildungen nur noch eine nachträgliche Beschreibung eines visuell bereits gegebenen Funktionszusammenhanges dar und tritt hinter das dynamische Bildgeschehen zurück.

Ferner wird durch die demonstrative Erzeugung von Sichtbarkeit jenes komplexe Spiel aus Zeigen und Verbergen in Szene gesetzt, welches den Maschinen ihre imaginative Mobilität verleiht. Zu einem scheinbar mühelosen Divertissement lädt das bekannte Frontispiz zu Georg Andreas Böcklers *Theatrum machinarum novum* (1661) ein. Auf dessen Proszenium scheinen Mechanicus und Archimedes mitsamt dem Bühnenvorhang auch die Fassaden der dahinter liegenden perspektivisch angeordneten Mühlenhäuser eröffnet zu haben. Dem Betrachter bietet sich ein Blick durch den Proszeniumsbogen ins Innere der perspektivisch gestaffelten Maschinenhäuser (Abb. 6). Tatsächlich gehört der bühnenhafte Aufriss der Maschinenummantelung zu einer in fast allen Maschinenbüchern anzutreffenden Technik der Blicklenkung. Bereits in Agostino Ramellis *Le diverse et artificiose Machine* (1588; dt. 1620) öffnet sich nicht nur das Mauerwerk der Mühle, sondern mit diesem auch der Erdboden, der knappe Blicke auf ein unterirdisches Rohrwerk ermöglicht (Abb. 7). Die kunstvollen Einblicke, die beispielsweise das gleichsam durchschossene Mauerwerk einer Sägemaschine gewährt, dient keinesfalls dazu, ‚alles' zu zeigen. In den Durchblicken verweisen Buchstaben auf den erläuternden Text, der Text wiederum auf die Abbildungen: Jedes Durchdringen verfängt sich im Wechselspiel aus textueller Verdeutlichung und visueller Verschleierung (und vice versa), durch welches das *ingenium* des Ingenieurs undurchdringlich bleibt. Das Prinzip der gewaltsamen Öffnung setzt sich bei Ramelli in den Schraub- und Hebelmechanismen zum Aufbrechen gewaltiger Stadttore fort und führt bis hin zu mächtigen Katapulten zum Durchbrechen von Stadtbefestigungen. Daran wird deutlich, dass die Halbierungen und Aufbrüche

Abb. 7 Offenlegung und Verbergen des technischen Apparates bei Salomon de Caus (*Von gewaltsamen Bewegungen*, 1615, rechts) und Agostino de Ramelli (*Schatzkammer Mechanischer Künste*, 1620, oben).

N. 1.

N. 191

der Apparaturen, die den Blick auf das Räderwerk gewähren, selbst das Ergebnis von Maschinen sind, und die hier versammelten Maschinen einen Kreislauf aus Produktion und Zerstörung bilden, so dass die Pumpe zu Beginn von Ramellis Schöpfungswerk bereits Ziel der Kriegsmaschinerie am Ende des Buches ist (Abb. 8). Die hier gewährte Sichtbarkeit ist das Ergebnis einer Sichtbarmachung, die selbst das Prinzip der Maschine als eine gegen die Natur des Sichtbaren eingesetzte Konjunktion verkörpert. So wird der Blick des Betrachters durch die aufgebrochenen Maueröffnungen zu einem eindringenden, zu einem entlarvenden Blick.

Schließlich sind es Spuren von Bewegung, die im Medium des Bildes das Verhältnis aus Funktion und Admiration wirksam werden lassen. Zielen alle hier behandelten Maschinen programmatisch auf ‚Selbstbewegtheit', so wirken deren Darstellungen aus Gründen der Sichtbarkeit wie stillgelegt. Zwar fließt das Wasser der Flüsse, doch scheinen die Mühlenräder davon unberührt zu bleiben. Zwar ziehen Pferde oder Ochsen ihre Kreisbahnen im Inneren der Maschinenhäuser, doch bleiben die Räderwerke seltsam reglos. Ist der Effekt der Maschinen (Gemahlenes, Gehobeltes, Zersägtes etc.) überall gegenwärtig, so bleibt die Bewegung der Maschinen der imaginären Mobilität der Betrachter überlassen. Es lassen sich ganz verschiedene Strategien nachweisen, die Maschinen als bewegt zu kennzeichnen. In Vittorio Zoncas *Novo Teatro di macchine et edificii* (1607) sind es nicht allein der von einem antreibenden Pferd aufgewirbelte Staub oder die Pulverwolken eines Mahlsteines, sondern vor allem die im Augenblick der Bewegung eingefangenen Arbeiter rund um die Maschine. Auf Treppenstiegen, beladen mit schweren Säcken, an Kurbeln und Winden, überall spannen sich die Muskeln, dehnen sich Gliedmaßen (Abb. 9). Auf zweifache Weise treiben sie die Maschinen an: zum einen durch ihre zuarbeitenden Tätigkeiten, z. B. das Entladen des Kornes in den Mühltrichter, zum anderen durch die Dynamik ihrer Bewegung, den Schwung ihrer Körper, das Aufflattern der Kleidung. Diese Dynamik reißt die stillgelegten Maschinen mit sich, so dass diese die Statik technischer Konstruktivität verlieren. Umgekehrt wirken schließlich auch die Maschinen auf die Menschen ein, deren (Zu-)Arbeit fortan am Maßstab der Maschine gemessen werden kann.

Die drei hier skizzierten Dynamisierungsvorgänge, die dazu beitragen, die Trägheit der mechanischen Apparaturen zu überwinden und das Ideal der Selbstbewegtheit zu realisieren, lassen den phantasiedynamisierenden Charakter der Maschinen deutlich hervortreten. Nicht der programmatisch verkündete Nutz-, sondern ihr Schauwert zeichnet diese Maschinen aus. Damit bleibt zugleich die Grenze zwischen Mach- und Denkbarem, zwischen Pragmatik und Phantastik prekär. Dies wird auch daran deutlich, dass die Autoren sich untereinander immer wieder der Illusionierung des Lesers bezichtigen. So heißt es etwa im posthum veröffentlichten *Clavis mechanicae* (1661) von Andreas Jungenickel (gest. 1654) mit Bezug auf seine literarischen Konkurrenten, dass deren Maschinen „falsch" seien „und nicht thun können / was sie thun sollen / außgenommen / die / welche

Abb. 9
Zusammenwirken von Mensch und Maschine bei Vittorio Zonca (*Novo teatro di macchine et edificii*, 1607) und Georg Andreas Böckler (*Theatrum machinarum novum*, 1661) – von links oben nach rechts unten.

auß rechten grossen Wercken genommen und beschrieben sind."[126] Georg Andreas Böckler bemerkt im gleichen Jahr, dass die „gedachte[n] Abrisse oder Figuren" der bisherigen Maschinenbücher „ziemlich obscur, und unordentlich / auch deroselben Beschreibung oder Erklärung viel zu kurtz" wären,[127] und Leupold kritisiert 1720 in einer sein *Theatrum Machinarum* annoncierenden Schrift, dass „ja selbige offt nur dem äusserlichen Ansehen nach gezeichnet und beschrieben,

126 Andreas Jungenickel. *Schlüssel zur Mechanica / Das ist: Gründliche Beschreibung der Vier Haupt Instrumenten der Machination, als deß Hebels / Getriebs / Schrauben / Kloben. In einem Gespräch / zwischen einem Ingenier und Mechanico, verfasset / und mit 137. Figuren vorgestellet* [...]. Nürnberg, [1661], S. 4.

127 Georg Andreas Böckler. *Theatrum machinarum novum, Das ist Neu = vermehrter Schauplatz der Mechanischen Künsten / handelt von allerhand Wasser = Wind = Roß = Gewicht = Hand = Mühlen* [...]. Nürnberg, 1673 [1661], S. iiii.

(das innere mag errathen, wer da kan)" und viele „so wol wider die Reguln der Mechanic, als Natur und Operation" verstießen, „daß ein armer Stümper, der da meynet, es sey alles richtig, viele Zeit, ja offt Kosten und Ehre darüber verliehret."[128]

Diese wiederholten Appelle, das Phantastische zugunsten der Funktionalität der dargestellten Maschinen zurückzudrängen, ist zum einen als Legitimationsstrategie des eigenen Werkes zu verstehen. Die Autoren der *Theatrum machinarum*-Literatur zielen darauf ab, den jeweils anderen Verfasser in Misskredit zu bringen. Bemerkenswerterweise bleibt der immer auch unterhaltende, vergnüglich-kuriose und buchstäblich merkwürdige Status ihres Maschinenwerkes davon zunächst unberührt. Die Maschinenkunst ist – zumindest für eine gewisse Zeit – stets auch eine ganz praktische Illusionskunst. Sie unterliegt allerdings – und auch davon zeugen die angeführten Zitate – im Laufe des Jahrhunderts gleichsam einem Prozess der Selbstreinigung.

Der von Horaz stammende Topos des *utile dulci*, d. h. Nutzen und Unterhaltung zu verbinden, findet sich titelgebend nicht nur bei de Caus oder Joseph Furttenbach, der seinen *Kunst-Spiegel* (1663) damit bewirbt „hochnutzlich- sowol, auch sehr erfröliche delectationen" zu bieten, sondern ist wesentliches Anliegen des weißmagischen Schrifttums, reichend von Giambattista Della Porta (1535–1615) über Daniel Schwenter (1585–1636), Georg Philipp Harsdörffer (1607–1658), Athanasius Kircher (1602–1680), Gaspar Schott (1608–1666) bis hin zu Jean François Niceron (1613–1646).[129] So bezeichnet etwa Niceron seinen *Thaumaturgus Opticus* (1646) als *opus curiosum et utile*. Eine Zweiteilung, die – wie Ansgar Stöcklein bemerkt – bereits Bonaventura (1221–1274) für die mechanischen Künste gegeben hatte. Bei diesem ist es allerdings allein die *ars theatrica*, der die „Befriedigung erbsündlicher Bedürfnisse" zukommt.[130] In den Maschinenbüchern des 16. und 17. Jahrhunderts ist die weiße Magie als *Magia artificiale* hingegen im spielerischen und schöpferisch-kreativen Charakter der Mechanik präsent.[131] Magie, hier nicht verstanden als okkulte bzw. dämonische Geheimlehre, sondern – in den Worten Gaspar Schotts – als „eine Kunst oder Fähigkeit

128 Jacob Leupold. *Vollkommene Nachricht Von denen Mechanischen Schrifften Oder Theatro Machinarum Universali* [...]. Leipzig, 1720, S. 5.

129 Zur Unterscheidung von weißer und schwarzer Magie sowie deren Einfluss auf die Konstituierungsphase neuzeitlicher Wissenschaften siehe: Albert Heinekamp u. Dieter Mettler (Hg.). *Magia naturalis und die Entstehung der modernen Naturwissenschaften*. Wiesbaden, 1978; Wolf-Dieter Müller-Jahnke. „Die Magie des 16. und 17. Jahrhunderts im Spannungsfeld von Naturwissenschaften und Dämonologie". *Domänen der Literaturwissenschaft. Emergenzen der Interpretation*. Hg. v. Herbert Jaumann u. a. Tübingen, 2001. Zu den weißmagischen Schriften als dem systematischen Ort der Medientheorie in der Frühen Neuzeit siehe mit weiteren Literaturhinweisen: Jörg Jochen Berns. „Der Zauber der technischen Medien Fernrohr, Hörrohr, Camera obscura, Laterna magica". *Simpliciana* 24 (2004), S. 245–266, hier S. 246.

130 Zit. n. Stöcklein (1969), S. 84.

131 Vgl. Stöcklein (1969), S. 85.

etwas Wunderbares durch menschlichen Fleiß herzustellen indem verschiedene Instrumente darauf angewandt werden."[132]

Eine Brücke zwischen den Maschinenbüchern eines Zeising oder Böckler und der weißmagischen Beschäftigung mit technischen Wundern stellen Abhandlungen zur Mechanik dar, wie diejenige des Theologen John Wilkins (1614–1672), späterhin Präsident und erster Sekretär der *Royal Society* in London, unter dem Titel *Mathematical Magick: Or, The Wonders That may be performed by Mechanical Geometry* (1648).[133] Diese Abhandlung ist hier nicht nur aufgrund der Kombination aus Mathematik und Magie von Interesse, sondern auch deshalb, weil sie die experimentalwissenschaftliche Praxis innerhalb der Royal Society reflektiert, die sich der *Magia naturalis* gegenüber aufgeschlossen zeigt.[134]

Wilkins Bezugspunkte sind die antike Mechanik, insbesondere die 1517 Aristoteles zugeschriebenen *Quaestiones mechanicae*, aber auch zeitgenössische Autoritäten, namentlich Guidobaldo Del Monte (1545–1607), Galileo Galilei, Marin Mersenne (1588–1648) oder Mario Bettini (1584–1657) sowie die Verfasser der zuvor genannten Maschinentheater-Bücher (Ramelli, Zonca, Besson werden namentlich hervorgehoben). Wilkins führt sich als Gentleman-Wissenschaftler, d. h. als gebildeten Laien und Maschinenliebhaber ein und richtet sich an den „verständigen Leser" („rational Reader"). Zur Wahl des Titels schreibt Wilkins, dass er diesen „in Anlehnung an die gewöhnliche Auffassung" („in allusion to vulgar opinion") gebrauche, da diese „allgemein alle solche merkwürdigen Operationen der Macht der Magie zuerkennt" („doth commonly attribute all such strange operations unto the power of Magick").[135] Demzufolge hätten die Alten diese Kunst als *Mirandorum Effectrix*, als bestaunenswerten Auslöser bezeichnet. Die Abhandlung unterteilt sich in zwei Bücher. Das erste, systematisch angelegte Buch „Archimedes" schildert und erläutert in zwanzig Kapiteln die sechs mechanischen Grundprinzipien, *faculties*, oder *Fundamental-Machinas*, wie sie Del Monte nennt.[136] Das zweite, als experimentell bezeichnete Buch „Daedalus" (!) widmet sich demgegenüber in fünfzehn Kapiteln unterschiedlichen wunderbaren und kuriosen Maschi-

132 „Artificialem Magiam apello, artem seu facultatem mira quaedam perficiendi per humanam industriam, adhibendo ad id varia instrumenta." Gaspar Schott. *Magia universalis* [...]. Bd. 1. Kap. 6, S. 1. Zit. n. Dietrich Unverzagt. *Philosophia, Historia, Technica. Caspar Schotts Magia universalis.* Berlin, 2000, S. 236. Vgl. zur experimentalwissenschaftlichen Transformation der optischen Magie: Nicole Gronemeyer. „‚… Sonderbarer Sinnvergnügung und Augenlust' Gaspar Schotts optische Magie im 17. Jahrhundert und ihre Wiederaufnahme durch David Brewster". *Video ergo sum. Repräsentationen nach innen und außen zwischen Kunst- und Neurowissenschaften.* Hg. v. Olaf Breidbach u. Karl Clausberg. Hamburg, 1999, S. 121–133.

133 John Wilkins. *Mathematical Magick: Or, The Wonders That may be performed by Mechanical Geometry. In Two Books. Concerning Mechanical Powers & Motions. Being one of the most easie, pleasant, useful (and yet most neglected) part of Mathematicks* [...]. London, 1680 [1. Auflage 1648]. Siehe Stöcklein (1969), S. 95f.

134 Vgl. Shapin/Schaffer (1984).

135 Wilkins (1680), To the Reader.

136 Del Monte (1629), S. 12.

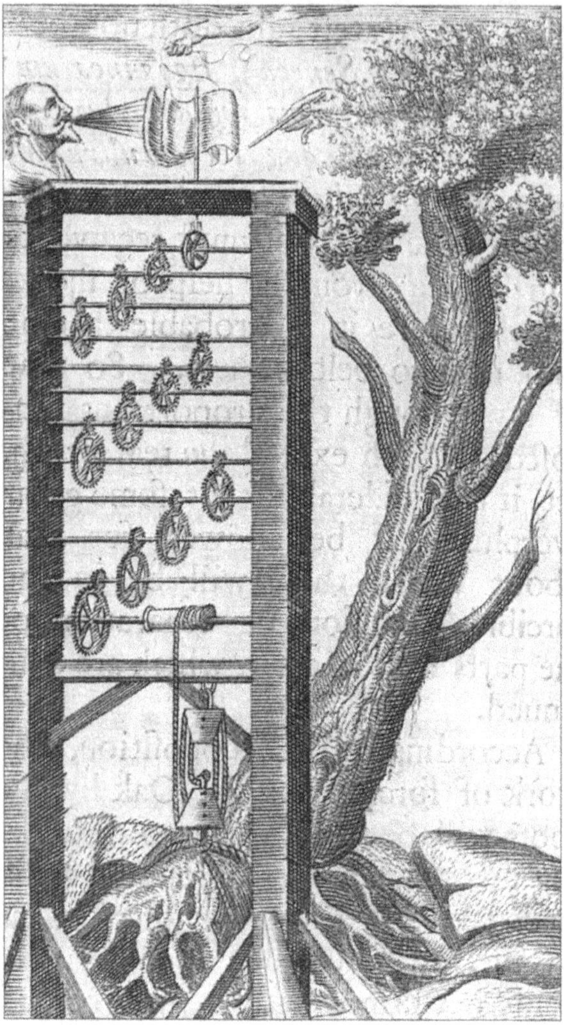

Abb. 10
Die magische Selbsttätigkeit mechanischer Kräfte in John Wilkins *Mathematical Magick: Or, The Wonders That may be performed by Mechanical Geometry* (1680).

nen, vor allem unterschiedlichen Erscheinungsformen des *perpetuum mobile* – einem windgetriebenen Segelwagen, diversen Flugautomaten oder einer immer brennenden Leuchte.[137]

Die hier abgebildete *perpetuum mobile*-Struktur (Abb. 10), die sich so ähnlich auch bei Samuel de Caus und anderen findet, rückt das mechanische Wunder als Ursprung eines Strebens nach dem Naturverstehen selbst ins Bild. Angetrieben

137 Als Begründung für diese Buchtitel gibt Wilkins an: „The first book is called *Archimedes*, because he was the chiefest in discovering of Mechnical *powers*. The second is styled by the name of *Daedalus*, who is related to be one of the first and most famous amongst the Ancients for his skill in making *Automata*, or self-moving Engines: both these being two of the first Authors that did reduce Mathematical principles unto Mechanical experiments." Wilkins (1680), *To the Reader*.

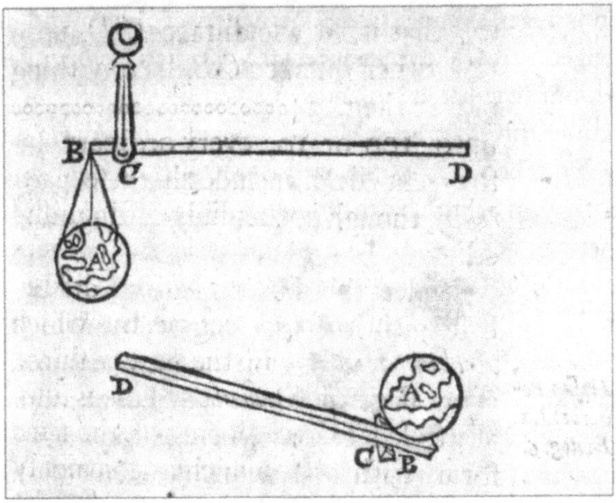

Abb. 11 Ein wiederkehrender Topos der mechanischen Literatur ist der Hebel, mit dem die Welt aus den Angeln gehoben wird. John Wilkins (*Mathematical Magick: Or, The Wonders That may be performed by Mechanical Geometry*, 1680) verdeutlicht mit Weltenhebel und Weltenwaage die universale Gültigkeit mechanischer Prinzipien sowie deren Omnipotenz.

wird diese Maschine, an deren unterem Ende ein Flaschenzug einen Baum entwurzelt, durch ein Windrad, auf welches drei Kräfte einwirken. Von oben herab setzt die Hand Gottes als *primum mobile* die Flügel durch ein zartes, die fast selbsttätige Leichtigkeit des Vorganges betonendes Band in Bewegung. Der Windgott Äolus verleiht diesem Antrieb Kontinuität. Als dritte Kraft fungiert die aus dem Baum ragende, ein Schreib- oder Demonstrationsinstrument haltende Hand, die die Flügel zu Seiten des Buches der Natur macht, welches hier gelesen wird. Die alogische Struktur des Maschinenrahmens lässt auf der linken Seite den konstruktiven Teil der Maschine hervortreten, während sich auf der rechten Seite die Maschine förmlich auf den Baum, auf die Natur zuzubewegen scheint.

Während sich Wilkins in dem experimentellen bildreichen Teil seines Buches den mechanischen Wundern widmet, die den Leser und Betrachter interessieren und die zum Verstehen des wundersamen Laufes der Natur antreiben sollen, führt der systematische erste Teil (die Zergliederung und Aufschlüsselung mechanischer Kräfte in sechs *Fundamental-Machinas*) nicht allein zu einer ‚Versachlichung', sondern – tendenziell entgegengesetzt – zu einer magischen Operationalisierung noch des kleinsten mechanischen Objektes, eines Keils etwa. Je unscheinbarer diese *Fundamental-Machinas* wirken – Wilkins lässt knappe schematische Abbildungen in den systematischen Teil seiner Abhandlung einfließen –, desto eindrucksvoller erscheint die in ihr verborgene Potentialität: Fände sich nur ein Ansatzpunkt, darin ist er sich mit anderen Mechanikern einig, so ließe sich mit Waage (*ballance*) und Hebel (*leaver*) die Welt aus den Angeln heben (Abb. 11).[138]

138 Vgl. Wilkins (1680), S. 79f.

Im Aufeinandertreffen weniger, streng gefasster mechanischer Regeln und ins Unendliche reichender Steigerungsmöglichkeiten mechanischer Beschleunigungs- oder Hebeeffekte tritt bei ihm (wie bei vielen anderen auch) die spielerische als buchstäblich kreative und inventive Seite der Maschine hervor. So widmet sich Erhard Weigel (1625–1699), Theologe, Mathematiker und Lehrer Leibniz' in Jena, in zahlreichen mechanischen Schriften dem erfinderischen Potential der Mechanik.[139] Und es ist wahrscheinlich, dass Leibniz die praktischen, anwendungsorientierten Seiten seines Spielbegriffes Weigel verdankt.[140] In Weigels *Vorstellung der Kunst- und Handwercke* (1672) findet sich zunächst – wie auch bei Wilkins – eine detaillierte Behandlung der (bei ihm nur fünf) mechanischen Grundprinzipien. Deren exaktes Verständnis öffnet dem Schüler eine an Erfindungsreichtum kaum zu überbietende Welt. Wie später Leibniz so denkt Weigel an die Institutionalisierung der Erfindungskunst. Seinem abschließenden „Bedencken / Welcher Gestalt so wohl der gemeinen Leibes-Nothdurfft als der Gemüthes-Wohlfart / Durch die Wissenschaften der Mechanischen Künste geholfen werden möge", ist beispielsweise die Idee für ein „General Collegium Naturae Consultorum Medico-Mechanicum autoritate publicam" beigefügt, welches sich „allein durch experimentiren / treuliches communiciren und überlegen" auszeichnet.[141] Durch diese Ausbildungsstätte sieht er das „Ingenium mit Lust in gute Nachsinnungspositur gestellet und zu recht gerücket."[142] Es handele sich um einen Ort fortgesetzter Neuerungen und Erfindungen, die sich wiederum an der Betrachtung kurioser Maschinen entzünden. Es fällt nicht schwer, hinter dem hier wirksamen Inventionsmodell das von ihm als „verkehrte Sterbligkeit" verehrte *perpetuum mobile* auszumachen.[143] Welcher Art die von ihm als nutzbringend beschriebenen Erfindungen sein können, hat Weigel drei Jahre zuvor in einem kleinen Erfindungsbüchlein niedergelegt.[144] Hier preist er beispielsweise eine begehbare „Ma-

139 Zum maschinellen Erfindertum in der Frühen Neuzeit und der Frage der Patentierung siehe Popplow (1998) sowie Gerhard Banse (Hg.). *Johann Beckmann und die Folgen. Erfindungen – Versuch der historischen, theoretischen und empirischen Annäherung an einen vielschichtigen Begriff.* Münster u. a., 2001.

140 So erwähnt Leibniz ihn beispielsweise in dem in Paris verfassten, spieltheoretisch bedeutsamen Entwurf einer „Académie de jeu", vgl. unten das Kapitel „Theorie und Praxis (Leibniz)". Zu Weigel siehe Hermann Schüling. *Erhard Weigel (1625–1699). Materialien zur Erforschung seines Wirkens.* Gießen, 1970.

141 Erhard Weigel. *Vorstellung Der Kunst- und Handwercke / nechst einem kurtzen Begriff des Mechanischen Heb- und Rüst-Zeugs. Samt einem Anhang / Welcher Gestalt so wohl der gemeinen Leibes-Nothdurfft / als der Gemüths-Wohlfarth und Gelehrsamkeit selbst / durch die Wissenschaft der Mechanischen Künste geholffen werden möge* [...]. Jena, [1672], S. 89–112, hier S. 111f.

142 Weigel (1672), S. 110f.

143 Weigel (1672), S. 72.

144 Erhard Weigel. *Idea Matheseos Universae cum Speciminibus Inventionum Mathematicarum.* Jena, 1669.

china" an, einen Weltglobus (ähnlich desjenigen in Gottorf),[145] der eine merkwürdige Synthese aus Theatermaschine und Studierstube darstellt:

> Welcher eusserlich die Landschafften der Erden: innerlich die Sterne / recht gläntzend in ihrem Stand und Bewegung / und / zum Schein / Donner / Blitz / Regen / Wind / samt der Gestalt der Gegenwohner / darstellet. Dessen ohngehindert man / als in eine Stube gerad hinein / und darinnen hin und wieder gehen / sitzen / studiren / mit noch ihrer zehen / oder mehr / speisen oder spielen kan. [...] Das Tage-Licht / so es von nöthen / lässet man durch die Polar-Circkel hinein fallen.[146]

Ferner einen „Wasser-Speyer", „ein klein von Metall formiertes Männichen / welches rein Wasser in sich nimmt / und hernach / dem Ansehen nach / vielerley Säffte / als aus einer Spring-Quelle / von sich giebet",[147] eine „schiessende Spring-Uhr", bei der es sich um eine sich selbst perpetuierende „Metalline Machina" handelt, die „wohlriechend Wasser eine Stunde lang mit unterschiedlicher Erscheinung" springen lässt und welche durch Sonneneinstrahlung im Stundentakt Pulverschüsse abgibt. Außerdem verfügt diese Maschine über ein „selbstspielendes verborgenes Instrument".[148] Oder schließlich ein „Ein Sprach-Rohr. Vermittelst welches man mit einem in einem andern Geschoß des Hauses / nach gegebenen Aufmerckungs-Zeichen / vertraulich reden kan / daß die dabeystehenden davon nichts vermercken."[149] Weitere Beispiele maschineller Erfindungskunst ließen sich anführen. Immer wieder ist hier das Verhältnis von mathematisch-mechanischer Regelhaftigkeit und Präzision auf der einen Seite und potentiell grenzenloser Kreativität auf der anderen Seite zu beobachten.

Als paradoxe Apparatur tritt die Maschine in den genannten Beispielen auf, da sie Nützlichkeit und Phantastik in eins zu setzen sucht. Und ebenso wie Paradoxien können auch Maschinen ein gewaltiges Ärgernis darstellen. Wenn zu Beginn des 18. Jahrhunderts der sächsische Hof-Mechanicus Andreas Gärtner (1654–1727) mit den vermeintlichen Erfindern eines *perpetuum mobile* ins Gericht geht, dann versucht er zugleich, sich der paradoxen Qualitäten der Maschine zu entledigen und Grenzen zu ziehen zwischen Funktion und Admiration, zwischen Pragmatik und Phantastik. Dem von den Alchemisten gesuchten *Stein der Weisen*

145 Vgl. Felix Lühning. „Der Gottorfer Globus und das Globushaus im ‚Newen Werck'. Dokumentation und Rekonstruktion eines frühbarocken Welttheaters". *Gottorf im Glanz des Barock. Kunst und Kultur am Schleswiger Hof 1544–1713.* Schleswig, 1997, S. 176ff.

146 Weigel (1669), S. 75f.

147 Weigel (1669), S. 80.

148 Weigel (1669), S. 82f.

149 Weigel (1669), S. 73f. Diese Erfindung geht wohl zurück auf Athanasius Kircher. *Musurgia universalis sive Ars magna consoni et dissoni.* [...]. Bd. 2. Rom, 1650, S. 304ff. (Buch 9, 4. Teil: „De Fabricis aucusticis, hoc est, modus construendi Palabia, aut alias fabricas, ut soni etiam remoti clare, & destincte perspiciantur, ubi etiam fabrica tuborum auricularium traditur.").

vergleichbar, stellt der Streit um die Möglichkeit eines *perpetuum mobile* einen jener Kristallisationspunkte dar, an dem sich die barocke Projektemacherei von der sich institutionalisierenden Wissenschaft (wie die Alchemie von der Chemie) im 17. Jahrhundert zu scheiden beginnt. Zwar bezweifelt auch Gärtner grundsätzlich nicht die Möglichkeiten einer solchen Erfindung,[150] doch ist seine Kritik an den betrügerischen Maschinen seiner zu Projektemachern und Scharlatanen degradierten Konkurrenten beachtenswert, insofern sie auf die Aufführungsbedingungen der Maschine zielt.

Es wäre gar nichts Neues, so Gärtner, „daß Leute ihre vorgegebene[n] Erfindungen, durch hohe Betheuerungen in Credit zu bringen gesucht" hätten. „Allein hierbey käme der Glaube nicht auf Versicherungen / sondern auf Proben an, bey welchen *eine weit grössere Vorsichtigkeit / als sonsten insgemein geschiehet*" erforderlich wäre, „wenn sie infallibel seyn solten." Den besonderen Betrugsmöglichkeiten durch Maschinen hält er den professionellen Blick der handwerklich geschulten Mechaniker entgegen. Zugleich deutet sich hier die Trennung einer nur noch theoretisch begriffenen Mathematik von der praktischen, erfahrungsgeleiteten Tätigkeit des Mechanikers an. Erstens, so heißt es bei ihm: „eine Machine anschauen / daß sie sich nur bloß beweget / hieße soviel als sie gar nicht sehen." Wenn man also „diese und jene hochverständige Mathematicos anführen könte, daß sie die Machine *gesehen*", sei sie dadurch noch nicht legitimiert, „weil die Machinen gar selten ihr Werck sind / aber wohl der Uhrmacher / Tischler / Müller, und anderer Mechanicorum, denen dergleichen Sachen täglich durch die Hände" gehen. Daher würden letztere ihre Augen auch auf ganz andere Dinge richten als erstere. Zweitens, so fährt er fort, müsse man „eine Machine also anschauen / daß man versichert wäre / es steckte ganz kein Betrug dahinter." Zu dieser Prüfung gehöre ihre „Versetzung von der Stätte / in Gegenwart Kunsterfahrener unverdächtiger Zeugen", sowie die äußerliche Kontrolle auf eventuelle „unzulassene Hülffe", da „[w]er nun eine kunstreiche Machine inventiren capable wäre, der würde ja dieses wenige auch gelernet haben, wie er sie füglich und in continenti, ohne Verletzung des Hauptwercks, von der Stärke versetzen solte." Drittens, so schließt er, erkenne man die betrügerische Absicht an der Weigerung in das Innere der Maschine hineinblicken zu dürfen, da „ein wahrhafftiger Künstler [...] auf erregten Zweiffel / vielmehr mit einer solchen Probe eilen" würde, da durch diese „dessen Machine allererst den völligen Credit erlangen würde."[151]

150 Siehe beispielsweise Valerius Saledinus. *Immerwehrende Bewegung*. Franckfurt am Mayn, 1625. Die Verächtlichmachung des *perpetuum mobile* dient ihm – wie vielen anderen – dazu, den eigenen Entwurf um so glanzvoller und überzeugender zu präsentieren. In ihrer Suche nach dem *perpetuum mobile* ist sich die mechanische Literatur der alchemischen Literatur sehr ähnlich – dies wird auch immer wieder von ihren Kritikern bemängelt.

151 Alle Zitate: Andreas Gärtner. *Kurzer Bericht, Von denen Unlängst ganz neu = erfundenen Hölzernen Parabolischen Brenn = Spiegeln, Und deren seltsamen Ganz Wunderbaren Würckungen; Dem curieusen Leser zu weiterem Nachsinnen aufrichtig mitgetheilet, Durch derselben Erfinder Andreas Gärtner* [...]. *Nebst einer Vorrede: Warum derselbe die Wahrhafftigkeit des bißher ausgeruffenen Perpetui*

Die als potentiell betrügerisch empfundene Maschine wird hier mit aller Macht aus jenem illusionistischen Rahmen gelöst, den die ‚Maschinentheater' ein Jahrhundert lang gepflegt hatten. Unter der Annahme, dass ihr Schein ebenso trügt wie das Auftreten ihrer Projektierer, wird die Maschine verrückt, geöffnet und geprüft – und dies unter den unbestechlichen Blicken von Experten und nicht denen eines faszinierten Publikums. *Ex negativo*, so könnte man sagen, wird hier an die paradoxe Qualität der Maschine erinnert. Mit den Augen des Experten strebt Gärtner danach, die ästhetische Erscheinung der Maschine zu destruieren, um sich ihres scheinhaften Charakters, d.h. ihres Augenscheines, zu entledigen. Er tut dies, indem er den Rahmen, d.h. die Aufführungsbedingungen der Maschine, hinterfragt. Erst in dem Augenblick, in dem die Maschine dem Blick auf ihre Funktion standhält, ist sie als neuartige Erfindung legitimiert. Die phantasiedynamisierende Qualität maschineller Darstellungskunst tritt im Zuge einer verstärkten Kodifizierung und Vereinheitlichung technologischer Bildsprachen in den Hintergrund.

Naturgesetz und Illusionsbegriff

Als Ausgangspunkt dieses Kapitels dienten die spektakulären Theatermaschinen der barocken Bühne und deren Einbindung in eine Ästhetik des Wunderbaren. Anhand der Kontextualisierung der Theatermaschine im erweiterten Rahmen mechanischer und maschineller Darstellungs- und Deutungsweisen habe ich zu zeigen versucht, inwiefern diese keinesfalls nur einem philologisch orientierten Bezug auf antike Vorbilder gerecht zu werden suchten. Die aristotelische Attribuierung der Maschine als etwas ‚Wunderbares' besaß ästhetische Realität in der Anschauung und im Umgang mit Maschinen – auch unabhängig von dem Schriftsinn der *Quaestiones mechanicae* oder Herons wiederentdeckten Schriften zum Automatenbau. Paradox erscheint dabei das Aufeinandertreffen von Funktionalität und Bewunderung, insofern sich die konstruktiven und phantastischen Seiten der Maschine permanent überlagern und miteinander interferieren. Die Wunschmaschine, d.h. die Phantasmatik technischer Schöpfungsvorgänge, prägt das Tätigsein der Maschine. Sie blendet die Dysfunktion aus dem Diskurs über Maschinen aus und mobilisiert die Phantasie.

Das Wirken der Maschine wird im Laufe des 17. Jahrhundert zum Inbegriff präzis kalkulierbarer Bewegungen und Dynamiken. Dabei ist nicht davon auszugehen, dass die quietschende, rumpelnde und lärmende Theatermaschinerie

Mobilis noch zur Zeit in Zweiffel ziehe? Dresden, 1715, Vorrede. Über den Vergleich zu den Alchemisten und Projektemachern heißt es: „[...] als worüber einige Zeiten her, von unzehlichen Künstlern, fast unglaubliche Summen Geldes versplittert worden, in der festen Einbildung / sie hätten das Perp. Mob. schon / oder sie wären zum wenigsten ganz nahe darbey; Da sie doch Nichts / weder gehabt noch gefunden: wie Doct. Becher in seiner Weisen Narrheit No. 38 oder 39. noch von sich selbst ein Exempel erzehlet."

schlagartig diesem Anspruch genügt. Vielmehr scheint sich die symbolische Dimension maschineller Deutungsmuster von ihren sichtbaren Vorbildern zu trennen. Innerhalb der *Theatrum machinarum*-Literatur ist dieser Vorgang an der offensichtlichen Differenz zwischen den Darstellungsweisen Böcklers und Leupolds nachzuvollziehen. In Leupolds *Theatrum machinarum universale* steht kaum noch die ‚ganze' Maschine im Vordergrund. Seine funktional ausgerichtete Bildstrategie konzentriert sich zunehmend auf Baupläne und auf konstruktive Detailfragen. Für den Betrachter im Bild bleibt hier kein Platz (Abb. 12).

Aus epistemologischer Sicht interessant erscheint dies nun mit Blick auf die Rolle der Maschine als Nachahmerin der Natur. Während bei Besson, Ramelli, Böckler u. a. die visuelle Einbettung der Maschine, d. h. der Mechanik, vornehmlich in die sie umgebende Natur auf der Annahme des ‚Als-ob' beruhte, hat sich die Grundannahme der Maschine als *imitatio naturae* bei Leupold gewandelt. Die erstmals bei Descartes explizit formulierte Gesetzeskraft maschineller, d. h. mechanischer Prinzipien, findet auf der Bildebene seines *Theatrum* eine Entsprechung im weitgehenden Verzicht auf spektakuläre Strategien der Präsentation.[152] Es kann hier nicht der Ort sein, die sich verändernden Beziehungen zwischen Maschinendarstellung und Naturvorstellung – insbesondere mit Bezug auf die Idee eines Natur*gesetzes* – in ihrer Komplexität zu verfolgen.[153] Es soll hier zum Ende des Kapitels lediglich anhand weniger Beispiele angedeutet werden, inwiefern die evidentielle und spektakuläre Dimension der Maschine, die unter dem Diktum der *imitatio naturae* harmonierte, auf der Basis von Naturgesetzen ihren Zusammenhalt verliert.

Keplers Metaphernwechsel vom Kosmos *instar divini animalis* zum Kosmos *instar horologii* (1615) kündet von der nunmehr mechanischen Deutung der Astronomie. Descartes erweiterte diese zu einer seine Methode legitimierenden, mechanischen Deutung der gesamten Physik.[154] Die metaphysische Voraussetzung hierfür war die Trennung von *res extensa* und *res cogitans*. Das Attribut der Natürlichkeit konnte sich fortan bruchlos sowohl auf Pflanzen als auch auf Automaten beziehen. Seinen zeitgenössischen Lesern musste die damit einhergehende theoretische Aufwertung der Mechanik allerdings erst noch begreiflich gemacht werden.

152 Zur Genese der heutigen Vorstellung von Naturgesetzen bei Descartes schreibt Edgar Zilsel: „Der kartesianische Begriff der Welt verbindet die grundlegenden Vorstellungen der Bibel und die neue Physik. Durch eben diese Verknüpfung wurde er der bedeutendste Pionier des Begriffs vom Naturgesetz [...], der das Denken der Neuzeit so stark beeinflußte. Wie Galilei übernahm er die Grundvorstellung seiner physikalischen Regelmäßigkeiten und der quantitativen Regeln operativer Handlungen von den höheren Handwerkern seiner Zeit. Und aus der Bibel nahm er die Vorstellung von der göttlichen Gesetzgebung. Die Verbindung beider schuf den Begriff des modernen Naturgesetzes." Edgar Zilsel. *Der soziale Ursprung der neuzeitlichen Wissenschaft*. Frankfurt a. M., 1976, S. 74f.

153 Zur historischen Entwicklung des modernen Verständnisses des Naturgesetzes siehe die kritischen Erwägungen von Holm Tetens. „Was ist ein Naturgesetz?" *Zeitschrift für allgemeine Wissenschaftstheorie* 13 (1982), S. 70–83. Tetens belegt die Maschinen- und Apparategestütztheit des physikalischen Verständnisses der Naturgesetze.

154 Vgl. Schmidt-Biggemann (1980), S. 792.

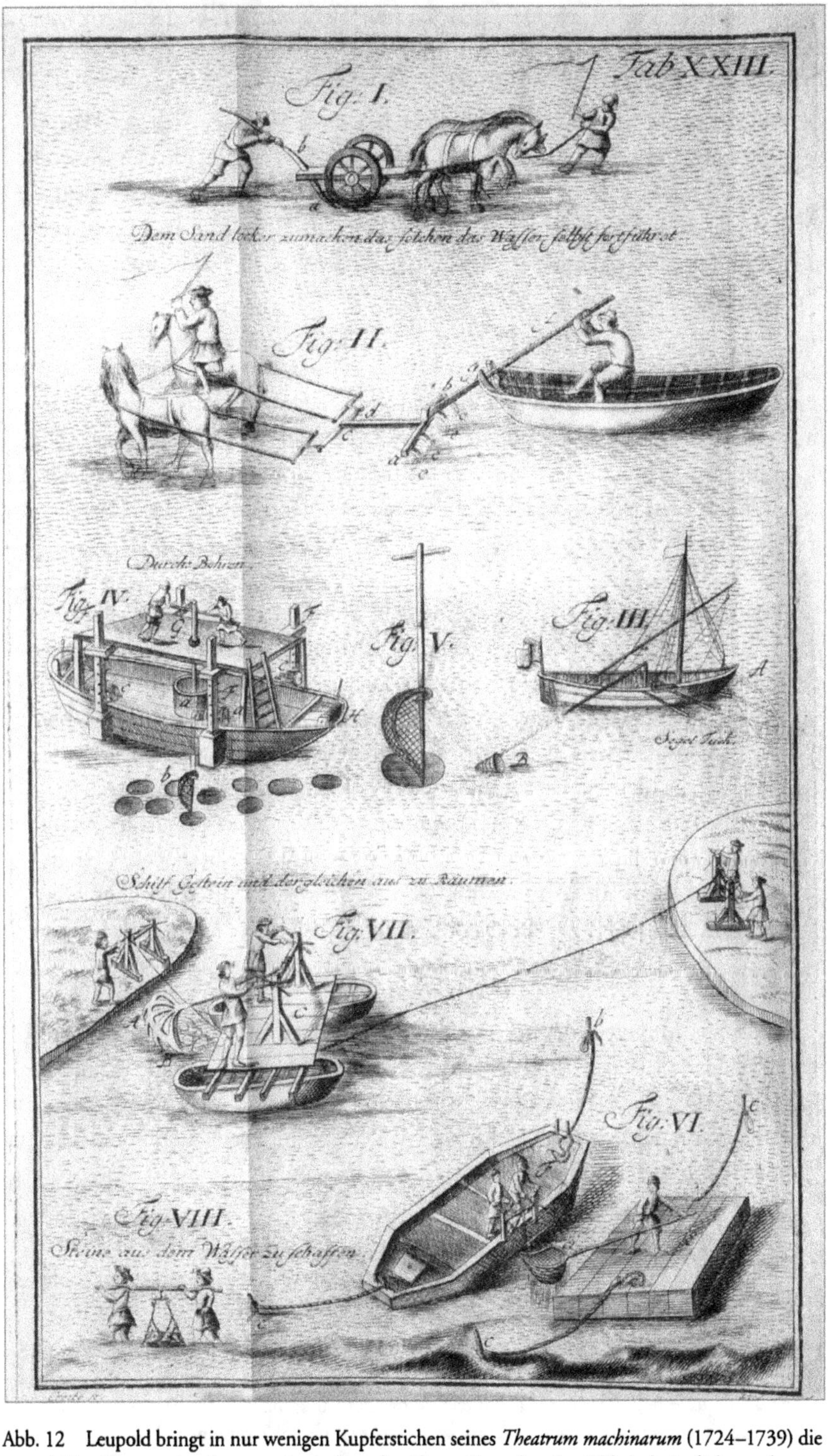

Abb. 12 Leupold bringt in nur wenigen Kupferstichen seines *Theatrum machinarum* (1724–1739) die ‚ganze' Maschine zur Anschauung. Auch die unbeteiligten Betrachter im Bild sind gänzlich verschwunden. Menschen sind – wenn überhaupt – nur als maschinelle Funktionsträger aufgenommen.

So erläutert Descartes in seinem dem *Discours de la méthode* beigefügten, *Traité de la Mechanique*:

> Man muss aufpassen, sich nicht täuschen zu lassen bezüglich des Wortes Mechanik, das nicht allein jene Wissenschaft bezeichnet, die den Maschinenbau oder die Kenntnis ihrer Teile vermittelt. Denn unter diesen Begriff fasst man auch alle verschiedenen Weisen, nach denen ein Körper sich bestimmten Gesetzen der Natur folgend bewegt, welche unumstößlich feststehen.[155]

Descartes formuliert hier fast wortgleich wie die sich an Aristoteles orientierenden Autoren der Maschinenbücher. Doch halten diese sich allesamt an das aristotelische Diktum einer *imitatio naturae*. Der von Descartes in seiner Abhandlung ins Spiel gebrachte Gesetzesbegriff ist ihnen fremd. Das Plädoyer, ‚Mechanik' nicht falsch zu verstehen, findet sich beispielsweise in der Eingangsrede Möglings zu Del Montes Traktat:

> Mann muß aber durch das Wörtlein Mechanica nit allerley gemeine Handwerck verstehen / so offtermahlen gar wenig Kunst / aber vielmehr ein stetige Vbung vnd saure Arbeit erfordern / auch daher von den Alten Sellulariae und Viles genant worden; sondern hierin die Augen deß Verstandts etwas bessers aufffthun / vnd wolbetrachten / daß wir Menschen ins gemein vns nicht verwundern dessen / so ordentlicher Weiß von der Natur beschicht / vnd dessen wir wol gewohnt seyn; sonder vielmehr derer Dingen die ausserhalb der Natur / dem Menschen zu nutz durch Kunst geschehen / vnd dannenhero spitzfindig vnd seltsam / auch nit jedermans Ding seyn. [...] Diese Geschickligkeit vnnd Kunst aber / ist von den Alten *Mechanica* genent worden.[156]

Gleichwohl tragen die Ingenieure auf der Darstellungsebene durch ihren gleichermaßen auf ‚Natur' und ‚Maschine' angewandten Konstruktivismus (siehe Abb. 7) dazu bei, die Funktionsgleichheit von Natur und Maschine ästhetisch zu etablieren. Erst bei Leupold findet die Gesetzeskraft der Maschine im gleichen Sinnzusammenhang Eingang in das *Theatrum*:

> Wir müssen aber das Wort Mechanic hier nicht nehmen, wie es insgemein gebraucht wird, bloß von der Wissenschaft, so die Regeln und Gesetze der

155 René Descartes. *Traité de la Mechanique* [...]. Paris, 1668, S. 18: „[I]l faut prendre garde à ne se pas tromper touchant le mot Mechanique, qui ne signifie pas seulement cette Science qui apprend à composer des Machines, ou à en connoistre les parties; mais sous ce mot on renferme aussi toutes les differentes manieres dont vn corps se meut par rapport à de certaines loix de la nature qu'on ne peut jamais contester."

156 Del Monte (1629), S. 9. Ähnlich lautend bei Böckler (1673), S. iiii.

> Bewegungs-Krafft lehret, oder von einen Mechanico, der nur einen Circkel oder andere Instrumenta künstlich weiß nachzumachen; sondern wir verstehen durch das Wort Mechanic oder Mechanicus überhaupt alles und iedes, was zu einem Theoretico und vollkommenen Practico erfordert wird, nemlich: nicht nur die Gesetze und Fundamenta, nach welchen ein Instrument auszurechnen, dadurch mit wenig Krafft eine stärckere oder schnellere Bewegung, als die Krafft an sich selbst vermögend wäre, hervorzubringen: als auch alle andere mathematische und physicalische Wissenschaften, ja auch alle und iede mechanische operationes, so bey andern Künsten, Professionen und Handwerckern, oder Verrichtungen, da Machinen und Instrumenta nöthig sind, vorkommen.[157]

Bedeutsam an der Ausweitung maschineller Deutungsmuster auf die Physik ist hier, dass diese einhergeht mit der Reduktion des Maschinellen auf ein Funktionieren im engeren technologischen Sinne. Die epistemologische Vorbereitung hierfür kann den Maschinenbüchern des 16. und frühen 17. Jahrhunderts entnommen werden. Hatten diese im metaphorischen Bezugsrahmen der *machina mundi* den Nützlichkeitsanspruch ihrer Maschinen legitimiert, so wird diese Metapher zugleich stillschweigend einer technologischen Umdeutung und Eingrenzung unterzogen. Als Teil eben jener Umdeutung muss die Herausdrängung ‚lustiger' Maschinen und Automaten aus den Maschinenbüchern begriffen werden. Bis hin zu Salomon de Caus erfolgt eine qualitative Steigerung der ‚nützlichen' und ‚lustigen' Maschinen, die im scheinbar selbsttätigen, spektakulären Wirken der Automaten gipfelt. In Böcklers *Theatrum machinarum novum* hingegen dient *machina* nunmehr als Sammelbegriff für „allerhand Wasser = Wind = Roß = Gewicht = Hand = Mühlen", wie es bereits im Titelzusatz heißt. Und bei Jacob Leupold ist der vielbeschworene Nutzen der Maschinen schließlich nicht mehr nur ein programmatisch appliziertes Attribut, sondern wird zum eigentlichen Auswahlkriterium der Maschinen. So heißt es in der vorbereitenden Studie auf sein *Theatrum machinarum universale*, dass

> in solchem Theatro nicht allerley Machinen, ohne Unterscheid, so keinen besondern Nutzen haben, oder hauptsächlich differiren, sollen eingetragen werden, sondern nur die nöthigsten und nützlichsten, doch sollen auch um Erkäntniß und der Historie willen, damit das Buch vollkommen werde, unterschiedliche, ob sie gleich eben keinen grossen Nutzen zeigen, mit wenigen Kosten und Platz angeführet werden.[158]

Mit der Anwendung des Nützlichkeitspostulats auf den Inhalt des *Theatrum* selbst findet bei Leupold nicht nur die Textgattung des *Theatrum machinarum* ihr

157 Leupold (1720), S. 2.
158 Leupold (1720), S. 7.

Ende, sondern wird die Maschine gewissermaßen ‚ernst'. Die ‚lustigen' Maschinen finden bei ihm allein aus historischen Gründen einen Ort. Die maschinellen Bewegungskünste werden – auf ‚Gesetzesebene' – selbst zum Maßstab bewegter Natur.

Doch nicht nur seitens der *Theatrum machinarum*-Literatur vollzieht sich ein Wandel, auch die Theatermaschinen tragen zur Hervortreibung von Gesetzmäßigkeiten bei. Etwa ab der Mitte des 17. Jahrhunderts unterstützen Theatermaschinen ganz konkret das Bemühen, sich einen Begriff zu machen von der Illusionskunst der Bühne.[159] Zur Zeit des bedeutenden italienischen Maschinisten Carlo Vigarani (1622/23–1713), der in Paris das Maschinentheater in den Tuilerien ausstattete, schwärmt Jean de La Bruyère (1645–1696) in *Les Caractères*, dass die Maschinerie des Theaters die Fiktion steigere und nähre und im Betrachter die „süße Illusion" unterstütze, die das ganze Vergnügen der Bühne ausmache.[160] Auch der Abbé d'Aubignac, der deutliche Vorbehalte gegenüber den *Pièces en machine* äußert, [161] da hier häufig die Befähigung fehle, mit den Maschinen in angemessener Weise umzugehen, gibt präzise wirkungsästhetische Anweisungen für die Realisierung von *admiration* und *étonnement* durch den Einsatz der Theatermaschinerie.[162] Der bei Ludwig XIV. in Ungnade gefallene Jesuit Michel de Pure (1620–1680) unternimmt in seiner Geschichte der Spektakel, *Idée des Spectacles anciens et nouveaux* (1668), schließlich den Versuch, die Ästhetik der Maschine in historischer wie klassifikatorischer Perspektive zu behandeln. Bedeutsam ist bereits der dramaturgische Aufbau seines Buches, welcher die verschiedenartigen Spektakelformen der Antike in Kontrast setzt zu den theatralen Erscheinungsformen der eigenen Epoche. Einen ästhetischen Kulminations- und Endpunkt finden diese neuartigen Spektakel im letzten, „Des Machines" übertitelten Kapi-

159 Zum barocken Illusionismus vgl. den Sammelband von Patrick Dandrey u. Georges Forestier (Hg.). *L'illusion au XVIIe siècle.* Paris, 2002, sowie das Kapitel „Illusion und Illusionismus" bei Bauer (1992). Ferner: Heinz Schütz. *Barocktheater und Illusion.* Frankfurt a. M., 1984, der den Illusionsbegriff allerdings zu stark in einer verallgemeinernden ontologischen Dichotomie von Täuschung und Realiät denkt, was m.E. der Vielschichtigkeit barocker Illusionserzeugung nicht gerecht wird. Aus theatertheoretischer Sicht siehe Jan Lazardzig. „Illusion". *Metzler Lexikon Theatertheorie.* Hg. v. Erika Fischer-Lichte, Doris Kolesch u. Matthias Warstat. Berlin, 2005, S. 140–142.

160 Jean de la Bruyère. *Œuvres complètes.* Hg. v. Julien Benda. Paris, 1951, S. 79: „[E]lle augmente et embellit la fiction, soutient dans les spectateurs cette douce illusion qui est tout le plaisir du théâtre, où elle jette encore le merveilleux."

161 „Mais maintenant, bien que la Cour ne les ait pas desagreables, & que le peuple fasse foule a toutes les occasions de voir quelque chose de semblable, je ne conseillerois pas a nos Poëtes de s'occuper souvent a faire de ces pieces de Theatre a Machines: Nos Comediens ne sont, ni assez opulens, ni assez genereux pour en faire la depense; & leurs Decorateurs ne sont pas assez habiles pour y reüssir" – „J'aurois aussi de la peine a conseiller au Poëte de se servir de ceux ou les Actions doivent produire le plus grand effet, parce que tout l'agrement depend de la justesse qu'il faut observer; & nos Comediens sont si peu soigneux d'y reüssir, qu'ils ne veulent pas se donner la peine d'en apprendre la conduite & les momens necessaires." François-Hédelin d'Aubignac. *Pratique du théâtre* [...]. Amsterdam, 1715, S. 320, 322f.

162 d'Aubignac (1715), S. 324–26.

tel. Zwei unterschiedliche Formen der Schönheit wirken durch die Maschinen auf die menschlichen Sinne ein, so de Pure: erstens deren äußere Schönheit, die durch überraschende Neuheit die Augen des Betrachters in den Bann ziehe („elle dérobe aux yeux"), da sie dem entgegenstünde, was der Betrachter für (offen-sichtlich) möglich, erwartbar oder angemessen halte. Eine zweite Schönheit, die sich mit der Maschine verbinde, sei, obgleich „viel dunkler" („plus obscure") „ungleich effektstärker" („plus forte"), die Erfindung und Darbietung ganz neuer Bewegungen und Tätigkeiten. Diese stellen gleichsam die Seele dieser „natürlichen Zauberei" („enchantemens naturel") dar.[163] Dabei habe sich der Poet vor allem die erste Schönheit des Spektakels zunutze zu machen, da es seine Aufgabe sei, die Sinne der Zuschauer derart in Beschlag zu nehmen, dass sich die Frage nach den technischen Mitteln der Verzauberung gar nicht erst stellt:

> Es muss den Sinnen gefallen und [d. h.] gewöhnlich den Augen, deren Blick nicht weiter reicht als bis zu den sichtbaren Dingen und die es der Mühe nicht Wert erachten, an das Funktionieren der Dinge zu denken und an den Grund des Vergnügens, das sie haben und das ihnen schmeichelt.[164]

Hierin gleicht der dramatisch kalkulierte Einsatz der Theatermaschinen dem der jungen Schauspielerinnen, deren Aufgabe de Pure als Entwaffnung des Verstandes beschreibt: „Die Überzeugung des Geistes ist leicht, sind die Sinne erst befriedigt."[165]

Wenige Jahre nach dem Erscheinen von Jacob Leupolds voluminösem *Theatrum machinarum* (1724–1739) bemerkt Luigi Riccoboni (1676–1753) in seiner Theatergeschichte von 1738 hinsichtlich der komplexen Verwandlungsapparate der Theaterarchitekten und Theatralingenieure Giovanni und Lodovico Ottavio Burnacini in Wien:

163 Alle Zitate: de Pure (1668), S. 301f. Im Kern geht es ihm darum, deren Neuheit, Andersartigkeit und Facettenreichtum aufzuzeigen, um Frankreich als größte Theaternation darzustellen, die viel dazu beigetragen hat, das zeitgenössische Theater über das Theater der Alten hinauszuheben. Den antiken „Cirques, Amphithéâtres, Théâtres, Naumachies, Triomphes" stellt er die zeitgenössische Spektakelvielfalt gegenüber, bestehend aus „Comedie, Bal, Mascarades, Carozels, Courses de Bagues & de Testes, Ioustes, Exercices & Reveues, Militaires, Feux d'Artifices, Entrée des Roiss & de Reynes."

164 „Il doit plaire aux sens, & ordinairement à des yeux, qui ne portent point leurs regards plus loin que les objets visibles, & qui prendront pour une corvée la peine de penser au moyen dont les choses se font, & à la cause du plaisir qu'ils ont & qui les charme." de Pure (1668), S. 301ff. Eine fast gegenteilige Position findet sich in der Poetik La Mesnadières (1640), dessen Vorbehalt, von Aristoteles übernommen, die Programmatik der *Doctrine classique* bereits in sich trägt: „Et les Poëtes Dramatiques deuroient à tout le moins sçauoir que puisque le lieu éminent où ils exposent leurs Ouurages, s'appelle du nom de *Théâtre*, qui signifie *Lieu des Spectacles*, il ne s'y doit rien passer qui puisse chocquer les yeux; comme font ces absurditez qui trauaillent le Spectateur, & sont causes que la Raison se réuolte contre sa veuë." La Mesnadière (1640), S. 270f.

165 „La persuasion de l'esprit est aisée apres la satisfaction des sens." de Pure (1668), S. 171.

> Die Maschinen verdanken sich der Magie und dem Wunderbaren. Man muss sich daher immer wieder die Konstruktion der Bühne in Erinnerung rufen und dass alles, was man sieht, durch Gebälk, Seile, Gewichte und Gegengewichte hervorgerufen wird, um sich der Täuschung unserer Sinne zu erwehren, welche uns glauben machen wollen, dass alles, was wir sehen, wahr ist.[166]

Riccobonis Bemerkung markiert gleichsam eine historische Zäsur. Das magische und wunderbare Wirken der Maschinen ist auf der programmatischen Ebene im Schatten von Leupolds monumentalem *Theatrum machinarum* – dem Endpunkt der Maschinenschaubücher an der Wende zum 18. Jahrhundert – nur noch im Rahmen eines theaterästhetischen Illusionismus gegenwärtig. Die Theatermaschine ist von jenem Nützlichkeitsdiskurs geschieden, den sie als Spektakel mit durchzusetzen half.

166 „Les machines sont les effets de la magie & du merveilleux; l'on a souvent besoin de se rappeller la construction du théâtre, & que tout ce que l'on voit est porté par des poutres, des cordages, des fers & des contrepoids pour se défendre de l'illusion de nos sens, qui nous persuade que ce que nous voyons est véritable." Luigi Riccoboni. *Réflexions historiques et critiques sur les différents Théâtres d'Europe* [...]. Paris, 1738, S. 40.

FESTUNGSBAU (JOSEPH FURTTENBACH)

Die programmatische Aufwertung des Experimentes für die Naturforschung des 17. Jahrhunderts ist eng mit dem umfangreichen Werk Francis Bacons verbunden. In seiner die Wende zur neuzeitlichen Experimentalwissenschaft markierenden Programmschrift *The Advancement of Learning* (1605) steht die Entdeckung einer ‚Neuen Welt' Pate für die experimentelle Erschließung unbekannter Territorien des Wissens. Während die Weltkugel mit Hilfe des Kompasses umsegelt sei, so Bacon, fehle es bislang an Vergleichbarem auf dem Gebiet der Wissenschaften, denn dort regiere noch immer der Glaube an die Lehrmeinungen überkommener Autoritäten. Dieser Buchglaube verstelle den Blick auf die Natur, welche es als eigentliche Quelle der Erkenntnis vollkommen neu zu entdecken gelte. *Salomon's House*, Bacons Entwurf einer naturforschenden Gemeinschaft und Vorbild aller großen Akademiegründungen dieser Zeit, legt Zeugnis ab von dem partizipatorischen und kooperativen Ideal experimenteller Wissenschaft. Die Natur erscheint in Bacons Idealstaat *New Atlantis* (1624) von dem höchsten Bergkamm bis in den tiefsten Stollen hinab buchstäblich durchdrungen von dem systematischen Herrschaftswillen einer auf wissenschaftlichen Prinzipien ruhenden Gesellschaft. Doch erscheint diese Keimzelle neuzeitlicher Wissenschaftspraxis aus heutiger Perspektive zutiefst paradox: Steht die Wissenschaftsutopie *New Atlantis* einerseits für ein gewandeltes Forschungsideal, welches durch Methodenbewusstsein und Praxisorientierung seinen utilitaristischen Öffentlichkeitsbezug auf programmatische Weise in Szene setzt, so gelingt dies andererseits nur unter den Bedingungen einer radikalen Einschließung, Abschließung und ‚Fortifizierung' von Gemeinschaft. Die sozialgeometrische Hermetik, die der staatsutopische Mikrokosmos in Szene setzt, beschreibt dabei zugleich eine der Grundparadoxien experimenteller Wissenschaft: Ein potentiell universaler Deutungs- und Geltungsanspruch wird allein durch symbolische und materielle Grenzziehungen und Rahmensetzungen, durch einen regelrechten ‚Festungsbau' gewährleistet, der die Welt, die es zu erkennen gilt, zuallererst auszuschließen sucht.[1]

Wie ist diese Behauptung zu verstehen? Inwiefern kann die merkwürdige Siedlungsform des Festungsbaus, die zwischen dem 15. und 17. Jahrhundert das Erscheinungsbild europäischer Städte, ja die territoriale Verfasstheit und soziale

1 Über den paradoxen Charakter Baconischer Naturerkenntnis heißt es bereits bei Ernst Bloch im Kapitel über die technischen Utopien: „Unsere bisherige Technik steht in der Natur wie eine Besatzungsarmee in Feindesland, und vom Landesinneren weiß sie nichts, die Materie der Sache ist ihr transzendent." Ernst Bloch. *Das Prinzip Hoffnung*. Bd. 2. Frankfurt a. M., 1985, S. 814. Siehe zu den paradoxen Seiten experimenteller Erkenntnis bei Bacon weiter unten das Kapitel „Experiment und Rätsel (Bacon)".

Organisation von Gemeinschaft auf grundlegende Weise wandelt, dazu dienen, paradoxe Seiten der Wissensproduktion in Bacons weltabgewandtem Inselreich darzustellen? Und inwiefern lassen sich durch das Phänomen ‚Festungsbau' ganz generell paradoxe Seiten neuzeitlicher Wissenschaft beschreiben?

Um sich diesen Fragen anzunähern, muss zunächst einmal an die Bedeutung und die Verbreitung des Festungsbaus in Europa erinnert werden.[2] Die neuzeitliche Revolution der Kriegsmaschinerie, d. h. die strategische Nutzung von Explosionsstoffen als Treibladung für Geschosse, die von den Handfeuerwaffen des Spätmittelalters über die riesigen Bombarden der Renaissance bis zur Herausbildung einer eigenen Waffengattung, der Artillerie, führt, lässt aus den befestigten Städten des Mittelalters Festungsstädte werden.[3] Überall dort, wo die neuen Festungsbauten errichtet werden, verliert die offene Feldschlacht an Bedeutung und die oft langwierigen Belagerungen werden gleichsam zum militärischen Alltag. Durch ihre Polygone, Raveline, Kourtinen, Facen, Glacés, Demilunes, Traversen und Kontergarden nach italienischer, niederländischer oder französischer Manier verleihen die mitunter gewaltigen Fortifikationen einem geometrisch-mathematischen Gestaltungswillen architektonische und soziale Realität.

„Ein Vöstung", so heißt es beispielsweise in der *Ingenieurs Schul* (1633) des Ulmer Mathematikers Johannes Faulhaber (1580–1635),

> ist ein Materialisches corpus auß Erden / Stein / Holtz / und Wasser bestehend / so eintweder von Natur / oder durch Kunst mit allerley gebräuchlichen unnd Nothwendigen Defensionswehren zu gemeiner Sicherheit der Innwohner *wider allen eusserlichen Gewalt und Anfall* versehen unnd bevöstigt ist.[4]

2 Zur militärtechnischen Entwicklung während des Dreißigjährigen Krieges siehe den Überblick bei Eduard Wagner. *Tracht, Wehr und Waffen im dreissigjährigen Krieg*. Hanau/M., 1980 (Artillerie, S. 129–169; Fortifikationen, S. 189–221; Feldbefestigungen, S. 222–230). Vgl. ferner den instruktiven Artikel von Volker Schmidtchen. „Waffentechnik und Festungsbau. Rolle und Bedeutung der Artillerie in Angriff und Verteidigung fester Plätze". *Zeitschrift für Festungsforschung* 1 (1982), S. 12–20.

3 Geoffrey Parker begründet die von ihm ausgerufene militärische Revolution mit dem Bau der neuen Befestigungswerke im 16. Jahrhundert. Geoffrey Parker. *Die militärische Revolution. Die Kriegskunst und der Aufstieg des Westens 1500–1800*. Frankfurt a. M. u. New York, 1990. Festungsbau und Geschützbau werden immer wieder als eskalierende Techniken bzw. Künste geschildert. Zusammen mit anderen Neuerungen, die ebenfalls durch Feuerwaffen ausgelöst wurden, vergrößerten sich die Armeen dramatisch, was wiederum verwaltungstechnische Neuerungen auslöste. Siehe ebd., S. 45. Zur Diskussion der Thesen Parkers vgl. Clifford J. Rogers (Hg.). *The Military Revolution Debate. Readings on the Military Transformation of Early Modern Europe*. Boulder, San Francisco u. Oxford, 1995.

4 Johannes Faulhaber. *Anderer Theil Der Ingenieurs Schul. Darinnen Die Regular Fortification, sampt den Aussenwercken / durch und ohne Rechnung mit newen Inventionibus gelehrt werden* […]. Ulm, 1633, S. 4 (Herv. JL). Über die Bedeutung des Begriffes „Fortificatio" heißt es dort: „Fortificatio […] heist bestärckung oder bevöstigung / ist ein Kunst und Wissenschafft von Vöstungen / selbige ordenlich unnd wol zubawen / mit Vortheil zu vertheydigen / und auch widerumb zu offendiern / darzu aber ein guter Ingenieur erfordert wird." Ebd, S. 3. Die Begriffe „Festung", „Befestigung", „Veste" lassen sich über das Adjektiv „fest" in der Bedeutung von „stark, standhaft, fest" ableiten (mhd. „veste", ahd. „fe-

Doch wären Festungsbauten als eskalierende Technik im Verhältnis zur Pyrotechnik nur unzureichend beschrieben. Die Uneinnehmbarkeit, die die Ingenieure der *Architectura militaris* von Marolois über Coehoorn bis hin zu Vauban in ihren geometrisch-mathematisch komplex kalkulierten Entwürfen und Modellen suggerieren, impliziert angesichts der Artillerie immer auch das Wissen um die Illusion von Sicherheit und Berechenbarkeit.[5] Denn, wie es bei Casimir Simienowicz, dem Verfasser eines Hauptwerkes zur Artillerie im 17. Jahrhundert, heißt:

> da ist keine Mauer / Thurm noch Bollwerck so starck und fest / welche nicht durch solche übern Hauffen geworffen und zerstöret / keine Pfort oder Thor so wol mit Eisen / Schlössern und Riegeln verwahret / die nicht vermittelst der Petarden in einem Augenblick zersprenget und eröffnet / ja so zu reden fast nichts so dauer= und wehrhafft in der Welt / das nicht vermittelst dieser KunstWerckzeuge vernichtet und zu grund verderbet werden sollte.[6]

Festungsbauten, dies lassen die beiden Zitate bereits erahnen, sind paradoxe Architekturen, die ihre Phantasmatik dem Ausschluss und der Beherrschung des Unberechenbaren, des Kontingenten verdanken. Dienen sie auf der einen Seite der repräsentativen, geometrisch-mathematischen Evidentialisierung von Sicherheit und Gewissheit, so sind sie auf der anderen Seite zugleich monumentale Manifestationen der Angst und Furcht, die dazu beitragen, ganze Städte, Residenzen, Ortschaften und Landstriche einem auf Dauer gestellten ‚Als-ob' des Krieges zu unterwerfen. Seitens der Festungsbauforschung ist diese Paradoxie dahingehend interpretiert worden, dass Festungsbauten als komplexe Sicherungs-, Kontroll- und Disziplinararchitekturen nur „als Teil einer Konfiguration der Körper, des Raumes und der Zeit und damit der Gesellschaft" erklärbar seien.[7] Sie

sti"). Vom lateinischen Wort „fortis" im Sinne von „stark, kräftig, rüstig, tüchtig, dauerhaft und fest" leiten sich Begriffe wie „Fortifikation" und „Fort" ab. Diese Worte sind in fast allen europäischen Sprachen zu finden. Siehe den begriffsgeschichtlichen Überblick aus kunstgeschichtlicher Perspektive von Wolfgang Müller-Wiesner. „Festung". *Reallexikon zur deutschen Kunstgeschichte.* Bd. 8. München, 1982, Sp. 304–348, sowie die Erläuterungen von Gebuhr (2006), S. 183–186 mit weiterführender Literatur.

5 Vor dem persönlichen Erfahrungshintergrund von Flucht und Vertreibung verfasste der Dramatiker Egon Eis seine heute noch lesenswerten kulturgeschichtlichen Betrachtungen *Die Illusion der Sicherheit. Das Schicksal der großen Bollwerke* (Düsseldorf, 1958), in denen er der technischen Phantasmatik von Sicherungsarchitekturen nachgeht.

6 Casimir Simienowicz. *Artis Magnae Artilleriae. Vollkommene Geschütz- Feuerwerck- Und Büchsenmeisterey-Kunst.* Theil 1. Franckfurt am Mayn, 1676, Vorrede. Die Artillerie gehörte im 17. Jahrhundert neben Kompass und Fernrohr zu den Symbolen technischen und wissenschaftlichen Fortschritts.

7 Eichberg (1989), S. 589. Seitens der Festungsbauforschung hat als einer der ersten Henning Eichberg die neuzeitlichen Festungsbauten aus einem utilitaristischen und allein der militärischen Zweckrationalität unterworfenen Begründungszusammenhang herausgelöst. Festungsbau sieht er im Kontext eines auf unterschiedlichen Ebenen kulturellen Handelns wirksamen „neuplatonischen Geometriekults". Vgl. bereits Eichberg (1977), S. 46 u. ö.

seien nicht allein Ausdruck einer Revolution in der Waffentechnik, sondern einer ‚geometrischen' Verfasstheit von Gesellschaft, die sich etwa in Tänzen, im Exerzierstil oder in Gartenanlagen offenbare.

In diesem Kapitel soll nun der Versuch unternommen werden, ‚Festungsbau' nicht allein als architektonisches Monument zu betrachten, sondern fortifikatorisches Denken und Handeln in seiner erkenntnispraktischen und wissenproduzierenden Dimension zu beschreiben. Diesbezüglich soll die Schaffung gut befestigter, kalkulier- und beherrschbarer Erfahrungsräume in dreifacher Weise, also mit Blick auf die Akkumulation, Produktion und Distribution von Wissen untersucht werden.

Paradoxien, so wurde eingangs festgestellt, haben stets zu tun mit Dynamiken und Rahmensetzungen der Wissensproduktion. Erschien in dem vorangegangenen Kapitel die barocke Maschinenfaszination, das Staunen angesichts der ‚Selbstbewegtheit' maschineller Gefüge, gleichsam als ein Ursprung des Fragens, so stehen in diesem Kapitel die Rahmensetzungen erkenntnispraktischen Handelns, die ‚Grenzen des Wissens' im Mittelpunkt. Als Untersuchungsgegenstand dient zu diesem Zweck das umfangreiche Werk des Ulmer Kriegs- und Zivilbaumeisters Joseph Furttenbach (1591–1667).[8] Warum und aus welcher Perspektive ist hier gerade das Architekturwerk des schwäbischen Kriegs- und Theaterarchitekten so interessant? – Wie wohl bei kaum einem anderen publizierenden Architekten seiner Zeit findet sich bei Furttenbach die Architektur als experimentelle

8 Kaum eine der von Joseph Furttenbach entworfenen Architekturen wurde je realisiert und nur sehr wenig ist heute noch in Ulm von seiner Tätigkeit als Stadtbaumeister zu sehen. Diesem Umstand scheint auch die Tatsache geschuldet, dass die architektonischen Schriften Furttenbachs heutigentags als architektur-, militär- und theatergeschichtliche Quelle zwar vielfältig angeführt werden, sich gleichwohl kaum von einer eigenen Furttenbach-Forschung sprechen lässt. Als biographische Quelle ist nach wie vor die theaterwissenschaftliche Dissertation Margot Bertholds von 1951 maßgebend, die sich wesentlich auf den zweiten Band einer von der Verfasserin aufgefundenen Selbstbiographie Furttenbachs stützt. Siehe Berthold (1951). Die Ergebnisse dieser Dissertation sind zusammengefasst in: Dies. „Joseph Furttenbach von Leutkirch, Architekt und Ratsherr in Ulm (1591–1667)". *Ulm und Oberschwaben. Zeitschrift für Geschichte und Kunst. Mitteilungen des Vereins für Kunst und Altertum in Ulm und Oberschwaben* 33 (1953), S. 119–179. Vgl. ferner Hans Foramitti. „Vorwort". *Joseph Furttenbach. Newes Itinerarium Italiae.* Hildesheim u. New York, 1971 [Nachdr. d. Ausg. Ulm, 1627], S. V–XXIV, sowie Detlef Karg. „Nachwort". *Joseph Furttenbach. Architectura recreationis.* Berlin, 1988 [Nachdr. d. Ausg. Augsburg, 1640], S. 221–231, mit neuerer Forschungsliteratur. Die ältere Forschungsliteratur ist nachgewiesen bei Paul Zucker. „Furttenbach". *Allgemeines Lexikon der bildenden Künstler von der Antike bis zur Gegenwart.* Bd. 11/12. Hg. v. Ulrich Thieme. Leipzig, 1915/16, S. 604f. Unter den zahlreichen Architekturentwürfen fanden die Schulgebäude (Karl Roller. *Die schulgeschichtliche Bedeutung Joseph Furttenbachs des Älteren (1591–1667) in Ulm.* Darmstadt, 1913), die Medizinalgebäude (Gunter Mann. „Joseph Furttenbach, die ideale Stadt und die Gesundheit im 17. Jahrhundert". *Medizingeschichte in unserer Zeit. Festgabe für Edith Heischkel-Artelt u. Walter Artelt zum 65. Geb.* Hg. v. Hans-Heinz Eulner u. a. Stuttgart, 1971, S. 189–207) sowie die Lustgärten (Max Stemshorn (Hg.). *Der Kunst-Garten. Gartenentwürfe von Joseph Furttenbach (1591–1667)* [Ausst.kat.]. Ulm, 1999; Gert Gröning. „Ein stolophiler Beitrag zur Gartenkultur in der zweiten Hälfte des 17. Jahrhunderts: Dargestellt am Beispiel der ‚Architectura Recreationis' von Joseph Furttenbach". *Technik, Arbeit und Umwelt in der Geschichte. Günter Bayerl zum 60. Geburtstag.* Hg. v. Torsten Meyer u. Marcus Popplow. Münster u. a., 2006, S. 27–40) eine Würdigung.

Schöpfungskraft eingelassen in Reflexionen über deren epistemologischen Stellenwert als theoretische und praktische Wissenskunst. Dabei ist der experimentelle Charakter seines Tuns zugleich Ausgangspunkt und Gegenstand seines Schreibens. Theatermaschinen und Festungsbauten markieren bei ihm nicht allein das weite Feld technischer Innovationen, sondern sie sind nachgerade ein Schlüssel zu seinem Architekturwerk.

Wissensproduktion im Zeichen des Krieges

Joseph Furttenbach (der Ältere) entstammt einer altadligen Patrizier- und Kaufmannsfamilie aus Leutkirch bei Ulm. Wie viele der zeitgenössischen Künstler, Architekten und Ingenieure schöpft auch Furttenbach sein handwerkliches und theoretisches Wissen aus einer langjährigen Ausbildungszeit in Italien. Im Alter von sechzehn Jahren tritt er nach zweijähriger Kanzleitätigkeit seine Ausbildungsreise an. Er lernt die Landessprache in Mailand und hält sich – unterbrochen von ausgedehnten Reisen, die ihn bis nach Rom führen – sieben Jahre in Genua und mindestens noch ein Jahr in Florenz auf. Ist es zunächst sein Ziel, die für den Kaufmannsberuf notwendigen Erfahrungen zu sammeln, so wendet sich Furttenbach schließlich den mathematischen Wissenschaften zu: der Baukunst, dem Ingenieur- und Artilleriewesen, der Geschützkunde und dem Festungsbau. Durch seinen Lehrmeister, den Genueser Ingenieur und Architekten Paolo Rizio, wird er in die Festungsbau-, Grottenwerk- und Prospektivbaukunst eingeführt. Bei dem Augsburger Büchsenmeister und Feuerwerker Hans Veldhausen erwirbt er sich einen Lehrbrief in der *Arte della bombardieri.* Zu seinen zahlreichen Bekanntschaften mit Künstlern und Gelehrten in dieser Zeit soll auch Galileo Galilei gezählt haben. Die für seine späteren Theaterentwürfe und -einrichtungen entscheidenden Eindrücke gewinnt Furttenbach in der Kriegs- und Kunstakademie von Giulio Parigi in Florenz. Er legt hier nicht nur einen großen Vorrat seiner Stichvorlagen an, sondern wird auch mit dem Mechanismus der Bühne und ihren Verwandlungsdekorationen bekannt gemacht.[9]

Das umfangreiche Architekturwerk des Universalarchitekten, welches im Wesentlichen zwischen 1627 und 1650 entsteht, ist nur vor dem Hintergrund des Dreißigjährigen Krieges angemessen zu verstehen.[10] So offenbart bereits der Vor-

9 Die insgesamt sechs Theaterentwürfe Furttenbachs und hier insbesondere die von ihm verwandte Periaktenbühne sind – zumeist unter Missachtung des universalarchitektonisch angelegten Gesamtwerkes – seitens der theatergeschichtlichen Forschung immer wieder dargestellt und diskutiert worden. Jede sich an Einzelaspekten der furttenbachschen Schriften orientierende Arbeit greift aber dann zu kurz, wenn sie nicht die universalarchitektonische, utopisch-konstruktive Programmatik des Werkes im Blick hat, die nur vor dem Erfahrungshintergrund des Dreißigjährigen Krieges angemessen zu verstehen ist. Siehe hierzu das folgende Kapitel „Maschinelle *Recreation*".

10 Im Anschluss an seine Rückkehr nach Deutschland (um 1620) erscheinen sein Reisetagebuch (*Newes Itinerarium Italiae*, 1627), seine Schrift zur Büchsenmeisterei (*Halinitro Pyrobolia*, 1627, vertieft und erweitert als *Büchsenmeistery = Schul*, 1643) sowie in gedrängter Folge die eher systematischen Abhandlungen zur Zivil-, Schiffs- und Zeughausarchitektur (*Architectura civilis*, 1628; *Architectura navalis*, 1629; *Architectura martialis*, 1630) bis hin zur resümierenden *Architectura universalis*, 1635. In Ulm wird er Stadtbaumeister (1631) und Ratsmitglied (1639). Als Ingenieur und Architekt ist er u. a. verantwortlich für den Ausbau der Stadtbefestigung und die Errichtung von Lazaretten,

hang, der sich Anno 1635 über seiner *Architectura universalis* vor dem schmalen und von Wolkensoffitten umkränzten Horizont eines städtischen Kosmos lüftet, einen machtvollen Festungskörper (Abb. 13). Die friedliche Betriebsamkeit, mit der die Handwerker und Händler im Bildvordergrund ihren Aufgaben nachgehen, dient wie zur Unterstreichung der Stabilität und Wehrhaftigkeit der ausgreifenden Fortifikationsanlage: spitze hölzerne Wehrzäune; schmale, gut bewachte Holzstege, die über einen eingedämmten Fluss führen; mächtige Raveline und Basteien; eine festgefügte Kourtine mit einem engen, durch Schafotte gesicherten Tunnel; schließlich die eigentliche Passanlage, ein raffiniert gerüsteter, mehrfach umbauter Hofkomplex.[11]

Durch den perspektivischen Aufbau dieser ‚Fortifikationsdramaturgie' wird das Auge des Betrachters bis vor eine von zwei Putti aufgeraffte Stoffbahn geleitet, die Namen und Architekten dieser Stadt verkündet, welche zugleich Titel und Autor des Buches darstellen. Der Eintritt in dieses universale Architekturwerk beginnt mit dem Umschlagen der Buchseite.[12] Wie in einem Vexierbild erscheint hier nun im ersten, der *Architectura militaris* gewidmeten Kapitel der gleiche Bildausschnitt noch einmal, doch um die Ornamentik der Schautafel bereinigt und stattdessen in der nüchternen und abstrakten Gestalt eines Datenraumes (siehe Abb. 13). Die Vogelperspektive hat sich in eine Draufsicht verwandelt, die Menschen, die vormals den Fluss bevölkerten, sind samt ihrer Gerätschaften zugun-

Schulen und Wasserleitungen. Mit einer sein architekturtheoretisches Werk vorläufig abschließenden Schrift zur *Architectura recreationis* (1640) wendet er sich erstmals ausführlich der Garten- und Theaterarchitektur zu. 1641 errichtet er im Binderhof eines ehemaligen Dominikanerklosters ein Theater nach italienischem Muster und wahrscheinlich das erste öffentliche Theatergebäude der Neuzeit im deutschsprachigen Raum (siehe Alois M. Nagler. „The Furttenbach Theatre in Ulm". *The Theatre Annual* (1953), S. 45–63). 1638–40 erbaut er im Stadtzentrum Ulms ein eigenes Haus (*Architectura privata*, 1641). Er wendet sich nun auch verstärkt der Ausbildung junger Ingenieure und Architekten zu (*Mechanische Reißladen*, 1644). Unter dem Namen seines früh verstorbenen ältesten Sohnes, Joseph Furttenbach der Jüngere (1632–1655), Kupferstecher und Mitarbeiter seines Vaters, erscheinen zwischen 1649 und 1667 elf, überwiegend knapp gehaltende Darstellungen zur bürgerlichen Baukunst. Der über viele Jahre angewachsene, aber erst 1663 publizierte *Mannhaffte Kunst-Spiegel* fasst schließlich die Erfahrungen Furttenbachs noch einmal zusammen. Ein ausgeprägtes, sich beständig erweiterndes Referenzsystem, welches die Schriften miteinander verzahnt, belegt eindrücklich den architektonischen Universalismus seines Gesamtwerkes, welcher wiederum in engster Wechselwirkung zu dem Aufbau einer Rüst- und Kunstkammer zu sehen ist, die Furttenbach im Schutz seines Ulmer Privathauses einrichtete. Alle im Druck erschienenen Schriften Furttenbachs sind mittlerweile über Mikrofiche zugänglich bei: Ulrich Schütte (Hg.). *Deutsche Architekturbücher zur Zivilbaukunst aus dem 16. und 17. Jahrhundert. Mikrofiche-Edition*. München, 2000.

11 Furttenbach hat diese Passanlage in Variationen immer wieder behandelt. Unter dem Namen seines Sohnes widmete er ihr sogar eine eigene Schrift. Vgl. Joseph Furttenbach d. J.. *Paß Verwahrung/* […] *Welcher Gestalt ein Paß/oder Stadtthor/zugleich aber auch das Zeughauß/sampt dem groben Geschütz vnd Gewöhr/sampt sonderbaren angenehmen Commoditeten, also zuverbawen vnd zuversetzen/* […] */Beschrieben/vnd mit zwey* […] *selber Radierte Kupfferstuck außgerüstet/vnd in den Druck gegeben*. Augspurg, 1651.

12 Furttenbach erinnert hier an den Aufbau der vitruvianischen *Decem libri*, insofern er seine Lehre von der Universalarchitektur an der Architektur einer Stadt bemisst: Der Aufbau des Buches sowie der Aufbau einer Stadt unterliegen dem gleichen architektonischen Konstruktionsprinzip.

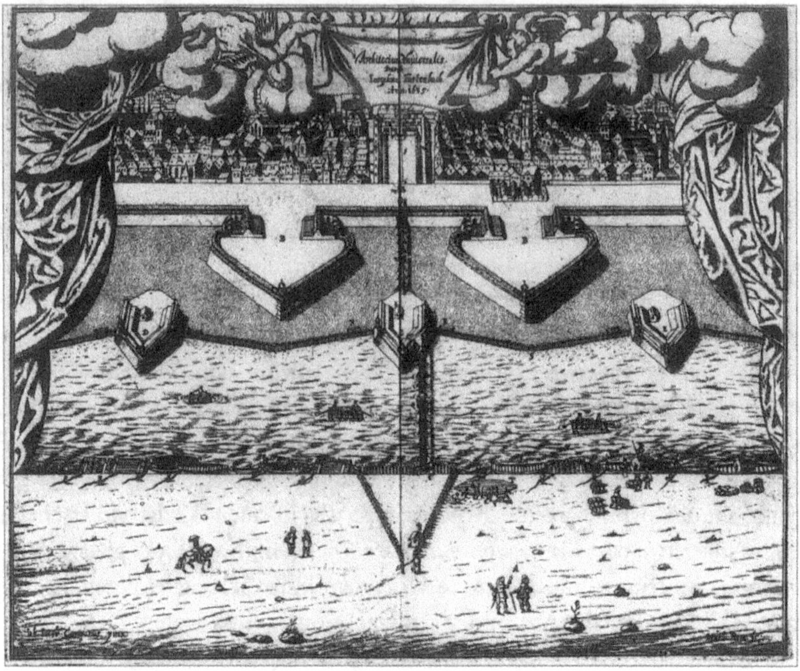

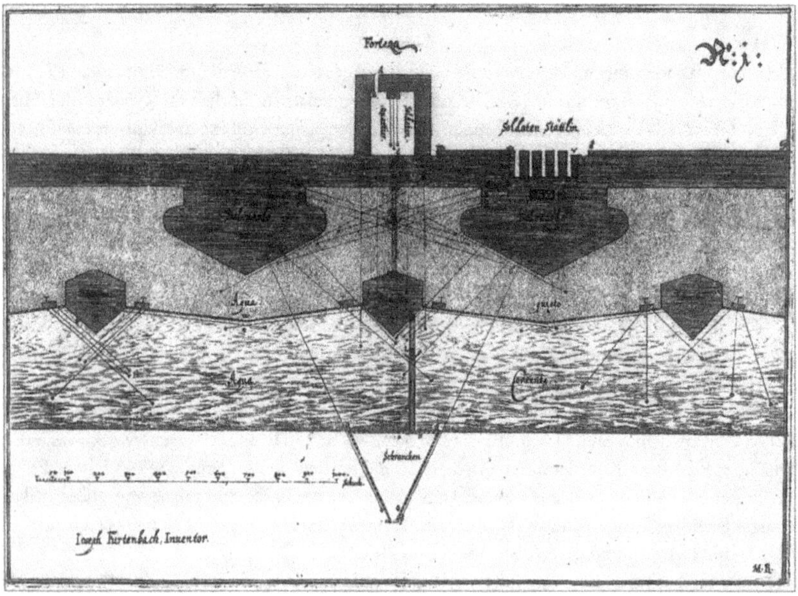

Abb. 13 Stadtansicht als Frontispiz und als technische Zeichnung bei Joseph Furttenbach (*Architectura Universalis, Das ist: Von Kriegs: Statt- und Wasser Gebäwen*, 1635). Furttenbach realisiert durch die aufeinanderfolgenden Abbildungen den Eintritt des Lesers in sein Architekturbuch als einen Blickwechsel von der Erscheinungsseite zur technischen Konstruktivität der Baukörper. Der professionelle Blick des Architekten kündigt sich in der Perspektivverlagerung an. Wie bereits bei Vitruv so ist auch bei Furttenbach der Aufbau des Buches als Annäherung an eine Stadt, d. h. von Außen nach Innen in Szene gesetzt.

sten einer höheren Sichtbarkeit ausgeblendet. Dort, wo zuvor dicht gedrängt die städtische Gebäudevielfalt zu sehen war, ist jetzt eine weiße Fläche. Die städtische Architektur – und das heißt auch: die Architektur des Buches – ist durch die fortifikatorische Abstraktion auf die Bedingungen ihrer Möglichkeit reduziert. Raveline und Basteien sind nunmehr durch Schussbahnen bestrichene, schwarz schraffierte Formgebilde. Der geometrisch in Szene gesetzte Verteidigungsfall wird zum gestaltgebenden Prinzip der Stadt wie des Buches.

Hinter dieser zweifachen Annäherung an den universalarchitektonischen Mikrokosmos, d. h. *die* Architektur, steht bei Furttenbach eine explizite Gleichgewichtung theoretischen und praktischen Wissens unter dem Dach der Mechanik. Der bekannte Kupferstich aus der Schrift *Mechanische*[r] *Reißladen* (1644) (Abb. 14) spiegelt dieses für das gesamte Architekturwerk Furttenbachs gültige Wissensideal wider. Am Scheitelpunkt zweier Stufenleitern thront die Mechanik: zur Linken (vom Betrachter aus) die durch allegorische Frauenfiguren gekennzeichneten theoretisch-abstrakten Zahlenkünste, die in etwa dem Quadrivium der *Septem artes liberales* entsprechen;[13] zur Rechten die durch allegorische Männerfiguren gekennzeichneten praktischen, ‚handwerklichen' Künste, eine eher subjektive Zusammenstellung aus dem Spektrum der *Artes mechanicae.*[14] Dieses Bemühen, das vitruvianische Bildungsideal des Architekten zeitgemäß zu interpretieren, ist bei Furttenbach untrennbar verbunden mit einer Dualität aus Destruktion und Produktion, Zerstörung und (Wieder-)Aufbau. Die Renaissance eines antiken Architekturideals, die hier anklingt, ist im Kontext kriegerischer Erfahrungen im doppelten Sinne *re-kreativ.*[15]

Vor dem Hintergrund eines durch den Dreißigjährigen Krieg devastierten Territoriums, der „Wüsteney unnd Einöde", ist es bei Furttenbach eine Programmatik der Neuschöpfung, der *Recreation*, d. h. zu „restaurirn / oder gar von newem auß der Aschen aufführen"[16], wie es in der *Architectura recreationis* von 1640, fünf

13 Furttenbach lässt aus den mathematischen Fächern des Quadriviums (Arithmetik, Geometrie, Musik und Astrologie) die Musik weg und unterscheidet von der Geometrie die Planimetria, Prospectiva und Navigatio.

14 Zur Aufwertung und zum vielgestaltigen Spektrum der *Artes mechanicae* im 16. und 17. Jahrhundert vgl. Jutta Bacher. „Artes Mechanicae". *Erkenntnis, Erfindung, Konstruktion. Studien zur Bildgeschichte von Naturwissenschaften und Technik vom 16. bis zum 19. Jahrhundert.* Hg. v. Hans Holländer. Berlin, 2000c, S. 35–49.

15 Zum Begriff der ‚Recreation' als mathematisch-philosophischer ‚Erquickung' vgl. Jörg Jochen Berns. „Einleitung". Daniel Schwenter u. Georg Philipp Harsdörffer. *Delitiae physico-mathematicae oder mathematische und philosophische Erquickstunden.* 3 Bde. Hg. u. eingel. v. Jörg Jochen Berns. Frankfurt a. M., 1991 [Nachd. d. Ausg. Nürnberg, 1636–53], Bd. 1, S. V–XLIV. Die etwa im Werk Athanasius Kirchers oder Harsdörffers vorherrschende *propagatio fidei per scientias*, in der Naturwissenschaft und christliche Moralphilosophie zusammenwirken, ist nicht auf den Bereich der ‚Erquickstunden' begrenzt. Vielmehr zeichnen sich alle Technologietraktate und Maschinen-Bücher dieser Zeit durch einen „legitimatorische[n] Biblizismus" aus (ebd., S. XXIII). Vgl. hierzu grundlegend: Stöcklein (1969).

16 Joseph Furttenbach. *Architectura Recreationis, Das ist: Von Allerhand Nutzlich: vnd Erfrewlichen Civilischen Gebäwen: In vier Vnterschidliche Hauptstuck eingetheilt. Erstlich / wie man für die Privat*

Abb. 14 Stufenförmige Anordnung der Künste bei Joseph Furttenbach (*Mechanische[r] Reißladen*, 1644).

Jahre nach Abschluss des Ulmer Separatfriedens der Reichsstadt mit dem Kaiser (1635), heißt. Diese rekreative Programmatik ist für seine in über zwanzig Büchern und Schriften versammelten Pläne, Entwürfe und Modelle bestimmend. Ziel seines architektonischen Experimentierens ist die Errichtung einer „gleichsam gantz Newen Welt“[17], in der sich alles nutzbringend und sinnreich ineinanderfügt, sich allemal „dem Aug Frewd und Ergötzlichkeit“ bietet und wohlgefällige Perspektiven, Durchsichten und Einblicke „ein täglichen Augenlust und Erquickung deß Menschen Gemüts mit sich bringen.“[18]

Furttenbachs Wissenspraxis steht im Zeichen des Krieges. Jede von ihm entworfene Architektur ist immer auch ‚Wehrarchitektur‘, insofern sein Bemühen darauf zielt, nicht allein feste, sichere und dauerhafte Architekturen zu entwerfen, sondern mit diesen auch ein gesellschaftliches Ideal der Berechenbarkeit und Störungsfreiheit zu installieren. Die vermessende, kalkulierende und konstruierende Arbeit des (Wehr-)Architekten vollzieht sich im Kontext einer Ordnung des Wunderbaren und Staunenswerten. Dieser technikimmanenten Dimension des Wunderbaren entspricht eine hochentwickelte Lust- und Illusionsarchitektur, die gleichsam den Kontrapunkt kriegerischer Architekturen und kriegsbedingter Zerstörungen darstellt. Kunstvoll errichtete Perspektiven und die maschinell erzeugte Verblüffung zur ‚sonderlichen Recreation‘ der Betrachter finden ihren exemplarischen Höhepunkt in den Theatermaschinen.

Wenn im 17. Jahrhundert Architektur als Ausdruck von Sicherheit und Wehrhaftigkeit nachgerade zur Leitmetapher eines schöpferischen Neuanfanges und als Begründungsinstanz sicherer und gewisser Erkenntnis ins Bild gebracht wird, so lassen sich in Furttenbachs Architekturwerk charakteristische Praktiken dieser Begründungsphase neuzeitlicher Wissenschaften aufzeigen. Zunächst deshalb, weil Architektur bei ihm immer auch als eine Wissensarchitektur erscheint, die ihr Fundament auf einem öden und durch den Krieg verwüsteten Territorium errichtet. Alle philosophischen Ursprungskonstruktionen der Neuzeit unterhalten Beziehungen zu einem *tabula rasa*-Modell. Dort, „wo sie eine Uranfänglichkeit sta-

Personen / vnd Burgersleut [...] *angenehme Wohnhäuser* [...] *erbawen kann. Zum Andern / in was Form vnnd Gestalt die Adeliche Schlösser* [...] *Palläst / Lust: Thiergärten / vnd Grottenwerck* [...] *mögen zu Werck gesetzt werden. Drittens / ein newe Manier / die Fürstliche Palläst* [...] *zuerbawen. Zum Viertten / wie die Rathhäuser / so wol auch die Dogana, oder Zoll: vnd Geschawhäuser / gleichfahls die Zimmer: vnd Werckhäuser* [...] *auffzurichten seyen / Alles auß selbst eigener vil-Jähriger Praxi, vnd Experienza auffgemerckt / vnd zusamen getragen / allhier mit 36. Kupfferstucken delinirt / vnnd beschriben.* Augspurg, 1640, Vorrede.

17 Joseph Furttenbach. *Mannhaffter Kunst-Spiegel / Oder Continuatio, vnd fortsetzung allerhand Mathematisch- vnd Mechanisch-hochnutzlich- So wol auch sehr erfrölichen delectationen, vnd respective im Werck selbsten experimentirten freyen Künsten. Welche in hernach folgende 16. vnterschidliche Acten abgetheilt / von jeder derselben aber / auch mit schönen gantz neuen Inventionen gar klärlich seind vorgebildet worden* [...]. Augspurg, 1663, Vorrede.

18 Furttenbach (1640), S. 51 u. 53.

tuieren, hat zuvor ein Zerstörungswerk stattgefunden."[19] Zweitens, weil sich hier ein Bauprogramm zeigt, dessen politisch-repräsentatives, soziales, ästhetisches und epistemologisches Charakteristikum darin besteht, Architekturen als störungsunabhängige und zweifelsfreie Handlungs- und Wahrnehmungsräume zu entwerfen. Und drittens, weil sich hier im Zeichen wehrhafter Architekturen und pyrotechnischen Wissens ein paradoxes Verhältnis von Geheimhaltung und Publizität ausgedrückt findet, welches für die Herausbildung wissenschaftlicher Öffentlichkeit und Autorschaft dieser Zeit signifikant ist.

Bevor jedoch nachfolgend auf den Festungsbau in seiner erkenntnispraktischen und wissensproduzierenden Dimension eingegangen werden kann, soll zunächst die Rolle der Theatermaschine bei Furttenbach herausgearbeitet werden.

19 Albrecht Koschorke. „Der postmortale Blick – Das Erhabene und die Apokalypse." *Die Grenze. Begriff und Inszenierung.* Hg. v. Markus Bauer u. Thomas Rahn. Berlin, 1997, S. 325–341, hier S. 326.

Maschinelle *Recreation*

Theatermaschinen, so mag es auf den ersten Blick erscheinen, spielen im Rahmen des universalarchitektonischen Werks Joseph Furttenbachs nur eine marginale Rolle, ja es kann sogar von einem ausgesprochenen Desinteresse Furttenbachs an theatermaschineller Innovation gesprochen werden. Die auffällige Zurückhaltung Furttenbachs gegenüber den theaterästhetischen Innovationen seiner Zeit dokumentiert vielleicht am besten ein Schreiben seines Freundes und Briefpartners Georg Andreas Böckler. Der spätere Verfasser des *Theatrum machinarum novum* (1661) berichtet in einem Brief vom 17. Februar 1653 über eine Aufführung des Liebesstückes *L'inganno d'amore* am Kaiserhof in Wien, die Lodovico Ottavio Burnacini in enger Anlehnung an die Szenenentwürfe Parigis (Meeres-, Park- und Palastkulissen mit sechsmaliger Verwandlung) prunkvoll auf das Kulissensystem umgesetzt hatte. Böckler erbittet Nachricht von Furttenbach „durch was Manier sich die Personen in Eil von einem Ort ins ander vom teatro in die wolckhen hinauff ziehen." Er selbst habe nämlich „die Machinas nicht zu besehen kommen können", weil „die Italiener gar Neidisch und ihre Sachen hoch halten."[20] Diese Gelegenheit, sich über den Fortgang der Entwicklung und die Errungenschaften der großen Barock-Hofbühne, insbesondere des Kulissensystems, zu unterrichten, bleibt auf Seiten Furttenbachs ungenutzt.

Dem offensichtlichen Desinteresse Furttenbachs an der Verwandlungskunst der Bühne entspricht die scheinbar stiefmütterliche Behandlung dieses Themas in seinen Schriften. Gerade einmal ein Kupferstichblatt im *Mannhafften Kunst-Spiegel* (1663) gibt einen Überblick über die verschiedenen von ihm entworfenen Theatermaschinen, als da sind Hebe- und Senk-, Dekorations- und Effektmaschinen. Auch dem von ihm in der *Architectura civilis* (1628) erstmals geschilderten und in der *Architectura recreationis* (1640) sowie schließlich dem *Kunst-Spiegel* weiter ausgeführten Telari-System, einer aus Wendeprismen konzipierten Verwandlungsbühne (Periaktenbühne) nach dem Vorbild seines Florentiner Lehrers Giulio Parigi (eines Schülers Buontalentis), kommt im Rahmen des universalarchitektonischen Gesamtwerkes ein untergeordneter Stellenwert zu. Ihre eigentliche Relevanz, ihren gleichsam symptomatischen Stellenwert, erhalten die Theatermaschinen im Architekturwerk Furttenbachs aber unter epistemologischen Vorzeichen. Zum einen deshalb, weil ‚Theater' als ein universaler Sammlungs-, Präsentations- und Inventionsraum von Modellen und Architekturen strukturgebend für sein universalarchitektonisches Werk ist, insofern das Medium des Buches nämlich selbst zum *theatrum*, zum Schauplatz und Sammlungsraum be-

20 Zit. n. Berthold (1951), S. 117f.

wunderungswürdiger *machinae* wird.[21] Zum anderen, weil sich in dem Maschinenapparat der Bühne eben jene spektakuläre Verwandlungskunst zeigt, die das Maschinelle bei Furttenbach ganz generell auszeichnet. Allemal orientiert sich die geometrisch-mathematische Entwurfstätigkeit hier am Überraschenden, Staunenerregenden, an der Persuasion und dem Divertissement der Leser.

Von den insgesamt sechs Theaterentwürfen, die Furttenbach hinterlassen hat, ist derjenige des „Prospectiva"-Kapitels im *Kunst-Spiegel* am technisch detailliertesten und ausgereiftesten.[22] Hier schildert er ausführlich das von ihm ersonnene Telari-System, eine Sonderform der Periaktenbühne,[23] widmet sich dem komplexen Licht- und Reflexionsarrangement innerhalb des Schauspielsaales und beschreibt detailgenau die unterschiedlichen Spektakelmaschinen. Die beiden von Furttenbach ausgestatteten Schultheateraufführungen (1641 und 1650) im Binderhof-Theater in Ulm[24] stellen den szenischen und architektonischen Erfahrungshintergrund sowie den thematischen Bezugspunkt der hier zum Abdruck kommenden Theatermaschinen dar.[25] Es sind dies biblische Stoffe, die *Comödie*

21 Furttenbach verwendet den Begriff *machina* immer wieder auch ganz allgemein für die von ihm entworfenen Gebäude, Schiffe, Waffen – letztlich also für jede Art architektonischer Konstruktion. *Machina* indiziert sowohl ein problemloses Funktionieren, als auch die Neuheit einer Sache. Vgl. etwa Furttenbach (1629), Vorrede; Furttenbach (1640), S. 86; Furttenbach (1643), S. 15; Furttenbach (1644), S. 77. Die *theatrum*-Metapher verwendet Furttenbach hingegen kaum. Die von ihm verwendete *speculum*-Metapher (*Kunst-Spiegel*) weist aber alle Aspekte der *theatrum*-Metapher als Wissen ordnendes Schaugerüst auf.

22 Genau genommen handelt es sich um fünf verschiedene Theaterentwürfe, da derjenige in den *Feriae Architecturae* dem des *Kunst-Spiegels* entspricht. Vgl. Wilhelm Reinking. *Die sechs Theaterprojekte des Architekten Joseph Furttenbach 1591–1667*. Frankfurt a. M., 1984. Diese in vielerlei Hinsicht sehr beschränkte Studie hat zum alleinigen Ziel, die Funktionsunfähigkeit des furttenbachschen Telari-Systems zu zeigen. Der Autor verwechselt allerdings immer wieder die *Architectura civilis* mit der *Architectura recreationis*, sodass z. T. vollkommen sinnentstellte Aussagen zustande kommen. Eine ähnliche These wie Reinking vertritt van Bruggen (1998).

23 Es handelt sich dabei um ein System von je drei bzw. fünf gleichschenkligen, aus hölzernen Rahmen konstruierten Wendeprismen, die an den sich zum Prospekt verjüngenden Schenkeln des leicht ansteigenden Perspektivschachtes angebracht sind und die an ihren Längsseiten mit austauschbaren Szenenbildern bestückt werden und einzeln, durch einen axial in den Bühnenunterboden reichenden Stab, um 90 Grad drehbar sind. In der *Architectura recreationis* (1640) gibt Furttenbach für die Telari folgende Erläuterung: „Telari (das seynd gleichsam dreyeckete Gehäuß / welche aber allein von starcken Rhamen zusamen geschlossen / alßdann mit Leinwantt uberzogen / und Häuser darauff gemalt) auffgericht. Jeder telaro aber [...] steht auff einem sehr starcken Eysern Nagel / oder aber auff einem Eichen Wellbaum / ob welchem dann der gantze telaro, lincks oder rechts / und nit anderst / als wie ein Thür sehr geschwind unnd Augenblicklich kan umbgewendet unnd verwandelt werden." Furttenbach (1640), S. 66.

24 Vgl. Nagler (1953).

25 Seitens der theaterhistorischen Forschung sind die ingesamt sechs Theaterentwürfe Furttenbachs hinlänglich behandelt worden. Aus der älteren Literatur sei hervorgehoben Hammitzsch (1906), S. 63ff. Vgl. ferner Margot Berthold. „Joseph Furttenbach und die Verwandlungsbühne". *Bühnentechnische Rundschau* 64 (1970), S. 13–15. Im Kontext der Renaissance-Bühne wird Furttenbach diskutiert bei Barnard Hewitt (Hg.). *The Renaissance Stage. Documents of Serlio, Sabbattini and Furttenbach.* Florida, 1958, S. 178–252, dessen Übersetzungen ins Englische aber im Einzelnen fehlerhaft sind. Zur Kontextualisierung Furttenbachs im architekturtheoretischen Diskurs des 17. und 18. Jahrhundert

Jonae sowie der *Auszug Mosis aus Ägypten*, die mit explizitem Bezug auf das Kriegsgeschehen in Deutschland zur Aufführung gelangen.[26] Für sich betrachtet sind die vierzehn Maschinen und Maschinenelemente, die in einer Schautafel versammelt sind (Abb. 15), weder technisch, noch ästhetisch besonders innovativ, da sie beispielsweise gegenüber den einfachen, knapp dreißig Jahre zuvor von Sabbattini publizierten Maschinen keine wesentliche Neuerung bieten. Allein in der maschinellen Behandlung des Lichtes kann Furttenbach einige Originalität beanspruchen.[27] Ihre erkenntnispraktische Bedeutung entfalten die Theatermaschinen bei Furttenbach weniger im Rahmen der Theaterarchitektur, sondern vielmehr im Rahmen einer spektakulären Architektonik des Wissens.

Zunächst scheint es kein Zufall zu sein, wenn Furttenbach die Kunst der „Prospectiva", die maschinelle Verwandlungskunst der Bühne, buchstäblich in die Mitte des *Kunst-Spiegels* rückt.[28] So spielt in seinen Schriften die Architektonik der Wissensbereiche selbst immer wieder eine wichtige Rolle. Die Allegorie der technischen Künste aus dem *Mechanischen Reißladen* (1644) (siehe Abb. 14), welche vierzehn Wissensbereiche architektonischer Schöpfung unter dem ‚Thron' der Mechanik vereint, stellt nur eine der von ihm vorgenommenen Systematisierungen der Mechanik in Theorie und Praxis dar.

Jede einzelne seiner universalarchitektonischen Schriften stellt in ihrer Anordnung selbst durchaus divergierende Ordnungen her. Auf der Folie des Titelkupfers des *Mannhafften Kunst-Spiegels*, welches eine seewärts ins Bild gesetzte Vogelperspektive auf Furttenbachs Ausbildungsstätte Genua bietet und damit den Erfahrungsraum ‚Italien' heraufbeschwört, wird gleich zu Beginn in die sechszehn „im Werck selbsten experimentirten freyen Künsten" eingeführt. Die Einteilung des Buches in „Acte" – „hernach folgende 16 unterschidliche *Acten*" –, als da sind die *Arithmetica, Geometria, Planimetria, Geographia, Astronomia, Navigatione, Prospectiva, Mechanica, Grottenwerk, Wasserlaitungen, Feuerwerck, Büchsenmeisterey, Architectura Militari, Architectura Civili, Architectura Navali* und *Architectura Insulata*, lehnt sich (unter Verkehrung der Reihenfolge) an die Hierarchisierung der allegorisch kostümierten

vgl. die Studie von Harald Zielske. „Die Anfänge einer Theaterbautheorie in Deutschland im 17. u. 18. Jahrhundert". *Bühnenformen – Bühnenräume – Bühendekorationen. Beiträge zur Entwicklung des Spielorts. Herbert A. Frenzel zum 65. Geburtstag von Freunden und wissenschaftlichen Mitstreitern.* Hg. v. Rolf Badenhausen u. Harald Zielske. Berlin, 1974, S. 28–63.

26 Sie lassen sich thematisch allesamt auf die zwei Tragikomödien biblischen Inhalts von Kaspar Brülow (1585–1627) zurückführen, die Furttenbach in Ulm anlässlich von Friedensfesten ausstattete, nämlich die dramatische Umsetzung von Moses Ausführung Israels aus Ägypten. Siehe Kaspar Brülow. *Moses, Sive Exitus Israelitarum ex Ægypto, Tragico-Comoedia Sacra, Libertationem Ex Omni Malorum pelago solum in Deum sperantibus promittens* [...]. Straßburg, 1621, sowie die Geschichte des Propheten Jonas, der der Stadt Ninive den Untergang verkündigt: *Carmen exegetico-dramaticum, de S. Propheta Jona, et Ninivitarum conversione,* [...]. Straßburg, 1627.

27 Vgl. hierzu bereits Hewitt (1958), S. 184 u. ö.

28 Zu erinnern ist hier an die lat. Bedeutung von *speculum* als gleichbedeutend Spiegel, Bühne, Schauplatz. Bereits in der *Architectura recreationis* markiert das Kapitel über den Theaterbau exakt die Mitte des Buches.

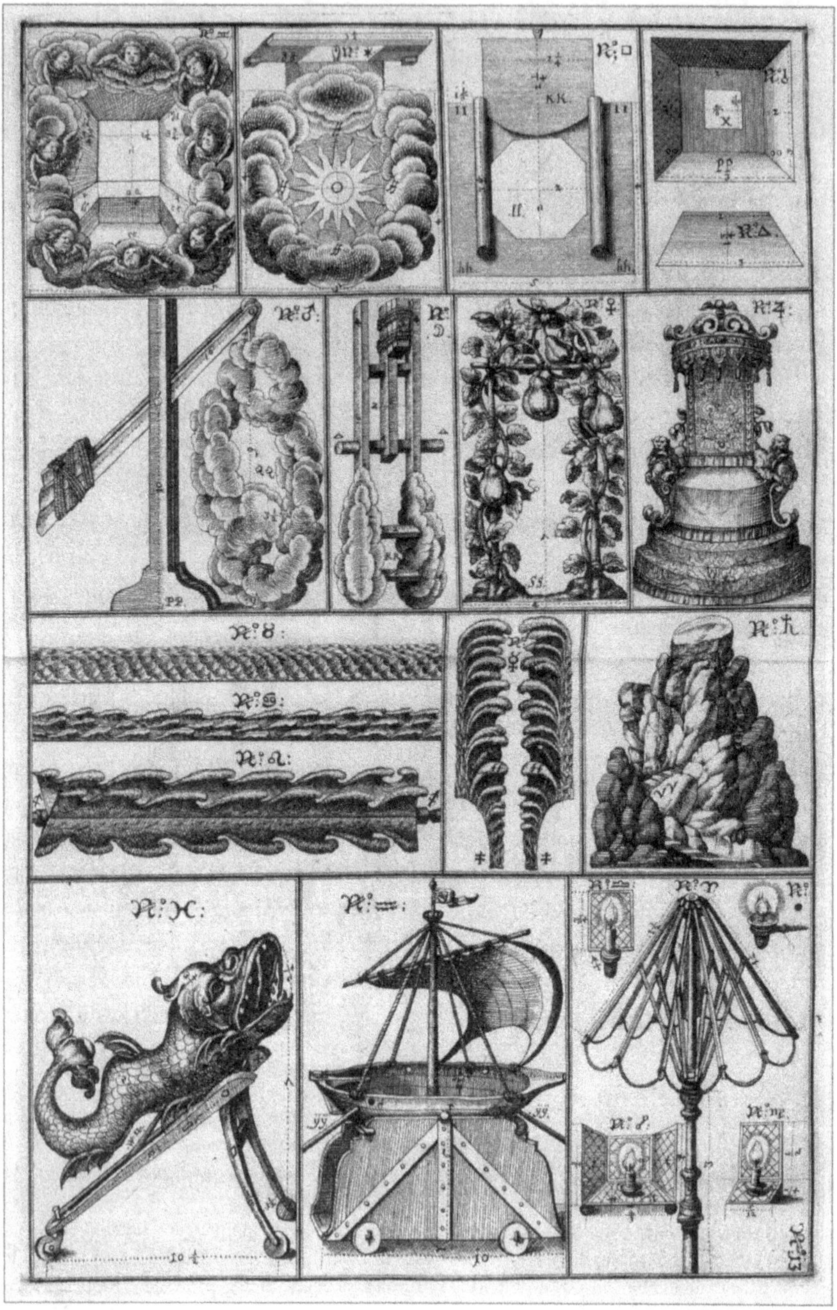

Abb. 15 Schautafel mit Theatermaschinen bei Joseph Furttenbach (*Mannhaffter Kunst-Spiegel*, 1663).

Künste des *Mechanischen Reißladen* an und unterstreicht zugleich die bühnenartige sowie die verwandlungskünstlerische Qualität seiner Architektur.

Das Vermögen der maschinellen Verwandlungskunst der Theaterbühne, welches Furttenbach gleich zu Beginn des Kapitels über die „Prospectiva" anpreist, kann also durchaus exemplarisch für die Bühne des Buches selbst gelten. Nicht allein die „unerfahrenen / sonder auch [der] Meister selbsten" würde durch die Kunst der „Prospectiva" „dermassen verführet / ja solcher massen bestürtzet", dass der „so unvollkommene Mensch gleichsam darüber erstummet / und sein Sinnligkeit entzücket wird." Der Sinneszwang auf den Betrachter sei so groß, dass er „mit seiner Vernunfft *in einer andern newen liebreichen Welt umbschweiffen thut.*"[29] Immer wieder hebt Furttenbach in seinen Schriften auf die gedankenverändernde Kraft theatraler Maschinenkunst ab, „dardurch die schwäre Gedancken gar bald in lieblichen Standt verändert."[30]

Bereits ein Vierteljahrhundert vor dem *Kunst-Spiegel* scheint im Zeichen der territorialen Zerstörungen des Dreißigjährigen Krieges das kreative, weltschaffende Vermögen der Bühne exemplarisch für das konstruktive Vermögen des Architekten und Ingenieurs selbst. Ganz gezielt verwendet Furttenbach hier den Topos der *Recreation* in seiner ästhetischen wie architektonischen Doppeldeutigkeit.

> Gelebe demnach der gäntzlichen zuversicht / dise hernach folgende Structurae, Aposemioses und Abzaichnussen / wolernentem unserm lieben Vatterland Teutscher Nation (Insonderheit aber zu wider auffbawung der laider darnider ligenden und durch den stürmischen Mars ruinierten Häuser / Schlösser / Palläst / Gärten / sambt allem deme / was sonsten zu deß Menschen Auffenthalt unnd Refection dienlichen seyn mag) nit allein zu ergibigem angenemen Nutzen gereichen / sonder auch denen noch lebenden gleichsamb halb erschröckten Menschen zu ihrer recreation, und widerbringung ringen frölichen Gemüts ersprießliche anlaitung geben werde.[31]

Vor dem Hintergrund dieser rekreativen Programmatik scheint es ebenfalls kein Zufall zu sein, wenn wiederum in der Mitte der *Architectura recreationis* die Verwandlungskunst der Bühne steht. Und bezeichnenderweise beginnt Furttenbach diesen in einen Fürstenpalast platzierten Bühnenentwurf[32] mit der Gestal-

29 Furttenbach (1663), S. 111 (Herv. JL).

30 Joseph Furttenbach. *Architectura Civilis: Das ist: Eigentliche Beschreibung wie man nach bester form / und gerechter Regul / Fürs Erste: Palläst / mit dero Lust: und Thiergarten / darbey auch Grotten: So dann Gemeine Bewohnungen: Zum Andern / Kirchen / Capellen / Altär Gotshäuser: Drittens / Spitäler / Lazareten und Gotsäcker auffführen unnd erbawen soll / Alles auß vielfaltiger Erfahrnuß zusammengetragen / beschrieben / und mit. 40. Kupfferstucken für Augen gestellt.* Ulm, 1628, S. 30.

31 Furttenbach (1640), S. 1.

32 Furttenbach ist hier nicht ganz kohärent. Während der quadratische Grundriss des fürstlichen Palastes (Abb. 16 der *Architectura recreationis*) im Erdgeschoss und im Zentrum der aus vier

tung von vier Vorhängen (*fuora*), welche die thematische Schwerpunktsetzung innerhalb des Buches aufgreifen, insofern sie zwei Ansichten von Lustgärten, einen perspektivisch gestalteten Straßenzug im Stil von Serlios *Scena comica* sowie eine Ansicht des festlich geschmückten Marktplatzes von Siena (gleichsam als Inbegriff Florentiner Baukunst) zeigen.[33] Die Grenzen zwischen Bühnen- und Zivilbau verwischen vollends, wenn Furttenbach anmerkt, dass die Bühnenvorhänge „auch noch in vil andern occasionen mit sonderm belieben gebraucht" werden können, „nit allein in die Sääl / so wol auch in die Lauben / Item an die Stiegen / [...] fürnemblich aber in den Lustgärten / etwann an ein Maur abzumahlen mit grosser ergötzlichkeit gebraucht werden."[34]

Formelhaft wird von Furttenbach die Schnelligkeit im Wechsel der Dekorationen beschworen und damit zugleich dem Neuschöpfungsprogramm seines Werkes Ausdruck verliehen. Gleich zu Beginn fällt der Vorhang „in einem nun unnd augenblick", dann wechselt der Straßenzug „in einem Augenblick (ja so geschwind das der Mensch / wie scharpf er auch immer zu sihet / dannoch nit begreiffen kan)" in einen Lustgarten, schließlich verwandelt sich die „Sciena di Comedia in einem Nun und Augenblick in das Wilde Meer [...] in welcher ungeheuren Fortuna dann la Nave di Amerigo Vespucci Firentino daher wallet" und es „kan sich die Sciena auch zum vierdten / fünfften / und noch mehr mahlen verwandlen" – „Es thut aber diese so geschwinde verenderung der Sciena, den Zusehern nicht allein Recreation, sonder vil mehr grosse verwunderung geben."[35]

Binnenhöfen bestehenden Innenquadratur einen rechteckigen Theatersaal mit einfacher Winkelrahmenbühne zeigt, stattet er diese Bühne auf den nachfolgenden Seiten (S. 59–70) mit einem aus zehn Wendeprismen bestehenden Telari-System aus. Insofern sich Furttenbach im weiteren Verlauf aber auf ein bürgerliches Publikum bezieht und sich nicht auf einen adlig-höfischen Wirkungskreis beschränkt, erscheint der Bühnenentwurf seltsam losgelöst von dem Ort seiner Realisation, wodurch noch einmal sein eigenständiger (und programmatischer) Charakter unterstrichen wird.

33 Im *Itinerarium* hebt Furttenbach den Marktplatz des zum Herzogtum Florenz gehörigen Siena aufgrund seines besonders innovativen Abwassersystems hervor. Ferner heißt es schwärmerisch: „unnd die gantze Statt durchauß von Ziegelstein gepflästert / so nicht allein schön / sonder auch gar sauber zu sehen." Joseph Furttenbach. *Newes Itinerarium Italiae: In welchem der Reisende nicht allein gründtlichen Bericht, durch die herrlichste namhaffteste örter Italiae sein Reiß wol zubestellen, sonder es wirdt jhme auch* [...] *beschrieben, was allda* [...] *an fürstlichen Hoffhaltungen* [...] *denckwürdig zu sehen* [...]. Ulm, 1627, S. 107.

34 Furttenbach (1640), S. 60. Im *Mannhafften Kunst-Spiegel* erwägt Furttenbach einen sechsfachen [sic!] Vorhangfall, der die Schöpfungsgeschichte in Szene setzt: „Das die fuori, das seynd die Vorhäng / nach gestalltsame der Acten, etwann nur einer / bißweilen 2. zu den Zeiten 3. offt auch 4. manichsmahl 5. und endlichen (sonderlichen da man die Action bey erschaffung der Welt / wie dann dieselbige von Tag zu Tag / von GOTT dem Allmächtigen geformieret ist worden vollziehen / hernach man wol 6. underschidliche Vorhäng / nacheinander herunder zufallen / vonnöthen haben wurde / for wol fuori in besagten vordern Graben gefellt / auch daselbst gleichsam als wann sie verschwunden wären / das ansehen haben." Furttenbach (1663), S. 115.

35 Alle Zitate: Furttenbach (1640), S. 60, 63f., 67. Furttenbach erwägt sowohl das Öffnen des Vorhanges zur Seite als auch dessen Fall. Er bevorzugt letzteres, da sich durch den aufeinanderfolgenden Fall mehrerer Vorhänge bereits eine eigene, von dem Telari-System unabhängige Verwandlungsmaschine herstellen lässt.

Auf dem Boden eines zu Beginn des Buches in düsteren Farben gezeichneten, kriegszerstörten und verödeten Territoriums fungiert die Bühnenmaschinerie hier gleichsam als ‚Verwirklicherin' einer von Ingenieurshand entworfenen neuen Welt – und dies im doppelten, architektonischen und ästhetischen, Sinn.

In spektakulären Schilderungen lässt Furttenbach den Leser seiner Schriften immer wieder Anteil haben an den Gefahren, die Kriegs- oder Naturgewalt für jede von Menschenhand errichtete Architektur bedeuten. Die willkürliche Entwertung maschineller Gefüge und festgefügter Architekturen im Angesicht der Zerstörungsgewalt *Fortunas*, d. h. des schlichtweg Unbeherrschbaren, des Schicksalhaften, wird in Kupferstichen ereignisreich in Szene gesetzt. Im Schutz des distanzschaffenden Mediums kann der Leser an dem allemal gegenwärtigen Kreislauf aus Zerstörung und Neuschaffung partizipieren. So nimmt der Leser seines *Itinerarium Italiae* (1627) Anteil an einem „Tormento und erschröckliche Fortuna", „deßgleichen einiger man nie gesehen / noch viel weniger gelesen hat."[36] Die Beteuerung der Einzigartigkeit des Geschehenen und die unmittelbare Zeugenschaft des Autors – „der diß schreibt / der war selber persönlich / und nur gar zu nahe darbey"[37] – lässt die Leser und Betrachter im Schutz des Mediums näher an das Geschehen rücken. In der gleichwohl distanzierten Betrachtung ist *Fortuna* Gegenstand grausigen Wohlgefallens. Wichtig ist hier, dass den spektakulären Einschüben, etwa in Form einer Seeschlacht,[38] eines Orkanes[39] oder einer Feuersbrunst,[40] nie allein bloß anekdotischer Wert beizumessen ist. Vielmehr konturiert sich an den Zerstörungsszenarien ein Grenzbewusstsein mathematisch-geometrischen Entwerfens und Experimentierens, ja, technischer Beherrschbarkeit. Auch in diesem Sinne fungiert das Buch als Bühne, d. h. als umrahmter und eingegrenzter Schauraum technischer Möglichkeiten.

Im *Mannhaften Kunst-Spiegel* ist dem „Prospectiva"-Kapitel unmittelbar dasjenige über die „Navigatio", d. h. den Gebrauch von Seekarte und Kompass, vo-

36 Furttenbach (1627), S. 203.

37 Furttenbach (1627), S. 202.

38 Joseph Furttenbach. *Architectura Navalis. Das ist: Von dem Schiff-Gebäw: Auff dem Meer vnd Seekusten zugebrauchen. Vnd Nemblich / In was Form vnd gestallt / Fürs Erste / Ein Galea, Galeazza, Galeotta, Bergantino, Filucca, Fregata, Liudo, Barchetta, Piatta: Zum Andern / Ein Nave, Polaca, Tartana, Barcone, Caramuzzala, vnd ein gemeine Barca, (welche samptlich zu Krieg: vnd Friedens Zeitten an jetzo in den Vornembsten Meer Porten zu finden:) nach verständlicher / gewisser Regul / vnd unfehlbarer beständiger Ordnung sollen erbawen werden. Allen / Auff dem Meerpracticirten Liebhabern / Wie auch den Bawmeistern / vnd Mahlern zu Wolgefallen / vnd sonderbahren Nutzbarkeiten; Auß selbst gesehenen / vnd mit allem Fleiß zusammen getragenen vnd auffgezeichneten Wercken: Neben kurtz-widerholter Fürbildung / der in Anno 1571. zwischen den Christen vnd Türcken fürgegangenen / hochernstlichen / Ansehnlichen Meerschlacht. Sampt vielen Abrissen; vnd noch darüber. 20. dem Natural gar ähnlich- vnd recht Conterfehtischen Kupfferstücken / complirt, außgerüstet / vnd in gegenwertigem Corpore gantz Eygentlich beschrieben.* Ulm, 1629, S. 115ff.

39 Furttenbach (1627), S. 203ff. u. Abb. 26.

40 Joseph Furttenbach. *Büchsenmeisterey-Schul: Darinnen die new angehende Büchsenmeister und Feurwercker, nicht weniger die Zeugwartten* [...] *underwisen und gelehrt werden. Alles auß eigener Erfahrenheit* [...] *beschriben, vermehret, auch mit 45. Kupferblatten delinirt* [...]. Augspurg, 1643, S. 30f.

rangestellt.[41] Scheinbar unverbunden und nur durch die lose Abfolge der „Acte" nebeneinander gerückt, korrespondieren die beiden Kapitel dennoch in der Ereignishaftigkeit maschineller Spektakel. „Fortuna aber mit so ungeheuren Meerwellen", „ja so grewlich daher rauschen", so schreibt Furttenbach in dem Kapitel über den rechten Gebrauch des Kompasses, „das man gleichsam under seinem Boden hindurch hätte sehen mögen / nicht anderst / als ob wir zwischen hohen Wasserbergen [...] fuhren" und „einiges Land nicht mehr erblicken möchten."[42] (Abb. 16) Durch die schlagartige Entwertung, die der Kompass im Angesicht des Orkanes erfährt, ist er nur noch Gradmesser der eigenen Machtlosigkeit. Vor dem Hintergrund der vormaligen Sicherheit trägt er nun zur Potenzierung des Schreckens bei, da er die eigene Orientierungslosigkeit umso deutlicher anzeigt. In „das hohe Meer hinauß verwehet" drohe die Besatzung in „die Barbarey in Africam hinüber verworffen" zu werden oder, schlimmer noch, dem „Erbfeind den Türcken" in die Hände zu geraten und in „ewige Sclavitu oder Dienstbarkeit" gebracht zu werden.[43] Die Grenzen der instrumentellen Ausstattung, die nur bedingte Funktionstüchtigkeit einzelner Instrumente offenbaren sich hier. Die „Meer-Karten" lässt sich „wegen der grossen Schiffbewögungen kaum recht stellen / vil weniger die Bussola [der Seekompass] beständig darauff setzen."[44] Die Gewissheit, die dieser zuvor vermittelt hat, verwandelt sich in Hilflosigkeit: „Wann aber das Meer ungestüm / wütend / und tobend wird / so ist auf solchen Fall / alle Navigation Kunst / umbsonst / und verlohren."[45] Ein zielgenaues Ansteuern des rettenden Hafens ist nicht mehr möglich, da die Besatzung, „biß auf den Todt

41 Der Kompass fungiert im 17. Jahrhundert gleichsam emblematisch für die progressive Differenz zu vorangegangenen Zeiten. So schreibt Francis Bacon im *Novum Organon*, dem neuen Instrument experimenteller Naturerkenntnis: „But as in earlier times when men only had the stars to sail by, they could indeed coast along the shores of the Old World or cross lesser and meditarranean seas; but before they could cross the oceans and discover the regions of the New World, the use of the mariner's compass, *as a more trustworthy and certain guide*, had first to be found out." Francis Bacon. *The Works.* 14 Bde. Hg. v. James Spedding, Robert Leslie Ellis u. Douglas Danon Heath. Stuttgart-Bad Cannstatt, 1986 [Nachdr. d. Ausg. London, 1857–1874], Bd. I, S.19. Dabei ist ihm die illusionistische Dimension dieses Instruments, welche aus dem Kontrast von Kleinheit und Wirksamkeit resultiert, durchaus bewusst. So stellt er in *De dignitate et augmentis scientiarum* (1623) sein eigenes Vorhaben in die paradoxale Konstellation, die sich aus der Kleinheit des Instruments und der Größe der Entdeckung ergibt, „licet regiones illae immensae, versoriae motus pusillus sit" („obwohl jene Gegenden unendlich groß, die Bewegung der Nadel aber sehr klein ist"), dürfe es niemanden wundern, „quispiam in Artibus perlustrandis et promovendis ampliores progressus factos non esse, quandoquidem Ars ipsa Inveniendi et Perlustrandi Scientias hactenus ignoretur" („daß in Aufklärung der Künste und deren Beförderung, noch keine weiteren Fortschritte gemacht worden sind, da die Kunst zu erfinden, und die Wissenschaften aufzuklären, bis jetzt unbekannt ist." Bacon (1963), Bd. 1, S. 617. Deutsche Übersetzung nach: *Lord Franz Bacon Großkanzler von England über die Würde und den Fortgang der Wissenschaften.* Verdeutschet und mit dem Leben des Verfaßers und einigen historischen Anmerkungen hg. v. Johann Hermann Pfingsten. Pest, 1783, S. 438.

42 Furttenbach (1663), S. 108.

43 Furttenbach (1663), S. 108.

44 Furttenbach (1663), S. 108.

45 Furttenbach (1663), S. 47.

Abb. 16 Darstellung eines verheerenden Sturmes im Hafen von Genua bei Joseph Furttenbach (*Newes Itinerarium Italiae*, 1627). Durch die Schilderung spektakulärer Zerstörungsszenarien wird bei Furttenbach immer wieder die Grenze architektonischer Schöpfungskraft in Szene gesetzt. Genua ist der Ausbildungsort in Italien, an dem sich Furttenbach drei Jahre lang aufgehalten hat.

geschwächet" ist und an der Mole „alle zerschmettert und zertrümmert" würden. Den Passagieren und Schiffsleuten, von denen nicht wenige „fast wie ein fales Wachs, ja halber todt" aussehen, bleibt allein, sich der „fortuna Gewaltthätigkeit" zu ergeben, „kleinmüthig" den Zerstörungen an Bord zuzusehen und für ein Ende des Sturmes zu Gott zu beten „deme dann das Meer zu Gebott stehn muß." In so „erschröcklicher fortuna" verkehrt sich die ruhige, ebene und überschaubare Meeresoberfläche schlagartig in ein unübersichtliches und bedrohliches Spiel „grawsamer Wasserwogen."[46]

Dem Spektakulären und Ereignishaften des zur Bühne der *techné* gewordenen Buches kommt also nicht nur eine wichtige Funktion in der Erweiterung und persuasiven Entgrenzung technischer Machbarkeit zu, sondern es figuriert zugleich als deren Grenze. Obwohl solche Szenarien der Zerstörung und Entmachtung maschineller Ordnung immer wieder Eingang in die architektonischen Schriften Furttenbachs finden, dominiert doch die Tendenz, durch die spektakulär in Szene gesetzten Maschinen deren Funktionstüchtigkeit evident zu machen.

46 Alle Zitate: Furttenbach (1663), S. 108f.

Die Bühnenhaftigkeit, der Illusionismus des geometrisch-mathematischen Entwerfens und Konstruierens sichert allemal die Effizienz und technische Perfektibilität der Maschinen.

Dort also, wo die Welt selbst zum ‚Kasten', d.h. zur Bühne wird, wo „hübsch und schön / durch Prospectivisch Kunst" das ganze Schauspiel der Natur aus Donner, Blitz, Regen und Schnee ein „deß Menschen Auge und Herz erquickendes Anschawen" hat, ist *Fortuna* beherrschbar.[47] Und so gerät das auf die „Navigatio" folgende Maschinentheater des *Mannhafften Kunst-Spiegel*, wo die „Aspectores" „gerüwig sitzen" und „einer über den andern / gegen der Scena, zusehen kan", sodass sie „nit zu klagen noch beunlustiget / sonder vil mehr in allem und jedem erfrewet werden", als kunstvoll inszeniertes technisches Spektakel zum Paradigma architektonischen Vermögens.[48] Im Zusammenhang biblischer Wunder- und Zerstörungsszenarien, nämlich der „Comoedi deß Propheten Jonae / als er der Statt Ninive den Untergang verkündigte,"[49] sichern vier verschiedene Arten von Meereswellen den gewünschten Effekt. Die „gar stille", die „schiebende", die „gar ungeheure" Meereswelle steigern sich schließlich zur „auffrechtstehende[n]" Wasserwoge (siehe Abb. 15). „Wann aber ein fortuna, oder ein ungestümmes Meer solte fürgebildet werden", so müssen auf einen mit Schaufeln versehenen Wellbaum „gar wilde übereinander schlagende corrumpierte Wasserwogen" gemalt werden. Dergleichen „ungestüme Meerwellen" stellen schließlich „ein sehr abschewliches wütendes Meer" dar, und ein vor den Bühnenprospekt gezogenes Schiff erscheint, als ob es „in der aller ungeheuristen fortuna daher schwebete."[50] Wenn „darneben grosse Blitz und starcke Donnerstreich" niedergehen und „Jonas sampt seinen Mitgesellen / gar kläglich zu GOtt gegen Himmel" um Hilfe fleht, dann würden „zugleich auch den Aspectoren die Haar gen Berg stehen." Doch hat dieser Akt den Zuschauern nicht nur „das Herz gebrochen", sondern auch „sonderbare Anmuthigkeit mitgebracht."[51] Der Schiffbruch zeichnet hier nicht mehr das extreme Bild des Menschen in der Natur. Erschien dort die ungebändigte und ungezügelte Kraft *Fortunas* menschliche Technik gleichsam zum Messgerät der eigenen Unvollkommenheit und Begrenztheit zu machen, so kehrt sich dieses Verhältnis in der Obhut der Perspektivbühne gewissermaßen um. Die Ergriffenheit gilt hier nicht dem Erleben willkürlicher, unbeherrschbarer Zerstörungskraft, sondern einer fast demutsvoll erfahrenen Unvollkommenheit angesichts der illusionären Leistung des technischen Apparates, ja, sie äußert sich hier letztlich als ein Ergriffensein von dem Vermögen der Vernunft.[52]

47 Furttenbach (1663), S. 111. Zum paradoxen Verhältnis von Erfahrung und Erfahrungsausschluß vgl. unten das Kapitel „Die Welt im Kasten".

48 Furttenbach (1663), S. 122.

49 Furttenbach (1663), S. 129.

50 Alle Zitate: Furttenbach (1663), S. 135.

51 Alle Zitate: Furttenbach (1663), S. 137.

52 Siehe Hans Blumenberg. *Schiffbruch mit Zuschauer. Paradigma einer Daseinsmetapher*. Frankfurt a. M., 1997, v. a. S. 44f.

Die spektakuläre und ereignishafte Seite des furttenbachschen Architekturwerkes wird schließlich ganz wesentlich durch ein umfangreiches Bildprogramm getragen. Die in der Regel von ihm entworfenen bzw. inventierten Kupferstiche rhytmisieren gleichsam die Thematik seiner Schriften.[53] Bieten die Frontispize ein mit Bezug auf den Inhalt synthetisch bzw. emblematisch gewähltes Sujet (wie eingangs am Beispiel der *Architectura universalis* gezeigt), so entgrenzen ausklappbare Falttafeln den Text- und Zahlenraum seiner Bücher und stellen sich dem Fluss des Lesenden regelrecht in den Weg. Sie konterkarieren geradezu die architektonische Ordnung aus Maß und Zahl mit spektakulären Narrativen. Den Stellenwert dieses Bildprogrammes belegt nicht zuletzt die Tatsache, dass keines der furttenbachschen Bücher ohne eigenes Bildregister auskommt. Und so gehört in seinen Schriften an das Ende eines jeden Inhaltsverzeichnisses der obligate Hinweis an den Drucker, die Kupferstiche in einem separaten Band zusammenzufassen:

> N. B. es mögen alle obangedeute Kupfferstuck / und jedes an sein beschribene stell im einbinden diß Buchs eingesetzt werden: noch bequemer zum lesen aber sollte es sein / wann ernante Kupfferstuck in einen besondern Bund zusamen gebunden würden / damit dieselbige iederzeit im lesen vor Augen zuhaben: Jedoch wird jeder Verstendige hierinnen sein commoditet schon selbert in achtung zunemmen wissen. [54]

Die Anweisung an den Drucker unterstreicht die Bedeutung, die Furttenbach den Kupferstichen beimisst. Aber diese (nicht vollzogene) ‚Austreibung' der Bilder aus dem von Maß und Zahl regierten Korpus seiner Bücher weist noch auf einen weiteren Aspekt hin. Dem Visus wird hier gewissermaßen ein eigener, von dem nüchternen Zahlenwerk getrennter Bereich zugedacht. Dem entspricht eine Tendenz zur Funktionalität, Nüchternheit und Sachlichkeit, auch zur fachterminologischen Verfestigung, die bei Furttenbach in einem widerspruchsvollen Verhältnis zur spektakulären und ereignishaften Dimension seiner Bücher steht.

53 Die Mitarbeiter an den ersten furttenbachschen Bänden waren der Kupferstecher Matthaeus Rembold und der Buchdrucker Johann Schultes aus Augsburg. Nach 1641 übernahmen die Brüder Raphael und Jacob Custodis, die schon 1627/28 für ihn gestochen hatten, teilweise wieder Stichaufträge nach Zeichnungen von Furttenbach selbst oder dem Ulmer Maler Johann Jakob Campanus. Später riss und stach Joseph Furttenbach der Jüngere die Kupferstiche zu den väterlichen Schriften. Siehe Berthold (1651), S. 19.

54 Furttenbach (1628), Register. Tatsächlich wurde dies wohl nur ein einziges Mal befolgt, nämlich für den *Mannhafften Kunst-Spiegel*. Eines der seltenen Exemplare befindet sich in der Herzog August Bibliothek in Wolfenbüttel: Joseph Furttenbach. *Mannhaffter Kunst-Spiegel oder Endtwerffung der löb. Haupt Statt in Liguria vor welcher sich die mannhaffte Gemütter als einen Spiegelblatt hochansehlicher Recreationem zubeschawen haben* [Tafelband]. Augspurg, 1663 (Signatur: H: N 34.2° Helmst.).

Wissenspraxis als Festungsbau

Im Rahmen der *Ars militaris* nimmt der Bau von Festungen bei Joseph Furttenbach auf den ersten Blick nur einen eher geringen Teil seines architektonischen Experimentierens und Spekulierens ein. Hierzu zählt vor allem der Entwurf eines Zeughauses (*Architectura martialis*, 1630),[55] der Entwurf einer Fortifikationsanlage in den *Feriae Architecturae* (1662) sowie die detaillierte Schilderung eines ‚Berghauses', einer monumental erhöhten Bastionärsfestung im *Mannhafften Kunst-Spiegel* (1663). In seiner Heimatstadt Ulm hat Furttenbach als Stadtbaumeister vor allem in den 1630er Jahren, als die Feldzüge sich auch über das schwäbische Land erstrecken, wesentlichen Anteil an der Verbesserung der städtischen Wehranlagen. Er führt an beiden Ufern der Donau Redouten auf, zwischen denen der Strom durch eine Kette abgesperrt werden kann, er lässt vor den Stadttoren Raveline aufwerfen, lässt hölzerne Notbrücken in Floßform errichten und zwei Pulvertürme aus Quadersteinen erbauen. Auch die schon vorhandenen Festungswerke der Stadt bessert er aus und versieht die Stadtmauern längs des Flusses mit Verteidigungsbatterien.[56]

Obschon die fortifikatorischen Arbeiten in Theorie und Praxis nicht über die Anforderungen eines zeitgenössischen Architekten und Ingenieurs hinauszugehen scheinen, so ist die Konstruktion befestigter und gesicherter Räume gleichwohl paradigmatisch für das geometrisch-mathematische Entwerfen und Spekulieren Furttenbachs. Nahezu keine der architektonischen Abhandlungen beginnt ohne die Heraufbeschwörung der leeren, durch die kriegerischen Verwüstungen hinterlassenen Flächen: „[...] daß in besagten KriegsTumulten / gantze Stätt / mit dem groben Geschütz gequetscht/zerfellt/ nidergerissen/geschleifft auch durch einwerffung der Feürballen gar in die Aschen gelegt / und also gantz öde stehend hinderlassen worden", heißt es beispielsweise in der Widmungsadresse des unter dem Namen seines Sohnes publizierten Idealstadtentwurfes *Gewerbs-Statt-Gebäw* (1650).[57] Die *tabula rasa*, die der Krieg hinterlassen hat, markiert bei Furttenbach

55 Es ist dies der gleiche Entwurf, den Furttenbach fünf Jahre später in seiner *Architectura universalis* wieder aufnimmt, um „diesen so hochwichtigen Baw gantz von newem mit dreyen Kupferstucken" nochmals zu beschreiben. Dieser solle inmitten der Stadt auf einem freien Platz errichtet werden, mit Vormauern und Palisaden geschützt, sodass er „einer kleinen Festung von vier Pasteylin gleich sihet." Joseph Furttenbach. *Architectura Universalis, Das ist: Von Kriegs: Statt- und Wasser Gebäwen: Erstlich wie man die Statthor unnd Einlaß* [...] */Auß eigener Experientza* [...] *zusamen getragen beschrieben und mit 60. Kupfferstucken vorgebildet und delinirt* [...]. Ulm, 1635, S. 100 u. 116.

56 Vgl. hierzu das Kapitel „Festungsbau" bei Berthold (1951), S. 154–162.

57 Joseph Furttenbach d. J.. *Gewerb-Stattgebäw* [...] *Wie ein / auff ebnem Plan ligende new Inventirte Gewerb: oder HandelStatt mit 18. RegularWercken / durch der Wahlschlager Hand / von gutter*

stets auch die weiße Fläche des Papieres, auf dem der architektonische Entwurf entsteht. Jede Architektur wird in diesem Sinne zur Wehrarchitektur, in der die geometrische Linienführung als Ausdruck von Planbarkeit und kalkulierender Vorausschau eine fortifizierende, Gesellschaft sichernde Codierung erfährt.

In Zeiten des Krieges, so beschreibt Joseph Furttenbach die Aufgabe des Architekten im Vorwort seiner *Architectura martialis* (1630), bestehe die höchste Kunst und „experientz" darin, „daß sie auch die heimliche anschläg irer Feind beyzeiten riechen / sich darauff mit aller gegenberaitschafft gefast machen."[58] Die ganze technische Intelligenz des Architekten ist folglich auf die planerische Vorausschau des Krisenfalls gerichtet – es entstehen Defensivbauten, die vollständig im ‚Als-ob' des Angriffes stehen. Dies betrifft nicht allein Stadttore und Wachanlagen, auch die Zivilbaukunst zeigt sich aufgrund ihres impliziten gesellschaftlichen Formungs- und Disziplinaranspruches für den Krisenfall gerüstet. Ein geometrisch-utopisches Gesellschaftsideal findet hier Anwendung, welches die Unkalkulierbarkeit des Krieges durch berechnendes Verhalten buchstäblich auszuschließen sucht. Und so verkörpert im Rahmen der rekreativen Programmatik Furttenbachs sein Idealstadtentwurf auf exemplarische Weise den paradoxen Aspekt nahezu aller von ihm entworfenen Architekturen, deren Geometrismus immer auch die in ihnen sich zukünftig vollziehenden Handlungen mitzuberechnen scheint – und deren Linienführung eben jene geometrisch exerzierte Planbarkeit formgebender Schussbahnen auch auf die Wahrnehmung, Bewegung und Sprache eines sozialgeometrisch fortifizierten Gesellschaftsraumes zur Anwendung bringt, „hernach die Fortification, als die Beschützung und Einzinglung der Menschen Näster/oder Wohnungen" dient.[59]

Die experimentelle Dimension des Festungsbaus ist aber nicht allein in dem Konstruktions-, Kontroll- und Disziplinierungsideal architektonischen Entwerfens gegeben, sie betrifft auf grundlegende Weise die kalkulierende Erfassung und ästhetische Modellierung von Erfahrungsräumen selbst, die die Grundlage modellorientierter, geometrisch-mathematischer Planbarkeit bieten.[60] In der Überfüh-

Erden auffzuführen / [...] *Berchriben / vnd mit drey* [...] *selber Radirten Kupferstücken gezieret.* Augspurg, 1650, S. 2.

58 Joseph Furttenbach. *Architectura Martialis: Das ist / Außführliches Bedencken / vber das / zu dem Geschütz vnd Waffen gehörige Gebäw: Darinnen für das Erste eygentlich zuvernemmen / Jn was gestalt ein wolgeordnetes Zeug- oder Rüst-Hauß / sampt deß Zeuges notwendigen Behaltnussen auffzubawen: Auch wie dasselbige mit Geschütz / Waffen / vnd Rüstungen solle außgestaffieret werde*[n]. *Zum Andern / Wie durch ein Newes Jnstrument der Salpeter zuprobiren: Beneben etlichen Nutzlichen Zugwercken / Kriegswagen / Granaten / vnd Bockstucken* [...] *Zum Dritten / mit was richtigkeit ein Zeugwartt sein jhme anvertrawtes Geschütz vnd Munition / bey guter Rechnung vnd ordentlicher Buchhaltung / in rühmlicher obacht verwalten solle / Allen Martialisten / Besonders den Zeugwartten vnd Büchsenmeistern / zu Wolgefallen beschrieben / vnd mit 12. hierzu dienlichen Kupfferstücken außgefertiget.* Ulm, 1630, Vorrede.

59 Furttenbach (1650), S. 2.

60 So hält Berthold das geometrische Experimentieren zwar für einen charakteristischen Grundzug des furttenbachschen Werkes, versteht darunter aber nur die Praxisferne des Universalarchitekten. Doch ist die experimentelle Dimension gleichsam tiefer anzusetzen, nämlich bereits in der Schaffung eines Experimentalraumes, der die Entwurfstätigkeit allererst möglich macht.

rung unmittelbar affizierenden Erlebens in einen benenn-, überschau- und verfügbaren sozialen, ästhetischen und epistemologischen Referenz- und Modellraum liegt somit die eigentliche Wirksamkeit und Voraussetzung experimenteller Praxis. In diesem Sinne vermisst und kartographiert Furttenbachs Itinerar (als Niederschlag einer über zehnjährigen Ausbildungszeit) einen idealen Kunst- und Kulturraum ‚Italien', der ihm in allen seinen späteren Arbeiten als architektonisch modellhafter Referenzraum dient. Im *Newen Itinerarium Italiae* (1627) lässt sich *en détail* nachvollziehen, wie sich ein abmessender, kalkulierender Blick abgrenzt von der Augenlust des neugierig Reisenden. Hier scheinen zwei unterschiedliche epistemologische Kräfte miteinander in fortwährendem Konflikt: ein der Augenlust folgendes Entdecken und ein unaufhörlich in Zahlen abstrahierendes, idealisierendes und planungsvolles Erforschen. Zum ‚Festungsbau' wird dieser kartographierte und vorbildhafte Erfahrungsraum auch dann, wenn ein Abweichen von dem an italienischen Mustern sich orientierenden Experimentieren und Spekulieren auch vierzig Jahre später nicht eintritt. Noch der *Mannhaffte Kunst-Spiegel* zeigt auf seinem Frontispiz eine Vogelperspektive auf den idealisierten Küstenstreifen von Furttenbachs Ausbildungsstadt Genua.

Stilbildend nicht allein für die experimentelle Praxis Furttenbachs, sondern für die Wissensproduktion des 17. Jahrhunderts generell, ist die Schaffung universalistischer Sammlungs-, Memorial- und Inventionsräume.[61] Furttenbachs Rüst- und Kunstkammer, die er nach seiner Rückkehr aus Italien in seinem Ulmer Privathaus errichtet, kann als Versuch verstanden werden, sich im Schutz des eigenen Wohnraumes ein architektonisches Universum zu schaffen, welches mit Bezug auf seine Ausbildungszeit in Italien gleichsam einen Erfahrungsraum zweiter Ordnung darstellt. Dieses weltschaffende Vermögen seines Modellkastens kann zu anderen universalen Instrumentarien in Beziehung gesetzt werden, etwa Furttenbachs „mechanischer Reißlade", einem hölzernen Kasten, dessen Instrumente das praktische Wissen des Universalarchitekten verkörpern. Universales technisch-mechanisches Wissen wird hier in eine operable hölzerne Kadrierung gebracht, die gerade aufgrund ihrer Kleinheit, Überschaubarkeit und Praktikabilität potentiell ‚Welt' bedeuten kann.

Ein dritter und letzter Aspekt des erkenntnispraktischen ‚Festungsbaus', d. h. der Konstruktion überschaubarer und kontrollierbarer Räume des Wissens, betrifft das Medium der furttenbachschen Entwürfe selbst, den Buchdruck. Immer wieder ist hier zu beobachten, wie die anonyme mediale Streuung regelrecht als Bedrohung empfunden wird, der gegenüber das Buch selbst zum Sicherungsraum, d. h. zum Ort einer kalkulierten und gleichsam zielgenauen, eindeutigen Sprache, wird. Eine nicht nur für die technische Literatur des 17. Jahrhunderts charakteristische Geheimhaltungstendenz, die auf vielfältige Weise die mediale Offenlegung

61 Siehe Anke te Heesen u. E. C. Spary (Hg.). *Sammeln als Wissen. Das Sammeln und seine wissenschaftsgeschichtliche Bedeutung*. Göttingen, 2001.

hintertreibt, lässt das Buch als einen gegen den medialen Eigensinn gesicherten, befestigten Ort erscheinen.

Auf seiner italienischen Reise hat Furttenbach, mit den Empfehlungsschreiben deutscher und italienischer Freunde ausgestattet, die Gelegenheit, sich zu zahlreichen Festungen und Schanzanlagen Zutritt zu verschaffen, Einrichtungen und Ausrüstungen zu besichtigen und teilweise deren Bau zu verfolgen. „Der Raisende wolle gewarnet seyn", so beschreibt Furttenbach im *Newen Itinerarium Italiae* den Besuch seiner Ausbildungsstadt Genua,

> daß er bey Leibs Straff / unnd mit nichten kein Schreibtaffel herauß ziehe / noch einige Sachen weder beschreiben noch abreissen thue / dann er dadurch in sospotto gerathen thete / da helfe kein Entschuldigung / daß ers nicht böß gemeynt / oder nicht gewust / daß es verbotten were / und köndte er dadurch umb Leib und Leben kommen / oder auff die Galleren geschmidet werden. Dergleichen Meynung hats in ganz Italia bey allen Vestungen: Darumben sich wol vorzusehen / nit in Gefahr zu gerathen. [...] Dahero am besten / seinem Cervello oder Hirn also zusamen zu bieten / daß er das gesehene unauffgeschrieben fasse / unnd ihms in rechtmässigen occasionen hernach möge zu nutzen machen.[62]

Die tiefsitzende Furcht vor dem Geheimnisverrat, die den Eintritt in die Festungsstadt begleitet und die sich hier als Aufzeichnungsverbot niederschlägt, offenbart den paradoxen Wesenszug, den die städtische Ordnung sowie die Architektonik des Buches (gleichsam als offenliegendes Geheimnis) auszeichnet. Als ein öffentlicher Ort, hat sie zugleich jede Offenheit zu fürchten.

In einem Dreischritt soll im Folgenden der erkenntnispraktischen Dimension des Festungsbaus nachgegangen werden: zunächst als Kartographierung eines beherrsch- und kontrollierbaren Erfahrungs- und Referenzraumes, sodann als Instrumentierung und Operationalisierung einer ‚Welt im Kasten' und schließlich als Ausweis eines paradoxen Öffentlichkeitsverständnisses im Zeichen medialer und epistemologischer Umbrüche.

Kartographie des Erfahrungsraumes

In welchem Maße Furttenbach von der italienischen Festungsbaukunst während seiner Lehrjahre in Italien beeindruckt ist, verrät die Auswahl und die Anordnung der Kupferstiche, die seinem die italienische Lehrzeit zusammenfassenden Reisebuch, dem *Newen Itinerarium Italiae* von 1627, beigegeben sind. Zeigt der erste Kupferstich auf einer von ihm angefertigten Landkarte im Ausschnitt den bereisten Kulturraum zwischen Tirol und Rom, so werden auf den nachfolgenden

62 Furttenbach (1627), S. 39.

fünf Kupferstichen ganz unterschiedliche Arten wehrhafter Architekturen gezeigt, von der radialen Bastionärsfestung bis zur irregular befestigten Insel.[63] Festungsbauten stellen quantitativ die am häufigsten erwähnten Architekturen des Itinerars dar, sie sind ihm Ausweis der Vorbildhaftigkeit italienischer Baukunst schlechthin, denn es sei „[w]eltkündig / daß die Italianer mit scharpffsinnigen Gedancken / auch fürnemlich mit grosser Reichthumb von GOtt hoch begabt / welches dann die .2. Principalpuncten zum Kriegsgebäw sind." Sie errichteten ihre Festungen aus widerstandsfähigen gebrannten Ziegelsteinen, sodass ein „dergleichen fleissig / dapffer / ja eysenmässiges Gemäwr [...] und Gebäw / so leichtlich nit könde bestigen / zerschlaifft / oder von dem groben Geschütz darnider geworffen werden." Im Gespräch mit den Architekten und durch „vil discursi auff ansehenlichen Academien" überzeugt Furttenbach sich von der Uneinnehmbarkeit der Festungen, „da man an manchen Orten so mannlich unnd unauffhörlich mit dem groben Geschütz auff ihre Mawren geschossen / und dasselbig vil Wochen lang continuirt, die kondte man dannoch nit darnider werffen."[64]

Die Idealität, Vorbildhaftigkeit und Uneinnehmbarkeit italienischer Festungsbaukunst lenkt den Blick zurück auf die als „chorographische Wegweisung" bezeichnete Karte (Abb. 17), die im Buch den Eingang zum italienischen Kulturraum markiert („hier mag man die mappa [...] anfangen zu gebrauchen"[65]), der dem Autor Ideal und Vorbild ist. Diese überblicksartige Darstellung eines geschlossenen Wissensraumes weist in erkenntnispraktischer Sicht selbst charakteristische Merkmale einer Festung auf, insofern dieser einen ästhetisch und epistemologisch befestigten Erfahrungsraum idealer Architektur umfasst.

Die geographisch-chorographische Ordnung des Itinerars verkörpert dabei jene Dichotomie mathematisch-quantitativer und sinnlich-qualitativer Raumbeherrschung, die für die Herausbildung frühneuzeitlicher Experimentalwissenschaft paradigmatisch ist.[66] Kartographiegeschichtlich geht die Unterscheidung von Geographie und Chorographie auf Ptolemäus (90–168 n. d. chr. Z.) zurück, der im ersten Buch der *Geographia* zwei Verfahren der Raumschrift (griech. *gráphein*: ritzen, schreiben) unterscheidet. Das eine Verfahren ist das der Geographie (griech. *ge*: Erde, Erdboden). Es hat die Aufzeichnung der gesamten bekannten

63 Als 1617 in Genua die spanische Armada mit einem Söldnerheer landet, besteigt Furttenbach ihre Galleonen und untersucht die Waffen. Auf einer anschließenden Seereise entlang der italienischen Mittelmeerküste lernt er die großen Festungen von Savona, Monaco, Nizza bis nach Antibes, dem ersten französischen Hafen, kennen.

64 Alle Zitate: Furttenbach (1627), S. 154.

65 Furttenbach (1627), S. 7.

66 Vgl. hierzu am Beispiel Bacons weiter unten das Kapitel „Experimentelle Rätsel". Eine Einführung in die Chorographie verdanke ich der Zusammenarbeit mit Kirsten Wagner. Vgl. Jan Lazardzig u. Kirsten Wagner. „Raumwahrnehmung und Wissensproduktion. Erkundungen im Interferenzbereich von Theorie und Praxis". *Möglichkeitsräume. Zur Performativität von sensorischer Wahrnehmung.* Hg. v. Christina Lechtermann, Kirsten Wagner u. Horst Wenzel. Berlin, 2007.

Abb. 17 Chorographische Darstellung der Italienreise Joseph Furttenbachs (*Newes Itinerarium Italiae*, 1627).

und bewohnten Erde, der Ökumene, zum Zweck.[67] Das andere Verfahren ist das der Chorographie (griech. *chora*: hier i. S. eines von etwas eingenommenen Platzes).[68] Seine Aufgabe ist die Darstellung einzelner lokaler Bereiche der Ökumene, wie Häfen, Gebäude, Dörfer, Flussläufe.[69] Während die Geographie also auf das

67 „Geographia designatrix imitatio est totius cogniti orbis." So beginnt Claudius Ptolemaeus. *Geographia*. Eingel. v. R. A. Skelton. Amsterdam, 1969 [Nachdr. d. Ausg. Venedig, 1511], Buch 1, Kap. 1.

68 In Platons *Timaios* bezeichnet der Raum (*chora*) etwas, das dem „Entstehenden zukommt, ihm eine Stelle gewährt", sich selbst aber der sinnlichen Wahrnehmung entzieht. Jedes Seiende befindet sich so an einer Stelle und nimmt einen Raum ein. Vgl. hierzu Platon. „Timaios". *Sämtliche Werke*. 7 Bde. Übs. v. Friedrich Schleiermacher u. Hieronymus Müller. Hg. v. Walter F. Otto u. a. Reinbek bei Hamburg, 1957–1959, Bd. 5 (1959), S. 141–213, hier S. 174.

69 „Nam chorographia particularius a toto loca abscidens / per se de quolibet ipsorum agit; describens ferme singula etiam minima conceptorum a se locorum. quemadmodumque Portus; Villas; Vicos; Fluuiorum conuersiones; ac huiusmodi localia." Ptolemaeus (1969), Buch I, Kap. I.

Ganze zielt, ist der Gegenstand der Chorographie ein kleiner Ausschnitt dieses Ganzen. Ptolemäus veranschaulicht das entsprechende Verhältnis anhand einer Analogie: Die Geographie soll so der Darstellung eines Kopfes gleichen, von dem die Chorographie lediglich das Auge oder Ohr wiedergibt. Mit Auge und Ohr ist der Chorographie zugleich die sinnliche Wahrnehmung zugeordnet, der Geographie mit dem Kopf hingegen der Verstand, sodass in dieser Analogie ein Paragone zwischen der sinnlichen und der verstandesmäßigen Erkenntnis angelegt zu sein scheint, der sich auf der Ebene der Darstellungstechniken als Wettstreit zwischen der Malerei und Mathematik bzw. Geometrie fortsetzt.[70] So operiert die Geographie, die vom lokalen Detail abstrahieren muss, um das Erdganze überhaupt abbilden zu können, mit der Mathematik und Geometrie. Mit ihrer Hilfe betreibt sie die Vermessung der Erde und deren Projektion auf eine zweidimensionale Fläche. Die Geographie ist für den Astronomen und Geometer Ptolemäus, der selbst an einer Normierung der geodätischen Gitternetze aus Längen und Breiten sowie von Projektionsverfahren gearbeitet hat,[71] eine mathematisch-quantitative *techné*. Die Chorographie auf der anderen Seite partizipiert an der Malerei, sie ist eine malerisch-qualitative *techné*. Nicht die reine gerade, jeder Form von Ausdruck entkleidete Linie, nicht die exakten Proportionen und Lageverhältnisse bestimmen die Chorographie, sondern das Herstellen einer größtmöglichen Ähnlichkeit zwischen der natürlichen Erscheinung und ihrem Abbild, das mit den Mitteln einer illusionistischen Malerei erreicht wird.

Ptolemäus' Unterscheidung von Geographie und Chorographie hat – wie seine Schriften insgesamt – einen entscheidenden Einfluss auf die Herausbildung frühneuzeitlicher Episteme.[72] Sie wird in den Diskursen u. a. der Geographie, der Kartographie und der Architektur rezipiert. Hier entwickelt sich auch der bei Ptolemäus angelegte Wettstreit zwischen der Mathematik und der Malerei zu einem Denkmodell, auf dessen Grundlage es zu einer Verwissenschaftlichung der angeführten Disziplinen auf mathematisch-quantitativer Grundlage kommt.[73] Die Chorographie übernimmt in diesem Zusammenhang nach wie vor die Aufgabe einer malerischen Darstellung des Lokalen, was sich mit zunehmender Be-

70 Vgl. hierzu Lucia Nuti. *Ritratti di città. Visione e memoria tra Medioevo e Settecento*. Venedig, 1996, S. 23ff.

71 Vgl. hierzu O. A. W. Dilke. „The Culmination of Greek Cartography in Ptolemy". *The History of Cartography*. Bd. 1. *Cartography in Prehistoric, Ancient, and Medieval Europe and the Mediterranean*. Hg. v. John Brian Harley u. David Woodward. Chicago u. London, 1987, S. 177–200.

72 Das aus acht Bänden bestehende Werk der *Geographia*, das während des Mittelalters bei arabischen Astronomen und Geographen bekannt war, gelangte um 1400 über Byzanz nach Florenz. Eine erste lateinische Übersetzung datiert aus dem frühen 15. Jahrhundert. Im Druck liegt die *Geographia* dann erstmals 1475 in Venedig und 1477 in Bologna vor.

73 Vgl. hierzu allgemein Nuti (1996) sowie dies. „Mapping Places: Chorography and Vision in the Renaissance". *Mappings*. Hg. v. Denis Cosgrove. London, 1999, S. 90–108; Denis Cosgrove. „Mapping New Worlds: Culture and Cartography in Sixteenth-Century Venice". *Imago Mundi* 44 (1992), S. 65–89; Lesley B. Cormack. „‚Good Fences Make Good Neighbors'. Geography as Self-Definition in Early Modern England". *Isis* 82 (1991), S. 639–661.

deutung einzelner Städte und Stadtstaaten vor allem in Stadtveduten niederschlägt.[74] Der abgebildete Raum der Chorographie ist dabei zunächst noch ein „spazio percorso“[75], ein dynamischer Wegeraum. Die verschiedenen visuellen Eindrücke sind noch nicht zu einem totalen, von einem einzigen Blickpunkt erfassten Bild synthetisiert und es wird nur das ausgewählt und dargestellt, was von Bedeutung erscheint. Das chorographische Subjekt befindet sich inmitten der Umgebung, es steht nicht über oder in einer anderen räumlichen Distanz zu ihr. Das Itinerar Furttenbachs bildet in diesem Sinne eine prekäre Ordnung ab, die zwischen der abstrakt-mathematischen Ordnung der Geographie und der sinnlich-malerischen Ordnung der Chorographie changiert.

Er wolle „dem Reisenden“, so beschreibt Joseph Furttenbach den Zweck seines Reisehandbuches, „ein rechte gewisse Regul und Richtschnur“ geben, damit dieser um „desto gewisser und sicherer bey rechter Tagzeit die Herberg erlangen“ könne. Sein „gantzes intento“ sei ferner darauf gerichtet, die in der Fremde „mit gefahr/mühe unnd kosten“ gewonnenen Erfahrungen „ganz frey unnd liberal zu communicirn.“[76] Seine Aufmerksamkeit gilt hier den Attraktionen der italienischen Renaissancebaukunst ebenso wie dem zivilen Hausbau, herausragender Handwerkskunst ebenso wie lokalen Usancen und landestypischen Gepflogenheiten. Er widmet sich ausführlich der Umrechnung in Umlauf befindlicher Währungen, gibt Hinweise für die angemessene Vergabe von Trinkgeldern und spricht Empfehlungen aus, wie man als Fremder nicht zugleich den *sospetto* der Einheimischen erregt. Die „Raißbeschreibung“, die durch die Lombardei, Ligurien, die Toskana, entlang der Mittelmeerküste bis hinunter nach Rom, durch Umbrien, der Adriaküste folgend, durch die Romagna bis hinauf nach Venedig führt, erschließt ein Territorium, welches Furttenbach aufgrund der Baudenkmäler sowie der Künstler, Architekten und Ingenieure stets ein Doppeltes ist: Landschaft und Lehrbuch, Schauraum und Datenraum. Entsprechend penibel sind seine Archi-

74 Zwischen dem 16. und 18. Jahrhundert entstehen so zahlreiche als *Theatrum* oder *Atlas* bezeichnete Sammelmappen mit Stadtansichten.

75 Nuti (1996), S. 101ff.

76 Furttenbach (1627), S. 1 u. 259. Unter den im Übergang zum 17. Jahrhundert in Mode kommenden ‚italienischen‘ Reisebeschreibungen – zu nennen sind hier etwa die Architekturbeschreibungen des deutschen Architekten Heinrich Schickhardt (1558–1635) sowie das in Alexandrinern verfasste Reisetagebuch des Fürsten Ludwig I. von Anhalt-Köthen (1579–1650) – sticht das *Newe Itinerarium* Joseph Furttenbachs dadurch hervor, dass es seinen Lesern eine Erläuterung und Anleitung für das Charakteristische und Landestypische des italienischen Kulturraumes sein will. Furttenbach richtet sich hier vor allem an junge Kaufleute und Architekten, die, wie er, ihre Lehr- und Ausbildungsjahre in Italien verbringen. Vgl. Berthold (1951), S. 33. Ihr Verweis auf das Reisetagebuch Michel de Montaignes ist insofern irreführend, da dieses erst im 18. Jahrhundert überhaupt ‚entdeckt‘ wurde. Siehe ferner C. Gurlitt. „Eine Künstlerreise aus dem 17. Jahrhundert“. *Architekt. Rundschau* XXI (1905), S. 41ff. Zur frühneuzeitlichen Bildungsreise vgl. Jörg Jochen Berns. „Peregrinatio academica und Kavalierstour. Bildungsreisen junger Deutscher in der Frühen Neuzeit“. *Rom – Paris – London. Erfahrung und Selbsterfahrung deutscher Schriftsteller und Künstler in den fremden Metropolen. Ein Symposion.* Hg. v. Conrad Wiedemann. Stuttgart, 1988, S. 155–181. Hier vor allem zu den literarischen Auswirkungen.

tekturbeschreibungen, prüft und wägt er Materialien, schreitet er Kirchen- wie Palastgebäude ab, vermisst Grotten und Gärten. Seinem registrierenden Blick entgehen nicht die feinsten Unterschiede in Klima-, Boden- und Straßenbeschaffenheit. Sprach- und Charaktereigenheiten der Bevölkerung werden ebenso sensibel aufgenommen wie deren Trink- und Essgewohnheiten. Diesem messenden und abwägenden Blick steht eine buchstäblich maßlose Schaulust gegenüber, die überall ‚Heroisches' entdeckt, keinen Unterschied macht zwischen dem künstlerisch Bedeutsamen und dem staunenswert Kuriosen. Die Begräbniskapelle der Medici bei San Lorenzo in Florenz erscheint als die „köstlichste Capell / so in gantz Europa zu finden" und St. Peter in Rom, dessen Kuppel „gar allegro lustig und ringfertig mit vilen habenden Fenstern auffgeführt", geht als der „grösste und köstlichste Tempel, so man in gantz Europa finden möchte" in die Darstellung ein.[77] Das *Teatro Olimpico* von Andrea Palladio (1508–1580) in Vicenza wird nur mit einem knappen Satz erwähnt, der naheliegende „trefflich schöne Irrgarten" aber voller Begeisterung geschildert, da der Reisende dergleichen „in Italia nie gesehen."[78]

Die Experimentalisierung des Wissensraumes ‚Italien' vollzieht sich im *Itinerarium* als eine Eskalation raum-zeitlicher Effizienz. Das unüberschaubare Territorium wird gleichsam von seinen naturgebundenen, kulturellen und sozialen Widerständen befreit und auf das Ideale, Vorbildhafte und Exemplarische gebracht. Seine „Italianische Mappen" sei ohne Angabe geographischer Spezifika wie Gebirge oder Gewässer entworfen, so Furttenbach, da „man der Mappen gar viel findt / warob obernante sachen zu genügen gemahlt." Er aber wolle „dem Raisenden (welchem es etwan den Leib costen thut / wann er benachtet und außgezogen wirdt) keinen Nebel für die Augen" setzen, „noch mit den gemahlten Berglin / Häußlin und Wassern / ihme die rechte Linien der Strassen verdunkeln." Von einer abstrakten Distanzangabe sei „einige gewißhait nit zuhoffen", sein Bemühen richtet sich hingegen auf die Festlegung eines der Jahreszeit und Wegebeschaffenheit angemessenen Stundenmittels:

> so hab ich in allen meinen Raisen / sonderbare gute achtung gegeben / in wie viel Stunden (*da versteht sich / wann man das Pferdt einen gewohnlichen gemeinen Paß / oder Schritt gehn last;*) Ich *bey leidenlichen wetter* / an dieses

77 Furttenbach (1627), S. 97, 111f.

78 Furttenbach (1627), S. 246. Die deutliche Überschätzung des Fassungsvermögens des Theaters verstärkt den Eindruck, als berichte er über dieses nur vom Hörensagen. Bei Furttenbach heißt es lediglich „Ferner weist man einen Theatro, darinnen die Comedien gehalten werden / der ist zwar nur von Holz / aber trefflich schön nach Prospectiuischer Art die Sciena gebawen / und erhebt / darinnen könden .5400. Personen ungehindert einer deß anderen / den Comedien zusehen; welcher ist durch den vorttrefflichen Architecto Andrea Palladio erbawen worden." Ebd., S. 245. Auch das Teatro Farnese Aleottis, welches zum Zeitpunkt seines Italienaufenthaltes gerade vollendet wurde, ist ihm nur einen Satz wert. Zum Teatro Olimpico vgl. die Studie von Ingeborg Deborre. *Palladios Teatro Olimpico in Vicenza. Die Inszenierung einer lokalen Aristokratie unter venezianischer Herrschaft*. Marburg, 1996.

> oder jenes ort geritten / und selbiges mit allem fleiß auffgezaichnet / und also nach den Stunden ernante mein Mappam angestellt.[79]

Entsprechend steht die chorographische Ordnung des Itinerars, der „spazio percorso“, ganz im Zeichen zeitlicher Effizienz. Die Beurteilung der Wegebeschaffenheit, die Auswahl der Transportmittel zu Wasser oder auf dem Landweg erfolgt nach Maßgabe der Zeit. Furttenbach zählt nicht allein die Stunden, die der Reisende für die Wegstrecken benötigt, er lässt seine Leser auch teilhaben an dem Druck eines drohenden Zeitverlustes. Demgegenüber konturiert sich um so schärfer eine von der Zeitökonomie scheinbar entbundene, ganz der Augenlust, der Versenkung in das Neuartige, Überraschende und Ungewöhnliche gewidmete Wahrnehmungsweise, die am Zeitmaß den Betrachtungswert einzelner Objekte, Architekturen, Gärten bestimmt.

Bereits die Organisation des Buches selbst trägt dem Effizienzgewinn Rechnung. An die Stelle eines chronologischen Inhaltsverzeichnisses treten bei Furttenbach drei Register, die die chorographische Ordnung seines Itinerars in eine Übersicht bringen, die ein punktgenaues Auffinden der Orte, Wegstrecken („wie weit jedes ort / so wol den Stunden / als nicht weniger auch den Meilen nach / von dem andern entlegen“) und Kupferstiche ermöglichen. In sechzehn Etappen zu Land oder zu Wasser unterteilt sich das Itinerar, dessen kürzeste Wegstrecke von Bologna nach Ferrara sich auf „35. Meil in. 12. Stunden“ beläuft und dessen längste, von Venedig nach Leutkirch, sich auf „98 1/2. Stund / so man in .10. Tagen verrichten kan“ summiert.[80]

Das Einhalten der angemessenen Reisezeit wird schließlich auch dadurch ermöglicht, dass Furttenbach die Schilderung der Wegstrecken durch Hinweise zum Münzsystem ergänzt – „Es ist dem Raisenden auch nöthig zu wissen / was allerhand Sorten Müntzen hier gelten.“ Umrechnungstabellen erleichtern es dem Passagier, sich reibungslos in den Geldverkehr einzufügen. Orte des Wechsels erlauben es, Geld in fast jede beliebige Stadt Italiens zu transferieren – „und kan man von dar auß in die gantze weitte Welt Gelegenheit machen / das Geld durch die Wichsel zu bringen / wohin mans nur immer begehrt“, heißt es über Piacenza.[81] Das Wissen um die angemessene Höhe von Trinkgeldern oder Wegzölle beschleunigt überall das Vorankommen. An „allen Orten in gantz Italien“ müsse unter den Stadttoren und an den Zollstätten „gute Wort und darneben Trinckgelt“ gegeben werden, denn „darmit kan man viler Ungelegenheit unnd Ver-

79 Alle Zitate: Furttenbach (1627), Vorrede (Herv. JL).

80 Furttenbach (1627), Das Ander Register. Das erste, den „Vornembsten Stätten unnd Oerter in Italia“ gewidmete Register umfasst 124 Einträge in alphabetischer Ordnung, vieren davon, den Städten Mailand, Florenz, Rom und Genua, ist mit zusammen 127 der insgesamt 259 Seiten etwa die Hälfte des Buches gewidmet: S. 10–31 (Mailand), S. 110–136 (Rom), S. 78–103 (Florenz), S. 179–230 (Genua).

81 Vgl. Furttenbach (1627), S. 100 u. 167f.

saumung der Zeit geübrigt seyn", heißt es anlässlich des Einrittes nach Pisa.[82] Und beim Eintritt nach Reggio ermahnt Furttenbach den Reisenden:

> hier unnd vor dem Thor sucht man gar scharpff / und wann der Passagiero nicht wol beredt / und eylends mit dem Trinckgeld den Zöllner begegnet / so thun sie einem das Felleysen öffnen / Ja sie suchen sogar in den Hosensäcken / ob er nichts Zollwürdigs mit ihme führe / wer sich dann nicht darein zu schicken weist / oder bösen Bescheid von sich gibt / den mag man leichtlich gar gefangen nehmen / dann dergleichen Zöllner nichts anders zu suchen begehren / als den Fremdling recht zu striglen.[83]

Daneben ist es vor allem die allgegenwärtige Schilderung der Straßen- und Wegebeschaffenheit („ein tieffer und böser Weg" oder „der gute wolgepflästerte Weg deß Gran ducca di Toscana"[84]), gefahrvoller Pässe, unübersichtlicher Serpentinen oder unsicherer, von Banditen bevölkerter Landstriche, die es dem Reisenden ermöglicht, sein Zeitmaß zu kalkulieren. Aber bereits die Auflistung von Landmarken, von signifikanten Punkten wie hochgelegenen Festungen, Bergen, Kapellen und Wachtürmen, die Furttenbach in fast ermüdender Reihung vollzieht, führt zu einer zielgelenkten Beschleunigung, steht diese doch für den in der Unübersichtlichkeit des Terrains Orientierung suchenden Blick.

Dem gefahrvollen und von einem straffen Zeitregime begleiteten Wegeraum steht innerhalb der großen, vedutenhaft geschilderten Städte die von den Gefährdungen des Territoriums gleichsam entbundene Wahrnehmung gegenüber. Mit schwärmerischer Geste durchwandert Furttenbach Kirchen, Paläste, Lustgärten und Grotten, ist Zeuge karnevalesker Prozessionen, schildert herzögliche Einzüge oder festliche Turniere. Die herzögliche Kunstkammer in Mantua ist „mit so viel Fürstlichen unnd Curiosischen sachen belegt / daß daran viel Tag zu sehen keinem die Zeit zu lang sein wurde."[85] Und ein Wasserspiel in Genua ist so raffiniert gestaltet, „daß man eine geraume zeit daran zu contemplieren hat", wie überhaupt der ganze Lustgarten „ein solcher Augenlust" offenbart, „daß nit genugsam kan beschriben werden."[86] „Der Peregrinant wolle nicht unterlassen dahin zu raisen", so heißt es über die Grotte von Pratolino, „[v]iel Stund ist darinnen zu zubringen", aber es sei „unmüglich alles zu beschreiben."[87] Allemal betont Furttenbach seine „mediocritet [...] solches zu beschreiben / und zu delinieren."[88] Stattdessen listet er um so detaillierter Maß- und Materialangaben auf, überführt seine Beschreibungsnot in Zahlen und fordert den ‚Liebhaber' und ‚Scholaren' zur Nach-

82 Furttenbach (1627), S. 69.
83 Furttenbach (1627), S. 164.
84 Furttenbach (1627), S. 158 u. 174.
85 Furttenbach (1627), S. 241.
86 Furttenbach (1627), S. 217.
87 Furttenbach (1627), S. 105f.
88 Furttenbach (1627), Vorrede.

gestaltung auf. So hinterlassen die in der Regel schlicht ausgeführten Kupferstiche – Grund- und Aufrisse, Querschnitte, ohne lokale Spezifika in die Landschaft projizierte Regular- und Irregularfestungen – großenteils nur schwachen Eindruck. Die Schaulust gerinnt hier zum Beispielhaften. Das eindrücklich Erlebte wird reduziert auf das Nützliche und Vorbildhafte.

Der solchermaßen kartographierte, registrierte und entstörte Erfahrungsraum wird vollends zum Experimentalraum, indem Furttenbach den Referenzraum ‚Italien', nunmehr vertreten durch die zahllosen Architekturbeschreibungen, Modelle und Stichvorlagen, die er mit in seine Heimatstadt bringt, zum Grundstock seiner weiteren Entwurfs- und Experimentalpraxis macht. In seiner Rüst- und Kunstkammer, die er bald nach der Rückkehr aus Italien anlegt, entsteht mithin ein Erfahrungsraum zweiter Ordnung, dessen Instrumentalität – losgelöst von den Gefährdungen des Territoriums – das praktische Entwerfen einer ‚Neuen Welt' ermöglicht. Bemerkenswert erscheint in diesem Zusammenhang, dass Furttenbach nach Abschluss seiner Ausbildungszeit in Italien die Donaustadt Ulm so gut wie gar nicht mehr verlassen hat, ja sogar eine ausgesprochene Reiseunwilligkeit an den Tag legt. Wiederholt schlägt er sogar Einladungen adliger Potentaten, etwa durch den Markgrafen Friedrich VI. von Baden-Durlach (1653) oder durch Karl Ludwig von der Pfalz (1658), aus.[89]

Die Welt im Kasten

Die Kunst- und Wunderkammern, die vom 16. bis zum 18. Jahrhundert als Schau-, Sammlungs-, Memorial- und Inventionsräume über ganz Europa Verbreitung finden, markieren einen fundamentalen Wandel frühneuzeitlicher Episteme. In ihnen materialisiert sich nicht allein ein neuartiges Bewusstsein für die Historizität von Natur und Kunst, von *naturalia* und *artificialia*, mit und an ihnen schält sich auch die epistemologische Relevanz klassifikatorischer Ordnungen heraus.[90] Bemisst sich diese an einer Ordnung des Wunderbaren und Staunens-

89 Vgl. Berthold (1951), S. 25f.

90 Dies hat als erster Bredekamp (2000 [1993]) herausgearbeitet. Von der Popularität der furttenbachschen Kunstkammer zeugt ein Inventar, welches er auf Anfrage sogar an das Wiener Kaiserhaus übersannte. Vgl. Johann Schultes u. Matthaeus Rembold. *Inventarium, Viler Nutzbaren/immer denckwürdigen Militar: Civil: Naval: vnd dergleichen Architectonischen Modellen, vnd Abrissen/auch andern wolfundirten Mannhafften Sachen/welche in deß Heyl: Reichs Statt Vlm/vnd daselbsten in deß Herrn Joseph Furttenbachs deß Raths/vnd Bawherrns/[et]c. Rüst: vnd KunstCammer/in natura zufinden seind; Allen Liebhabern der Frey: Mannhafft: vnd hochnutzbarn Künsten zu wolgefallen/in den Truck gegeben/vnd mit 8: Kupfferstucken geziert.* Augspurg, 1660. Aus der Fülle der Veröffentlichungen zu diesem schon lange nicht mehr vernachlässigten Gegenstand der Kultur- und Wissenschaftsgeschichte sind hervorhebenswert: Arthur MacGregor. „Die besonderen Eigenschaften der ‚Kunstkammer'". *Macrocosmos in Microcosmo. Die Welt in der Stube. Zur Geschichte des Sammelns 1450–1800.* Hg. v. Andreas Grote. Opladen, 1994, S. 61–106; *Wunderkammer des Abendlandes. Museum und Sammlung im Spiegel der Zeit* [Ausst.kat.]. Bonn, 1994; Humboldt Universität zu Berlin (Hg.). *Theatrum naturae et artis/*

werten, so tritt am Ende des 17. Jahrhunderts immer stärker der Sammlungs- und Repräsentationsgedanke in den Vordergrund und mit diesem ein neuartiges, auf Vollständigkeit zielendes Verständnis von Universalismus.[91] Die Erscheinungsformen frühneuzeitlicher Kunst- und Wunderkammern sind ungeheuer vielfältig. Die verschiedenen, sowohl repräsentationalen, memorialen, ästhetischen, epistemologischen und nicht zuletzt sozialen Funktionen dieser neuartigen, vor allem im höfischen Kontext anzutreffenden Wissensräume verbindet, dass sie für eine qualitative Aufwertung der Rolle der Architektur für die Akkumulation, Produktion und Dissimulation von Wissen stehen.[92] Verstanden als eine Architektonik des Wissens kann die erkenntnispraktische Funktion von Kunst- und Wunderkammern folglich auch darin gesehen werden, dass sie die Vision eines potentiell kontrollier- und überschaubaren, von äußeren Störungen und Gefahren abgeschotteten harmonischen Kosmos darstellen.[93]

Eingehend widmet sich Joseph Furttenbach in seinem Itinerar den zahlreichen Kunst- und Wunderkammern, den Raritätenkabinetten und Naturaliensammlungen, die er im Laufe seines Italienaufenthaltes aufgesucht hatte.[94] Bereits ein Jahr später zeigt er in seiner *Architectura civilis* (1628) den Entwurf eines kleinen Saaltheaters, welches Kunstkammer und Theatersaal zu einem regelrechten Architekturtheater miteinander verbindet und Anklänge an die von ihm begeistert geschilderten Florentiner Uffizien zu bieten scheint.[95]

Dieses für ein bürgerliches Stadthaus in römischer Circus-Form konzipierte Saaltheater (Abb. 18) weist an den Stirnseiten eine Grotte sowie eine einfache Winkelrahmenbühne (*Sciena di Comedia*) auf. Furttenbach verweist auf den Szenenentwurf des *Itinerarium*, welcher dem Leser einen Eindruck der Uffizien-Bühne des von ihm besuchten *Teatro Mediceo* vermitteln soll. Seitlich der Grotte befinden sich Aufgänge auf eine das *theatrum* umfassende und durch Säulen und Pilaster gestützte Galerie, von der aus die Zuschauer dem Bühnengeschehen beiwohnen können, und fast scheint es, als suche Furttenbach hier im Kleinen Anklang an die säulenumhegte Galerie der Uffizien, die in ihrer theatralen Erschei-

Theater der Natur und Kunst [Ausst.-Kat.]. Bd. 1 u. 2. Berlin, 2000; Claudia Valter. „Wissenschaft in Kunst- und Wunderkammern". *Erkenntnis, Erfindung, Konstruktion. Studien zur Bildgeschichte von Naturwissenschaft und Technik vom 16. bis zum 19. Jahrhundert.* Hg. v. Hans Holländer. Berlin, 2000a, S. 183–196. Eine Anbindung des Kunstkammer-Dispositivs an heutige Mediendiskurse bieten Barbara Stafford u. Francis Terpak. *Devices of Wonder. From the World in a Box to Images on a Screen* [Ausst. kat]. Los Angeles, 2001.

91 Die epistemologische Bedeutung des Sammelns beleuchten te Heesen/Spary (2001).

92 Zur sozialen Funktion der Kunstkammer siehe Barbara Welzel. „Galerien und Kunstkabinette als Orte des Gesprächs". *Geselligkeit und Gesellschaft im Barockzeitalter.* 2 Bde. (= Wolfenbütteler Arbeiten zur Barockforschung 28). Hg. v. Wolfgang Adam. Wiesbaden, 1997, Bd. 1, S. 495–504.

93 Vgl. zur kunstvollen Harmonisierung des Kosmos in den Kunst- und Wunderkammern das Vorwort in: *Weltenharmonie. Die Kunstkammer und die Ordnung des Wissens* [Ausst.kat.]. Braunschweig, 2000.

94 Vgl. Furttenbach (1627), S. 85f., 89, 116, 191, 239–243.

95 Zum Uffizien-Rundgang vgl. Furttenbach (1627), S. 85ff. Die Parallele des Kunstkammer-Theaters zu den Uffizien hat bereits Zielske (1974), S. 31 gesehen.

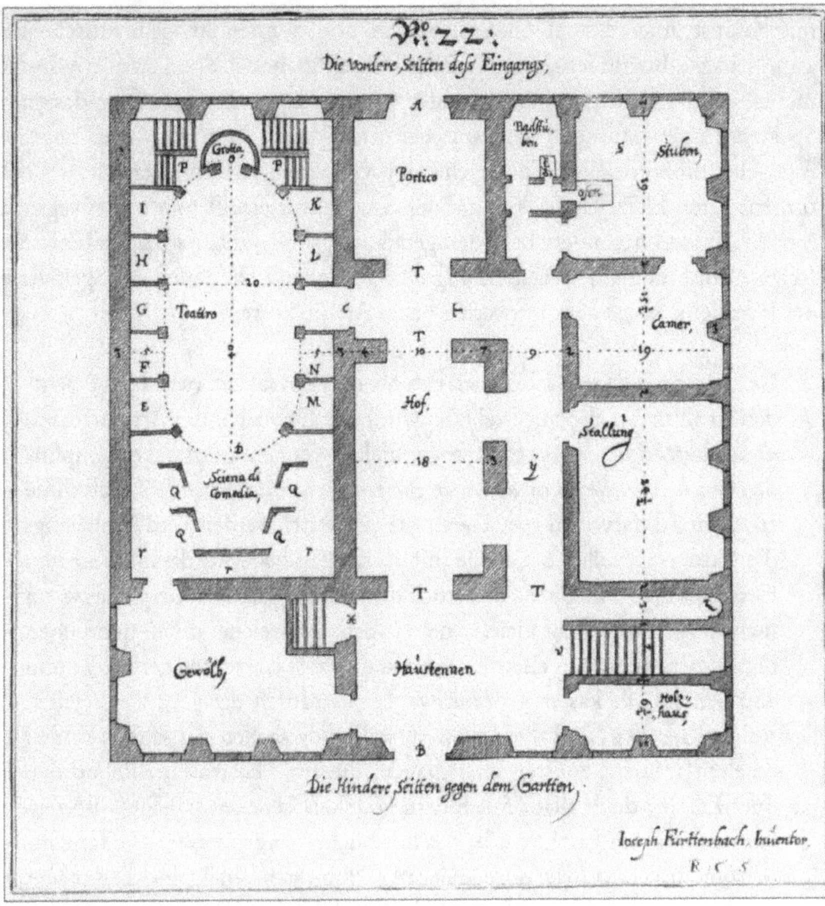

Abb. 18 Der erste Theaterentwurf Joseph Furttenbachs in der *Architectura civilis* (1628): Ein Kunstkammer-Theater für ein Stadtgebäude.

nungsform in einem Kupferstich von Guiseppe Zocchi (1744) dokumentiert ist.[96] An den Längsseiten des Raumes befinden sich, eingelassen in die Säulenordnung, ingesamt neun hölzerne Nischen („Zimmerlin / oder grosse Kästen"),[97] in denen hinter Vorhängen Maschinen- und Architekturmodelle sowie Instrumente unterschiedlichster Art aufbewahrt werden. Hier befinden sich nicht nur allerlei „mechanische visierungen von Mihlwerck / gewind / zugwerck / und von Gewaltsamen bewegungen",[98] Modelle der *Architectura Navale, Architectura Civile*, astrono-

96 Siehe Hans-Christian v. Hermann. „Schauplätze der Schrift. Die Florentiner Uffizien als Kunstkammer, Laboratorium und Bühne." *Kunstkammer, Laboratorium, Bühne – Schauplätze des Wissens im 17. Jahrhundert*. Hg. v. Helmar Schramm, Ludger Schwarte u. Jan Lazardzig. Berlin, 2003, S. 103–122, hier S. 111.

97 Furttenbach (1628), S. 53.

98 Furttenbach (1628), S. 53.

mische Instrumente samt Globus, Sphera und Sonnenuhr, geometrische und arithmetische Instrumente und Tabellen, Geschützmodelle und Artillerie-Instrumente, sondern ebenso eine Vielzahl pyrotechnischer Gerätschaften; das ganze Spektrum architektonisch-mechanischer Kreation ist hier im Modell zugegen. Auch eine Bibliothek, geordnet nach den parzellierten Teilbereichen der Architektur, hat ihren Platz. Dieses Theater der Architektur erfüllt nun keineswegs eine museale Funktion, sondern befördert gerade aufgrund seiner partizipatorisch theatralen Anordnung eine ‚Veränderung der Gedanken', hat Anteil am Spekulieren des Ingenieurs sowie dem Entwerfen neuer Architekturen:

> Unnd wann diß Gebäw beneben den oberzehlten sachen (wie dann Leichtlich zu thun ist) also angestellt / so wirdt der Liebhaber der Arte Ingegnio *dieses würcklich vor Augen zu sehen* nicht geringe ergötzlichkeit empfinden / *auch in betrachtung derselben die gedancken also verendern* / daß ihme etlich stund darvor zu speculieren die zeit kurtz werden wird / Anbelangt die Kästen / da sollen dieselbige mit vorhengen bedeckt / darauff aber von Geographischen mappen gar zierlich unnd lustig gemahlt / dergestalt wann mans öffnen will / mag allein ermelter vorhang (welcher unten unnd oben durch messine ring in eisern stangen laufft) auff ein seitten geruckt / unnd also behend alle kästen geöffnet werden / dardurch das gebäw in seynem rechten ansehen / und die darinn verwahrende sachen gar sauber kinden erhalten werden. Sonsten aber mag in diesem Theatro ein Bibliotheca, oder Liberey doch allain mit hinein gestelten bencken gericht / Also daß vor einem jeden kasten ein banck mit bücher verordnet / welche samentlich von derselben Arte, warbey sie am negsten stehn tractieren. Das macht dem studioso wann er alda Speculiert und die visierungen oder Modelli gleich im gesicht hat / grosse recreation. Dise Liberey kan aber zu jederzeit behend abgehöbt / die benck weg genommen / Alßdann nach belieben in disem Theatro ein Comedien Agiert / oder ein Pangett / oder Dantz darinnen gehalten werden.[99]

Furttenbach, der zu dem Zeitpunkt bereits mit der Gestaltung seiner eigenen Kunstkammer begonnen hat, in welcher er die aus Italien mitgebrachten Modelle, Entwürfe und Kuriositäten unterbringt, entwirft in diesem multifunktionalen *theatrum* ein dynamisch operierendes Wissensganzes. Durch das Öffnen der einzelnen Vorhänge vor den Nischen und Kästen, die selbst wiederum kleine Bühnen darstellen, geben sich dem Besucher die einzelnen Wissensbereiche an die Hand, verkörpert durch Schrift, Entwurf und Modell – ein Prinzip, welches nicht nur den Sinneseindruck der Uffizien zu fassen und architektonisch zu artikulieren scheint, sondern welches selbst gleichsam als gestaltgebendes Prinzip seiner universalarchitektonisch konzeptionierten Schriften begriffen werden kann.

99 Furttenbach (1628), S. 54 (Herv. JL).

Erscheint Italien in Furttenbachs Reisehandbuch als ein abgezirkelter und inventarisierter Sammlungs- und Schauraum modellhafter Architekturen und vorbildhafter Bauformen, dann sind damit zugleich die wesentlichen Züge jenes dynamischen Experimentalraumes skizziert, den Furttenbach unter dem Dach seines großzügig ausgebauten Bürgerhauses (1638–40) im Zentrum der Festungsstadt Ulm einrichtet. Es entsteht eine vielfrequentierte Rüst- und Kunstkammer, die gleichermaßen Ausstellungs- wie Arbeitsraum des Architekten ist. Hier spiegelt sich in einer überbordenden, doch gleichwohl gut geordneten Fülle aus Architekturmodellen, Kupferstichen, Instrumenten, Büchern und Schriften, Materialproben und Raritäten der Wissenskosmos des Universalarchitekten. Zugleich ist dieser Sammlungsraum aber auch ein persönlicher Memorialraum der Ereignisse und Gefahren, die den Ausbildungsweg des Architekten begleitet haben. So wird der Leser von Furttenbachs *Architectura privata* (1641) anhand eines kunstvoll inszenierten Anschauungsweges durch dessen Rüst- und Kunstkammer geführt und auf engstem Raum zum Nachvollzug des Bildungsweges gebracht – zugleich entbunden von dem straffen Zeitregime des Reisenden. Signifikant ist das fortgesetzte Changieren zwischen der subjektiv erfahrenen und durch Anekdotenreichtum gekennzeichneten Perspektive des Reisenden und Lernenden sowie einer die Universalität des architektonischen Wissenskosmos auszeichnenden, systematisierenden bzw. theoretisierenden Perspektive. Strukturell wiederholt sich hier noch einmal die geographisch-chorographische Ordnung des Itinerars.

Der Eintritt in den Wissenskosmos, der an Repliken römischer Stadtveduten – genannt werden Michael Tramezinis *Effigies Antiquae Romae* (1561), Antonio Tempestas *Roma Moderna* (1593) und Matthäus Greuters *Disegno di Roma moderna* (1618) – sowie „vil andere Mappen/Stammen/Stätt/und Vöstungen" vorbeiführt,[100] initialisiert noch einmal den Grenzübertritt in den Erfahrungsraum Italiens und verweist zugleich auf die vorbildhafte antike Universalarchitektur Roms. An der Tür zur Rüstkammer, wo der Rundgang entsprechend des Ausbildungsweges beginnt – seinen Lehrbrief in der *Arte della Bombadieri* erwarb Furttenbach bei dem in Italien lebenden Augsburger Büchsenmeister und Feuerwerker Hans Veldhausen – findet sich auf einer ölbemalten Tafel das der *Diligentia* in den Mund gelegte furttenbachsche Motto: „Doch der Mensch hab kein Ruh / wann er von ihr entzündt / *Biß daß er die Scienz durch Patienz ergründt.*"[101] Der Austritt aus

100 Joseph Furttenbach. *Architectvra Privata. Das ist: Gründtliche Beschreibung / Neben conterfetischer Vorstellung / inn was Form und Manier / ein gar Irregular, Burgerliches Wohn-Hauß: Jedoch mit seinen sehr guten Commoditeten erbawet / darbey ein Rüst: und Kunst Kammer auffgericht: Ingleichem mit Garten / Blumen: Wasser: neben einem Grottenwercklin versehen / unnd also schon zu gutem Ende ist gebracht worden: Darbey dann auch gar vertrewlich / und àpert zu erlehrnen / in was Gestalt / man die Berlemuttere Meer-Schnecken / neben denselben Muscheln / sowol auch die Corallen Zincken palliren / und das Beste Kitt / zu verfertigung der Grotten zubereiten solle; Und zu noch besserem Verstand / mit vierzehen sehr gerechten / gar nutzlichen Kupfferstucken geziert /* [...]. *Allen Liebhaberen der Civilischen Gebäwen zu sonderem Gefallen an das Liecht gegeben* [...]. Augspurg, 1641, S. 20.

101 Furttenbach (1641), S. 20.

der Kunstkammer, der vorbeiführt an Rissen und Kupferstichen nahezu aller im *Itinerarium* geschilderten Architekturen, Städte und Landschaften, ist entsprechend illustriert von der „Dama Patienzia" und mündet schließlich in das mit „Scientz" überschriebene „Scriptorio" Furttenbachs.

Der Parcours, angelegt für einen Spaziergang,[102] wird immer wieder von richtungs- und blicklenkenden Anweisungen, von Einsichten und Aussichten in die Gesamtarchitektonik des Wissensraumes strukturiert. So gelangt der Leser und Betrachter nach dem Eintritt in die Rüstkammer zu einem Punkt, an dem „die eigentliche Disposition, beedes der Rüst: und KunstKammer villeicht mit belieben / auff ein mal in das Aug gefasset werden."[103] In den Nischen stehende Sessel erlauben sich ausführlicher in die mechanischen Apparaturen, die Turnierwaffen, Rüstungen und Harnische sowie die unzähligen, in mehreren zentral angeordneten Kästen liegenden Architektur- und Geschützmodelle zu versenken. Das Modell eines „new Inventirten Martialischen / und Kriegswagen" kann hier ebenso eingehend betrachtet werden, wie eine „grosse *Pistone alla Italiana*", in die „zwölff Pistolkuglen zumal können eingeladen werden" und ein trickreiches „Pistolröhrlin", welches so gefügt ist, „daß man es allein für ein Dolchen ansihet / aber dannoch mit ihme auch schiessen kan."[104] Ein wuchtiges, mit 200 Stück Geschütz ausgestattetes Zeughausmodell – Vorbild seiner *Architectura martialis* (1630) – fügt sich in die vom Betrachter zu umrundende Kastenanordnung. Immer wieder ergeht an den ‚jungen Büchsenmeister' die Mahnung „gute Anlaitung darvon zu lernen."[105]

Gleich zu Beginn des Übertrittes von der Rüst- in die Kunstkammer öffnet sich dem Leser der Blick in den „Raritet Kasten". An einzelnen Objekten der hier aufbewahrten Kuriositäten, etwa einem Raketenstock, einer Pistolenkugel oder einem Stück Tannenholz, entzünden sich episodenhafte Schilderungen einzelner „Historiis Tragecis" des furttenbachschen Ausbildungsweges.[106] Der Leser wird durch diese lebhaft geschilderten Passagen zum Besucher des Raumes. In dramatischen Farben leuchten beispielsweise die Gefahren unsachgemäßen und unachtsamen Experimentierens und Laborierens mit pyrotechnischen Substanzen auf, die Furttenbach „allen Fewrkünstlern / ja auch mir selber / zur Erinnerung und Wahrnung" beschreibt, „damit sie vorsichtig mit dergleichen Vulcanischen Mixturen umbgehn" und diese „nicht in den Haußhaltungen / sondern in andern weit entlegenen Hütten Elaboriren / und außfertigen."[107] Bereits ein einzelner, unachtsam zerstiebener Feuerfunke kann hier eine vernichtende, todbringende Wirkung entfalten. Den Hintergrund bildet die Herauslösung der Laboratorien aus dem Wohnbereich, d. h. die Spezialisierung und Isolierung der Wissensarchitekturen:

102 Vgl. Furttenbach (1641), S. 20, 25, 42.
103 Furttenbach (1641), S. 21.
104 Furttenbach (1641), S. 24, 22, 25.
105 Furttenbach (1641), S. 21.
106 Furttenbach (1641), S. 26–34.
107 Furttenbach (1641), S. 33.

> Sihe! da sprange ein glüender Funcken in ein Winckel / allda schon vil außgemachte Ragettlin stünden / die giengen loß / schwirmeten im gantzen Hauß herumber / und fuhren biß under das Dach hinauff / allda stünden drey Kessel mit schon zubereiteter Ragetten Mixtur im Vorrath / welche sich in grosser Furia entzündeten / und zugleich das Dach vom Hauß in die Lufft warffen / under welchem Dach dann seine fünff kleineste Kinderlein schon im Beth lagen / sich befunden haben / so diser Lampo oder Flammen ergriffen / verbrennt und so erschröcklich verderbet / daß mans kaum mehr für Menschen halten noch erkennen mögen.[108]

Der folgende, ebenso präzis inszenierte Gang durch die Kunstkammer führt durch die praktischen und theoretischen Teilbereiche der *Architectura universalis*. Diese finden sich zu ‚Quartieren' in einem raumdominierenden, tischartigen Modellkasten verdichtet. Dieser Kasten markiert den eigentlichen Mittelpunkt, das Herzstück der Kunstkammer. Von der erläuternden Hand des Autors gelenkt, entblättern sich Schritt für Schritt die Wissensbereiche der Baukunst und fügen sich zu einer Ganzheit, die zugleich räumlich stets präsent ist. Der Leser und Besucher gelangt nacheinander von dem Feuerwerk zur Büchsenmeisterei, zur „Sciena di Comediae/und Grottenwerk", weiter zu „Brucken/Zug/Stampf/Mühlwerk/und dergleichen mechanischen Instrumenten", zur „Astronomia, Gnomonica, Sonnenuhren Compassen/Zirckel und dergleichen Instrumenten", zu „Geometria, Geographia, und Prospectiven", zu „Pumpp: und Wasserwerck/Fewrspritzen/und Wasserharnisch", zu Tischbrunnen, einem Himmels- und einem Erdglobus, zur „Architectura Militari", „Architectura Nauali" und „Architectura Ciuili".[109] Dramaturgisch entspricht dies jenem Entwurf eines Universaltheaters, in welchem Furttenbach in seiner *Architectura civilis* die architektonischen Substrate seiner Italienreise bereits zum ersten Mal zur Übersicht bringt.

Die Rüst- und Kunstkammer ist nicht nur ein dynamischer Inventions-, Schau- und Memorialraum. Nahezu alle angeführten Modelle, Instrumente und Maschinen sind durch einen Verweis auf ihren Ort im architekturtheoretischen Werk Furttenbachs ausgezeichnet. Die Kunstkammer stellt einen Referenzraum dar, dem eine wichtige Rolle in der Evidentialisierung von Erfahrung zukommt, die ‚experientz' des Architekten wird unmittelbar sinnfällig. So führt denn auch der Weg – „[wann] nun der Liebhaber vorangedeuten letztern Spatziergang in berührter Kunst Kammer vollbracht hat", aus dem Wissensraum ‚Italien' in den

108 Furttenbach (1641), S. 32. Er kündigt sogar ein Buch an, welches allein den von ihm erlebten „Tragicis" gewidmet sein soll: „Wiewolen mir sonsten an Materien nit ermanglen solte / ein gantz besonders Buch von dergleichen Tragicis, so ich theils bey meiner eignen Person erlitten unnd außgestanden / theils aber bei meinen bekandten Amici, selber gesehen habe / zu beschreiben / So gehet doch für diß mal mein Intention nicht dahin / von trawrigen Historien vil Umbständ zu machen / sintemalen diser Zeit ein jeder in seinem Beruffstand / vorhin / nun gar zu vil Disgusti vernemmen und hören muß." (Ebd., S. 31).

109 Furttenbach (1641), S. 36–42.

Schriftraum des „Scriptorio", vor dessen Tür die „Dama Scientz" mit einem „rein weissen Bogen Papier" steht, zu den „von deß Autoris eigen Handen geschribene[n] Bücher[n]."[110] Hier kann der Besucher der Kunstkammer schließlich die Bücher Furttenbachs einsehen und erwerben, es schließt sich also der Kreis aus Akkumulation, Produktion und Dissimulation.

Im Rahmen der schöpferischen Programmatik der furttenbachschen Architekturentwürfe lässt sich schließlich das Prinzip der Kunstkammer als Konstruktionsprinzip idealer Architektur überhaupt wiederfinden. Vor dem Hintergrund der als Sintflut apostrophierten Zerstörungen des Dreißigjährigen Krieges dient die Arche Noah als architektonischer Prototyp, da deren von Gott dem Menschen übergebener Bauplan – dem Salomonischen Tempel hierin nicht unähnlich[111] – diese als göttliches, d. h. unzerstörbares Bauwerk erscheinen lässt. Spätestens seit Juan Bautista Villalpandos (1552–1608) Rekonstruktionsversuch des Salomonischen Tempels nahmen die (vor allem papierenen) Rekonstruktionen biblischer Bauten rasch zu.[112] Die Angaben der Bibel, etwa für den Salomonischen Tempel oder die Arche Noah, wurden als Idealarchitekturen zum Vorbild von Architekten. Sie können als Versuch gewertet werden, die perfekte, die göttliche Bauform zu finden. Zugleich aber konnte die Überführung der biblischen Angaben, insbesondere der Genesis, in Baupläne und Modelle, als ein Beleg für die historische Richtigkeit der Heiligen Schrift betrachtet werden.[113] Joseph Furttenbachs Rekonstruktionspläne (ein Modell der Arche befand sich auch in seiner Kunstkammer) finden Eingang in die *Feriae Architecturae* (1662).[114]

110 Furttenbach (1641), S. 50f.

111 Vgl. Werner Oechslin. „Das Geschichtsbild in der Architektur in Deutschland: Jerusalem-Idee und Weltwunder-Architektur". *Architekt und Ingenieur. Baumeister in Krieg und Frieden. Katalog der Ausstellung der Herzog-August Bibliothek in Wolfenbüttel.* Hg. v. Ulrich Schütte u. Hartwig Neumann. Wolfenbüttel, 1984, S. 127–154.

112 Von 1596–1605 erscheint in Rom das dreibändige, reich illustrierte Werk *In Ezechielem Explanationes et Apparatus Vrbis ac Templi Hierosolymitani Commentariis et Imagninibus Illustratus*, verfasst von den beiden spanischen Jesuiten Hieronymo Prado und Juan Bautista Villalpando. Der zweite Band war allein das Werk Villalpandos, er enthält den Rekonstruktionsversuch des Tempels und der Tempelgeräte. Siehe zum Einfluss biblischer Bauten auf die architektonische Formensprache: Rudolf Wittkower. *Grundlagen der Architektur im Zeitalter des Humanismus.* München, 1969, S. 11–32. Vgl. zu Villalpandos Rekonstruktion sowie allgemein zu den Rekonstruktionsbemühungen des salomonischen Tempels vom 15.–19. Jahrhundert: Paul von Naredi-Rainer. *Salomos Tempel und das Abendland. Monumentale Folgen historischer Irrtümer.* Köln, 1994, S. 155–199.

113 Vgl. hierzu grundlegend den Ausstellungskatalog von Jim Bennett u. Scott Mandelbrote. *The Garden, the Ark, the Tower, the Temple. Biblical Metaphors of Knowledge in Early Modern Europe.* Oxford, 1998. Die Verfasser widmen sich den zahlreichen (Re-)Konstruktionen alttestamentarischer Architekturen im 16. und 17. Jahrhundert. Zum darstellungsgeschichtlichen Hintergrund des göttlichen Weltarchitekten siehe Johannes Zahlten. *Creatio mundi. Darstellungen der sechs Schöpfungstage und naturwissenschaftliches Weltbild im Mittelalter.* Stuttgart, 1979, S. 153–156.

114 Etwa zehn Jahre nach Furttenbach ist es der jesuitische Universalgelehrte Athanasius Kircher, der den wohl eindrucksvollsten Rekonstruktionsversuch der Arche Noah unternimmt. Vgl. hierzu die Studie von Ulrike B. Wegener. *Die Faszination des Maßlosen. Der Turmbau zu Babel von Pieter Bruegel bis Athanasius Kircher.* Hildesheim, Zürich u. New York, 1995, S. 129ff., die sich aus-

Bereits in der *Architectura navalis* (1630) zieht Furttenbach den Vergleich von Sintflut und Kriegzerstörung, von Meer und *tabula rasa*, die jede gut gefügte Architektur der Macht zerstörerischer Willkür preisgebe. Denn, so heißt es in den *Feriae Architectura*, „wie das Wasser die ganzte Welt / so hat der wütende Mars mit seinen Soldaten Teutschland überschwemmet." Der Krieg verkehre die „schönste Palläst" in eine „Wohnung der Ottern/Schlangen", lasse anstelle der Städte „auf dem boden ligende schwartze Kohl = Hauffen finden", lasse „lustige Fleckhen und Dörffer [...] öed und außgestorben antreffen." In radikaler Umwertung aller bestehenden Ordnungsverhältnisse verwandeln sich die „Fest=Täge in Fast=Täge / Feyer=Täge in Fewer=Täge / Hochzeiten in Achzeiten." Auf der weißen Fläche dieses durch die kriegerische Willkür verhehrten und nivellierten Terrains muss sich jede Architektur, jeder Architekt erst bewähren, gleich wie „Noa [...] erhalten worden, damit er die verwüstete Welt wiederumb in das Aufnemmen bringe / und bawe", so sollen „wir Ubergebliebene das jenige was bawlos worden oder allerdings eingegangen / hinwiederumb aufrichten / ergäntzen und reparirn." Demzufolge ist mit dem Ende des Krieges „alles new worden", Zeit also, wieder „auß der Arch Noah außzusteigen / und hervor zu tretten."[115]

Als eines der „grössesten und vortrefflichsten Wunderwerckhs = Gebäwen / so jemahlen seynd gesehen worden" erscheint die Arche Noah als eine nach Vorgabe des „General Bawmeister[s]" in menschliches Maß gebrachte Idealarchitektur.[116] Von dem Modell der Arche, das gleichwohl zur „Recreation nur ein kleinen Geruch / von diesem so herrlichen Werck" zu geben vermag, lässt sich „zu den übrigen Mechanischen Künsten [...] schreiten."[117] Im Zeichen des dunklen, fest verschlossenen Kastens, offenbart sich eine höhere Sichtbarkeit, die ohne jede instrumentelle Hilfe auskommt. Von höherer Warte gelenkt, bedarf sie weder „Mast- oder Segelbäum / vielweniger aber der Antennen, Timonen, Ruder/Ancker", auch

führlich mit der schöpferischen Programmatik der sich aufeinander beziehenden Schriften Kirchers, *Arca Noë* (1675) und *Turris Babel* (1679), auseinandersetzt. Die überseeischen Entdeckungen fremder Hochkulturen hatten zu Beginn des Jahrhunderts zu einer immer schärfer ins Bewusstsein tretenden Inkommensurabilität biblischer und menschlicher Historie geführt. Diese offenbart sich paradoxerweise gerade dort, wo Versuche angestellt wurden, die biblische Chronologie, insbesondere die der Genesis, mit archäologischen Monumenten, mathematischen Berechnungen und experimentellen Befunden in Einklang zu bringen. Wegener verweist hier auf den calvinistischen Theologen La Peyère (1594–1676), der 1655 in seinem Werk *Praeadamitae* vorgeschlagen hatte, dass es vor Adam schon Menschen gegeben haben musste und dass Adam nur Stammvater der Israeliten, nicht aber der ganzen Menschheit sei. „[E]in Vorschlag, der heftige Reaktionen hervorrief und dadurch eindrucksvoll verdeutlicht, wie übermächtig die biblische Historie trotz aller Anfechtungen noch war." (S. 134).

115 Alle Zitate: Joseph Furttenbach [d.J.]. *Feriæ Architectonicæ* [...] *das seynd Die nur noch ubrige Früe und Spattstunden / mit liebreichen Delectationen der drey Arten hochnutzlichen Gebäwen / sampt derselben Mitgliedern in den Freyen Künsten wol anzulegen. Das Wassergebäw* / [...] *Stadtgebäw* / [...] *Kriegsgebäw* / [...] *Geschütz* / [...] *Brandkugeln* / [...] *GranatenKugeln* / [...] *Grottenwercklin* [...]. Augspurg, 1662, Dedication. Entsprechend ist die Dedication der *Feriae Architectonicae* unterzeichnet mit „Geben in Ulm den 7. Decembr: (an welchen Tag Noa auß der Arch gestiegen /) Anno: 1654."

116 Furttenbach (1662), S. 1.

117 Furttenbach (1662), Dedication, S. 2.

ohne „einiges grobes Geschütz / noch andere gefährliche materialische Waffen und Munition" hat sie Bestand (Abb. 19).[118] Sie braucht keinen Kompass, der ihr den Weg weist, denn „gleichsam wie in einem verschlossenen Kasten" birgt sie die „gantze Welt", ist Keimzelle und Ausgangspunkt allen Wissens. Als ein dunkler, kabinetthaft parzellierter Ort ist in ihr „alle[s] Gethier / und was da lebendigen Odem hatte", „je par und par / jedoch und ohne Außstossung", „alda in stiller Ruhe" in dem von „Noa hierzu gebawten Kämmerlin" eingestellt.[119] Sie bietet „Raum und Platz genug / so viel als der Gethier immer verhanden seyn möchten." Unbekanntes und Wundersames gibt es hier zu entdecken, Geschöpfe, die die „Menschen nicht alle gesehen / noch derselben Nahmen ihnen samentlich bekandt seyn werden."[120] Zugleich ist sie auch ein Ort maßvoller Vergnügungen, Wachteln und „kleine Schoßhündlin für das Frawenzimmer " sollen frei herumlaufen, sodass „in diesem beschlossenen Kasten / welcher fast einer Gefängnus zu vergleichen ist" durch „dergleichen anmutige Thier / den Menschen Erfrewlichkeit gegeben" werde.[121] Insgesamt herrscht an diesem verkapselten, autonomen Ort, der sich an Vorräten und Vorrichtungen selbst genug ist, für Mensch und Tier ein „solcher Uberfluß / dene man Jahr und Tagen [...] nicht allen verbrauchen könte."[122]

Gleich, ob in den Kunst- und Wunderkammern, den Laboratorien oder auf den Bühnen, allemal lässt sich im 17. Jahrhundert eine gestiegene epistemologische Relevanz der Architektur feststellen, die der räumlichen Abschottung, Eingrenzung und Kontrollierbarkeit sinnlicher Erfahrung entspringt.[123] Furttenbachs Bauprinzip der Arche als eines dunklen, in sich geschlossenen Kasten weist deutliche Züge eines ‚störungsfreien' Experimentalraumes auf, dessen Grundparadoxie darin zu sehen ist, dass er sich der Erfahrungswelt verschließt, um seinen Universalismus in Szene setzen zu können. Dieses Paradox bestimmt nun nicht allein die Art und Weise wie Wissen produziert wird, sondern in einem grundlegenden Sinne auch dessen mediale Verbreitung: insofern nämlich nicht nur experimentelles Wissen, sondern auch dessen Medium sich im Spannungsfeld von architektonischer Präzision und medialer Dissimulation bewegt.

Das Buch als Festung

Mit dem Wechsel von der befestigten Stadt des Mittelalters zur repräsentativen Festungsstadt des 16. und 17. Jahrhunderts vollzieht sich eine Radikalisierung von Widersprüchen im Verhältnis von Wissen und Öffentlichkeit. Unter

118 Furttenbach (1662), S. 3.
119 Alle Zitate: Furttenbach (1662), S. 1.
120 Furttenbach (1662), S. 16.
121 Furttenbach (1662), S. 18.
122 Furttenbach (1662), S. 24.
123 Vgl. hierzu weiter unten das Kapitel „Theorie und Praxis (Leibniz)".

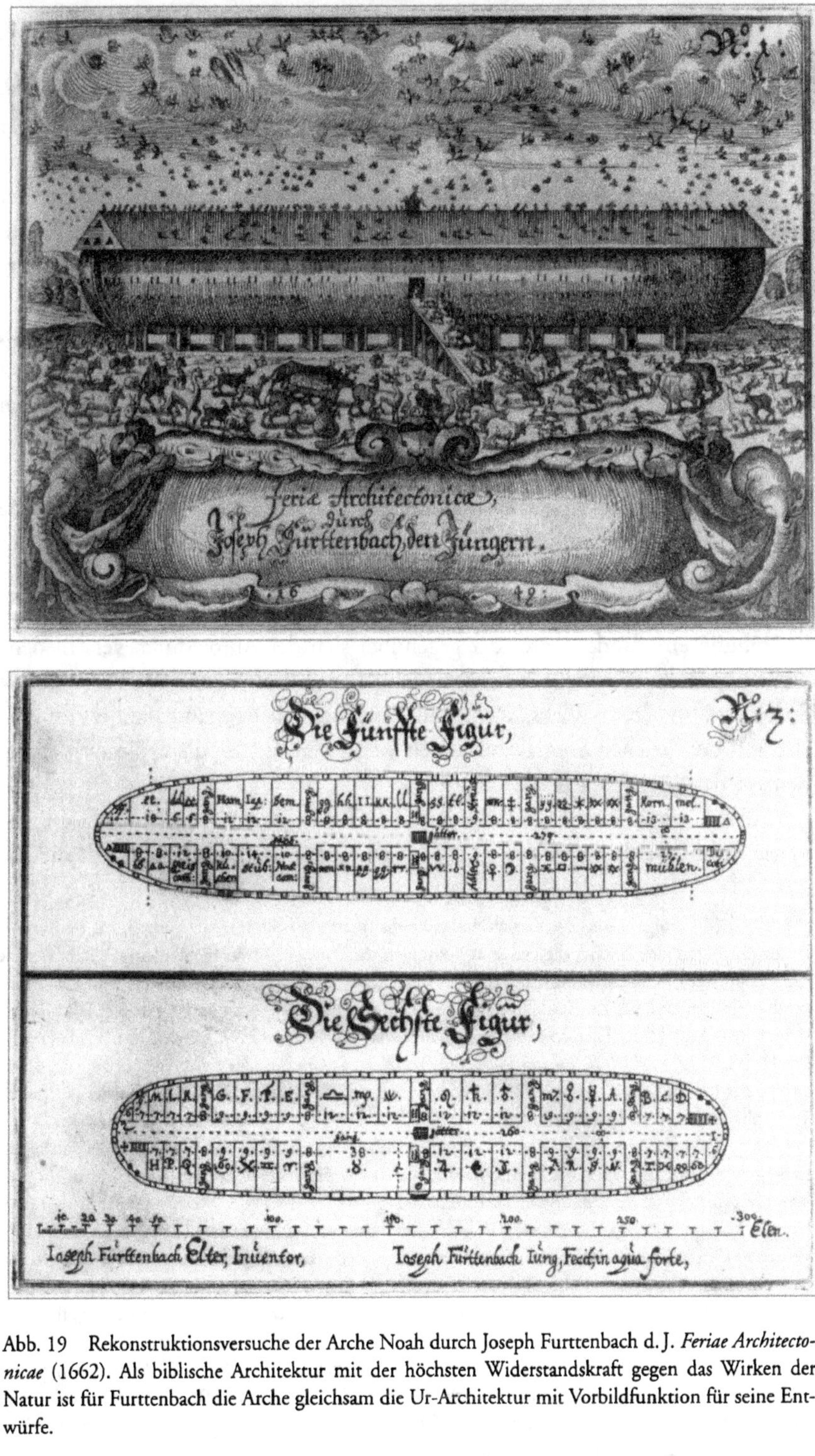

Abb. 19 Rekonstruktionsversuche der Arche Noah durch Joseph Furttenbach d. J. *Feriae Architectonicae* (1662). Als biblische Architektur mit der höchsten Widerstandskraft gegen das Wirken der Natur ist für Furttenbach die Arche gleichsam die Ur-Architektur mit Vorbildfunktion für seine Entwürfe.

dem Druck kriegerischer Auseinandersetzungen betrifft dies zunächst die Festungsbaukunst und deren Vertreter selbst, deren geometrisch abgeschlossene Sicherheitsarchitekturen in Kontrast zu einer regelrechten Entwurfs- und Publikationswut stehen.[124] Immer neue Manieren werden ersonnen, die aufgrund ihrer medialen Verbreitung dem der Geheimhaltung verpflichteten Sicherheitsdenken der Festungsbauer auf paradoxe Weise entgegenstehen. Eine Fortsetzung findet diese Paradoxie gewissermaßen in den fortifizierten Städten selbst. Als Ausdruck repräsentativer Öffentlichkeit haben sie zugleich jede Offenheit zu fürchten. Dies gilt nicht allein nach außen, für den mit Misstrauen betrachteten Eintritt des Anderen, des Fremden, des Unbekannten, sondern auch für den Kontroll- und Disziplinaranspruch, den die Festungsstädte nach innen durchzusetzen helfen. Im Zusammenhang mit dem sich im 16. und 17. Jahrhundert herausbildenden Öffentlichkeitsbegriff, der im Zeichen des massenhaften Buchdruckes ein qualitativ neuartiges Kommunikationsideal beansprucht, erscheinen Festungsbauten regelrecht als ein Akkumulationspunkt von Paradoxien.[125] Auf exemplarische Weise lässt sich dies in den architekturtheoretischen Schriften Joseph Furttenbachs nachvollziehen. Buch und Festungsbau, Schrift- und Laborkultur überschneiden sich hier immer dann, wenn die unkontrollierbare mediale Streuung als Bedrohung empfunden wird, der gegenüber sich der Autor durch verschiedene Sicherungsmaßnahmen zu erwehren sucht. Dies bleibt nicht ohne Folge für die Sprache selbst, deren Wirksamkeit und Zielgenauigkeit genau kalkuliert und die also mit der gleichen Sorgfalt behandelt werden muss, wie die explosiven Ingredenzien des Büchsenmeisters.

Für ein qualifiziertes Verständnis von Öffentlichkeit in der Konstituierungsphase frühneuzeitlicher Kunst und Wissenschaft im 17. Jahrhundert ist die Be-

124 Mit einigem Recht ließe sich deshalb behaupten, dass die mediale Verbreitung der Fortifikationsmanieren eine Bedrohung gebauter Festungen darstellt. Und zwar nicht allein deshalb, weil sie die Arkanizität des Festungsbaus unterläuft, sondern weil sie die gebauten Festungen immer schon veraltet erscheinen lässt. Zur stark ansteigenden Zahl von Fortifikationsmanieren im 17. Jahrhundert siehe bereits Max Jähns. *Geschichte der Kriegswissenschaften vornehmlich in Deutschland.* 3 Bde (1889–1891). Bd. 2. *17. und 18. Jh. bis zum Auftreten Friedrichs des Großen 1740.* München u. Leipzig, 1890, sowie jetzt Jordan (2003), S. 317–339. Jordan weist für die Zeit von 1580–1700 für jedes Jahr bis zu 15 Publikationen zum Festungsbau nach.

125 Dies hat am deutlichsten Eichberg (1989) herausgearbeitet. Zum Öffentlichkeitsbegriff siehe grundlegend Lucian Hölscher. „Öffentlichkeit". *Geschichtliche Grundbegriffe. Historisches Lexikon zur politisch-sozialen Sprache in Deutschland.* Hg. v. Otto Brunner, Werner Conze u. Reinhart Koselleck. Bd. 4. Stuttgart, 1978, S. 413–467. Der kommunikationstheoretische Ansatz einer „bürgerlichen Öffentlichkeit" von Jürgen Habermas hat in den letzten Jahren als ‚Reibungsfläche' wieder verstärkt Aufmerksamkeit erfahren. Kritisch hinterfragt wird er vor allem mit Blick auf die materiellen Bedingungen von Öffentlichkeit in der Frühen Neuzeit. Vgl. hierzu jüngst den Forschungsüberblick von Susanne Rau u. Gerd Schwerhoff. „Öffentliche Räume in der Frühen Neuzeit. Überlegungen zu Leitbegriffen und Themen eines Forschungsfeldes". *Zwischen Gotteshaus und Taverne. Öffentliche Räume in Spätmittelalter und Früher Neuzeit.* Hg. v. dens. Köln u. a., 2004, S. 11–52. Leider geht dieser Sammelband auf den Festungsbau als Gestaltungsprinzip öffentlicher Räume nicht ein. Vgl. aber den aspektreichen Band zur Rolle der Grenze in der Frühen Neuzeit von Bauer/Rahn (1997) mit Detailuntersuchungen zur rituellen Funktion des Stadttores.

rücksichtigung der konkreten Lokalität, d. h. des Ortes, an dem Wissen akkumuliert, produziert und dissimuliert wird, unabdingbar.[126] In den Publikationen Furttenbachs wird die Bedeutung des Lokalen im Spiegel ausufernder Widmungsadressen signifikant. So folgt dem qua Frontispiz fulminant in Szene gesetzten Eintritt in sein universalarchitektonisches Werk *Architectura universalis* (siehe Abb. 13) auf der nächsten Seite eine schmuckverzierte Tafel mit einer Liste aller Personen, denen das Werk gewidmet ist; und wie durch ein Vergrößerungsglas betrachtet steht dem Leser hier anstelle der Universalarchitektur des Frontispiz' der überschaubare städtisch-handwerkliche Kosmos von Furttenbachs Heimatstadt Ulm gegenüber. Wachtmeister, Capitän und Zeugwart finden hier ebenso namentlich Erwähnung wie Maler, Buchdrucker, Kupferstecher, Buchhändler, Goldarbeiter, Büchsenmeister, Stuckgießer, Zimmermeister, Maurer und Steinmetze, Brunnen- und Schiffmeister, Schreiner, Schlosser und Schmiede. „Schutz und Patronium" seines „foetus" sichernd, würden gegenüber einem „solchen hochansehlichen Squadron / [...] wol ein gantz Regiment vbelnachredender Zoilanten sich nicht im Feld sehen lassen / sondern in continent durchgehen."[127] In der darauf folgenden Vorrede an den „Günstigen Leser" fährt er fort, den prekären Status seiner Autorschaft zu schildern, der sich aus der Veröffentlichung seines Werkes ergäbe. Es sei einem „Scribenten, welcher seine Arbeit publicirt", so legitimiert Furttenbach seine umfangreiche Dedication,

> anderst nicht zu muth / als einem fleysig auffsichtigen Conestabel und Büchsenmeister: Wann derselbe sein Stuck wol gepflantzt / und mit aller Zugehörd prouedirt, und seines Zwecks und Zils Augenmaß gnugsam bestättigt / gibt er entlich Fewr / unnd steht im dicken Rauch / biß derselb mit dem Donner verrauscht / alsdann tritt er herfür / und speculirt, wie der Schuß angängen: Ingleichem ein Scribent, so sich mit seinen Opere under die Censores offentlich gelassen / der horcht nach Publication desselben inn der stille / wie das Werck so ub: oder außgangen / empfangen worden seye / was es gewurckt / und was für Judicia es meritirt habe.[128]

Die Parallelisierung von Autor und Büchsenmeister geht über eine metaphorische Bildlichkeit hinaus. Buch- und Festungsarchitektur überkreuzen sich, wenn Furttenbach in seiner Widmung einen lokalen und ihm wohlgesonnenen Adressatenkreis heraufbeschwört, der als Verteidigungskörper dem unkalkulierbaren medialen Streuungsradius entgegensteht. Der Autor erscheint hier in der Gestalt des Büchsenmeisters, der aus der Dunkelheit seines Zeughauses heraus die öffentliche Wirksamkeit seines Werkes, d. h. die Verbreitung experimentellen Wissens,

126 Vgl. Rau/Schwerhoff (2004). Mit Bezug auf Wissenschaftsarchitekturen siehe auch Galison (1999).

127 Furttenbach (1635), Dedication.

128 Furttenbach (1635), Vorrede.

mit der gleichen Sorgfalt abzuwägen sucht, mit der er Salpeter sublimiert und die Zielgenauigkeit seiner Geschütze berechnet. Aber er ist zugleich auch ein Feuerwerker, der vor einem überschaubaren Publikum seine Kunst wirkungsbewusst und effektsicher an den nachtschwarzen Himmel zeichnet. „Es seynd dieser Zeiten alle Menschliche inventiones", so instauriert Furttenbach zu Beginn des Feuerwerktraktates *Halinitro Pyrobolia* (1627) (Abb. 20) seine Autorschaft, „durch das Ruhmwürdige Werck der Buchtruckerey weit unnd breit außkommen / so hoch gestiegen / daß sich zu verwundern / daß man von einer materi [...] nicht destoweniger immer newe Tractat und Commenten antreffen / unnd etwas Newes darinn ersehen kan." Sollte er deshalb „von vielen mit meinem newen Werck [...] in vnwürsche empfangen" werden, so will er sich „wider die Klügler mit einer starcken Brustwehr" versehen, um die „ankommende Stöß umb so viel desto besser excipirn unnd außdawren" zu können. Schließlich strebe er nicht danach „andere autores, welche von gleichem argument weitläuffig geschrieben" durch sein Hinaustreten in die publizistische Öffentlichkeit zu „obscurirn" oder „ihre inventionen dadurch zu vernichten", sondern er wolle allein seinen „Hochgünstig = Geneigten Fautorn müglichst gratificirn."[129]

Lokalität und Medialität, territoriale Ortsgebundenheit und mediale Entortung – dies sind die widerstreitenden Kräfte, die einen paradoxen Öffentlichkeitsbezug konstituieren. Dessen experimenteller Charakter spiegelt sich auch in dem Ansinnen, die Sprache als wirksames und effektsicheres Instrument zu betrachten, dessen Anwendung ebenso exakt kalkuliert werden muss wie der Effekt chemischer Prozesse: sublimieren und publizieren gehen Hand in Hand.

In der *Büchsenmeisterey-Schul*, die Joseph Furttenbach 1643 als erweiterte und verbesserte Neuauflage seines ersten Feuerwerktraktates „under die Pressen" bringt, stehen Druck- und Feuerwerkskultur in einem spannungsreichen Verhältnis. Ein Höchstmaß an pyrotechnischer Präzision verbindet sich hier mit dem Bewusstsein medialer Wirksamkeit im Zeichen der Druckerpresse. Die öffentliche Wirkung muss ebenso exakt kalkuliert werden wie die Zusammensetzung des Pulvers. In den diesbezüglichen Erfahrungen, die Furttenbach dem angehenden Feuerwerker und Büchsenmeister meist warnend zur Kenntnis bringt, steht die bedachtsame Handhabung chemischer Substanzen zugleich für jene mediale Sensibilität, die die Praxis der Veröffentlichung, die Publizität pyrotechnischen Wissens selbst berührt. In der Vorrede der *Büchsenmeisterey-Schul* vergleicht Furttenbach die Aneignung pyrotechnischen Wissens mit dem Erlernen

129 Alle Zitate: Joseph Furttenbach. *Halinitro-Pyrobolia: Beschreibu[n]g Einer newen Büchsenmeisterey; nemlichen: Gründlicher Bericht / wie der Salpeter / Schwefel / Kohlen / vnnd das Pulfer zu præpariren / zu probieren / auch langwirrig gut zu behalten: Das Fewrwerck zur Kurtzweil vnd Ernst zu laboriren; Dann / wie der Pöler / das grobe Geschütz / vnd der Petardo zu gobernirn: Ingleichem die Lunden bey Tag vnd Nachtszeiten / sicherlich vnd ohne gesehen zu tragen / &c.; Sampt einer kurtzen Geometrischen Einlaytung / die Weite vnd Höhe gar gering zu erfahren / Alles auß eygener Experientza; Neben etlichen newen / zuvor nicht gesehnen Inventionen, gantz fleissig vnd vertrewlich beschrieben; Vber das / mit. 44. Kupfferstucken delinirt vnd für Augen gestellt.* Ulm, 1627, Vorrede.

Abb. 20 Das Frontispiz zu Joseph Furttenbachs *Halinitro Pyrobolia* (1627) inszeniert den Eintritt in das experimentell erlangte und martialisch gesicherte Wissen, welches im Buch niedergelegt ist, als Durchgang durch die militärisch relevanten mechanischen Künste. Auf der Innenseite der den Toreingang perspektivisch auffächernden Zierwände finden sich auf der linken Seite die Astronomie, die Zivilbaukunst, die Perspektivlehre, die Arithmetik und auf der rechten Seite die Geometrie, die Festungsbaukunst, die Feuerwerkerei sowie die Planimetrie. Die Büchsenmeisterei, der eigentliche Gegenstand des Buches, wird durch die Kanonen im Tordurchgang angezeigt. Dadurch wird visuell auf das paradoxe Unterfangen hingewiesen, kriegsrelevantes Wissen zu veröffentlichen: Die Kanonen sind beides, Gegenstand des Buches sowie abschreckende Warnung an den Leser. Natürlich wird dadurch der Reiz der Lektüre erhöht.

des Alphabets: „es solte die Büchsenmeisterey = Schul genennet werden / [...] dann gleich wie in einer Schulen / man von den Buchstaben / deroselben Benennung / und Zusamensetzung / den Anfang muß machen.“[130] So wie der Schüler mit der Erlernung der Buchstaben beginnt, um zu den Worten und Sätzen zu gelangen, so verhalte es sich auch mit der Erlernung der Feuerkunst und Büchsenmeisterei. Im Hintergrund steht hier die evidentielle Qualität der Sprache, die im Zeichen einer ‚medialen Feuerwerkerei' der Überprüfbarkeit, der Rückführbarkeit auf Erfahrungswerte standhalten muss, da die Evidenz pyrotechnischen Experimentierens „vil subtilisierens / spintisierens / phantasierens / scrupulierens / difficultirens / glorierens / großsprechens“ von selbst verbiete.[131]

Findet der Wunsch nach Effekt- und Zielsicherheit publizistischer Verbreitung seinen Bezugspunkt in der Büchsenmeisterkunst, so weist die Aufmerksamkeit, die Furttenbach der Sprache entgegenbringt, in die Laboratoriumskultur des Zeughauses. Eine präzise und verständnissichere Kommunikation garantiert dort die Verteidigungsbereitschaft, sorgt für einen reibungslosen und zweifelsfreien Ablauf. Dahinter steht ein Kommunikationsideal, welches sich allein unter der Bedingung der Abschottung und Einschließung erzeugen lässt und dessen politische und gesellschaftliche Dimension darin liegt, dass auch der städtische Raum bei Furttenbach immer wieder charakteristische Seiten eines Zeughauses aufweist. Die friedenssichernde Leistung der Zivilbaukunst liegt diesbezüglich in dem Bemühen, störungs- und illusionsfreie Räume zu errichten. Und so weist der Entwurf eines bürgerlichen Rathauses vielfältige Parallelen zur verschlossenen Laboratoriumskultur auf.

In „Kriegssachen“, so Furttenbach in seiner *Architectura martialis* (1630), würde „unter der natürlichen simplicitet der Wortten mehr nutzen geschaffet“, als „mit den zierlich durcheinander geflochtenen und gewundenen Reden.“ Durch diese würden die Menschen „vergebens mit verdruß auffgehalten / unnd mit langen periodis in ihrem intent verwirret.“ In seinem Werk sei hingegen alles „auff guten nutzen nach dem kürtzesten weg angesehen worden / in erwegung / das mit der blossen Zierd / besonders in martialischer Lehr unnd information / wenig gefruchtet wirdt.“[132] Der Entwurf eines Zeughauses, an dessen Ende die sprachreflexiven Äußerungen Furttenbachs zu finden sind, präsentiert sich nicht nur als eine für den Verteidigungsfall gerüstete Waffenkammer. Als ein im Zentrum der Stadt stehendes und dennoch der Öffentlichkeit abgewandtes Gebäude mit zeitoptimierten und der Gefahr des Missverstehens vorbeugenden Kommunikationswegen trägt es zugleich charakteristische Züge jener Autorposition, die sich mit der Bedrohung medialer Verbreitung konfrontiert sieht. So wie innerhalb des Zeughauses die Zugänglichkeit und Beweglichkeit der Kriegsmaschinen, Handfeuerwaffen und Munitionskästen durch eine bestmögliche Anordnung gewährleistet

130 Furttenbach (1643), Vorrede.

131 Furttenbach (1643), Vorrede.

132 Furttenbach (1630), S. 93.

sein muss, so muss sich auch das Zeughaus selbst an einem Ort „in dem mittel der Statt“ befinden, „damit man von demselbigen auß / gar füglich an alle Ort gelangen“ kann.[133] Und wie die Stadt so ist auch das Zeughaus durch „einige Fortification“ zu umgeben, sodass ihm „durch böse Leut“ kein „Fewr bey gebracht“ und „es von unruhwigen bösen Leuten“ beschützt werde und nicht „ein jeder böser Mensch [...] zu den untern Fenster hinein sehen / und seinen Mutwillen uben“ kann.[134] Inmitten der Stadt bleibt es doch von dem städtischen Treiben separiert.

Der Entwurf einer breiten „Schneckenstiege“ (Wendeltreppe) in der Mitte des Zeughauses („dardurch man nicht allein von oben herab / und widerumben von unten hinauff reden / auch was zu thun / anbefehlen kan“)[135] gehört hier ebenso zu den beschleunigenden und panoptischen Strukturelementen des Innenraumes wie die durchnummerierten Nischen, aus denen die Kanonen auf schnellstmögliche Weise – „unnd durch nit gar starcke Leut manegiert“ – zum Einsatz gelangen können.[136] Die sorgsame Separierung von Waffen und Materialien geht einher mit der sprachlichen Präzisierung und Klassifizierung. Nicht bloß die Chemikalien und Waffen, sondern die ganze innere Apparatur des Zeughauses erscheint fein säuberlich geordnet, von allen Seiten für Mensch und Zugpferd zugänglich und jederzeit für den Einsatz bereit. Dessen stete Möglichkeit entbindet die Innenwelt des Zeughauses von naturgebundenen, jahreszeitlichen oder klimatischen Störungen. Fenster dienen hier allein als Belüftungsdurchlässe, sodass die Pulver ihre Trockenheit und Konsistenz bewahren. Ein ausgeklügeltes Beleuchtungssystem mit „Prospectivischen Laternen“, „damit man dieselbige bey Nachtszeitten anzinden / und dardurch gar sicherlich das gantze Zeughauß beleichten möge“, wird installiert ebenso wie „andere langbrinnende Fewr“, „welche nun samentlich auff ein Notfall vber die massen nutzlich.“[137]

Abgeschirmt von der Außenwelt und gleichwohl in ständiger Vorausschau auf einen feindlichen Angriff kommt der Buchhaltung des Zeughauses, dem „Giornal“, als einem Instrument der Übersicht über Menschen, Maschinen und Materialien entscheidende Bedeutung zu. Der Herrscher mag „stundlich Wissenschafft haben / wie starck sein Munition ist“ und der Zeugwart wird dadurch in „Forcht und Auffmerckigkeit“ gehalten, „damit man alles an seiner Stell gleich finden möge.“[138] Als panoptisches Universalinstrument verzeichnet das „Gionarl“ die Auszahlung von Gehältern ebenso wie die verwandten Chemikalien, führt Aufsicht über Zustand und Einsatzbereitschaft der Handfeuerwaffen und Kanonen. In diesem Laborbuch verwirklicht sich schließlich das Ideal zweifelsfreier, zeitoptimierter und vollkommen beherrschbarer Kommunikation.

133 Furttenbach (1630), S. 14.
134 Furttenbach (1630), S. 6f.
135 Furttenbach (1630), S. 16f.
136 Furttenbach (1630), S. 21.
137 Furttenbach (1630), S. 15f.
138 Furttenbach (1630), S. 92.

Weist das Zeughaus als panoptischer Schriftraum charakteristische Züge eines Herschaftsinstruments auf, dann lassen sich zugleich signifikante Parallelen zu den Verwaltungs- und Regierungsgebäuden der furttenbachschen Zivilbaukunst aufzeigen. Im Plan eines „Burgerlichen Rath Hauß / sowol auch eines Zoll: und Gütter Hauß", das Furttenbach als zentralen Teil der durch die Zerstörungen des Dreißigjährigen Krieges begründeten *Architectura recreationis* (1640) entwirft, wird deutlich, auf welche Weise auch die „wolbestelte Commun" im Zeichen der laboratoriumshaften Hermetik des Zeughauses steht.[139]

Nach dem Vorbild des Kapitols in Rom soll dieses explizit antitheatral gestaltete Rathaus „im mittel der Statt" liegen, doch ist es hier gleichsam verborgen, „da man sonsten wegen Reitten / Fahren / Schreyen / oder dergleichen getümel von dem gemeinen Pöffel / verhindert werden müste." Auf optimiertem Raum und gleichwohl streng separiert, findet sich der gesamte städtische Verwaltungsapparat so angeordnet, daß er „ohne steigung viler Stiegen / eylfertig zusamen kommen" kann.[140] Dem „unlieblichen gethön" des Sturmwindes ebenso entzogen wie dem unmittelbaren Sonneneinfall, sollen sich die Gedanken hier wie unter Laborbedingungen entwickeln können:

> Sintemalen es doch umb deß Menschen Gedancken gar ein schnell / und gleichsam wie umb ein Zunder / darvon man das Fewr bekriegen kan / ein beschaffenheit hat / welcher nit allweg / wie gut sonsten auch das Hauptwerck deß Fewrsteins / und Stahels ist / auß mangel daß die darunder haltende Lesca oder Zunder nit zu jederzeit recht qualificirt, Jetzt drucken dann feicht ist / die funcken fangen thut / sonder es fallen dieselbige zum offtermal auch vergeblicher weiß zuboden und erlöschen zu unnutzen.[141]

Erscheint die Einrichtung des Zeughauses im Zeichen kalkulierter Anwendung von Explosionsstoffen, so zeichnet sich die friedensichernde Wirksamkeit der sorgsam abgeschirmten Ratsstube dadurch aus, dass diese – „umb hernachfolgender erheblicher Ursachen willen" – durch ihre verständnissichernde Architektur Irrtümer und zeitraubende Nachfragen unter den Ratsherren vermeiden helfen soll. Den Ratsherren solle das „Sehen / Reden / Hören / Sitzen / Gehen und Stehen" erleichtert werden durch „sanfft zu steigende Stiegen", „bequeme Sessel in guter Ordnung", sodass diese „nahend beysammen / einander in Facia sehen" und „hierdurch das Gehör auch desto bälder ergreiffen / und den Verstand ehender fassen." Schließlich sollten „alle und jede einander sehen / hören / und verstehen", sodass „im Abzehlen der Voten / kein Irrthumb" entstehe.[142] Diese ganz auf Ver-

139 Furttenbach (1640), S. 82.

140 Furttenbach (1640), S. 85.

141 Furttenbach (1640), S. 84f.

142 Furttenbach (1662), S. 28. So Furttenbach in der Weiterentwicklung des Rathaus-Entwurfs in seinen *Feriae Architecturae*.

ständnis- und Verständigungssicherheit zielende Ratsstube befindet sich wiederum in der Mitte des Gebäudes und ist abgeschottet von der Außenwelt, „dahin dann einiges Reitten / Fahren / Schreyen / Schnalzen / noch ander geräusch nicht kommen kan." So hätte „man daselbsten ein gar stillen / und einsamen Orth zu Rath zu sitzen / und per consequenza so können die Herren consiglieri einander durch das reden wol vernemmen."[143] Umgeben ist die Ratsstube von den zahlreichen Schriftstuben und Skriptorien der städtischen Verwaltungsbeamten, der Zollbeamten und der Kaufmannschaft. Und tatsächlich scheint auch an diesem gegenüber jedem „Pöffel" abgeschotteten Ort alles zur Eindeutigkeit der Schriftkultur hinzustreben. Künstliche Beleuchtung sichert den Beamten und Angestellten ein Arbeiten bei Tag und Nacht, und insbesondere bei Nacht werden „die Beamptete Herren in den hievorangedeuten Amptstuben / ihre Geschäfft in guter stiller Rhue verrichten können."[144] Unverkennbar liegt auch dieser Architekturvision, in der Labor- und Administrationskultur konglomerieren, der Eindruck der Florentiner Uffizien zugrunde, die Furttenbach in seinem Itinerar schildert. Doch finden weder Kunstkammer noch Theater Eingang in diesen auf die Verteigungs-, Sicherungs- und Wehraufgaben zugeschnittenen Verwaltungssitz.

Buch- und Festungswesen, Sprach- und Laborpraktik – das sich in diesem Spannungsfeld abzeichnende Verhältnis von Wissen und Öffentlichkeit erscheint in mehrfachem Sinne paradox. In Furttenbachs Schriften äußert sich dies zum einen in dem Konflikt der spezifischen Lokalität des Verfassers und dem Streuungsradius des Mediums. Die appellative Heraufbeschwörung eines lokalen Adressatenkreises erfüllt dabei einen doppelten Anspruch. Sie sichert und evidentialisiert die „experientz" des Verfassers und stattet seine Werke zusätzlich mit Autorität aus. Zugleich fungiert sie als Schutz, als Rückversicherung einer am publizistischen Himmel weithin sichtbaren Autorschaft. Die experimentelle Dimension des Buchdruckes, die sich hier dokumentiert, besteht darin, dass die Wirksamkeit der Sprache als Bedrohung empfunden wird. Eine explizit antitheatrale Verwendung von Sprache im Sinne des Laborbuches des Zeughauses oder der Administrationskultur des Verwaltungsapparates ist in ihrer Eindeutigkeit, ihrer Antiillusionistik und Störungsfreiheit immer auch Ausdruck jener Furcht, die mit der medialen Verbreitung in einem als unkontrollierbar und täuschend empfundenen Raum einhergeht.

Theatermaschinen und Festungsbauten, dies habe ich in diesem Kapitel am Beispiel des Architekturwerkes Joseph Furttenbachs zeigen wollen, sind mehr als nur überkommene technische Artefakte in dem musealen Raum heutiger Kultur. Sie lassen sich als Schlüssel zu Phänomenen der Bewunderung und des Staunens ebenso wie der Furcht, der Abschreckung und des Sicherheitsstrebens beschreiben, welche auf vielfältige Weise verbunden sind mit der Art und Weise, wie Wis-

143 Furttenbach (1640), S. 94.
144 Furttenbach (1640), S. 89.

sen in dieser Zeit produziert wird. Die daraus entstehenden Paradoxien verdanken sich der Utopik eines geometrisch-mathematischen Entwerfens, Projektierens und Kalkulierens, die Dynamiken und Kontingenzen beherrschbar und gestaltbar erscheinen lässt. Theatermaschinen sind diesbezüglich in ihrer Phantasmatik Ausdruck eines Wissens, das seine Lust und Verheißung aus dem Unmöglichen und dem Phantastischen schöpft. Ganz Ähnliches ließe sich über den Festungsbau sagen. Doch sind Festungsbauten als Monumente der Angst und des Schreckens verbunden mit dem Willen zur Kontrolle, der Beherrschung und Stillstellung – nicht zuletzt jener Phantasie, der sie sich allererst verdanken.

MACHINATION UND *FORTIFIKATION* DES WISSENS

In den beiden vorangegangenen Kapiteln wurden Maschinen und Festungsbauten als zentrale Artefakte des architektonischen Schöpfungswillens im 17. Jahrhundert dargestellt. Dabei ging es mir darum, den paradoxen Charakter dieser kulturellen Phänomene herauszustellen. Es handelt sich um affektiv besetzte Paradoxien der Lust und Angst, die sich dadurch auszeichnen, dass sie das Vorstellbare und das Mögliche, Pragmatik und Phantastik, permanent miteinander interferieren lassen. Diesem Kapitel liegt nun die Hypothese zugrunde, dass überall dort, wo Maschinenglauben und Festungsdenken anzutreffen sind, zugleich entscheidende Bruchstellen in der Entstehungsphase neuzeitlicher Wissenschaft sichtbar werden. Es geht im Folgenden also um die heuristische Qualität von *Machination* und *Fortifikation* zum Aufspüren von Paradoxien. Paradoxien, die das buchstäblich Merk- und Fragwürdige dieser Umbruchszeit hervortreten lassen. Von welchen Paradoxien in der Wissensproduktion des 17. Jahrhunderts ist hier nun die Rede?

Um in die Problematik dieses Kapitels einzuführen, ist es zunächst hilfreich, sich noch einmal die Verheißung bewusst zu machen, die dem Ingenium der Architekten und Ingenieure in dieser Zeit Bedeutung verleiht. Der Glaube an eine nach mathematischen Prinzipien verfasste Welt, ausgedrückt in dem salomonischen Diktum, dass die göttliche Schöpfung allein nach „Maß, Zahl und Gewicht" entschlüsselbar sei, hatte an der Wende zur Neuzeit den Aufstieg der praktischen, mechanisch-experimentellen Wissenschaften befördert.[1] Die Prinzipien des Weltganzen wurden dadurch im Kleinen reproduzierbar. Dietrich Mack titulierte Ende der siebziger Jahre die barocken Theatralingenieure als „Ingenieure der Unendlichkeit".[2] Er bringt damit das Paradox zum Ausdruck, dass die barocken Bühnen auf engstem Raum und bei höchster Anschaulichkeit ‚Welt' bedeuten. Die ingeniöse Kunst der Ingenieure und Architekten, die durch den maschinellen Verwandlungszauber der Perspektivbühne eine zweite, kunstvolle Schöpfung kreiert, ruft Staunen und Verwunderung hervor, gerade weil sie das Unendliche am Endlichen und das Unfassbare am Fassbaren darstellt. Aufschlussreiche Bezüge lassen sich hier zwischen dem Kosmos schaffenden Vermögen der barocken Illusionsbühne und den Wissenschaftsarchitekturen dieser Zeit ausmachen.[3]

1 Vgl. Folkerts/Knobloch/Reich (2001).

2 Mack (1979).

3 So schreibt Leibniz in seinen *Principes de la nature et de la grace fondés en raison* (1714), einem Vorentwurf der Monadologie: „[...] notre Ame est Architectonique encore dans les Actions volontaires: et decouvrant les sciences, suivant lesquelles Dieu a reglé les choses (*pondere, mensura, numero etc.*). Elle imite dans sons departement, et dans son petit Monde où il luy est permis de s'exercer, ce que

Ohne dabei vorschnellen Analogiebildungen anheimzufallen, lässt sich gleichwohl festhalten, dass es unter ganz verschiedenen Vorzeichen im Kern um ein sehr ähnliches Problem geht, nämlich darum, einen konkreten Ort zu schaffen, dem ein universeller Bedeutungsanspruch zugesichert werden kann.

Anhand von fünf unterschiedlich gelagerten Problemkonstellationen aus der Konstituierungsphase neuzeitlicher Wissenschaft soll nachfolgend den dabei entstehenden Paradoxien nachgegangen werden. Die chronologisch angelegten und in ihrer Gesamtheit keinem Prinzip der Vollständigkeit verpflichteten Analysen stellen dabei selbst in gewissem Sinne ein Paradoxon dar, insofern sie nämlich bei größtmöglicher Genauigkeit im Detail zugleich versuchen, ein Problem exemplarisch zu umreißen. In den Worten Francis Bacons hieße dies, den „Geist zugleich durchdringend und allumfassend“ sein zu lassen.[4]

1. Die Paradoxie wissenschaftlicher Universalarchitekturen zeigt sich dort, wo es einer regelrechten Festungsanlage bedarf, um die überkommene Einheit von Glaubens- und Wissenspraktiken zu sichern, wie sie der einflussreiche Reformtheologe und Wissenschaftsorganisator Johann Valentin Andreae (1586–1654) am Anfang des Jahrhunderts anstrebt. Die ‚salomonische' Festungsanlage von *Christianopolis* (1619) versucht einem längst nicht mehr fraglosen Verhältnis die Identität von Religion und Empirie entgegenzuhalten. Es ist dies zugleich das paradoxe Unterfangen, jene labyrinthisch vagabundierende Neugierde, der Andreae in dem faustischen Drama *Turbo* (1616) eine selbstbiographische Gestalt gibt, als eigentlichen Antrieb und Motor der Erkenntnis zu bändigen bzw. herauszudrängen aus einer nur utopisch zu realisierenden Architektonik des Wissens.

2. In seinem wissenschaftsreformatorischen Werk, welches bereits im Titel ein „neues Instrument“ der Naturforschung verheißt (*Novum Organon*, 1620), bedient sich Francis Bacon nicht zufällig der Metapher der Maschine. Bacon argumentiert mit der maschinenhaften Selbsttätigkeit seiner experimentellen Methode. Damit ist jene experimentelle Enträtselung und „Entzauberung der Welt“ gemeint, der Bacon in seiner Utopie *New Atlantis* (1624) ein wirkmächtiges Bild gibt. Wissenschaftliche Praxis als methodengebundenes Handeln erscheint im Spiegel seiner Metaphorik immer wieder als ein Eroberungs- und Kolonisierungsvorgang. Dabei gerät eben die von ihm aufmerksam registrierte Rätselhaftigkeit

Dieu fait dans le grand.“ / „[...] gleicht unsere Seele auch in den willentlichen Handlungen sozusagen einem Architekten: und indem sie die Wissenschaften aufdeckt, denen gemäß Gott die Dinge (nach *Gewicht, Maß, Zahl usw.*) geregelt hat, ahmt sie in ihrem Bereich und in ihrer kleinen Welt, in der es ihr gestattet ist, sich zu erproben, das nach, was Gott in der großen geschaffen hat.“ Gottfried Wilhelm Leibniz. „Principes de la nature et de la grace fondés en raison/In der Vernunft begründete Prinzipien der Natur und Gnade“. *Philosophische Schriften*. Bd. 1. *Kleine Schriften zur Metaphysik*. Hg. u. übs. v. Hans Heinz Holz. 2. Aufl. Darmstadt, 1985, S. 414–438, hier S. 432f.

4 „[...] ut intellectus reddatur simul penetrans et capax.“ Francis Bacon. *Neues Organon. Lateinisch-Deutsch*. 2 Bde. Hg. u. mit einer Einl. v. Wolfgang Krohn. Hamburg, 1990, Bd. I, Aph. 57, S. 118f.

der Natur (*Sylva Sylvarum*, 1627) zum eigentlichen Störfall und Irritationsmoment systematisch-maschinellen Erkenntnisstrebens.

3. Während bei Bacon diesbezüglich auf bemerkenswerte Weise ein Bewusstsein für die Inkommensurabilität theoretischer und praktischer Herangehensweisen zu Tage tritt, zeichnet sich bei René Descartes die Errichtung einer aus dem weltschaffenden, ingeniösen ‚Ich' begründeten Architektonik methodischen Denkens (*Discours de la méthode*, 1637) durch die fundamentale Ausgrenzung alles Illusionären und Zweifelhaften aus. Dies gelingt nur – und hier wird auf der körperlichen Ebene des Erkenntnissubjektes jene Paradoxie der Utopie wiederholt und variiert –, indem ‚Welt' erst unter Ausschluss derselben wahrhaft erkannt werden kann.[5] Das paradoxe Verhältnis eines methodisch zu beherrschenden Datenraumes und eines von Kontingenzen geprägten Schauraumes lässt sich durch die strukturelle Verwandschaft des ‚Methodenraumes' im *Discours* zum Illusionsraum der barocken Bühne darstellen.

4. Im Kern ist in diesem Streben nach einer urteilssichernden Architektonik des Denkens eine ganz ähnliche Problematik anzutreffen, wie sie die Suche nach konkreten Räumen der Wissensproduktion im 17. Jahrhundert begleitet, die im Aufeinandertreffen territorialer Bedingungen und universaler Ansprüche zugleich einen Schnittpunkt lokaler und medialer Öffentlichkeiten darstellen. Die fast notwendigen Paradoxien, die das Streben nach konkreten Orten universaler Bedeutsamkeit begleitet, drücken sich in der latenten Utopik zweier Akademieentwürfe aus, die abschließend in den Blick genommen werden sollen. Auf der einen Seite steht hier der Entwurf für eine brandenburgische Universaluniversitätsstadt (1666/67) des seinerzeit weithin bekannten schwedischen Projektemachers Bengt Skytte (1614–1683). Erkenntnis- und Festungsglaube gehen hier eine bemerkenswerte Verbindung ein. Von besonderem Interesse für das komplizierte Funktionieren ganz konkreter Schauplätze des Wissens ist dabei das Prinzip der Grenze. Nur auf dem Wege einer radikalen Abschließung, Einschließung, Fortifikation lässt sich der Anspruch auf die Produktion und Akkumulation von Wissen installieren, das doch ganz wesentlich auf eine unbeschränkte Ausdehnung im öffentlichen Raum hinzielt: Einen öffentlichen Raum freilich, dessen Offenheit im 17. Jahrhundert zu jenen Phantasmen gehört, die den Aufschwung der Wissenschaften begleiten.

5. Entstehen alle vorgenannten Paradoxien aus einem jeweils spezifischen Verhältnis von Theorie und Praxis, so wird im letzten Teil dieses Kapitels die Paradoxie dieses Verhältnisses selbst in den Blick genommen. Gerade am Beispiel Gottfried Wilhelm Leibniz, der wie kein Zweiter den Zusammenhalt von Theorie und Praxis zum Programm seiner Wissenschaftskonzeption erhebt, lässt sich zeigen,

5 Peter Bexte hat dies zum Anlass genommen, die von Descartes verwandte Figur des blinden Geometers als Paradox der nach-cartesischen Beschäftigung mit dem Sehen zu bestimmen. Siehe Peter Bexte. *Blinde Seher. Die Wahrnehmung der Wahrnehmung in der Kunst des 17. Jahrhunderts*. Berlin, 1999.

welch merkwürdiges Verhältnis mathematische Abstraktion und sinnliche Irritation im Zeichen barocken Projektierens, Erfindens und Entwerfens eingehen. An der Vorführung einer Flugmaschine entzündet sich ein früher Akademieentwurf Leibniz' (*Drôle de pensée*, 1675), der wiederum selbst das Ideal einer phantasievollen, am Spielerischen und Illusionären orientierten Wissenspraxis skizziert. Leibniz verfasst diese, das Spektakel in den Mittelpunkt stellende Schrift zur gleichen Zeit und am gleichen Ort, an dem er auch den Infinitesimalkalkül ‚erfindet'. Die Aufmerksamkeit, die Leibniz der unkalkulierbaren Eigendynamik unserer Ideen und Fragen entgegenbringt, steht hier in eigensinnigem Kontrast zu dem zeitgleichen Versuch einer Kalkülisierung des Unendlichen.

Dieses Kapitel unternimmt den Versuch, Paradoxien der Wissensproduktion in den Blick zu nehmen. Paradoxien, deren interesseleitendes Vermögen darin besteht, Rahmenbedingungen und Dynamiken der Wissensproduktion sichtbar zu machen. Theatermaschine und Festungsbau figurieren diesbezüglich gleichsam als ein Ursprung des Fragens sowie als Grenze des Wissens. Warum nun erscheint es – gerade aus heutiger Perspektive – wichtig, dem 17. Jahrhundert mit einer Aufmerksamkeit für Paradoxien zu begegnen?

Am „Ende des Baconschen Zeitalters" wird nicht nur das Fortschrittsparadigma neuzeitlicher Wissensproduktion, sondern mit diesem zugleich auch die eigene Methodik, das eigene Instrumentarium radikal in Frage gestellt.[6] Als ein gewichtiges Symptom der Infragestellung überkommener Wissenspraktiken ist die Konjunktur zu sehen, die die kulturhistorische Betrachtung von Wissenskonzeptionen in den letzten drei Jahrzehnten erfahren hat.[7] Systemgrenzen zwischen Kunst und Wissenschaft erscheinen diesbezüglich brüchig und prekär.[8] Der selbstreflexive Rückbezug auf das 17. Jahrhundert als Konstituierungsphase neuzeitlicher Wissenschaft ist dabei gerade deshalb so interessant, weil wir uns heute unter ganz anderen Vorzeichen erneut in einer Phase „offener Epistemologie" zu bewegen scheinen,[9] in der überkommene Systeme der Politik, Wissenschaft und Kunst eine tiefgreifende kulturelle Umwälzung erfahren. Paradoxerweise stehen dieses gesteigerte Problembewusstsein, die Fragwürdigkeit des Ursprunges und der Reichweite von Wissens- und Wissenschaftsentwürfen in einem auffallenden Kontrast zu einer bislang nicht gekannten wissenschaftlichen Durchdringung un-

6 Gernot Böhme (1993). Siehe bereits Paul Feyerabend. *Wider den Methodenzwang.* Frankfurt a. M., 1976, dessen Thesen, zumeist willentlich missverstanden als ein *anything goes,* bis in die neunziger Jahre die Methodendiskussion polarisierten.

7 In jüngster Zeit hat Carlo Ginzburg dies auf einen paradoxen Begriff gebracht, wenn er von der „Wissenschaft auf der Suche nach sich selbst" spricht. Siehe Carlo Ginzburg. *Spurensicherung. Die Wissenschaft auf der Suche nach sich selbst.* Berlin, 2002. Gerade der Begriff der „Spur" erinnert daran, dass die Thematisierung von Wissen und Wissenschaft zugleich einer besonderen epistemologischen Wachheit gegenüber dem eigenen Instrumentarium bedarf.

8 Vgl. Feyerabend (1984).

9 Kray/Pfeiffer (1991).

seres Alltags.[10] Im Zeichen großangelegter Experimentalisierungen unserer Lebenswelt erscheint jeder wissenschaftskritische Impetus seltsam folgen- und relevanzlos, wenn er nicht selbst Rechenschaft ablegt über Ursprünge und Grenzen des eigenen Fragens.

10 Siehe zu diesem Phänomen Bruno Latour. *Die Hoffnung der Pandora. Untersuchungen zur Wirklichkeit der Wissenschaft*. Frankfurt a. M., 2002.

zur Orthodoxie und gegen die Reglementierung der Kirche durch die staatliche Obrigkeit.[14] Dagegen propagiert er die Verinnerlichung der Glaubenspraxis in einer von weltlichen Einflüssen freien Kirche. Gegen die Säkularisierung bürgerlicher Kultur setzt er die Rechristianisierung der Gesellschaft durch die Begründung eines neuen christlichen Humanismus, in welchem praktische Frömmigkeit und weltlich-naturphilosophischer Erkenntnis- und Gestaltungswille eine Einheit bilden.[15]

Den Ideen Keplers und Galileis gegenüber gleichermaßen aufgeschlossen, propagiert Andreae innerweltliche Rationalität und Erfahrungsbereitschaft. Lange vor dem Aufkommen der großen Bildungs- und Wissenschaftssysteme – in Deutschland etwa durch Leibniz – spricht Andreae der Mathematik, der Naturforschung, den Sprachen und der Geschichte eine große Bedeutung für die Erziehung und Bildung der christlichen Gemeinschaft zu. An die Stelle des Wortwissens tritt bei ihm das Sachwissen, an die Stelle der Spekulation das Experiment.[16] Vernunft und Wissenschaft bleiben aber im Rahmen eines christlichen Weltverständnisses. So überdeckt die von ihm angestrebte Harmonie von Glauben und Erkennen, von praktischem Christentum und naturwissenschaftlicher Weltaneignung ein brüchiges und längst nicht mehr fragloses Verhältnis. Gerade die Frage nach dem eigentlichen Grund für die Festungsarchitektur, die den idealstädtischen Mikrokosmos umgibt, offenbart die paradoxe (da nur noch utopisch zu lösende) Harmonie von Glauben und Wissen. Denn wovor schützt und was bewahrt die Festung? Bei genauer Betrachtung zeigt sich, dass gerade jene Interesse auslösende Neugier, *curiositas*, die als Antrieb und Motor der Naturforschung dieser Zeit zunehmend Legitimität erhält, ausgeschlossen bleibt aus dem seltsam interesselosen Kosmos einer forschenden Gemeinschaft.[17]

14 In zahlreichen Entwürfen bzw. Sammlungsaufrufen für eine christliche Sozietät, etwa der *Invitatio Fraternitatis ad sacri amoris Candidatos* (1617), dem *Christianae societatis imago* (1619) oder der *Christiani amoris dextera porrecta* (1620), propagiert Andreae eine christliche Gemeinschaft, in der irdisches Erkenntnisstreben und christliche Glaubenspraxis Hand in Hand gehen. Siehe hierzu Wilhelm Kühlmann. „Sozietät als Tagtraum – Rosenkreuzerbewegung und zweite Reformation". *Europäische Sozietätsbewegung und demokratische Tradition. Die europäischen Akademien der Frühen Neuzeit zwischen Frührenaissance und Spätaufklärung.* 2 Bde. Hg. v. Klaus Garber u. Heinz Wismann. Tübingen, 1996, Bd. 2, S. 1124–1151, hier S. 1124ff. und besonders S. 1129.

15 Andreae ist Verfasser des die bürgerliche Welt lange Zeit faszinierenden Rosenkreuzermythos (*Fama fraternitatis*, 1604, *Confessio fraternitatis Rosae Crucis*, 1615 und *Chymische Hochzeit des Christiani Rosenkreutz Anno 1459*, 1616) und Schöpfer der Idee einer elitären, religiös-gelehrten Gesellschaft (*Christianae Societatis Imago*, 1620). Vgl. Johann Valentin Andreae. *Fama Fraternitatis/Confessio Fraternitatis/Chymische Hochzeit: Christian Rosencreutz. Anno 1459.* Eingel. u. hg. v. Richard van Dülmen. 3. Aufl. Stuttgart, 1981.

16 Siehe van Dülmen (1978), S. 177ff. (Kap. 3 „Christliche Bildung und Wissenschaftsprogramm").

17 Zur Problematik der Neugierde, *curiositas*, in der Naturforschung der Frühen Neuzeit siehe das Standardwerk von Hans Blumenberg. *Der Prozeß der theoretischen Neugierde.* Frankfurt a. M.,1973, sowie Krysztof Pomian. *Der Ursprung des Museum. Vom Sammeln.* Berlin, 1998; Daston/Park (1998); Daston (2001); Barbara M. Benedict. *Curiosity. A Culturla History of Early Modern Inquiry.* Chicago, 2001, und neuerdings Neil Kenny. *The Uses of Curiosity in Early Modern France and Germany.* Oxford,

Die Welt als Labyrinth (*Turbo*)

Andreaes utopisch-reformatorische Schriften wurzeln in einer radikalen Diagnostik der eigenen Zeit. In zumeist satirischer Form geißelt er die aus seiner Sicht allgegenwärtige Verkommenheit der religiösen und weltlichen Institutionen. In den anonym publizierten *Menippus*-Dialogen (1617) heißt es dazu im *Academiae* übertitelten Kapitel, dass scholastische Formeln die Waffen der Akademiker geworden seien. Die Orte gelehrten Austausches seien „Arenen für Meinungen, Eitelkeit, Verschwendung und Wollust, aber auch für Ketzerei, Heuchelei, Schmeichelei, Geschwätzigkeit und Schwindel."[18] Die vielfältig vorgebrachte Kritik an den akademischen Institutionen – „Augiasställe", wie Andreae sie auch nennt –

2004, der sich eher an dem semantischen denn an dem strukturellen Auftauchen der *curiositas* orientiert. Kenny widmet sich der Andreaeschen Schrift *De curiositatis pernicie syntagma* (Straßburg, 1621) und kommt zu dem Befund, dass „Curiosi include those who commission and buy elaborate paintings, statues, jewellery, clocks, or other automata, those who seek the secret of perpetual motion, fraudulent alchemists, and practitioners of magic and divination." Andreae wendet sich ferner gegen mystisch spiritualistische Häretiker, etwa die Anhänger Valentin Weigels. Dass er sich im gleichen Atemzug auch gegen die (von ihm heraufbeschworene) Bruderschaft der Rosenkreuzer richtet, offenbart vielleicht einmal mehr den satirischen Zug seines Schreibens. Siehe Kenny (2004), S. 110–118, hier S. 111.

18 Johann Valentin Andreae. *Menippus sive dialogorum satyricorum centuria inanitatum nostratium speculum* [...]. Helicone juxta Parnassum [Straßburg], 1617, S. 45. Siehe hierzu auch Roland Edighoffer. „‚Menippus redivivus': Johann Valentin Andreae als Satiriker". *Simpliciana* 22 (2000), S. 189–200, hier S. 196. Auf den Einwand, dass es sich bei den von Gesprächspartner *B* (dem Alter ego Andreaes) herbeigewünschten Institutionen eher um Kloster denn um Akademien handele, entgegnet dieser lapidar: „Oh, möge uns ein Herkules erstehen, der diese zugeschissenen Augias-Ställe ausmistet." Vollständig lautet die Passage: „[B.] Confiteor haec esse Academiarum arma, quibus Christum, & simplices suos impugnant, & incautae plebi turpissime imperitant. A. Tu Academiis maledices? B. *Non facerem, nisi opinionum,vanitatum profusionum, libidinum, sed & haereseon, hipocriseos, adulationis, loquacitatis, vertiginis palestrae ut plurimum forent.* A. Nulli bono locus? B. Imo quamplurimis, nam ad Nundinas has humanorum errorum, & exposita tot ingeniorum monstra optimi quique confluunt, vel spectatores, vel monitores, vel increpatores, etiam Christianae scientiae vindices & conductores. Nam ut in foro ad luxum pleraque prostant, & superfluitatem, in usum & pro pietate etiam nonnulla, sic Academiae quantum vis Christo infensissimae, & tota ut plurimum via adversae libros habent, & homines Christianae veritatis assentores. A. Vbi ergo id discam, quod Christus exigat? B. Vbi vis felicius quam in talibus scholis. A. At monstranda tibi erit quam approbes? B. Quae Sacrarum literarum plurimum habeat, prophanarum parum: A. Hoc coenobium & non Academia. B. Sed & vos Academici estis non Christiani, nam si ex Christiani regni usu metienda sunt & aestimanda studia vestra, facilius Aristotelicum coelum aut Academicum exstruetis, quam id quod Confessoribus & martyribus, Christi athletis debetur, impetrabitis, A. Dandum est aliquid adolescentum lusibus, & exercitiis: B. At vos cani, & edentuli & lippientes, & tremuli erotematibus vestris assidetis. A. Docendi sunt pueri. B. Imo Molocho sacrificandi, nam iuuentutis florem Aristoteles depascit, feces frustra Deo oblatas Sathan iure suo sibi sumit. A. Dum Mundus, erit, erit & quod accusemus. B. *O Hercules nobis aliquis oriatur qui haec Augiae stabula stercorosissima repurget.*" Andreae (1617), S. 45f. (Herv. JL). Siehe auch das Gelehrten-Kapitel („Literati", S. 28f.), für das Andreae nach eigener Auskunft viele Angriffe über sich hatte ergehen lassen müssen. Ganz ähnlich wie Andreae urteilt übrigens Comenius über die kirchlichen Schulen. Vgl. seinen Brief an Abraham Menzel von 1629, zitiert bei Gerhard Michel. „J. A. Comenius – Ein pädagogisierender Theologe – Interpretation autobiographischer Bemerkungen". *Comenius und die Genese des Modernen Europa. Internationales Comenius Kolloquium.* Hg. v. Jan Lasek u. Norbert Kotowski. Fürth, 1992, S. 13–19, hier S. 13f.

gipfelt in dem wenig beachteten Drama *Turbo*, einem lateinisch abgefaßten „Lustspiel“ (*ludicrum*) in fünf Akten, welches als eine der frühesten Bearbeitungen des Faust-Stoffes gelten kann.[19] Dieses merkwürdige, zwischen Schul- und Volkstheater angesiedelte Drama, welches 1611/12 im Hause seines väterlichen Mentors, des württembergischen Theologen Matthias Hafenreffer (1561–1619) entsteht und 1616 unter dem Pseudonym Andreas de Valentia erscheint, ist, wie van Dülmen zu Recht bemerkt, eine Art „Selbstverspottung“.[20] In dem Drama gestaltet er seine eigene jugendliche Wanderschaft zur Allegorie der labyrinthischen Peregrinatio eines von überbordender Neugier gepeinigten Christen.[21]

Unter dem ideellen Einfluss von Antike und Humanismus – Plautus, Terenz, Seneca und Lukian finden hier ihren Niederschlag – stammen viele Formulierungen Andreaes fast wörtlich von Rabelais.[22] Die Verstiegenheit, Lächerlichkeit und Illusionshaftigkeit aller weltlichen Lebens- und Wissensbereiche, die durch den virtuosen Umgang mit humanistischem Bildungsgut an Schärfe gewinnt, wird potenziert durch die sukzessiv zutage tretende Labyrinthik auf der Handlungsebene des Dramas.

Andreae schickt sein Alter ego auf die von einer halt- und rastlosen *curiositas* angetriebene Suche nach der *Burg der Weisheit*, dem Parnass. In einem Vorspiel wird Turbo durch die allegorische Figuration der Wahrheit als Enkel der Einbildung vorgestellt. Im ersten Akt bricht Turbo mit seinem in scholastischer Gespreiztheit agierenden Schulmeister.[23] Zusammen mit seinem Besorger Harlekin

19 Walter Hinck. *Das Deutsche Lustspiel des 17. und 18. Jahrhunderts und die italienische Komödie. Commedia dell'arte und Théâtre italien.* Stuttgart, 1965, S. 91ff. Das Drama *Turbo* liegt in drei Auflagen (1616, 1621 und 1640) vor und hatte seine Uraufführung wahrscheinlich erst 1653, also kurz vor Andreaes Tod. Ich beziehe mich auf die erste Auflage *TVRBO, sive moleste et frvstra per cuncta divagans ingenivm. In Theatrum productum.* Helicone Iuxta parnassum [Straßburg], 1616 in der deutschen Übersetzung von Wilhelm Süß. *Turbo oder der irrende Ritter vom Geist, wie ihn mit allen seinen höchst kläglichen und müßigen Kreuz- und Querfahrten Johann Valentin Andreae hat für die Schaubühne beschworen* (1616). Aus d. Lat. übers. von Wilhelm Süß. Tübingen, 1907. Die Übersetzung von Süß ist sehr frei, stellt aber eine insgesamt angemessene Übertragung des wortgewaltigen Stils Andreaes dar. Ich habe deshalb – weitestgehend – auf eine eigene Übersetzung verzichtet.

20 van Dülmen (1978), S. 98. Siehe zum Ausbildungsweg Andreaes, d. h. zum Entstehungshintergrund des *Turbo* die selbstbiographischen Zeugnisse: Johann Valentin Andreae. *Selbstbiographie Johann Valentin Andreä's aus dem Manuscripte übersezt und mit Anmerkungen und Beilagen begleitet von Prof. Seybold.* Winterthur, 1799, S. 1–94, v. a. S. 43f.

21 Die Peregrinatio auf einer durch Irrtümer markierten Topographie ist ein wiederkehrendes Motiv bei Andreae. Siehe Johann Valentin Andreae. *Peregrini in Patria Errores.* Utopiae [Straßburg], 1618. Dieses Buch listet 52 Irrtümer, die laut Andreae in der (christlichen) Welt vorherrschen. Auf den *Turbo* trifft zu, was Jacques Attali in seiner kulturanthropologischen Abhandlung *Chemins de sagesse. Traité du labyrinthe* (Paris, 1996) über den mythischen Urgrund des Labyrinths schreibt: „Au total, tous les mythes du labyrinthe racontent d'une façon ou d'une autre cette quadruple histoire: un voyage, une épreuve, une initiation et une résurrection. Tous relatent la mort promise du héros, son sacrifice, sa découverte d'un secret initiatique, sa transfiguration.“ (S. 67).

22 Siehe van Dülmen (1978), S. 35 u. 101.

23 „Praeceptor, neque in tuis laboribus quicquam desidero, nec in ipsis literis, sed in meis profectibus, ut qui post decennium nihil eorum, quae hoc pulcerrimum universum complectitur, scio, tantum vocabulis & praeceptis ad labia usque refertus sum, atque distentus, ut quoties os mihi patet,

erliegt er als Flüchtling vor der Pseudogelehrsamkeit der Scholastik im Folgenden den Verheißungen eines Mathematikers, eines Weltenbummlers, eines Sprachenlehrers, der Galanterie und der Alchemie. Seine Suche nach der „Burg der Weisheit" (*sapientiae arx*) endet zunächst kläglich vor der „winzigen Hütte aus Weisheitslehm" (*minutula casula, luto Sapientiae*),[24] der Alchemie. Dabei zeigt sich Andreae insbesondere durch die Einführung des ständigen Begleiters Harlekin, dem eine humoristische Spiegelfunktion für das donquichottehafte Auftreten Turbos zukommt, theaterästhetisch auf der Höhe der Zeit.[25] Als witzige und gewitzte Verbindungsfigur zwischen Publikum und Bühnengeschehen fordert und befördert Harlekin nicht nur Mitleid und Gelächter der Zuschauer (mit dem Zielpunkt einer apotheotischen Erlösung im letzten Akt), sondern ruft zugleich immer wieder zur Ordnung im Theater auf.[26]

Die zunehmende Rastlosigkeit Turbos zeigt sich im Laufe des Stückes vor dem Hintergrund einer ins Lächerliche getriebenen Vereinzelung der Disziplinen und Lehrmeinungen (1. Zwischenspiel). Der Zusammenhalt gelehrter Sozietäten offenbart sich als von Eitelkeit, Prahlsucht und Geltungsdrang geprägt (2. Zwischenspiel). Doch was für den wissenschaftlichen Stand gilt, gilt auch für kirchliche Würdenträger, politische Führer, ihre Untertanen, den höfischen Adel und das Militär. Überall regiert die Ordnung des *Hermaphroditus* – „König und Königin dieser Welt, ein Sproß der Wollust, der Liebling des Erdballs"[27] –, die Andreae etwa in der Mitte des Stücks als eine Art Gesetzestext einfügt.

magnam farraginem ejiciam, nec nisi syllogismis, distinctionibus, maximis, & monstrosis voculis inter elegantes & eruditos perstrepem." Andreae (1616), S. 14 („Euren Eifer und die Wissenschaft in allen Ehren, Herr Magister. Aber was gewinne ich bei alledem? Nach zehnjährigem Studium ist mir das große Universum ein Buch mit 7 Siegeln. Mit Vokabeln und Sentenzen bin ich bis zum Platzen vollgepfropft. Tue ich den Mund nur auf, so kommt ein ganzes Ragout von Syllogismen und Distinktionen heraus, und niemand kann mit diesem Gallimathias etwas anfangen, als eine Handvoll von Gelehrten." Andreae (1907), S. 32.)

24 Andreae (1616), S. 25 u. 135 / Andreae (1907), S. 40 u. 134. Mit einem Anagramm (der von ihm vorgestellte Alchemist heißt *Beger*) spielt Andreae hier auf den bekannten arabischen Alchemisten Geber an.

25 Vgl. zur öffnenden Funktion des Harlekins als Vermittlerfigur zwischen Himmel und Erde: Allardyce Nicoll. *The World of Harlequin. A Critical Study of the Commedia dell'Arte*. Cambridge, 1986.

26 Andreae spielt hier auf die mitunter für das der lateinischen Sprache nicht mächtige Publikum langweilige Humanistendramatik seiner Zeit an. Auch das neulateinische Gelehrtenstück *Turbo* war einem breiteren Publikum aufgrund der Sprachbarriere gar nicht zugänglich: „St, st, st, tacete, Messieurs. Turbonis mei felicitas in fumum abiit, omnis tinctura, jactatio, spes, propositum, gaudium, pecunia in fumum obiit. Sed obsecro vos ne rideatis […]." Andreae (1616), S. 150 („Bst, bst, ganz still, meine Herrschaften, ganz still. Hört einmal das Malheur an. Meines guten Turbo Glück ist in lauter Qualm aufgegangen, die Tinkturen, das ganze Getue, Hoffnungen, Entwürfe, Freude – alles verduftet. Daß mir um Gottes Willen keiner lacht." Andreae (1907), S. 147). Die Kritik und der Spott Andreaes, der in seinen satirischen Analysen stets die gesamte Gesellschaft im Blick hatte, blieb einem gelehrten Kreis vorbehalten. Siehe Hinck (1965), S. 91ff.

27 „Hermaphroditus, Rex vel Regina, sicubi libuerit, aevi hujus Princeps, voluptatis proles, orbis delitiae." Andreae (1616), S. 120/Andreae (1907), S. 121.

Im vierten Akt entlarvt Andreae in Form eines Boten aus dem Elysium die weltliche Wissensordnung, die sich im musealen Glanz antiker Autoritäten sonnt, als armselig und verkümmert. Sokrates ist zum „Weibervogt" geworden, Platon „fabriziert Ideen, zwei Stück oder auch drei zu einem Groschen", Pythagoras „brütet über seinen Bohnen, und wenn ein Esel Ia ruft, erschrickt er auf den Tod", und Archimedes „macht Kreisel und Rasselchen für alte Weiber."[28] Im fünften Aufzug kommt es schließlich zum Treffen der allegorischen Figurationen der Tugenden auf dem Parnass. In der Hoffnung, die wenigen unter den Menschen zu sammeln, die „nach unerschütterlicher Freiheit" (*libertas solida*) trachten und mit den Tugenden zu leben streben, stellen diese den Globus in ihre Mitte. Doch die Welt offenbart sich ihnen als eine von „Wirrnis" (*passim turbae!*) und „Bildungsgecken" (*Vah sciolorum turbam!*) besetzte „Possenbühne" (*Mundus agit Histrioniam*).[29] Unter den wenigen Kandidaten, die ihrem Aufruf folgen – eine Verkehrung der Auswahlgespräche für jene „Sozietät vom Pfriemen" (*Subulae Societas*) des zweiten Zwischenspiels –, erscheint allein Turbo als „jener Glückliche, der eigene Richter [seines] Willens", der „alle Lebensverhältnisse geprüft" und „die Natur durchforscht" hat.[30] In der Figur des Turbo realisiert Andreae am Ende des Irrweges nun die Vereinigung von Glauben und Erkennen, die auch seinen utopischen Gründungsaufrufen gelehrter Sozietäten zugrunde liegt. Auf Turbos Einsicht „Gott ist die Weisheit, ich aber strebte nach der Weisheit dieser Erde", antwortet die Weisheit mit einer Frage, die die Schlussapotheose von Glauben und Erkennen vollzieht: „Wir sind uns ganz klar über das Verhältnis des Christenmenschen zu Gott und wollen doch nicht in ihm das Ziel und die Richtschnur sehen?"[31]

Die durch Täuschungen, Illusionen und Irrwege gekennzeichnete Peregrinatio lässt Turbo die Welt als ein Labyrinth der Meinungen erfahren. Diese Diagnose entspricht derjenigen Andreaes, wenn er seine Jugendzeit wiederholt als „Irrung" und sich selbst als *turbatus* bezeichnet.[32] Ein Blick über den Dramentext hinaus offenbart, inwiefern das Labyrinth bei Andreae ein zentrales Motiv der spielerischen Infragestellung wissenschaftlicher Welterschließung und Weltentschlüsselung dient.

28 „Socrates quidem mulieribus praefectus est [...]. Plato ideas fabricat, easque binas, interdum ternas obolo vendit, ut victum habeat. [...] Pythagoras fabas custodit, & quoties Asinum hiantem videt, metu corruit, ne absorbeatur. Archimedes girgillos & crepundia mulierculis facit." Andreae (1616), S. 155f. / Andreae (1907), S. 152f.

29 Andreae (1616), S. 170 / Andreae (1907), S. 166f.

30 „Tune ille fortunatus, voluntatis tuae arbiter? Omnium vitae generum explorator? Naturae examinator?" Andreae (1616), S. 182 / Andreae (1907), S. 178.

31 „Scio sapientissimum Deum, at ego terrenam Sapientiam affectabam. [...] Verum nonne mirabile est nobis de omni eo, quod homini Christiano cum Deo intercedit, satis constare, nec tamen velle ab eo scopum ac vitae regulam accipere [...]." Andreae (1616), S. 183f. / Andreae (1907), S. 179.

32 Siehe Andreae (1799), Vorrede.

Abb. 22 Labyrinth bei Johann Valentin Andreae (*Collectaneorum Mathematicorum Decades XI*, 1614). Die Darstellung bringt die beiden wichtigsten Elemente des Labyrinths zur Synthese, nämlich Rechteck und Kreis. Die historisch besehen erst nachträgliche Deutung des Labyrinths als Irrgarten (verstärkt ab dem 15. Jahrhundert) findet hier ihren Niederschlag in der grundsätzlich „irrenden" Natur des Menschen, die der Zielpunkt in der Mitte der Anlage verkündet. Es lassen sich insgesamt sieben Felder identifizieren, die die klassische Siebenzahl des „kretischen" Labyrinthtyps (sieben Umgänge) aufgreifen. Die Synthese aus Kreis und Rechteck birgt ferner eine kosmologische Dimension: Quadrat (System der Himmelsrichtungen) und Kreis (Begrenzung des Sichtkreises) können als die beiden Grundtypen eines Weltbildes verstanden werden. Hermann Kern weist darauf hin, dass sich in „beiden Formen [...] der Versuch grundsätzlicher Orientierung [zeigt], der Versuch einer Standortbestimmung; und beide Formen finden sich im Labyrinth, sind für dessen Gestalt ursächlich – als Bekräftigung der Tatsache, dass wir im Labyrinth die ‚Orientierungsfigur' schlechthin vor uns haben, die innerhalb einer abgeschlossenen Ganzheit (Weltbild) einen eindeutigen Weg weist – was auch in den späteren Irrgärten, allerdings negativ, als Orientierungslosigkeit thematisiert wird." (Hermann Kern. *Labyrinthe. Erscheinungsformen und Deutungen. 5000 Jahre Gegenwart eines Urbilds*. 4. Aufl. München, 1999, S. 15). Indem Andreae über den Kreis (das Erdrund) das Kreuz setzt, weist er den Weg zur Versöhnung und Vereinigung der beiden Ebenen (der Quadratur des Kreises) im Glauben.

Andreae, in dessen Wissenschaftssystematik die Mathematik (übrigens in Anlehnung an den Theologen Hafenreffer, in dessen Haus er *Turbo* abfasst) als „Königin der Wissenschaft", als irdisches „Auge des Menschen" den Rang einer Universalwissenschaft einnimmt,[33] ist nicht nur Autor gelehrter, satirisch und utopisch konzipierter Sammlungs- und Vereinigungsschriften, sondern auch Autor eines mathematisch-geometrischen Lehrbüchleins. Seine *Collectanea Mathematica* unterteilen sich in zehn Wissensgebiete, in denen die Mathematik in ihrem grundlegenden Wert für Geometrie, Arithmetik, Statik, Astronomie, Gnomonik, Automatenkunde, Optik, Architektur, Waffenwesen und Messkunde erläutert wird.[34] In seinen Beispielen bietet Andreae einen Querschnitt der gelehrten Welt seiner Zeit.[35] Der Theologe und Pädagoge Andreae propagiert hier die Möglichkeiten der Mathematik als eines Universalinstrumentes zur gestaltenden Erkenntnis der Welt.[36]

Bemerkenswert erscheint nun, dass ganz am Ende der *Collectanea Mathematica*, welche hundertzehn Kupferstiche abstrakter geometrischer Formen, architektonischer Auf- und Grundrisse, elliptischer Geschossbahnen und Fortifikationsmanieren vereint, ein Labyrinth abgebildet ist, welches die universale Rolle der Mathematik mit ihren eigenen Mitteln regelrecht invertiert bzw. relativiert (Abb. 22).[37] Dieses die im Buch vorherrschenden Grundformen ‚Rechteck' und ‚Kreis' aufgreifende Labyrinth ist entlang der Mittelachse symmetrisch angelegt. Der mit *TENTA* bezeichnete Eingang bietet zwei Eintrittsmöglichkeiten, von denen nur der rechte (sic!) zum Ziel, das heißt zu der im Mittelkreis abgedruckten Einsicht VITA NOSTRA ERROR führt. Über die labyrinthische Experimentalanlage heißt es:

33 van Dülmen (1978), S. 181ff.

34 Johann Valentin Andreae. *Collectaneorum Mathematicorum Decades XI. Centum & decem tabulis*. Tübingen, 1614.

35 Erwähnung finden u. a. Sebastian Münster, Sebastiano Serlio, Girolamo Cardano, Albrecht Dürer, Walther Ryff, Giambattista Della Porta, Nikolaus Kopernikus, Michael Mästlin, Tycho Brahe, Daniel Specklin, Claude Flamand und nicht zuletzt sein Mentor, der Theologe Matthias Hafenreffer.

36 Richard van Dülmen zitiert eine Kritik Andreaes aus dessen *Alethea exul* (1617) an den sieben freien Künsten, welche nach seiner Auffassung die Mathematik nicht genügend berücksichtigen. In dieser Kritik kommt auch die Zielrichtung seiner ‚mathematischen Sammlung' zum Ausdruck: „Sie [die Gelehrten] müssen auf dem Boden daherkriechen und ihre grobe Unwissenheit selbst offenbaren, weil sie ihren harten Verstand auf dem Wetzstein der mathematischen Künste niemals geschliffen noch poliert haben." Denn wer die mathematischen Künste nicht versteht, „der weiß von mehr als dem halben Teil der beständigen und verständigen Gelehrten nichts." van Dülmen (1978), S. 182.

37 Vgl. Hans Holländer. „Maschinen- und Labyrinthmetaphern als Topoi neuzeitlicher Weltbeschreibung". *Erkenntnis, Erfindung, Konstruktion. Studien zur Bildgeschichte von Naturwissenschaften und Technik vom 16. bis zum 19. Jahrhundert*. Hg. v. Hans Holländer. Berlin, 2000b, S. 577–586, zum hier beschriebenen Aufeinandertreffen eines ‚labyrinthischen' und eines ‚maschinenhaften' Weltverstehens. Holländer erwähnt den Andreae-Schüler Comenius nicht, für den die Topoi Labyrinth und Maschine zentral sind. Siehe etwa die Dichtung *Labyrinth der Welt – Lusthaus des Herzens* (1625).

> Warum würden wir nicht im Labyrinth enden? Wir sind hineingegangen, wir sind herumgeirrt, wir wünschen uns zurückzukehren. Aber es gibt niemanden, der uns zurückführt. Alle folgen; alle beklagen sich, alle bleiben hängen; Jesus Christus, ziehe uns heraus und befreie uns endlich von uns selbst.[38]

Das mit den Mitteln der Geometrie gestaltete Labyrinth, welches den ‚Leser' zur spielerischen Reflexion einlädt, erweist sich hier als relativierende, die Perspektive des Betrachters zurechtrückende Figur. Es stellt den Inhalt der im Vorwort beschworenen Nützlichkeit mathematischen Wissens unter den Erkenntnisvorbehalt einer höheren, nicht irdischen Weisheit. Die durch das Labyrinth buchstäblich ins Spiel gebrachte Infragestellung und Relativierung irdischen Erkenntnisstrebens ist auch im faustischen Drama *Turbo* leitend: Im Medium des dramatischen Spiels führt der neugiergetriebene Irrweg Turbos durch die einzelnen Disziplinen auf seinen Höhepunkt zu, die Enttäuschung und Desillusionierung des Helden, die zugleich die Einsicht in den ‚wahren Weg' zur Weisheit birgt.

Genau besehen erfüllen Spiel, Labyrinth und Experiment (im Sinne des *TENTA*) in *Turbo* eine doppelte Funktion. Zum einen ist damit die perigrinierende, neugiergetriebene und dramatisch beschleunigte Suche des Helden beschrieben, der in immer kürzeren Abständen von Disziplin zu Disziplin, von Lebensentwurf zu Lebensentwurf taumelt. Das wiederkehrende „weh, weh mir" (*Heu mihi! Heu mihi!*) Turbos, welches sein Begleiter Harlekin dann folgerichtig als Moment der Desillusion, Abkehr und Neuorientierung interpretiert, gibt gleichsam den Takt dieser Beschleunigung vor: Es ist das fortgesetzte Scheitern, das das Labyrinthische und Experimentelle unterstreicht, und es ist die fortgesetzte, am eigenen Leib erfahrene Erkenntnis des Phantasmagorischen, Illusionären, Täuschenden, die das Streben nach irdischer Weisheit immer wieder als bloßes Spiel entlarvt.[39]

Neben der negativ besetzten Funktion des Labyrinths (und des Experiments) im Zeichen einer als haltlos erscheinenden *curiositas* lässt sich aber auf der Grundlage der zuvor betrachteten Labyrinth-Darstellung auch eine zweite, eine positive Funktion ausmachen. Als eine stete Infragestellung der Handlungen Turbos erscheint in diesem Drama die Figur Harlekins. Als ständiger Begleiter des nun-

38 „Quid ni Labirintho finiremus. Ingressi sumus, oberravimus, reditum optamus. Sed nemo est, qui reducat. Sequuntur omnes: conqueruntur omnes; haerent omnes; Tu nos extrahe, ac a nobis tandem libera J e s u C h r i s t e ." Andreae (1614), o. P. (S. 41).

39 Siehe zu diesem Hauptthema Andreaes die Anmerkungen von Dmitrij Tschizewskij. „Das Labyrinth der Welt und Paradies des Herzens des Jan Amos Comenius. Die Thematik und die Quellen des Werkes". Ders. *Kleinere Schriften.* 2 Bde. Bd. 2. *Bohemica.* Mit einem Anhang von Dietrich Gerhardt. München, 1972, S. 135f. Andreae nimmt in seinem Drama nicht nur Bezug auf die Spiegelkabinette des Manierismus, sondern gibt ein Vorbild für seinen Bewunderer Johann Amos Comenius, der in seiner epochemachenden Fabel *Labyrinth der Welt – Lusthaus des Herzens* wenige Jahre nach Andreae das Labyrinth als ambiguen, mehrfach gebrochenen Spiegel seiner Zeit in Szene setzt.

mehr Mitleid und Trauer erweckenden Turbo ist Harlekin nicht nur spiegelbildlich angelegt, sondern verführt beständig als eigensinnig, nassforsch agierender Diener und Vollstrecker des Schicksals seines Herren zum Lachen. An ihm ist es, das unstete Leben Turbos vom Schicksalhaften ins Komische zu wenden – und zwar als ein permanentes Durchbrechen der illusionären Geschlossenheit des dramatischen Textes. Damit inszeniert er auf strukturell anderer Ebene die immanente Enttäuschung des *curioso* Turbo als ein humorvolles Heraustreten aus einer fatalen Schicksalsergebenheit. Seine appellative, direkt an das Publikum gerichtete Sprechweise, die an insgesamt fünf Stellen die erneute Wandlung Turbos anzeigt, unterbricht und reperspektiviert ‚lachend' das Bühnengeschehen. Dabei wandelt sich Harlekin etwa in der Mitte des Dramas vom Spaßmacher zum gewitzten Vollstrecker des Schicksals seines Herrn: „Ich bin Harlekin, des Turbo Diener, aller Wirrnisse Genosse, der Wirren Vollstrecker. [...] Am besten, ich folge ihm immer auf den Fersen nach, vielleicht kommen wir doch am Ende ganz unversehens von selbst zum Ziel."[40]

Parallel dazu bahnt sich ein Rollentausch an, der dadurch erkennbar wird, dass Harlekin seinem Herrn in zunehmendem Maße Wahnsinn attestiert – zunächst als harlekineske Urinschau, in der sich „alle Zeichen von Geistesstörung" (*ac omnino cuncta amotae mentis signa*) zeigen, und schließlich indem der Alchemist Beger „dem Wahnsinn Turbos die Krone" (*addit insano Turboni colophonem*) aufsetzt.[41] Eine Entwicklung, die im letzten, zur Selbsterkenntnis Turbos führenden Aufzug auf dem Parnass mit seiner Ansprache an das Publikum endet. Anstelle Harlekins wendet sich nun Turbo mit den Schlusssätzen an das Publikum: „Hat's euch gefallen? Dann kargt bitte nicht mit eurem Beifall."[42] Diese letzte Wendung, die mit dem Heraustreten aus und dem Rückblick auf die labyrinthische Peregrinatio zugleich das Ende der Aufführung vollzieht, verweist auf jene positive Funktion des Labyrinths, welches hier als Theaterspiel hinterfragbar und hintergehbar bleibt.

Die Welt als Festung *(Christianopolis)*

Andreaes Utopie eines christlichen Gemeinwesens, *Christianopolis*, die einen illusionslosen, täuschungssicheren Ort beschreibt, scheint sich ganz gezielt gegen jene labyrinthische Welt zu richten, die die neugiergetriebene Wanderschaft Turbos diagnostiziert. In Aufbau und Dialogform nimmt Andreae Bezug auf Platons *Politeia*, Thomas Morus' *Utopia* und vor allem auf Campanellas *Civitas solis*, des-

40 „Ego Harlequinus sum Turbonis Minister, turbarum socius, turbinum executor. [...] optimum est, si perpetuo subsequar, incidamusque tandem vel imprudentes in bonum." Andreae (1616), S. 80f. / Andreae (1907), S. 89.

41 Andreae (1616), S. 81 u. 133/Andreae (1907), S. 90 u. 132.

42 „Interea si meae displicuerunt turbae, placuit conversio. Benigno signo plausum edite." Andreae (1616), S. 188 / Andreae (1907), S. 183.

sen Manuskript Andreae in Frankfurt vor der Drucklegung eingesehen hat.[43] Doch wird der immer schon insulare Charakter des Utopischen, welches sich allererst in Abgrenzung zu einem gesellschaftlichen Außen realisiert, durch den Entwurf einer Festungsstadt noch einmal gesteigert. Lutherischer Protestantismus und naturwissenschaftlicher Universalismus, die durch die Festung symbolisch harmonisiert werden sollen, stehen tatsächlich in einer paradoxen Konstellation. Die Festung verweist mithin auf ein prekäres, fragwürdig gewordenes Verhältnis.

Aus der Perspektive eines Ich-Erzählers schildert Andreae im Vorwort, gegen welche gesellschaftliche Realität er sich abgrenzt, nämlich die „Unwissenheit", die er in der Herrschaft der „Heuchelei über die Religion", der „Tyrannei über die Staatskunst" und der „Sophistik über die Wissenschaft" erkennt. Die Kirche sei ein Ort der Meinungen, der „Staat ein Marktplatz" und die „Akademie ein Labyrinth: Man irrt darin umher, hält das aber für Schulung und Meisterschaft, man verschwendet und hält das für Gewinn."[44] Aus dieser dreifachen Gegnerschaft heraus ist das Gesellschafts- und Wissenschaftssystem Andreaes zu verstehen, welches er in die idealstädtische Vierzeilenarchitektur eines vierhundert Einwohner umfassenden Stadtstaates kleidet.

Die an den vier Himmelsrichtungen ausgerichtete Bastionärsarchitektur, die von einem Wassergraben umfasst ist, organisiert das Zusammenleben von außen nach innen mit zunehmender Komplexität. Sind am äußersten Rand der Stadt die Landwirtschaft, Bäckereien, Schlachthäuser und metallverarbeitende Gewerke angesiedelt, so steigern sich die handwerklichen Betriebe in ihrer Komplexität zur Mitte hin von der Erz- und Zinngießerei bis hin zum Orgelbau und den Juwelieren, von den Gerbern bis hin zu den Glasern. Doch Arbeit und Freizeit sind in einem ausgewogenen Verhältnis, jede Tätigkeit erfährt eine gleich hohe Entlohnung. Diese gesetzmäßig gesicherte Harmonie, die ihre Entsprechung in der regelmäßigen Monumentalarchitektur des Stadtstaates findet, bestimmt auch die Regierung, die aus einem aristokratisch anmutenden Dreierrat, einem ‚Gottgelehrten', einem ‚Richter' und einem ‚Gelehrten' besteht. In der Mitte der Stadt sind die Glaubens- und Verfassungsprinzipien des Staates auf steinernen Tafeln angebracht. Neben der deutlichen Anspielung auf die mosaischen, Auserwähltheit und Singularität unterstreichenden Gesetzestafeln wird damit die Entsprechung zwischen Gesellschafts- und Architekturprogramm akzentuiert.

Rund zwei Drittel der Beschreibung von *Christianopolis* ist den Wissenschaften und der Erziehung gewidmet – beide finden ihren Platz ebenfalls im innersten

43 Hierzu ausführlich die einleitenden Kapitel von Edward H. Thompson. *Johann Valentin Andreae. Christianopolis.* Übs., eingel. u. hg. v. Edward H. Thompson. Dordrecht, Boston u. London, 1999, S. 1–132.

44 „Hypocrisis Religionis, Tyrannis Politiae, Sophistica literaturae patrocinium"/„Si credimus retorsionibus, tota Ecclesia fenestrata est, cui involare licet, ubi libet, & intra aveolos susurrare: Respublica forum, vbi vitia emere & vendere concessum; Academia labyrinthus, ubi oberrare lusus est atque artificium: quicquid in haec prodigitur, quaestus est." Andreae (1619), S. 10f. / Pape (1977), S. 8.

Quadrat der Stadt. Laboratorium, mathematische und physikalische Schausammlung, Bibliothek, Hörsäle – die mikrokosmische Anlage der christlich-utopischen Gesellschaftsordnung findet ihre Entsprechung in dem Universalismus mathematisch-naturphilosophischer Wissensproduktion. Die das Inselreich durchwaltende Einheit aus Glaubensprinzipien, Regelarchitektur und Wissenschaftsprogrammatik wird auf exemplarische Weise im Kapitel über die Geometrie deutlich. Während „Ehrgeiz, Habsucht, Freßgier, Lustbegehren und Jähzorn, aber auch Stumpfsinn und Dreistigkeit der Menschen" außerhalb von *Christianopolis* „keinerlei Maß kennen noch ertragen", sind die „hiesigen Bürger bestrebt [...], alles mögliche zu vermessen." Doch „messen und wägen sie zuallererst sich selbst und ermessen danach Gottes Milde."[45]

Die in dieser umfassenden Geometrisierung angelegte Anti-Illusionistik zeigt sich bereits, wenn der Ich-Erzähler das „Schiff der Phantasie" – ausgelaufen, um den „tausend Gefahren einer Entdeckungsreise" zu begegnen –, das er bestiegen hat, mit entfiktionalisierender Geste vor der Insel Capharsalama stranden lässt.[46] Die ihm abverlangten Prüfungen auf Beruf, Physiognomie und Bildungsstand besteht er deshalb, weil er ein noch „völlig unbeschriebenes Blatt" ist bzw. „das Meer [ihn] reingewaschen" hat.[47] Die *tabula rasa* stellt gleichsam die Grundfläche jener quadratischen Symbolarchitektur dar, in der Wissenschaftssystem und Glaubensprinzipien zu einer gemeinsamen Architektonik vereint werden.

Mögliche Vorbilder für die Architektur von *Christianopolis* sind Dürers Idealstadtentwurf auf quadratischem Grundriss aus dessen Befestigungslehre von 1527 sowie die Entwürfe des württembergischen Hofbaumeisters Heinrich Schickhardt (1558–1635) zu der Planstadt und Bergbausiedlung Freudenstadt im Schwarzwald, nahe bei Andreaes Wohn- und Wirkungsort Calw, deren Realisierung (Baubeginn 1599) zur Entstehungszeit von *Christianopolis* schon weit gediehen war. Wenig Beachtung hat demgegenüber der Einfluß von Filaretes Architekturtraktat gefunden.[48] Auch in den zeitgenössischen Schriften zum Festungsbau finden sich (wie etwa bei Leonhard Zubler) frappierend ähnlich aussehende Stadtentwürfe.[49] Schickhardt wie Andreae eint der Gedanke, dass die äußere Be-

45 „Quid autem mirum, Geometriam negligi, cum ambitio, avaritia, gula, libido, ira hominum, sed & stupor, ac temeritas mensuram non habeant, nec ferant? Unde illi dum varia dimetiuntur, primum omnium se metiri, ponderareque satagunt, inde Divinam clementiam aestimare." Andreae (1619), S. 133f. / Pape (1977), S. 95.

46 „Unde conscensa phantasiae nave, cum multis aliis vulgatos portus linquo, & vitam corpusque mille curiositatis periculis expono." Andreae (1619), S. 25 / Andreae (1977), S. 15.

47 „Noster es, inquit, qui candidissimam tabulam adfers, vel ab ipso Mari ablutam." Andreae (1619), S. 33 / Andreae (1977), S. 21.

48 Vgl. etwa die Stadtgrundrisse im 6. Buch (folio 38r und 40v). Siehe [Antonio di Piero Averlino]. *Filarete's Treatise on Architecture. Being the Treatise by Antonio di Piero Averlino Known as Filarete.* 2 Bde. Übs., eingel. u. hg. v. John R. Spencer. Yale, 1965, Bd. 2. *The Facsimile.*

49 Siehe Leonhard Zubler. *Fabrica et Usus Instrumenti Chorographici.* Basel, 1607, Abb. 7 u. 8. (S. 21f.). Vgl. Bennett/Johnston (1996), S. 12. Zubler bietet eine ähnliche Doppelabbildung einer rechteckigen Bastionärsfestung aus Vogelperspektive und Draufsicht wie sie auch bei Andreae zu finden ist.

festigung zugleich der inneren, der sozialen wie religiösen Architektonik des Gemeinwesens entsprechen sollte.[50] Obwohl Andreae um die Maßgaben einer idealen Befestigung wusste, hätte *Christianopolis* den zeitgenössischen Verteidigungsansprüchen nicht genügt.[51] So greift die Architektur von *Christianopolis* zwar auf zum Teil existierende Vorbilder zurück, erfüllt aber vor allem einen symbolischen Zweck.

Bereits in seinem geistlichen Gedicht *Christenburg*, welches im Vorfeld von *Christianopolis* entstanden sein dürfte,[52] steht die von ihm beschriebene symbolische Festungsarchitektur für eine Verhaltensschulung im Umgang mit der Bedrohung, die vom Antichrist (dem Papsttum) ausgeht. Diese innere Befestigung ist hier nicht statisch zu verstehen, sondern muss sich täglich aufs Neue den vielfältigen Verlockungen widersetzen, die von den drei Fürsten des Antichrist ausgehen: dem Tyrann, dem Heuchler und dem Klugschwätzer (*Thyrannus, Hypocrita, Sophista*).[53] In kleinen Charakterskizzen der Kombattanten verdeutlicht Andreae, dass auf das Erscheinungsbild eines Menschen in Wort und Tat wenig Verlass und so die christliche Befestigung nicht allein an äußerlichen Kriterien festzumachen

50 „Mehr als diese Absicht [gemeint ist die Schutzfunktion, JL] scheint sogar noch die Vorstellung von Stadt als einem von einer Mauer umgebenen Gemeinwesen hinter der Notwendigkeit des Mauerbaus sichtbar zu werden." Eva-Maria Seng. *Stadt – Idee und Planung. Neue Ansätze im Städtebau des 16. und 17. Jahrhunderts*. München u. Berlin, 2003, S. 195.

51 In seinen *Collectanea Mathematica* (1614) gibt Andreae selbst das Ideal vor, welches den Festungsbau seiner Zeit prägte: „Fortificationis summa est, nullum in ambitu dari punctum, cui non aliunde vel semel, vel bis, aut pluries succurri possit. Unde in hunc finem hae figurae depictae: e quibus triangulares parum architectis placent, quadratae vix, reliquae temporariae magis sunt, quam alicujus durationis." Die dazugehörige Skizze (Tafel 89 von Daniel Specklin) verdeutlicht, dass er um die Ansprüche an eine zeitgemäße Architektur durchaus wusste. Zu Abbildung 89 findet sich im Exemplar der Herzog August Bibliothek in Wolfenbüttel (Sign. A: 28.4 Geom.) die handschriftliche Bemerkung, es handle sich um eine uneinnehmbare Festung: „castr. inexpugnabil." Der von Andreae als Referenz angeführte Architekt Claude Flamand führt allerdings aus, „daß vnder allen Vestungen / die so nur mit vier Pasteyen vmgeben / die aller geringsten vnd schlechtesten seindt / welche auch anderer gestalt nicht / als in einer eyl / damit sie desto bälder außgemacht seyen / auff gericht werden [...]. Darumb so soll mann weder zeit noch kosten an solche Schäntz oder Vestungen legen / mann werde dann anderst darzu gedrungen." Claude Flamand. *Gründtlicher Vnderricht / Von Auffrichtung unnd Erbawung der Vestungen* [...]. Basel, 1612, S. 32. Auch der mit *Fortification* übertitelte Abschnitt im *Menippus* wartet mit einer Auflistung einschlägiger (vor allem protestantischer) Festungsbau-Autoritäten auf: Vitruv, Frontinus, Lovinus, Sebastiano Serlio, Daniel Specklin, Samuel Marolois, Jean Jacques Perret, Simon Stevin, Claude Flamand, Heinrich Schickhardt, Benjamin Bramer. Siehe hierzu Thompson (1999), S. 80.

52 Johann Valentin Andreae. *Christenburg. Das ist: Ein schön geistlich Gedicht / darinn als in einem Spiegel klärlich vor Augen gestellet wird / die Ankunfft / Zunemen vnd Wolstand der Kirchen GOttes: Auch hergegen wodurch derselben vielfältige Geist= vnd Leibliche Feinde sie in Abnemen / Eusserste noth vnd gefahr bringen / vnd wie solchen hinwieder gesteuret werden möge*. Freiburg, 1626. Van Dülmen (1978), S. 175, erwägt als Erscheinungsjahr 1620. Thompson (1999), S. 81, schlägt sogar ein Erscheinungsjahr ante 1619 vor.

53 Andreae hat sich in seinen Schriften immer wieder mit diesen drei, die christliche Gemeinschaft zersetzenden Kräften auseinandergesetzt. Er übernimmt sie von Campanella, gewichtet sie aber anders. Vgl. Thompson (1999), S. 29ff.

ist. Vielmehr zielt diese Befestigung auf den Glauben des Menschen, der sich in dessen Handlungen immer wieder neu zu bewähren hat. Die Fortifizierung der christlichen Gemeinschaft, deren Geschichte Andreae durch die Insel-Stadt *Christenburg* allegorisiert, erfolgt durch zwölf Basteien, die an die zwölf Tore des Himmlischen Jerusalem gemahnen:

> Die lag auf einem harten grund / War an der form fast Circul rund: Mit zwölff Pasteyen wol befest / Von art vnd stercke auff das best. Der Nahmen wir hie billig nenn / Dan hierbey man die Stadt sol kennn. Die erste hieß Justitia, Vnd negst darbey Prudentia, Amor da war genand die drit / Liberalitas ging auch mit. Temperantia hieß die fünfft / Castitas hat die sechste zünfft / Die siebend der Patients ghört / Humilitas het znechst ihrn ort / Spes stund wol an der neun stell / Labor war ihr nechster Gesell / Obedientia volgt drauff / Bey der Simplicitet hörts auff. Nah war das Castel an der Stadt / Das auch seine sechs Bollwerck hat. Das erst vom Tauff seinen Nahmn trug / Neben ihm stund der Glaub mit fug / Darauff sah man das fest Gebett / Dabey das Abendmahl sein stett / Folget auch Gottes Thewr gesatz / Zu letzt das Predigampt het platz. Diß alles stund im diessen grabn / Da man kein zugang nit möcht habn / Der war genand Religion, wer nit nein ghört solt haussen stahn. Fürwar der Baw war so gestalt / Kein Mahler het ihn schöner gmahlt / Sein Festung war so mannigfalt / Ihn het bezwungen kein gewalt / Allein durch Roh: vnd Sicherheit / War ihm zugfüget manches leidt [...].[54]

In der nach Symbolzahlen angelegten *pictura* der Himmelsstadt ganz am Ende der Heiligen Schrift findet sich die zeitlose Statik biblischer Zahlensymbolik: zwölf Tore, zwölf Stämme Israel, zwölf Apostel. Die Basteien, die bei Andreae an die Stelle der Tore gerückt sind, bezeichnen die Handlungsgebote der Gemeinschaft und das der Stadt zugeordnete Kastell bedeutet die Führerschaft und Exklusivität christlicher Glaubenspraxis.

Doch symbolisiert *Christianopolis* eben nicht allein eine Befestigung des Glaubens wie in *Christenburg*, sondern auch den Universalismus seiner experimentellen Forschungsstätten. So weist Edward H. Thompson auf die Parallelen zwischen *Christianopolis* und Tycho Brahes insularer Wissenschaftsfeste *Uraniborg* hin, welche dieser auf der ihm von dem dänischen König Frederick II. geschenkten Insel *Hven* nach eigenen Plänen verwirklicht hatte.[55] Andreae selbst legt den Vor-

54 Andreae (1626), S. 37f. (Kap. 14: „Von der Stadt Fortification vnd Wehren").

55 Vgl. Thompson (1999). Owen Hannaway vergleicht Libavius' ‚bürgerlichen' Laboratoriums-Entwurf mit Brahes ‚burgwissenschaftlichem' Laboratorium als zwei unterschiedliche Idealvorstellungen von Wissenschaft. Siehe Hannaway (1986), S. 590.

bildcharakter dieser Insel und ihrer Feste Uraniborg für *Christianopolis* nahe, wenn er in den *Collectanea Mathematica* die Grundrisse Uraniborgs aus Brahes *Astronomiae instauratae mechanica* (1598) abbildet.[56] Mehr noch als die baulichen Ähnlichkeiten dürften aber der insulare Charakter sowie die Weltabgeschiedenheit, die Brahe zur Bedingung seiner Forschungsarbeit erhebt, auf Andreae gewirkt haben, denn die insgesamt sechzehn Turmbauten, die die Vierzeilenarchitektur aufzuweisen hat, sind weder bei Dürer, bei Schickhardt noch bei Brahe nachweisbar.[57] Sie scheinen sich damit eher an der Weisheitsarchitektur des Salomonischen Tempels zu orientieren, die stets beides war: symbolisch und manifest.[58] Im Zentrum von *Christianopolis* steht nicht – wie bei Brahe – eine mit Pegasus gekrönte Wissenschaftsfeste, sondern eine Sakralarchitektur, deren Kreuz den höchsten Punkt der Stadtanlage markiert.[59] Andreae spielt damit eben jener Grenzauflösung zwischen himmlischer und weltlicher Architektonik zu, die er auch in seinen Forschungseinrichtungen zum Programm erhebt: „das *Laboratorium*, das *Heiligtum chemischer Kenntnisse* [...]. Hier wird der Himmel der Erde vermählt, und die göttlichen Geheimnisse, die auch der Erde eingeprägt sind, werden wiederentdeckt."[60] Der Universalarchitektur des Sakralbaus entspricht in *Christianopolis* der universale Erkenntnisanspruch der Forschungsstätten. Der praktische Universalismus der Forschungs- und Sammlungsstätten, die in der innersten Gebäudequadratur, den „Gemächern der Burg" (*arcis conclavia*)[61] untergebracht sind, geht aber wiederum nicht in dem universalen Anliegen einer Generalreformation auf.

Die Welthaltigkeit wird zunächst durch die Anbindung des Inselstaates an den Fernhandel begründet: „Auf diese Weise haben wir die besonderen Segnungen

56 Siehe die Abbildung in Tycho Brahe. „Astronomiae instauratae mechanica (1598)". *Tychonis Brahe Dani scripta astronomica.* 15 Bde. Hg. v. I.L.E. Dreyer, Johannes Raeder u. G.A. Hagemann. Hanau, 1923–1929, Bd. 5 (1923), S. 138. Siehe hier insbesondere zur Beschreibung Uraniborgs das Unterkapitel *Delineationis arcis Uraniburgi, quoad totam capacitatem explicatio* (S. 138–145).

57 Hier findet sich die Synthese aus Sakral- und Weisheitsarchitektur, die auch auf den andreaeschen Zentralbau abgefärbt hat. Vgl. etwa die Darstellung Matthaeus Merians in den *Icones Biblicae*, abgebildet bei Cornelia Limpricht. *Platzanlage und Landschaftsgarten als begehbare Utopien. Ein Beitrag zur Deutung der Templum-Salomonis-Rezeption im 16. und 18. Jahrhundert.* Frankfurt a.M. u.a., 1994, S. 194, Abb. 30.

58 Vgl. zur Vorbildfunktion des Salomonischen Tempels für die Wissenschaftsakademien dieser Zeit unten das Kapitel „Universalität und Lokalität". Für Andreae (wie auch später für Comenius) stellt der Salomonische Tempel ein biblisches Leitbild naturwissenschaftlich-theologischer Forschung parat. Siehe auch Johann Valentin Andreae. *Turris Babel. Sive iudiciorum de Fraternitate rosaceae crucis chaos.* [Straßburg], 1619.

59 Zur Bedeutung des Pegasus siehe Walther Ludwig. *Der Ritt des Dichters auf dem Pegasus und der Kuß der Muse – zwei neuzeitliche Mythologeme* (= Nachrichten der Akademie der Wissenschaften in Göttingen 1, Philologisch-Historische Klasse). Göttingen, 1996.

60 „Laboratorium [...] chymicae sagacitatis sacrum"/„Hic Coelum Terrae maritatur, & Divina mysteria etiam terrae impressa reperiuntur" Andreae (1619), S. 100f./Andreae (1977), S. 71f. (Herv. JL).

61 Die innere Organisation *Christianopolis*' gleicht eher der eines Monasteriums, denn der einer Stadt.

eines jeden Landstriches *vor Augen* und sehen sie im Austausch miteinander, *sodaß wir an einem Ort gewissermaßen an der gesamten Erde Anteil haben.*“[62] Diese Anteilnahme an der Welt stellt nämlich zugleich eine Gefährdung der Stadt dar – der Warenverkehr *innerhalb* der Gemeinschaft basiert auf Tauschhandel –, darf also nur indirekt, vermittels „Beauftragter“ vonstatten gehen.[63]

Aufgrund dieser immanenten Gefährdung zeigt sich die Forschungsarbeit nun im Modus einer geradezu teilnahmslosen Anteilnahme an der Welt. Überall ist Ganzheit und Vollständigkeit das höchste Ziel. Im Laboratorium wird „gemäß den Kennzeichen der großen Weltmaschine eine kleine, wohlgestaltete [Maschine]“[64] nachgebildet: Die Apotheke bietet gleichsam einen „Abriß der ganzen Natur“,[65] die physikalische Schausammlung soll eine „vollständige Kenntnis aller irdischen Erscheinungen“[66] gewähren, die mathematische Schausammlung (*De Theatro Mathematico*) bietet ein „Abbild des Sternenhimmels mit einer Wiedergabe des gesamten leuchtenden Himmelsheers“ und „geographische Karten aller Länder“ sind dort ebenso zu finden, kurz: „es fehlt nichts.“[67] Zugleich wird aber auf die Abschottung von allen äußeren Einflüssen Wert gelegt, die die (Wissens-) Ordnung der Stadt gefährden könnten. Zum Ausdruck kommt dies etwa darin, wenn der Spracherwerb dazu dient, „Fremdsprachen aller Art“ zu lernen, um „mit möglichst vielen Erdbewohnern“ umgehen zu können und zugleich „nicht jedem gerissenen Ausländer glauben zu müssen.“[68] Auch die Affinität von Bibliothek und Waffenkammer verdeutlicht diesen paradoxen Zug der Wissensakkumulation: In der Bibliothek ist an „verloren geglaubten Werken [...] nahezu alles vorhanden“, es gibt „keine Sprache der Erde, die hier nicht etwas beigesteuert hätte.“

62 „[...] ut ex omni terra suum peculiare beneficium intueamur, atque sic inter nos communicemus, ut uno in loco velut universo globo terreno perfrui videamur.“ Andreae (1619), S. 40 / Pape (1977), S. 26 (Herv. JL).

63 „[...] qui eam curam aliquibus ad id destinatis relinquunt.“ Andreae (1619), S. 40.

64 „Hic naturae simia habet, quod ludat, dum principia aemulatur, & per vestigia magnae machinae, minutam aliquam, ac elegantissimam efformat.“ Andreae (1619), S. 101 / Pape (1977), S. 72, übersetzt *machina* mit *Weltgebäude*. Dies ist sicherlich nicht verkehrt. Allerdings hebt Andreae im vorangehenden Absatz auf die *dynamischen* Natur*kräfte* Feuer und Luft ab, so daß ich im Sinne des ersten Kapitels dieser Untersuchung für Welt*maschine* plädieren würde.

65 „Apotheca velut naturae totius compendium est.“ Andreae (1619), S. 102 / Pape (1977), S. 73.

66 „Nonne vero hic expedita est rerum terrenarum cognitio, [...].“ Andreae (1619), S. 106 / Pape (1977), S. 75.

67 „[H]ic coeli stellati imago, & totius superioris exercitus lucidissimi exemplar exhibebatur.“ „Sive convexum sive concavum velis, vel in planum diductum utrumque hemisphaerium, Sive siderum figuras particulariores & exactiores, sive etiam coelorum harmoniam, & admirabiles inter se proportiones, sive terrarum geographicas mappas, sive machinarum & fabricarum varias delineationes, & minuta exemplaria, sive geometriae schemata, sive artium mechanicarum instrumenta depicta, nominata & explicata, nihil omnino desiderabatur.“ Andreae (1619), S. 111f. / Pape (1977), S. 79.

68 „QUI maturae aetatis sunt, hic etiam variis linguis dant operam, non ut amplius sapiant, sed ut cum pluribus ex orbis terreni incolis, non tam vivis, quam mortuis conferre possint, neque uni alterive Graeculo credere necesse habeant.“ Andreae (1619), S. 123 / Pape (1977), S. 88.

Dennoch werden fast alle Bücher für „Spielereien" gehalten; die Bewohner lesen „eine ganze Menge, aber *innerlich gesichert* durch dies Vorbeugungsmittel, daß sie dem Menschengeschwätz keine Bewunderung entgegenbringen."[69] Die Waffenkammer, die gegenüber der Bibliothek liegt, wird äußerst kritisch betrachtet ob der „vielerlei Todesmöglichkeiten und Todesmittel", die der menschliche Geist ersonnen hat – zugleich ist sie materieller Ausdruck immerwährender Wachsamkeit, um „den heimlichen Nachstellungen des Feindes zu entgehen und seinen offenen Angriff […] zurückschlagen [zu] können."[70] Die Rückgezogenheit und Weltabgewandtheit, in der die Einwohner der Insel *Capharsalama* leben, scheint nachgerade die Bedingung zu stellen, um „unter Gottes Wunderwerken als bewußte Zuschauer" leben zu können, um „in Gottes herrliche Schausammlung hineinversetzt" zu werden.[71] So sind die Festungsmauern von *Christianopolis* auf ihren Innenseiten „mit Bildern geschmückt […], die das Weltgeschehen darstellen."[72]

Die Brüchigkeit und Fragwürdigkeit der Harmonie aus Glaubens- und Erkenntnispraxis, welche Andreae durch die rationalen und maßvollen Prinzipien seines befestigten Staatswesens ausdrückt, bleibt aber gerade durch den Festungsbau präsent. Die prekäre Doppelgestalt des gleichsam auf institutionalisierter Anti-Illusionistik ruhenden Gemeinwesens offenbart sich in der Zusammenschau der dem Text beigefügten ‚Stadtpläne'. Der divinatorische Blick auf die übersichtliche Grundriss-Labyrinthik trägt hier die Gefahr einer potentiellen Verkehrung gleichsam als göttlichen Fingerzeig in sich (siehe Abb. 21).[73] Die übersichtlich wirkende Vogelschau der Anlage invertiert in der Draufsicht in eine streng formalisierte Unübersichtlichkeit. Die Akademie sei zu einem Labyrinth geworden, so Andreae in der Vorrede zu *Christianopolis*: „Man irrt darin umher, hält das aber für

69 „Quicquid interisse nobis creditur, id propemodum omne aderat, maximo meo stupore. Nulla terrarum lingua est, quae non aliquid sui huc contulerit, nullum ingenium non fuit hic tributarium […]. Sunt tamen plurimae lectionis, *hoc medicamine praemuniti, quod nihil humanae loquacitatis admirantur.*" Andreae (1619), S. 92f. / Pape (1977), S. 66 (Herv. JL).

70 „[T]antum scilicet morti quaerendae & inferendae excogitari"/„[I]nsidiantem hostem eludant, & imgugnantem Spiritu DEI roborati repellant." Andreae (1619), S. 95f. / Pape (1977), S. 67f.

71 „[…] sed ut inter Dei admiranda spectatores, inter donaria dispensatores, inter opera aestimatores obambulemus." Andreae (1619), S. 148 / Pape (1977), S. 106.

72 „[U]rbs universa picturis mundi revolutiones referentibus ornata est […]." Andreae (1619), S. 107 / Pape (1977), S. 76.

73 Gustav René Hocke hat den ‚dialektischen Charakter' des Labyrinths in diesem Sinne als zwei aufeinander verweisende Seiten derselben Ordnung beschrieben. Siehe Hocke (1957), v. a. S. 98–104, 144–149, 154–156. Zur Deutung von *Christianopolis* als Labyrinthanlage siehe die Hinweise bei Kern (1999), S. 268f. Auf *Christianopolis* passt auch das Diktum Jacques Attali: „Il y faudra du courage, car à la sortie de tout labyrinthe, l'homme ne trouvera jamais que d'autres labyrinthes. Certains croiront y rencontrer Dieu; d'autres, la vérité; d'autres, un scepticisme ironique ou un désespoir panique. D'autres, enfin, plus simplement, un énigmatique et fragile chemins vers la Sagesse." Attali (1996), S. 223.

Schulung und Meisterschaft, man verschwendet und hält das für Gewinn."[74] Die Labyrinthik der Welt – dies scheint die Paralleldarstellung anzudeuten – lässt sich auch durch die Festung nicht ausschließen.

74 „Academia labyrinthus, ubi oberrare lusus est atque artificium: quicquid in haec prodigitur, quaestus est." Andreae (1619), S. 10 / Pape (1977), S. 8. Später heißt es: „Nemo libentius desipit, nisi qui prudentiae lubricitatem; vel tutius nescit, quam qui scientiarium labyrinthos." Andreae (1619), S. 160 / Pape (1977), S. 114 übersetzt: „Niemand wird in größerer Sicherheit unwissend bleiben, als wer die Irrgärten der Wissenschaft kennt." Andreae bedient sich – wie auch in den eingangs erwähnten *Menippus*-Dialogen – der im Deutschen vorkommenden Doppeldeutigkeit des Wortes *Akademie*, die sowohl die Ausbildungsinstitution meint als auch die Versammlung gelehrter Männer zum Zweck der Diskussion und der Forschung – ein Grund übrigens, weswegen Leibniz den Begriff *Sozietät* vorzieht. Andreae zielt hier möglicherweise auf seinen eigenen jugendlichen Irrweg sowie zugleich auch auf den Zustand der Akademien.

Experiment und Rätsel (Bacon)

In der Widmung seines großangelegten Reformprojektes *Instauratio magna* (1620) schreibt der englische Politiker und Philosoph Francis Bacon (1561–1626) überschwenglich an seinen König James I. (1566–1625): „I have provided the machine, but the stuff must be gathered from the facts of nature."[75] Bei der von Bacon angepriesenen ‚Maschine', handelt es sich um die neuartige Methode systematischen Experimentierens. Bacons Überschwang verdankt sich der Hoffnung, ein funktionierendes Instrumentarium entwickelt zu haben, welches gleichsam selbsttätig einer vollständigen Enträtselung und Entlarvung der Natur zuarbeitet. Die Hoffnung, sein Projekt einer umfassenden *Natural and Experimental History* – und darüber hinaus einer Reform der Wissenschaften – innerhalb weniger Jahre abzuschließen, spricht aus der wundersam knappen Zeitspanne, die er für dessen maschinelle Erledigung veranschlagt: „[T]he investigation of nature and of all sciences will be the work of a few years."[76] Bacon, der um die opiate, gleichsam blind und taub machende Wirkung der Hoffnung weiß, hält sie dennoch für den entscheidenden ‚Motor' der Entdeckungen.[77]

75 Francis Bacon. *The Works.* 14 Bde. Hg. v. James Spedding, Robert Leslie Ellis u. Douglas Danon Heath. Stuttgart-Bad Cannstatt, 1986 [Nachdr. d. Ausg. London, 1857–1874], Bd. IV, S. 12. Zur Rolle der Maschine als Schlüsselbegriff zum baconschen Wissenschaftsprogramm siehe Wolfgang Weiß. „‚An Attempt, which all Ages had despair'd of'. Das Selbstverständnis der Royal Society im 17. Jahrhundert". *Europäische Sozietätsbewegung und demokratische Tradition. Die europäischen Akademien der Frühen Neuzeit zwischen Frührenaissance und Spätaufklärung.* 2 Bde. Hg. v. Klaus Garber u. Heinz Wismann. Tübingen, 1996, Bd. 2, S. 669–688.

76 Bacon (1986), Bd. IV, S. 252. Hier heißt es auch: „For as much as relates to the work itself of the intellect, I shall perhaps be able to master that by myself; but the materials on which the intellect has to work are so widely spread, that one must employ factors and merchants to go everywhere in search of them and bring them in." (Ebd., S. 251f.).

77 Das größte Hindernis für den Fortschritt der Wissenschaften bestehe darin, so heißt es etwa in dem der Hoffnung gewidmeten Aphorismus seines *Novum Organon*, „that men despair and think things impossible." Gerade die weisesten und klügsten Männer seien häufig misstrauisch und argwöhnisch, wenn es um den Fortschritt der Wissenschaften gehe, sie führten die Kürze des menschlichen Lebens, die Schwäche menschlichen Urteilsvermögens, die Betrugsanfälligkeit menschlicher Sinneswahrnehmungen und vieles andere mehr ins Feld. Siehe Bacon (1986), Bd. IV, S. 90. Für sein Projekt einer allumfassenden Naturgeschichte sei es ausschlaggebend, sich über die Gründe der Hoffnung Rechenschaft abzulegen. Wie Columbus auch, „before that wonderful voyage of his across the Atlantic, when he gave the reasons for his conviction that new lands and continents might be discovered besides those which were known before; which reasons, though rejected at first, were afterwards made good by experience, and were the causes and beginnings of great events." Bacon (1986), Bd. IV, S. 91f. Die Gefahr übermäßiger Hoffnung schildert Bacon in der Einleitung zu einer nie geschriebenen *History of the Sympathy and Antipathy of Things*: „The effect of hope on the mind of man is very like the working of some soporific drugs, which not only induce sleep, but fill it with joyous and pleasing dreams. For first it throws the human mind into a sleep by the recital of specific properties, and secret

Der Beitrag Francis Bacons und der nach ihm benannten ‚Baconischen Wissenschaften' zur europäischen Wissenschafts- und Geistesgeschichte besteht nach allgemeiner Auffassung in der Etablierung und Tradierung einer empiristischen Forschungsstrategie, die sich auf Experiment und gezielte Beobachtung stützt.[78] Im baconischen Experiment, so wird diesbezüglich bereits zum Ende des 17. Jahrhunderts in einer auf Leibniz zurückgehenden Formulierung kolportiert, werde die Natur gleichsam zur Folterbank geführt, um deren geheimes Funktionieren ans Licht zu zerren.[79]

So folgerichtig dieses Urteil mit Blick auf die maschinelle Phantastik Bacons erscheinen mag, so wenig sagt es über die baconsche Experimentalpraxis selbst aus. Die experimentelle Erschließung der Natur erscheint hier – ganz im Gegensatz zu ihrer maschinellen Programmatik – voller Rätsel und Unwägbarkeiten. Sie dient nicht nur der Klärung des Ungelösten, sondern produziert selbst wiederum merkwürdige und staunenswürdige Effekte. Erkenntnisanspruch und Erkenntnispraxis geraten gerade mit Blick auf den maschinellen Charakter von Bacons Experimentalismus in ein paradoxes Verhältnis. Bemerkenswerterweise ist sich Bacon dessen durchaus bewusst und trägt gezielt zur Forcierung der entstehenden Widersprüche bei.

and heaven-sent virtues; whence men are no longer wakeful and eager in searching out real causes, but are content to rest in such kinds of indolence; and then it insinuates and infuses into it innumerable fancies, like so many dreams. Men likewise in their folly expect to become acquainted with nature from her outward face and mask, and by external resemblances to detect internal properties. Their practice also is very much like their inquiry." Bacon (1986), Bd. V, S. 203. Die blind und taub machende Wirkung zu starker Hoffnung ist hier das Ende jeder Erkenntnis. Die Träume übernehmen die Herrschaft über die Realität. In einer solchermaßen verkehrten Welt werden auch die äußeren Erscheinungen der Natur für die wahre Natur gehalten. Diese irrige Orientierung an den Erscheinungsweisen (und nicht an den Funktionsweisen) der Natur wirke sich auch auf die Art der Fragestellungen aus, so Bacon. Zur bislang wenig beachteten Rolle der Hoffnung bei Bacon siehe Michèle Le Doeuff. „L'espérance dans la science". *Francis Bacon. Science et Méthode.* Hg. v. Michel Malherbe u. Jean-Marie Pousseur. Paris, 1965, S. 37–51. Bacons Forschungsprogramm als „policy of hope" schildert Robert K. Faulkner. *Francis Bacon and the Project of Progress.* London, 1993.

78 Vgl. etwa Paolo Rossi. „Bacon's Idea of Science". *The Cambridge Companion to Bacon.* Hg. v. Markku Peltonen. Cambridge, 1996, S. 25–46.

79 Leibniz verwendet 1695 wohl erstmals diese Wendung. Siehe hierzu Peter Pesic. „Wrestling with Proteus: Francis Bacon and the ‚Torture' of Nature". *Isis* 90 (1999), S. 81–94, hier S. 81–82. Entsprechend dieser mit Bacon identifizierten Wendung resümiert Gernot Böhme (1993), S. 437: „Tatsächlich hat unsere Naturwissenschaft Erkenntnismethoden entwickelt, die sich auf ihren Gegenstand keineswegs als einen Freund, Bekannten oder gar Verwandten beziehen, sondern vielmehr die Natur als etwas behandeln, das dem Menschen fremd ist, das ihn bedroht, das es zu beherrschen gilt und menschlichen Zwecken dienstbar zu machen. Methoden des Öffnens, Herausschneidens, des Isolierens, der Kontrolle haben bisher die Erfolge dieser Wissenschaften ermöglicht." Zur Wirkungsgeschichte Bacons im 17. Jahrhundert siehe Lorraine Daston. „Baconian Facts, Academic Civility, and the Prehistory of Objectivity". *Annals of Scholarship* 8 (1991), S. 337–363. Claus Zittel hat in prägnanter Form den ‚Bacon des 17. Jahrhunderts' rekonstruiert. Siehe Claus Zittel. „‚Truth is the daughter of time'. Zum Verhältnis von Theorie der Wissenskultur, Wissensideal, Methode und Wissensordnung bei Bacon". *Wissensideale und Wissenskulturen in der frühen Neuzeit. Ideals and Cultures of Knowledge in Early Modern Europe.* Hg. v. Wolfgang Detel u. Claus Zittel. Berlin, 2002, S. 213–238.

Experimentalmaschine *(New Atlantis)*

Die Verführungskraft des baconschen Wissenschaftsprogramms liegt ganz wesentlich in der reichen Verwendung von Metaphern.[80] Dies mag auf den ersten Blick merkwürdig erscheinen, zeichnet sich doch Bacons Werk durch eine hohe sprachreflexive Sensibilität aus: Die Kritik an der Verführungs- und Täuschungskraft der Sprache ist Ausgangs- und Kernpunkt seiner wissenschaftsreformatorischen Schriften – und es ist kein Zufall, wenn durch die neuartige Gattung des *Essays* bei ihm die Sprache selbst zum Gegenstand des Experimentierens wird.[81] Hans Blumenberg hat diesbezüglich darauf aufmerksam gemacht, dass Metaphern eine doppelte Qualität zukommt: Als Leitmetaphern können sie eine explorative, erklärende und erkenntnisleitende Funktion haben. Auf der anderen Seite kann ihr Gebrauch auch eine verdunkelnde und verschleiernde, d. h. eine erkenntnishemmende, regelrecht blind und taub machende Qualität besitzen.[82]

Die Verheißung seiner Experimentalmaschinerie zeigt sich bei Bacon im metaphorischen Gewand territorialer Entdeckungen. Die Welt habe ihre Unnachahmbarkeit verloren, so begründet Francis Bacon in *De dignitate et augmentis scientiarum* (1623) die Notwendigkeit zur Erneuerung der Wissenschaften. Himmel wie Erde seien umsegelt, Blitz und Donner zu Menschenwerk geworden.[83] Doch während sich das Angesicht der Welt verändert habe, würden immer noch die Gewissheiten einer überkommenen Wissenschaft gelten. Seine Programmatik bedient sich folgerichtig der Metaphorik der Landnahme und Landvermessung.[84] So beschwört er im *Novum Organon*, der Einleitung der *Instauratio*, vor dem geistigen Auge des Lesers eine Karte, die zuallererst darauf gerichtet ist, alte Grenzverläufe aufzuheben und um das Unbekannte, Vermisste und Zweifelbare zu erweitern, „[d]enn man

80 Zum Komplex der Metaphernverwendung in den Wissenschaften vgl. Gerd Mattenklott. „Metaphern in der Wissenschaftssprache". *Bühnen des Wissens. Interferenzen zwischen Wissenschaft und Kunst.* Hg. v. Helmar Schramm u. a. Berlin, 2003, S. 28–49.

81 Vgl. zur wechselseitigen Normierung poetologischer und epistemologischer Diskurse bei Bacon sowie im Umfeld der *Royal Society*: Richard Nate. *Wissenschaft und Literatur im England der frühen Neuzeit.* München, 2001, insbesondere S. 141–200.

82 Siehe Hans Blumenberg. *Paradigmen zu einer Metaphorologie.* 2. Aufl. Frankfurt a. M., 1998. Dieser janusköpfigen Gestalt des Metaphorischen entsprechend, findet sich bei Bacon beispielsweise ein reicher Gebrauch von Theatermetaphern, gleichwohl er alles Theaterhafte und Illusionäre in seiner Wissenschaftsprogrammatik auszugrenzen sucht. Siehe Brian Vickers. „Bacon's Use of Theatrical Imagery". *Francis Bacon's Legacy of Texts. „The Art of Discovery Grows With Discovery".* Hg. v. William A. Sessions. New York, 1990, S. 171–213.

83 Siehe Bacon (1986), Bd. I, S. 514f.

84 An prominenter Stelle ist Bacon deshalb eine „Philosophie der Landkarte" unterstellt worden. Doch ist damit nur der programmatische Teil seines Neuerungswerkes umschrieben, das praktische Experimentieren tritt dahinter zurück. Siehe Wolfgang Krohn. „Einleitung". *Francis Bacon. Neues Organon.* Lateinisch-Deutsch. Bd. 1. Hg. u. mit einer Einl. v. Wolfgang Krohn. Hamburg, 1990, S. IX–LVI, hier S. XV. Vgl. zum kolonialistischen Wissenschaftsverständnis in *New Atlantis* Charles C. Whitney. „Merchants of Light: Science as Colonization in the *New Atlantis*". *Francis Bacon's Legacy of Texts. „The Art of Discovery Grows With Discovery".* Hg. v. William A. Sessions. New York, 1990, S. 255–268.

findet auf der Geisteskugel wie auf der Erdkugel sowohl bearbeitete als wüste Gebiete."[85] Während sich dem Menschen vollkommen neue Territorien erschlössen, hätten die Wissenschaften sich in ihren alten Grenzverläufen eingerichtet. Sein Ziel ist es folglich, eine Übersicht über die Desiderata und weißen Flecken, die Irrtümer und Zweifel in der Erforschung der Natur zu schaffen, einen „Calender der Zweifel" (*Kalendarium Dubitationum*) oder „Calender der Falschheiten und gemeinen Irrthümer" („*Kalendarium Dubiorum Kalendarium Falsitatum* et errorum popularium").[86] Dabei ist es nicht allein damit getan, die Zweifel, Irrtümer und Falschheiten, die den Fortschritt der Wissenschaft behindern, zu beheben, die Aufgabe besteht vielmehr darin, diese als solche erst zu erkennen. Vorrangiges Instrument ist hier die Kunst der Entdeckung und Erfindung, d. h. die Experimentalkunst. Diese, die selbst noch zu dem Fehlenden zählt, ist wiederum einem Kompass vergleichbar, da auch „Westindien niemals für uns erfunden worden wäre, wo nicht die Erfindung des Compaßes vorhergegangen: obwohl jene Gegenden unendlich groß, die Bewegung der Nadel aber sehr klein ist."[87]

Steht Bacons Wissenschaftsprogramm im Zeichen einer Eroberung, Vermessung und Kolonisierung unbekannten Territoriums, so vergleicht er die Tätigkeit des Experimentators mit der eines Landvermessers. Der experimentelle Fortschritt erscheint wiederholt im Bild zweier unterschiedlicher Gangarten, einem blinden Tappen bei Nacht und einem lichtvollen Schreiten bei Tage.[88] Während sich die vereinzelte Erfahrung im Umherlaufen wie in einem Labyrinth verirrt, dient das Experiment dazu, „auf festem Pfad durch die Wälder der Erfahrung zu den Lichtungen der Lehrsätze" zu führen.[89] Immer wieder bringt er Methode und Wegstrecke zusammen („via nostra et ratio"/„quae via vera est, sed intentata"[90]), hebt er ab auf die Wahrnehmungs- und Bewegungsweisen des Naturforschers, zu dessen erdnaher Fortbewegungsart es im *Novum Organon* heißt, er solle den „Geist nicht mit Flügeln, sondern eher mit Bleigewichten versehen, um so jedes Springen und Fliegen zu verhindern."[91]

85 „Etenim inveniuntur in globo intellectuali, quemadmodum in terrestri, et culta pariter et deserta." Bacon (1990), S. 38f. („Distributio operis").

86 Bacon (1986), Bd. I, S. 562. Zitiert nach der deutschen Übersetzung Bacon (1783), S. 333. Bacons *Advancement of Learning* (1605) bzw. in ausgearbeiteter Form sein *De dignitate et augmentis scientiarum* (1623) können als solche Verzeichnisse des Fehlenden bezeichnet werden.

87 „Atque sicut India Occidentalis nunquam nobis inventa fuisset nisi praecessisset acus nauticae inventio, licet regiones illae immensae, versoriae motus pusillus sit." Bacon (1986), Bd. I, S. 617 / Bacon (1783), S. 446.

88 Bacon (1986), S. 622/Bacon (1783), S. 446f. Siehe auch Bacon (1990), Bd. I, S. 177, 219 und 127 zum Bild des Lahmen und Läufers.

89 „[R]elicta prorsus et deserta experientia, aut in ipsa (tanquam in labyrintho) se intricando et circumcursando; cum rite institutus ordo per experientiae sylvas ad aperta axiomatum tramite constanti ducat." Bacon (1990), Bd. I, S. 176f.

90 Bacon (1990), Bd. I, S. 242f., 88f.

91 „Itaque hominum intellectui non plumae addendae, sed plumbum potius et pondera; ut cohibeant omnem saltum et volatum." Bacon (1990), Bd. I, S. 222f. Siehe zur Dialektik von Maschine und Labyrinth: Holländer (2000b), S. 577–586.

In dieser Forderung nach Regularität und Konformität methodischen Fortschreitens erweisen sich die ‚experimentellen Gangarten' dem gleichen maschinellen Kalkül verpflichtet wie die baconsche Wissenschaftsutopie *New Atlantis* (1624).[92] Bereits 1594 lässt Bacon in der Aufführung seines Gesprächsstücks *Gesta Grayorum* einen imaginären *Counsellor* dem tatsächlich anwesenden Prinzen raten, er möge das Studium der Wissenschaften durch die Gründung eines Instrumenten- und Maschinenhauses befördern, eines „still-house, so furnished with mills, instruments, furnaces, and vessels, as may be a palace fit for a philosopher's stone."[93] Durch dessen Realisierung schüfe der Herrscher ein „Eye of the World"[94], so habe er also vermittels der Instrumente und Maschinen Anteil an der gesamten Welt. Eine Parallelisierung von maschineller Nachahmung und Weltentschlüsselung, auf der auch das von Bacon beschriebene Gelehrtenkollegium *College of the Six Days Work* aufbaut, welches als Ziel hat, „the knowledge of Causes, and *secret motions of things*" zu ergründen.[95] Die maschinelle Methode materialisiert sich an diesem paradoxen Un-Ort, den *New Atlantis* beschreibt.

Mit dem Titel seines *College* erinnert Bacon an die göttliche Weltschöpfung.[96] Dieser Schöpfungsgedanke überträgt sich in *New Atlantis* auf die zahlreichen Maschinenhäuser, die Wissenschaftseinrichtungen, in denen Natur kunstvoll imitiert und übertroffen wird. In diesen Stätten, die sich grob in Laboratorien, Werkstätten, Sammlungs- und Inventarisierungsbauten sowie Experimentalhäuser unterteilen lassen, findet eine Partialisierung und Fragmentierung der Erkenntnisarbeit statt. Die Natur der Insel Bensalem wird dabei systematisch – in ihrer Gänze stellvertretend für den gesamten Erdkreis – durchmessen und erforscht: von der „Upper Region" („high towers [...] set upon high mountains"[97]) bis in die „Lower Region" („deep caves of several depths"[98]). Auf allen Ebenen beherrscht das Prinzip der *imitatio naturae* als Aneignungs- und Unterwerfungsvorgang die investigative Praxis. So gibt es etwa „great and spacious houses, where we imitate and demonstrate meteors; as snow, hail, rain, some artificial rains of bodies and not of water, thunders, lightnings; also generations of bodies in air; as frogs, flies, and

92 Die Verbindung von Utopie, Stadt und Maschine am Beispiel von Bacons Wissenschaftsutopie wurde beschrieben von Lewis Mumford. „Utopie, Stadt und Maschine". *Wunschtraum und Experiment. Vom Nutzen und Nachteil utopischen Denkens*. Hg. v. Frank E. Manuel. Freiburg, 1970, S. 27–51.

93 Bacon (1986), Bd. VIII, S. 335. Vgl. hierzu auch den Monolog *Praise of Knowledge*, den Bacon zur Aufführung vor Elisabeth I. konzipierte. Bacon (1986), Bd. VIII, S. 123ff.

94 Bacon (1986), Bd. VIII, S. 334.

95 Bacon (1986), Bd. III, S. 156 (Herv. JL).

96 Die Sechszahl spielt in den schöpferischen Systementwürfen des 17. Jahrhunderts eine nicht unbedeutende Rolle. So nennt etwa Descartes sechs Meditationen (*Meditationes*, 1641) bzw. sechs Tage (*Discours de la méthode*, 1637), an denen er seine Philosophie aus dem Nullpunkt des *cogito* entwickelt. Siehe zum darstellungsgeschichtlichen Hintergrund des Sechstagewerkes im Mittelalter: Zahlten (1979).

97 Bacon (1986), Bd. III, S. 157.

98 Bacon (1986), Bd. III, S. 156.

divers others."[99] Die Parallelen zu den weltumspannenden Maschinentheatern des Barocktheaters werden augenfällig, wenn Bacon ferner „perspective-houses, where we make demonstrations of lights and radiations", „sound-houses", „perfume houses", „engine houses [...] for all sorts of motions" schildert.[100]

Der Idolenlehre Bacons entsprechend sind die letzten Häuser, die er in der Reihe der Forschungsstätten beschreibt, die „houses of deceits of the senses."[101] Sie markieren die paradoxe Grenze zwischen der *imitatio naturae*, d. h. der buchstäblichen Entlarvung des Funktionierens der Natur durch nachahmende Annäherung auf der einen Seite und der Bewunderung, die diese Enthüllung auslöst auf der anderen. Darf die wahre Natur („truly natural") durchaus Bewunderung („admiration") auslösen, so wird die Verschleierung der Natur „to make them seem more *miraculous*" mit Sanktionen belegt: „But we do hate all impostures and lies: insomuch as we have severely forbidden it to all our fellows, under pain of ignominy and fines, that they do not shew any natural work or thing, adorned or swelling; *but only pure as it is, and without all affectation of strangeness.*"[102]

Doch nicht allein auf der Ebene der experimentellen Naturnachahmung ist das Maschinelle in *New Atlantis* wirksam. Wie bereits wenige Jahre zuvor in Campanellas *Civitas solis* (1599, erschienen 1623) und Andreaes Festungsutopie *Christianopolis* (1619) zeichnet sich auch *New Atlantis* durch seine rationalen und mathematischen Prinzipien unterliegende Konstruktion menschlicher Beziehungsräume aus. Diese ‚mathematische' Fundierung des Sozialen hat den Effekt der maschinenhaften Berechenbarkeit und Verlässlichkeit sozialen Verhaltens, das somit auf Täuschungen und Misstrauen verzichten kann. So zeichnet sich das Verhalten der Einwohner Bensalems durch militärische Konformität aus. Bei der Begrüßung des gelehrten „Vaters" von *Salomon's House* zeigt sich „[t]he street [...] wonderfully well kept: so that there was never any army had their men stand in better battle-array, than the people stood. The windows likewise were not crowded, but every one stood in them as if they had been placed."[103]

99 Bacon (1986), Bd. III, S. 158.

100 Bacon (1986), Bd. III, S. 161ff. Bacon muss einer der bevorzugten Besucher der vielen *Court masques* gewesen sein. Sein gleichlautender Essay (Bacon (1986), Bd. VI, S. 417f.) ist diesbezüglich eines der wichtigsten Dokumente der damaligen Praxis. Siehe Vickers (1990) und ferner L. B. Campbell. *Scenes and Machines on the English Stage during the Renaissance.* New York, 1960 [Nachdr. d. Ausg. Cambridge, 1923], insbesondere Kapitel XII „The Work of Inigo Jones and his Contemporaries in England"; Allardyce Nicoll. *Stuart Masques and the Renaissance Stage.* London, 1937, insbesondere Kapitel III „The Prospectives". Aus theaterwissenschaftlicher Sicht interessant ist auch die häufige Verwendung des Wortes *prospective* bei Bacon. Siehe beispielsweise den Essay *Of Seeming Wise,* der sich gegen Wichtigtuer richtet: „It is a ridiculous thing and fit for a satire to persons of judgment, to see what shifts these formalists have, and what prospectives to make superficies to seem body that hath depth and bulk." Bacon (1986), Bd. VI, S. 436.

101 Bacon (1986), Bd. III, S. 164.

102 Bacon (1986), Bd. III, S. 164 (Herv. JL). Zur Unterscheidung von *wonder* and *miracle* bei Bacon siehe Daston/Park (1998), S. 220ff.

103 Bacon (1986), Bd. III, S. 155.

Der maschinelle Charakter des utopischen Mikrokosmos *New Atlantis* wird schließlich dadurch unterstrichen, dass im Zentrum des durch eine unbedingte Positivität und Funktionalität ausgezeichneten Gemeinwesens ein Geheimnis bewahrt wird. So bleibt das „Auge des Reiches", der Zugriff der „Gesellschaft des Hauses Salomon" auf die Welt durch ausgesandte Spione (*mercatores lucis*), „hidden and unseen to others."[104] Der panoptische Blick auf den Erdkreis bleibt der Außenwelt verborgen.[105] Und was für *New Atlantis* als Ganzes gilt, wiederholt sich auf der Ebene der Forschungsstätten. Hier gehört die Geheimhaltung der wichtigsten, durch gemeinsamen Beschluss bestimmten Forschungsergebnisse zu den Praktiken, die den inneren Zusammenhalt der Vereinigung garantieren: „take all an oath of secrecy, for the concealing of those which we think fit to keep secret: though some of those we do reveal sometimes to the state, and some not."[106]

Bacons Utopie einer nach wissenschaftlichen Prinzipien verfassten Gemeinschaft erscheint erst nach dem Tod ihres Verfassers. William Rawley (1588–1667), der Mitarbeiter Bacons, gibt *New Atlantis* 1627 erstmals heraus, und zwar zusammen mit einer anderen, heute fast vergessenen Experimentesammlung Bacons, die den Titel *Sylva Sylvarum* trägt. Ganz im Gegensatz zu der Bedeutung, die Bacons Utopie heute beigemessen wird, ist diese ursprünglich nur als ein Fragment gebliebener Zusatz zu der umfangreichen Experimentesammlung *Sylva Sylvarum* gedacht.[107] Das Frontispiz verdeutlicht den universalen Anspruch der experimentalwissenschaftlichen Methode: Eingerahmt zwischen zwei ‚salomonischen' bzw. ‚herkuleanischen' Schmucksäulen und von den Köpfen zweier Putti umkränzt, schwebt die Erdkugel unter den Strahlen eines flammenden Sonnenballs (Abb. 23). Damit, so könnte man meinen, erfolgt gleichsam eine historische Wegweisung: Der Experimentalmaschinerie von *New Atlantis* wird der Deutungsanspruch für ‚Welt' zugewiesen. Die heute weithin unbekannte Experimentesammlung *Sylva Sylvarum* hingegen (gleichwohl sie den Hauptteil des Bandes ausmacht) tritt da-

104 Bacon (1986), Bd. III, S. 140.

105 Dies gilt nicht nur für das ‚makrokosmische' Verhältnis Bensalem/Erdkreis, sondern auch für das ‚mikrokosmische' Verhältnis der Schiffbrüchigen zum Vorsteher von *Salomon's House*: „[T]he Father of Salomon's House taketh knowledge of your being here, and commanded me to tell you that he will admit all your company to his presence." Bacon (1986), Bd. III, S. 155.

106 Bacon (1986), Bd. III, S. 165.

107 Die Experimentesammlung *Sylva Sylvarum* und die Utopie *New Atlantis* sind im 17. Jahrhundert immer wieder als Doppelband nachgelassener Schriften aufgelegt worden. Die *British Library* verzeichnet neben der Erstauflage von 1627 (Francis Bacon. *Sylva Sylvarum: or a Naturall Historie. In ten centuries* [...]. *Published after the Authors death*. By William Rawley. [Enthält auch: *New Atlantis. A Worke unfinished*]. London, 1627) sechs weitere englischsprachige Auflagen in dichter Folge (1628, 1631, 1635, 1639, 1651, 1658). Die siebte Auflage ist dann 1670, 1676 und 1677 unverändert nachgedruckt worden. Die Abb. 23 ist dem in lateinischer Übersetzung erschienenen Schmuckband *Sylva Sylvarum Sive Historia Naturalis in decem Centurias distributa* [...]. Leiden, 1648, entnommen. Sie findet sich aber bereits als Frontispiz der ersten Auflage 1627. Die Doppelausgabe gehörte im 17. Jahrhundert neben den *Essays* zu den meistgelesensten Werken Bacons. Vgl. R. F. Jones. „The Bacon of the Seventeenth Century". *Essential Articles for the Study of Francis Bacon*. Hg. v. Brian Vickers. Hamden, 1968, S. 3–27.

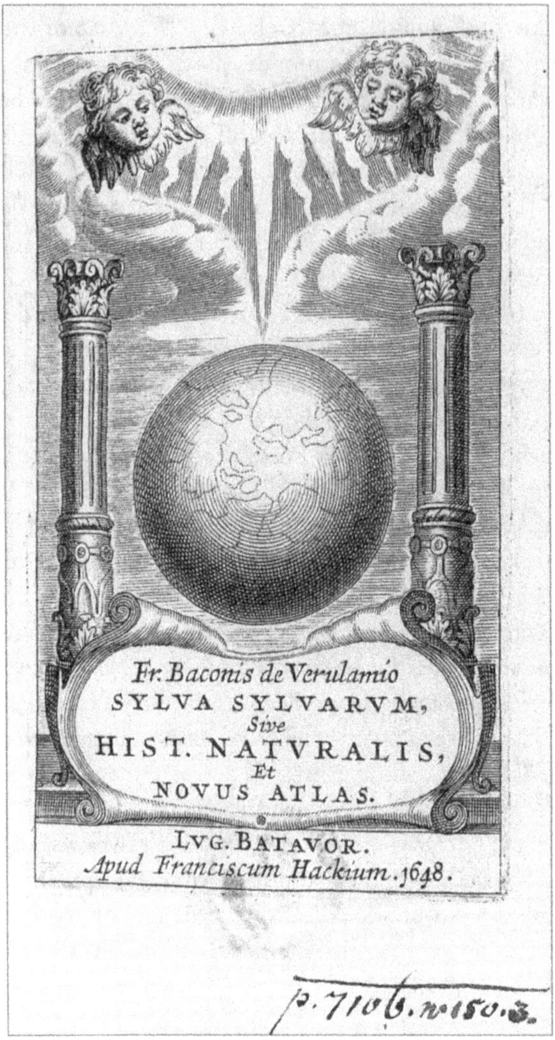

Abb. 23 Die Abbildung zeigt das Frontispiz einer lateinischen Doppelausgabe von 1648 der Werke *Sylva Sylvarum* und *Novus Atlas* (sic!). Die vorliegende Ausgabe scheint aufgrund des Lateinischen für eine gehobene Leserschicht, Adlige und Gelehrte, bestimmt. Die deutlichen Anleihen, die der Kupferstich an dem berühmten Frontispiz des *Novum Organon* (1620) von Simon van de Passe nimmt, sind bemerkenswert, da sich der universale Anspruch experimenteller Praxis hier in einer gleichsam potenzierten Theatralisierung niederschlägt (vgl. A. D. Burnett. *The Engraved Title-Page of Bacon s Instauratio magna. An Icon and Paradigm of Science and its Wider Implications.* Durham, 1998, wo das hier abgebildete Frontispiz allerdings keine Erwähnung findet). Im Frontispiz von 1620 bilden die Säulen des Herkules, symbolische Grenzen der Alten Welt an der Meeresenge von Gibraltar, den bühnenhaften Rahmen für den Blick auf einen in die Unendlichkeit reichenden Horizont. In unterschiedlicher Entfernung sieht der Betrachter zwei Segelschiffe, die Kurs auf die Meeresenge nehmen. Die weite, aufgewühlte See steht sinnbildlich für die Unbegrenztheit möglicher Entdeckungen und verdeutlicht zugleich die Gefahren, die der experimentellen Wissensproduktion als praktischer Aneignung und Beherrschung der Natur eigen sind. An die Stelle eines perspektivisch in die Unendlichkeit gedehnten Gefahrenraumes ist in diesem Bild die Totalvision des Erdballs getreten. Das Frontispiz zeigt statt der nüchtern und schlicht ausgeführten Säulen von 1620 zwei kunstvoll stilisierte Schmucksäulen. Diese unterstreichen auf der einen Seite den architektonischen Charakter des Buches, in welches sich der Leser wie durch ein Tor hinein begibt. Eine Architektur, die in sich selbst die Welt birgt. Dieses Motiv ist insbesondere im Frontispiz zu Böcklers *Theatrum machinarum* ausgeprägt. In ihm finden sich Anleihen an realen Architekturen, etwa der Gestaltung der anatomischen Theater in Uppsala und Bologna. Auf der anderen Seite lassen die Säulen den Bildraum selbst als eine Bühne erscheinen, auf dessen Proszenium die göttliche Perspektive auf den Erdball als Ausdruck universalen Wissens in Szene gesetzt ist. Die sie umkränzenden Putti sowie die flammende Sonnenscheibe unterstreichen den bühnenhaften Charakter des Bildes. Auch die Londoner Theater dieser Zeit verfügten über Bühnensäulen, so Shakespeares *Globe Theatre*, das *Swan* und das *Fortune* Theater (vgl. Vanessa Schormann. *Shakespeares Globe. Repliken, Rekonstruktionen und Bespielbarkeit.* Heidelberg, 2002, S. 142f.).

hinter zurück. Doch zeigt sich gerade hier, inwiefern der maschinelle Erkenntniswille auf der Ebene der Wissenspraxis keinesfalls problemlos oder gar selbstverständlich ist. So stößt im Wechsel von der methodisch-theoretischen auf die praktische Ebene des Experimentierens die Metaphorik der Landkarte an ihre Grenze: Sie deutet den Weg, ohne aber vor Umwegen zu schützen – sie gibt Anleitung, ohne das Ziel offenzulegen.[108]

Experimentelle Rätsel *(Sylva Sylvarum)*

Für Bacon stellt sich die Welt chaotisch und keinem übergeordneten kosmischen Prinzip analog dar – ‚Natur' ist für ihn zerstreut und vielgestaltig. Mit der Kunst des Experiments verbindet sich ausdrücklich das Plädoyer für eine gleichsam bodennahe Betrachtung der Natur und einer damit einhergehenden Aufmerksamkeit für das unscheinbare und rätselhafte Detail:

> Denn die Menschen pflegen die Natur gleichsam von einem hohen Turm, und in einer allzu großen Entfernung zu betrachten, und sich allzu sehr mit dem Allgemeinen zu beschäftigen; wenn sie aber herabtreten, zu den Besonderheiten der Dinge hinzunahen, und die Dinge selbst aufmerksamer und fleißiger beschauen möchten, so würden sie der Wahrheit gemäßere und nützlichere Begriffe erhalten. Also liegt das Hülfsmittel dieses Nachtheils nicht allein darinnen, daß sie das Werkzeug selbst schärfen oder stärken, sondern daß sie zugleich näher zu ihrem Gegenstande treten.[109]

So notwendig der aufmerksame Blick auf das Allerkleinste und Abwegige ist, so prekär ist hier die Lage des Beobachtenden. In der Vielheit des Einzelnen liegt stets auch die Gefahr der Betäubung durch die kleinen Dinge. Bacon ist sich dieser doppelten Bedrohung des Naturforschers bewusst. Während „Betrachtungen von Natur und Körpern in ihren einfachen Formen" den Verstand „hemmen und schwächen", so „betäuben und verblüffen" sie den Geist „in ihrem Zusammenklang und ihrem Zueinander [...]. Daher dürfen jene beiden Betrachtungsweisen einander nicht ausschließen; dergestalt wird der Geist zugleich scharfsichtig und

108 „Magnalia enim naturae fere extra vias tritas et orbitas notas jacent, ut etiam absurditas rei aliquando juvet." Bacon (1986), Bd. I, S. 632 („Denn die Wunder der Natur liegen fast außer den betretenen Wegen und der gemeinen Bahn, daß auch die Abgeschmacktheit der Sache bisweilen förderlich ist." Bacon (1783), S. 462).

109 „Solent autem homines naturam tanquam ex praealta turri et a longe despicere, et circa generalia nimium occupari; quando si descendere placuerit, et ad particularia accedere, resque ipsas attentius et diligentius inspicere, magis vera et utilis fieret comprehensio. Itaque hujus incommodi remedium non in eo solum est, ut organum ipsum vel acuant vel roborent, sed simul ut ad objectum propius accedant." Bacon (1986), Bd. I, S. 590 / Bacon (1783), S. 384.

allumfassend."[110] Diese paradoxe Konstellation äußert sich bei Bacon in einem grundsätzlichen Misstrauen gegenüber dem Selbstverständlichen und Harmonischen.[111]

Dem paradoxen Widerspiel dieser zwei divergierenden Erkenntnisweisen – einer universellen, vollständigen Enträtselung auf der einen, der programmatischen Seite, und einer experimentellen Rücksichtnahme gegenüber einer an sich rätselhaften Natur auf der anderen, der praktischen Seite, – begegnet Bacon erneut metaphorisch. Metaphorisch ist bereits der Titel der Experimentesammlung *Sylva Sylvarum.*[112] Durch die Übersteigerung des Gattungsbegriffes *sylva*, der die Stoffsammlung (aber auch die Gelegenheitsdichtung) umfasst, wird die gleichnishafte Reprozität zwischen Darstellungs- und Wissensform unterstrichen.[113] Der experimentelle ‚Pfad durch die Wälder der Erfahrungen' erweist sich hier nicht als eine explorative, sondern (im positiven Sinne!) als verunklarende, ‚naturnahe' Metapher, die die Disharmonien und die Zerklüftungen des Territoriums nachzeichnet und im Lektürevorgang erfahrbar werden lässt: An die Stelle des kartographischen Überblicks tritt ein absichtsvoll gewirktes ‚Erfahrungsdickicht'. Dieses ist bestimmt von der Inschutznahme nicht allein der Phänomene, sondern darüberhinaus auch der souveränen Urteilskraft der Leser vor der Tyrannei der Autorschaft, „for the introducing of new doctrines is likewise an affectation of tyranny over the understandings and beliefs of men."[114]

Der innere Zusammenhalt dieser umfangreichen Experimentesammlung, die sich keinesfalls nur Bacons eigener experimentellen Praxis verdankt, sondern auch klassische wie zeitgenössische Autoritäten zitiert,[115] liegt wesentlich in der durch den Titel suggerierten Undurchdringlichkeit eines erdnahen Erfahrungsdickichts.[116] Die strenge (und dem scheinbar ungeordneten Inhalt merkwürdig ent-

110 „Contemplationes naturae et corporum in simplicitate sua, intellectum frangunt et comminuunt: contemplationes vero naturae et corporum in compositione et configuratione sua, intellectum stupefaciunt et solvunt. [...] Itaque alternandae sunt contemplationes istae et vicissim sumendae; ut intellectus reddatur simul penetrans et capax." Bacon (1990), Bd. I, Aph. 57, S. 118f.

111 Seine eigene Rolle als „Wegweiser" (Bacon (1990), Bd. I, S. 98) lässt sich deshalb auch mit jenen Vorspielen der Musiker am Ende von *De dignitate et augmentis scientiarum* vergleichen, „quae ipsa quidem auribus ingratum quiddam et asperum exhibent, at in causa sunt ut quae sequuntur omnia sint suaviora" Bacon (1986), Bd. I, S. 827 („die, indem sie die Instrumente stimmen [...] den Ohren etwas unangenehmes und rauhes darlegen: aber Ursache sind, daß alles, was folgt, angenehmer ist". Bacon (1783), S. 795.

112 Hierzu ausführlich Zittel (2002), S. 230–236.

113 Dieses Vorgehen ist in zahlreichen Reflexionen Bacons – etwa in der Form des Aphorismus im *Novum Organon* oder der Form des Essays – belegt.

114 Bacon (1986), Bd. II, S. 672.

115 Bacon findet seine Experimente unter anderem bei Aristoteles, Plinius, Cardano, Della Porta oder in Reiseberichten. Hinzu kommen eigene Beobachtungen und mündliche Berichte. Zur Verwendung der *silva*-Gattung durch Bacon siehe Wolfgang Adam. *Poetische und Kritische Wälder. Untersuchungen zu Geschichte und Formen des Schreibens ‚bei Gelegenheit'*. Heidelberg, 1988, S. 238ff.

116 Die „secret order", wie es aus dem Mund des Herausgebers William Rawley heißt. Bacon (1986), Bd. II, S. 337.

gegenstehende) formale Einteilung der eintausend Experimente in zehn Zenturien legt sich dabei wie ein geodätisches Gitternetz über den Text. Sie betont kontrastierend die Heterogenität und Ungeordnetheit der Zusammenstellung. Zugleich sichert sie ein punktgenaues Auffinden und Verweisen innerhalb des voluminösen Textkörpers.

William Rawley, der Mitarbeiter und Herausgeber Bacons, begründet im Vorwort das eigenartige Aussehen („indigested heap of particulars") dieser Naturgeschichte, die für den dritten Teil der *Instauratio Magna* vorgesehen ist, „that there was no other way open to unloose men's minds, being bound and, as it were, maleficiate by the charms of deceiving notions and theories, [...] but only nowhere to depart from the sense and clear experience; but to keep close to it."[117] Die „systematische Unordnung"[118], die gesuchte Labyrinthik ist also ganz wesentlich gegen die illusionierende Kraft supponierter menschlicher Ordnung gerichtet. Sie erzeugt eine Nähe zur Heterogenität und Vielgestaltigkeit göttlicher Schöpfung: „That this work of his Natural History is the world as God made it, and not as men have made it; for that it hath nothing of imagination."[119]

Welches ist nun aber der ‚Pfad', der den Naturforscher davor bewahrt, in dem ‚Erfahrungswald' verloren zu gehen? – Der ihn die Dickichtstruktur der Natur wie an einem Ariadnefaden nachvollziehen lässt, ohne diese zugleich in eine supponierte axiomatische Ordnung zu überführen?[120] Zunächst einmal ist er in der Strategie zu suchen, eine Mehrzahl der Experimente mit dem Hinweis auf ihren möglichen Grund (*cause*) zu versehen, so dass „by this addition of causes, men's minds [...] would not think themselves utterly lost in a vast wood of experience, but stay upon these causes (such as they are) a little, till true axioms may be more fully discovered."[121] Das im Ablauf des Textes formelhaft angewandte „the cause is" oder „the cause may be" stellt hier eine Form der vorsichtigen Axiomatisierung dar – Bacon spricht im Vorwort von „framing axioms" –, durch die der Verfasser inmitten des Dickichts ‚Richtungsentscheidungen' vornimmt.

117 Bacon (1986), Bd. II, S. 335.

118 Zittel (2002), S. 235.

119 Bacon (1986), Bd. II, S. 337.

120 Bacon (1990), Bd. I, S. 24f.: „Aedificium autem hujus universi structura sua, intellectui humano contemplanti, instar labyrinthi est; ubi tot ambigua viarum, tam obliquae et implexae naturarum spirae et nodi, undequaque se ostendunt. Iter autem sub incerto sensus lumine, interdum affulgente interdum se condente, *per experientiae* et rerum particularium *sylvas* perpetuo faciendum est." („Der Bau des Weltalls aber erscheint in seiner Struktur jedem Menschengeist, der es betrachtet, wie ein Labyrinth, wo überall unsichere Wege täuschende Ähnlichkeiten zwischen Dingen und Merkmalen, krumme und verwickelte Windungen und Verschlingungen der Eigenschaften sich zeigen. Dabei muß der *Weg* bei dem unzuverlässigen, bald aufleuchtenden und bald verschwindenden Lichte der Sinne fortwährend *durch das Dickicht der Erfahrungen* und einzelnen Dingen gebahnt werden." Herv. JL) In dem Fragment *Filum labyrinthi* entwirft Bacon entsprechend eine *formula inquisitionis*, die sich nur indirekt, nämlich aus der Diskreditierung vorschneller und falscher Ordnungs- und Erkenntnispraktiken zu erkennen gibt.

121 Bacon (1986), Bd. II, S. 336.

Hintertrieben wird die vorschnelle Axiomatisierung aber durch den Charakter des Fragens, der die Sammlung prägt. Die formelhaft eingeleiteten Fragen („*Quaere* ...?“), die sich auf bisher noch nicht geklärte Einzelbeobachtungen beziehen, gestalten jeden vordergründig ‚festen Grund‘ zugleich schwankend und unsicher. Tatsächlich scheint Bacon hier jene in *De dignitate et augmentis scientiarum* beschriebene Form der Fragensammlung vorzuschweben, wo er die Kunst des Experiments mit der Kunst die richtigen, die angemessenen Fragen zu stellen verbindet, insofern nämlich „eine kluge Frage [...] gleichsam die Hälfte des Wissens“[122] ausmacht.

Während sich die Auswahl und Reihenfolge der Experimente in der Regel also nicht unmittelbar erschließt und somit einem Zustand der Orientierungslosigkeit Vorschub leistet, entsteht ein fein gesponnenes Netz fortgesetzten Fragens, das den Verdacht eines tieferliegenden (gleichwohl verborgenen) Zusammenhaltes und Wirkens nährt.[123] Dieses Verdachtsmoment einer verborgenen, dem Auge nicht unmittelbar zugänglichen Ordnung, welches bereits im Vorwort geschürt wird – Rawley schreibt, dass der, „that looketh attentively into them shall find that they have a secret order“[124] –, verschränkt den Rätselcharakter einer fragwürdigen Natur und das ‚Entstehungsgeheimnis‘ des Textes: Bacon, der sich diesbezüglich selbst so gerne den Verdienst eines „architect“ zugeschrieben hätte, sei „forced to be a workman and a labourer, and to dig the clay and burn the brick; and more than that, [...] to gather the straw and stubble over all the fields to burn the bricks withal“, so Rawley.[125] Doch ist diese ‚bodennahe‘ Beschränkung keinesfalls allein ein den Umständen geschuldeter Verzicht, sondern ebenso eine gewählte Strategie, die rätselhaften Einzelerfahrungen vor sich selbst, dem Autor, in Schutz zu nehmen: „[Bacon] resolved to prefer the good of men, and that which might best secure it, before anything that might have relation to himself.“ Der Argwohn gegenüber sich selbst führt hier zu einem ganz eigensinnigen Wunsch nach Unnachahmbarkeit. So entscheidet sich Bacon explizit dagegen, eine exakte Methodik erkennen zu geben, „because he conceived that other men would now think that they could do the like, and so go on with a further collection; which, if the method had been exact, many would have despaired to attain by imitation.“[126]

122 „At prudens Interrogatio quasi dimidium scientiae.“ Bacon (1986), Bd. I, S. 635 / Bacon (1783), S. 469.

123 Ein Verhältnis, das auch für Bacons Einstellung gegenüber der *Magia naturalis* gilt. So ist bei ihm Giambattista Della Portas *Magia naturalis* (1558) eine vielzitierte Quelle. Deren anwendungsorientierten Experimente dürften zum Erfolg des *Sylva*-Buches im 17. Jahrhundert wesentlich beigetragen haben. Zugleich müht sich Bacon aber darum, gerade nicht in diese Tradition gestellt zu werden.

124 Bacon (1986), Bd. II, S. 337.

125 Bacon (1986), Bd. II, S. 336.

126 Bacon (1986), Bd. II, S. 337. Rawley fühlt sich sogar genötigt zum Beweis, dass Bacon auch durchaus zu einer systematischen Vorgehensweise fähig ist, auf dessen Buch *De dignitate et augmentis scientiarum* (1623) zu verweisen, „which is written in the exactest order that I know any writing to be.“ (Ebd.).

Wie äußert sich nun jene, die Phänomene vor der eigenen Methode in Schutz nehmende Herangehensweise? Zunächst ist auffallend, dass sich Bacon vor allem solchen Phänomenbereichen zuwendet, die sich aufgrund ihrer Prozessualität und Flüchtigkeit nur äußerst schwer erfassen lassen. So beschäftigen sich eine Vielzahl von Experimenten mit der Zusammensetzung und Wirkung von Tönen und Geräuschen, Gerüchen und Geschmäckern sowie mit Verfalls- und Wachstumsvorgängen. Auch denjenigen Experimenten, die sich mit der Symptomatologie von Krankheiten bzw. der Prognostik naturgebundener Veränderungen beschäftigen, liegt ein auf Veränderlichkeit und Wandelbarkeit basierendes Fall-Denken zugrunde, das unveränderlichen und fixen Zeichenrelationen misstraut. Das Wirken der Natur vollzieht sich für ihn wesentlich durch solche dem Gesichtssinn – sei es durch ihre Kleinheit oder durch ihre Feinheit – nicht offenbaren Kräfte: „The knowledge of man", so heißt es in einem Experiment über die geheimen und verborgenen Wirkungsweisen der Natur,

> hath been determined by the view or sight; so that whatsoever is invisible, either in respect of the fineness of the body itself, or the smallness of the parts, or of the subtility of the motion, is little inquired. And yet these be the things that govern nature principally; and without which you cannot make any true analysis and indication of the proceedings of nature.[127]

Bisherige Abhandlungen über die Wirkkräfte („spirits and pneumaticals") der Natur, die sich vor allem an dem Sichtbaren orientieren, seien deshalb „superficial speculations", „like prospectives".[128] Da diese Kräfte die Körper fast immer in Bewegung hielten, ließen sie sich nicht durch simple Begriffsbildungen und Etikettierungen einfangen, sondern nur in ihren Bewegungseffekten, also gleichsam vermittelt aufspüren – Bacon nennt im 98. Experiment „touching the secret process of nature" einige dieser Effekte: „rarefaction, colliquation, concoction, maturation, putrefaction, vivification."[129] Diese verkörpern zugleich jene experimentelle Herangehensweise Bacons, die das Lebendige im Verfall, das Sprießende im Ruinösen oder das Perfekte im Imperfekten zu entmanteln sucht. So beginnt er auch in *Experiments in consort touching the insecta* mit der allgemeinen Feststellung, dass

> the nature of things is commonly better perceived in small than in great, and in unperfect than in perfect, and in parts than in whole; so the nature of vivification is best inquired in creatures bred of putrefaction. The contemplation whereof hath many excellent fruits.[130]

127 Bacon (1986), Bd. II, S. 380.
128 Bacon (1986), Bd. II, S. 381.
129 Bacon (1986), Bd. II, S. 381.
130 Bacon (1986), Bd. II, S. 557.

In der Beobachtung von Fäulnis- und Verwesungsprozessen entlarvt sich buchstäblich das Leben:

> First, in disclosing the original of vivification. Secondly, in disclosing the original of figuration. Thirdly, in disclosing many things in the nature of perfect creatures, which in them lie *more hidden*. And fourthly, in traducing, by way of operation, some observations in the insecta, to work effects upon perfect creatures.[131]

Angesichts der Vielgestaltigkeit der zu untersuchenden Phänomene misstraut Bacon der vereinheitlichenden und buchstäblich unaufmerksamen Anwendung einer Methode. Dies beginnt bereits mit der Analyse- und Darstellungsfähigkeit der Sprache selbst. In dieser Vorsicht liegt der Ursprung der sonderbaren Erscheinungsform seines *Sylva Sylvarum*. Die paradoxe Grundspannung, in die seine Zusammenstellung dadurch gerät, wird dann besonders deutlich, wenn er betont, dass es ihm gerade nicht um die bereits erprobten und gesicherten Experimente zu tun ist, sondern seine Sammlung im Wesentlichen darauf zielt, die noch unversuchten Experimente zu benennen:

> [W]e would not have those that read this our work of *Sylva Sylvarum* account it strange, or think that it is an over-haste, that we have set down particulars untried; for contrariwise, in our own estimation, we account such particulars more worthy than those that are already tried and known; for these latter must be taken as you find them; but the other do level point-blank at the inventing of causes and axioms.[132]

Der zu erwartende Gegenstand seiner Experimentesammlung, nämlich verifizierte Urteile über bestimmte Erfahrungen abzulegen, wird also nicht eingelöst. Vielmehr wird das Merkwürdige und Sonderbare gesammelt und immer wieder als Frage oder Rätsel an den Leser delegiert. Dabei bedient sich Bacon einer Appellstrategie, die derjenigen der *Magia naturalis* verwandt ist, insofern er den Leser zur Nachahmung einfacher Experimente auffordert. Doch geht es ihm hier nicht nur um das illusionistische Divertissement einer Leserschaft, sondern um die mimetische ‚Entlastung' seines eigenen Textes. Die Aufforderung zur Nachahmung ist hier im Unterschied zur *Magia naturalis*-Literatur eher als eine Anleitung zur eigenen Erfahrung zu verstehen und zwar im Sinne einer Verlagerung dessen, was die begriffliche Festschreibung nicht vermag. Wiederholt betont er die Differenz zwischen seiner Vorgehensweise und derjenigen in Della Portas *Magia naturalis*, wenn er sich etwa gegen die bloße Kuriosität verwahrt („for we hate

131 Bacon (1986), Bd. II, S. 557 (Herv. JL).
132 Bacon (1986), Bd. II, S. 508.

impostures, and despise curiosities").[133] Gleichwohl übernimmt er von diesem eine Vielzahl der Experimente, so dass „this writing of our *Sylva Sylvarum* is (to speak properly) not natural history, but a high kind of natural magic. For it is not a description only of nature, but a breaking of nature into great and strange works."[134] Diese „höhere Naturmagie" vollzieht sich nicht allein in der Zerlegung und Zergliederung von Körpern, sondern verkörpert sich zugleich in der brüchig und rau anmutenden Konsistenz des Textes. Eine in ihrer Unfertigkeit und Unabgeschlossenheit gleichsam brachliegende ‚Text-Landschaft' ist dies, die eine souveräne Autorschaft durch ihren eigenen ‚Zerfall' immer wieder hintertreibt.

Mit der baconschen Experimentalmethode verbindet sich die utopisch-maschinenhafte Verheißung einer vollständigen Klärung und Entschlüsselung. Tatsächlich zeigt sich aber in Bacons experimenteller Praxis eine poetisch verfahrende Rücksichtnahme auf den Eigensinn und die Vielgestaltigkeit der Phänomenwelt. Erkenntnisanspruch und Erkenntnispraxis, die sich hier auf paradoxe Art entgegenstehen, bleiben das ganze 17. Jahrhundert durch einen Buchdeckel miteinander verklammert. Erst im 18. Jahrhundert verlieren die Schriften *Sylva Sylvarum* und *New Atlantis* diesbezüglich ihren Zusammenhalt: Während dem utopischen Erkenntnisanspruch der Maschine eine solitäre Bedeutung zugesprochen wird, gerät die merkwürdige Experimentesammlung zunehmend in Vergessenheit.

133 Bacon (1986), Bd. II, S. 501. Die Verehrung, die etwa Georg Philipp Harsdörffer in seinen *Delitiae physico-mathematicae* (1651, 1658) Bacon entgegenbringt, zeugt von der Nähe, die zwischen Bacon und der *Magia naturalis*-Literatur besteht. Vgl. Berns (1991).

134 Bacon (1986), Bd. II, S. 378.

Methode und Illusion (Descartes)

Ein berühmtes Gleichnis der cartesianischen Philosophie ist Bernard Le Bovier de Fontenelle (1657–1757), dem späteren Präsidenten der französischen Akademie der Wissenschaften zu verdanken. In seinen *Entretiens sur la pluralité des mondes* (1686) erteilt er einer adligen Dame eine astronomische Belehrung, die mit folgendem Bild beginnt:

> „Die ganze Philosophie", sagte ich zu ihr, „beruht nur auf zwei Umständen: daß man einen wißbegierigen Geist und schlechte Augen hat [...]. Dabei stelle ich mir immer vor, daß die Natur ein großes Schauspiel ist, das jenem der Oper ähnelt. Von ihrem Platz in der Oper sehen Sie die Bühne nicht ganz so, wie sie wirklich ist; man hat die Dekorationen und die Maschinen so angeordnet, daß sie von weitem eine angenehme Wirkung erzeugen, und vor ihren Augen verbirgt man jene Räder und Gegengewichte, die alle Bewegungen ausführen. Daher kümmert es sie auch wenig, ob sie durchschauen, wie dies alles in Bewegung gerät. Vielleicht sorgt sich nur irgendein heimlich im Parkett sitzender Maschinenmeister um einen Flug, der ihm ungewöhnlich vorgekommen sein mag, und er will nun unbedingt erhellen, wie dieser Flug ausgeführt worden ist. Sie sehen deutlich, dieser Maschinenmeister ist weitgehend so beschaffen wie die Philosophen. [...] und wer die Natur sähe, wie sie wirklich ist, erblickte nur den Raum hinter den Kulissen in der Opernbühne."[135]

135 Bernard le Bovier de Fontenelle. *Philosophische Neuigkeiten für Leute von Welt und für Gelehrte. Ausgewählte Schriften.* Leipzig, 1989, S. 21f. „Toute la philosophie, lui dis-je, n'est fondée que sur deux choses, sur ce qu'on a l'esprit curieux & les yeux mauvais [...]. Sur cela, je me figure toujours que la nature est un grand spectacle, qui ressemble à celui de l'opéra. Du lieu où vous êtes à l'opéra, vous ne voyez pas le théatre tout-à-fait comme il est: on a disposé les décorations & les machines pour faire de loin un effet agréable, & on cache à votre vue ces roues & ces contrepoids qui font tous les mouvemens. Aussi ne vous embaressez-vous guere de deviner comment tout cela joue. Il n'y a peut-être que quelque machiniste caché dans le parterrre, qui s'inquiète d'un vol qui lui aura paru extraordinaire, & qui veut absolument démêler comment ce vol a été exécuté. Vous voyez bien que ce machiniste-là est assez fait comme les philosophes. Mais ce qui, à l'égard des philosophes, augmente la difficulté, c'est que dans les machines que la nature présente à nos yeux, les cordes sont parfaitement bien cachées, & elles le sont si bien, qu'on a été long-tems à deviner ce qui causoit les mouvemens de l'univers: [...] & qui verroit la nature telle qu'elle est, ne verroit que le derriere du théatre de l'opéra." Bernard le Bovier de Fontenelle. *Entretiens sur la pluralité des mondes.* London, 1784, S. 21–24. Zu diesem Gleichnis, das offenbar auf die drei Jahre früher uraufgeführte *tragédie lyrique Phaéton* von Philippe Quinault Bezug nimmt, siehe Gipper (2002), S. 134ff.

Vor dem Hintergrund eines mechanischen Weltbildes bebildert Fontenelles Gleichnis die Rückführung der physikalischen Welt auf einheitliche mechanische Prinzipien. Die Aufgabe des Philosophen besteht darin, hinter den Erscheinungen der Phänomenwelt diese Naturgesetze auszumachen. Das Instrument, dessen er sich bedient, ist der Zweifel. Der Zweifel an dem, was den Sinnen zugänglich ist, eröffnet gleichsam einen Blick hinter die Kulissen der Natur.

Um die Natur zu sehen, wie sie wirklich ist, hat René Descartes in seiner rationalistischen Programmschrift, dem *Discours de la méthode* (1637), den radikalen Zweifel an der sinnlich zugänglichen Erscheinungswelt erkenntnistheoretisch begründet. Die rationale, an mathematischen Prinzipien orientierte Demaskierung der Phänomenwelt ist bei ihm das Fundament einer neuen Metaphysik. Doch – und hieran erinnert Fontenelles Gleichnis – obwohl der cartesianische Rationalismus in seinen Grundzügen für eine entschiedene Entwertung alles Sinnlichen zugunsten des mathematisch-geometrisch Kalkulierbaren steht, weist wohl kaum eine Philosophie des 17. Jahrhunderts so vielfältige strukturelle Parallelen zum barocken Illusionstheater auf wie diejenige René Descartes'. Insbesondere sein methodologisches Werk, das in zeitlicher Parallele zu den vorklassischen Dramen Pierre Corneilles (1606–1684) entsteht, spielt auf virtuose Weise mit den Grundelementen barocken Theaters.[136] Sein sogenanntes Traumargument bedient sich der gleichen Realität und Illusion in Konfusion bringenden Muster, wie sie fast zeitgleich Pedro Calderón de la Barca (1600–1681) in *La vida es sueño* (1636) oder die *Illusion comique* (1635) Pierre Corneilles für die Bühne realisieren.[137] Die prominente Rolle der *camera obscura* in Descartes' Anthropologie lässt den Begriff der Illusion zu einem Schlüsselbegriff seiner Erkenntnisphilosophie werden;[138] und die Selbstreflexion der sinnlichen Wahrnehmung als trügerischer und illusionierender Kraft, die seine Schriften durchzieht, steht in enger Beziehung zur künstlerischen Praxis dieser Zeit.[139]

Grundlegend für den barocken Illusionismus der descartesschen Erkenntnisphilosophie scheint die strukturelle Analogie zwischen einem methodisch ‚gereinigten' und geometrisch kalkulierbaren Wahrnehmungsraum und dem Perspektiv-

136 Vgl. Ernst Cassirer. „Descartes und Corneille". *Descartes. Lehre – Persönlichkeit – Wirkung. Mit einer Einl. hg. sowie mit Anm. u. Reg. versehen v. Rainer A. Blast.* Hamburg, 1995, S. 71–117, der die Attraktivität der cartesianischen Philosophie aus der motivischen Nähe zum Theater Corneilles ableitet.

137 Vgl. Johann Albert. „Schlaf und Traum bei Calderón". *Festschrift für Ludwig Urlichs.* Würzburg, 1880, S. 163–198. Insbesondere Sonia Carboncini. *Transzendentale Wahrheit und Traum. Christian Wolffs Antwort auf die Herausforderung durch den Cartesianischen Zweifel.* Stuttgart-Bad Cannstatt, 1991, hat auf die zahlreichen Parallen zwischen Descartes und Calderón hingewiesen.

138 Vgl. hierzu Sylvie Romanowski. *L'illusion chez Descartes. La structure du discours cartésien.* Paris, 1974 (zum *Discours* siehe insbesondere S. 85–86); Schütz (1984) und Hallyn (2002) mit weiteren Literaturhinweisen zur Illusionsproblematik bei Descartes.

139 Vgl. Yvon Belaval. „Ouverture sur le spectacle". *Encyclopédie des spectacles.* Hg. v. Guy Dumur. Paris, 1965, S. 3–16.

raum der barocken Bühne.[140] Descartes' Bemühen ist darauf gerichtet, einen epistemologisch beherrschbaren Raum zu beschreiben, der die Souveränität des denkenden und urteilenden Subjektes gegenüber der Phänomenwelt sichert. Doch offenbart sich die Objektivierung und Relativierung sinnlicher Eindrücke als ein paradoxes Unterfangen, da jener Illusionsraum heraufbeschworen wird, den Descartes methodisch auszugrenzen trachtet.

Architektonik des Denkens (*Discours de la méthode*)

Im November 1619 hält sich der junge Adlige René Descartes, der im Gefolge des Heeres der katholischen Liga unter dem Oberbefehl des Bayernherzogs Maximilian I. Süddeutschland bereist, nahe der Festungsstadt Ulm auf. Dort findet er, so besagen es die biographischen Aufzeichnungen, in einer beheizten Stube, abgeschlossen von der Außenwelt, zu den Grundzügen seiner Philosophie.[141] Unabhängig davon, wie wahrheitsgetreu diese Aussagen sind, so ist die Beschwörung der Vereinzelung und des Abschlusses von der Außenwelt bezeichnend, da sie zum entscheidenden Charakteristikum seiner Methodenschrift *Discours de la méthode* (1637) wird, die selbst die „Fundamente seiner Metaphysik" („fondements de sa métaphysique") legen möchte.[142] Für Descartes verfährt richtiges Denken, das auf festem Grund als Ursache ein in sich stimmiges Ganzes baut, so, als würde man sich ein Haus bauen.[143] Gleich zu Beginn des *Discours* verknüpft Descartes den

140 Siehe Timothy Lenoir. „Descartes and the Geometrization of Thought: The Methodological Background of Descartes ‚Géométrie'". *Historia Mathematica* 6 (1979), S. 355–379, und Angelica Horn. „Das Experiment der Zentralperspektive. Filippo Brunelleschi und René Descartes". *Descartes im Diskurs der Neuzeit.* Hg. v. Wilhelm Friedrich Niebel, Angelica Horn u. Herbert Schnädelbach. Frankfurt a. M., 2000, S. 9–32.

141 Vgl. zu Descartes' Ulmaufenthalt und dem Treffen mit dem Mathematiker Johann Faulhaber: Kurt Hawlitschek. „Die Deutschlandreise des René Descartes". *Berichte zur Wissenschaftsgeschichte* 25 (2002), S. 235–252. Die Urszene seines philosophischen Denkens beschreibt Descartes in dem Traumbericht *Olympica*: „X. Novembris 1619, cum plenus forem Enthousiasmo, & mirabilis scientiae fundamenta reperirem &c." René Descartes. „Olympica". *Œuvres de Descartes.* Bd. X. Hg. v. Charles Adam u. Paul Tannery [= AT]. Paris, 1996, S. 179 (im Folgenden abgekürzt zitiert als AT). Vgl. zu diesem Dokument und dem „wundervollen" Ursprung der cartesianischen Philosophie Fernand Hallyn (Hg.). *Les Olympiques de Descartes. Études et textes.* Genève, 1995. Descartes war als junger Mann von seinem Vater zur militärischen Ausbildung in die Niederlande geschickt worden, wo er als Volontär in nassauischen Diensten stand und in Breda das Soldatenhandwerk erlernte. Descartes hielt es dort nicht lange aus und ging im Sommer 1619 auf die Reise, „um im Buch der Welt zu studieren." Um auch seine militärischen Kenntnisse zu erproben und zu vermehren, schrieb sich Descartes bereits in den Niederlanden in das Heer der katholischen Liga unter dem Oberbefehl des Bayernherzogs Maximilian ein. Er hatte ungefähr den Status eines beratenden Pionieroffiziers.

142 Zitiert nach der deutschen Übersetzung: René Descartes. *Von der Methode des richtigen Vernunftgebrauchs und der wissenschaftlichen Forschung.* Französisch-deutsch. Übs. u. hg. v. Lüder Gäbe. Hamburg, 1997, S. 3f.

143 Später dann hat sich Immanuel Kant der Architekturmetapher bedient. Er betrachtet die „Architektonik", wie im Schlußkapitel seiner *Kritik der reinen Vernunft* ausgeführt, als die „Kunst der

biographischen und den epistemologischen Handlungsstrang seiner Argumentation durch die Errichtung einer neuen, vernunftbegründeten Architektonik des Denkens, für die zunächst eine *tabula rasa* des eigenen Denkens inszeniert wird.[144] Vernunftbegründetes Denken veranlasst ihn gleichsam „sein eigenes Haus abreißen [...], um es wieder aufzubauen", denn dadurch glaubt er sein „Leben weit besser zu führen", als wenn er „nur auf alten Fundamenten baute."[145] Wie sieht nun diese Architektonik des Denkens aus, die Descartes auf halb biographische, halb metaphorische Weise hier entwickelt? Was umschließt sie, was schließt sie aus?

Im *Discours* nimmt Descartes die Beschreibung seiner jugendlichen Reise – angetreten, um sich der Abhängigkeit seiner Lehrer zu entziehen und „entschlossen, kein anderes Wissen zu suchen, als was ich in mir selbst oder im großen Buche der Welt würde finden können"[146] – zum Anlass, die Fortbewegung seines Denkens in das Gleichnis eines im Dunkeln vollführten Gehens zu kleiden: „Ich entschloß mich aber, wie ein Mensch, der sich allein und in der Dunkelheit bewegt, so langsam zu gehen und in allem so umsichtig zu sein, daß ich, sollte ich auch nicht weit kommen, mich doch wenigstens davor hütete, zu fallen."[147] Der Ausschluß, den Descartes hier in die paradoxe Figur eines umsichtigen Gehens in totaler Finsternis kleidet, ist ein doppelter: Zum einen der Ausschluss täuschender Sinneswahrnehmungen, zum anderen der körperliche Entzug von seinen bisherigen Lehrern und Ausbildern. Noch einmal kommt er auf die jugendliche

Systeme". Wissenschaft im Kantschen Sinne ist Systembau der Vernunft. Die systematische Einheit der Erkenntnis unter einer Idee ist das entscheidende Kriterium, das die Wissenschaft von der nur anhäufenden „gemeinen Erkenntnis" unterscheidet und zur „reinen" Vernunft erhebt. „Das Ganze ist also gegliedert (articulatio) und nicht gehäuft (coacervatio)" – so lautet bei Kant der Schlüsselsatz, mit dem der wohlgeordnete Gliederbau in der Architektonik eines mannigfaltigen, in sich fest und logisch gefügten Ganzen zur adäquaten Gestalt kommt. Mit der Wissenschaft selbst müsse man, so heißt es schon in der *Kritik der Urteilskraft*, „als einem für sich bestehenden Gebäude, auch architektonisch zu Werke gehen, und es nicht wie einen Anbau und als Teil eines anderen Gebäudes, sondern als ein Ganzes für sich behandeln." Bauen und Denken, Kunst und Wissenschaft gehen Hand in Hand. Architektonik gehört nach Kant zum methodischen Handwerk der Wissenschaft. Immanuel Kant. *Werke in zehn Bänden.* Hg. v. Wilhelm Weischedel. Bd. 4. Darmstadt, 1975, S. 695f.; Bd. 8. Darmstadt, 1975, S. 494f.

144 Einen wunderbaren Text zum *tabula rasa*-Denken Descartes' hat Durs Grünbein verfasst: *Vom Schnee. Oder Descartes in Deutschland.* Frankfurt a. M., 2003.

145 „[O]n voit bien que plusieurs font abattre les leurs [les maisons] pour les rebâtir, et que même quelquefois ils y sont contraints, quand elles sont en danger de tomber d'elles-mêmes, et que les fondements n'en sont pas bien fermes. [...] Et je crus fermement que, par ce moyen, je réussirais à conduire ma vie beaucoup mieux que si je ne bâtissais que sur de vieux fondements, et que je ne m'appuyasse que sur les principes que je m'étais laissé persuader en ma jeunesse, sans avoir jamais examiné s'ils étaient vrais." Descartes (1997), S. 22f.

146 „Et me résolvant de ne chercher plus d'autre science que celle qui se pourrait trouver en moi-même, ou bien dans le grand livre du monde." Descartes (1997), S. 16f.

147 „Mais, comme un homme qui marche seul et dans les ténébres, je me résolus d'aller si lentement, et d'user de tant de circonspection en toutes choses, que, si je n'avançais que fort peu, je me garderais bien, au moins, de tomber." Descartes (1997), S. 26f.

Wanderschaft in seinen *Meditationes* (1641) zurück, um in einer ambiguen Formulierung die doppelte Zielrichtung dieses Ausschlusses zu bestätigen. „Nun aber bin ich dahintergekommen, daß diese [die Sinne] uns bisweilen täuschen, und es ist ein Gebot der Klugheit, denen [den Lehrern] niemals ganz zu trauen, die uns auch nur einmal getäuscht haben."[148]

Dieser Bewegung in der Dunkelheit entspricht die Rahmenerzählung des *Discours*, insofern die jugendliche Wanderschaft ihre erzählerischen Schwerpunkte auf die Vereinzelung und den Rückzug in die Abgelegenheit, Dunkelheit oder Unsichtbarkeit legt. Dies beginnt mit dem Rückzug in ein „Quartier" in der Nähe der Stadt Ulm, wo Descartes „ohne zerstreuende Unterhaltung" und „ohne von Sorgen oder Leidenschaften geplagt zu sein, den ganzen Tag allein in einer warmen Stube eingeschlossen blieb", um sich, wie er schreibt, mit seinen eigenen Gedanken zu unterhalten.[149] Der Austritt aus seinem Quartier, so will es die Logik der Erzählung, initiiert zugleich die distanzierte Haltung des Zuschauers: „In all den neun folgenden Jahren reiste ich nur in der Welt herum mit der Absicht, in all den Komödien, die sich dort abspielen, lieber Zuschauer als Mitspieler zu sein."[150] Diese Haltung des unbeteiligten Zuschauers, die er dem Ideal des *honnête homme* entsprechend schildert, wird gleichsam zur Bedingung der Erkenntnis. So gibt er sich nach außen hin „ganz auf dieselbe Weise wie Leute, die weiter nichts zu tun haben, als ein angenehmes und harmloses Leben zu führen", die den „ehrbaren Zerstreuungen" nachgehen und ihre Muße genießen, „ohne sich zu langweilen."[151]

Die dem *Discours* im Anwendungsteil beigefügte *Dioptrique* liefert die physiologische Erklärung dieses methodischen Skeptizismus. Darin heißt es, dass die Menschen nicht umhin kommen, die materielle Welt vermittels von Repräsentationen, den Netzhautbildern, wahrzunehmen. Dies sei der Grund, weshalb das Auge beständig getäuscht würde.[152] Am Ende gelangt er zu der paradoxen Fest-

148 „[A]c prudentiae est numquam illis plane confidere, qui nos vel semel deceperunt." Zitiert nach der deutschen Übersetzung: René Descartes. *Meditationen über die Grundlagen der Philosophie. Lateinisch-deutsch.* Auf Grund der Ausgaben von Artur Buchenau neu hg. v. Lüder Gäbe. Hamburg, 1992, S. 32f. In einer Fußnote fügt er hinzu, dass mit der „Vermittlung der Sinne" diejenigen Dinge gemeint sind, „die ich von meinen Eltern, Lehrern usw. (durch Vermittlung des Gehörs) gelernt habe."

149 „[M]'arrêtta en un quartier où, ne trouvant aucune conversation qui me divertît, et n'ayant d'ailleurs, par bonheur, aucuns soins ni passions qui me troublassent, je demeurais tout le jour enfermé seul dans un poêle, où j'avais tout loisir de m'entretenir de mes pensées." Descartes (1997), S. 18f.

150 „Et en toutes les neuf années suivantes, je ne fis autre chose que rouler çà et là dans le monde, tâchant d'y être spectateur plutôt qu'acteur en toutes les comédies qui s'y jouent." Descartes (1997), S. 46f.

151 „Et ainsi, sans vivre d'autre façon, en apparence, que ceux qui, n'ayant aucun emploi qu'à passer une vie douce et innocente, s'édutient à séparer les plaisirs des vices, et qui, pour jouir de leur loisir sans s'ennuyer, usent de tous les divertissements qui sont hônnetes, je ne laissais pas de poursuivres en mon dessein, et de profiter en la connaissance de la vérité, peut-être plus que si je n'eusse fait que lire des livres, ou fréquenter des gens de lettres." Descartes (1997), S. 48f.

152 Vgl. die zusammenfassenden Erläuterungen zu Beginn des siebten Kapitels (AT, Bd. Bd. 6, S. 147f.). Descartes bringt das Beispiel der Perspektivillusion: „Enfin, pour ce qui est de iuger de la

stellung, dass die Wahrnehmung der Welt durch die Abbildfunktion des Auges gerade nicht gewährleistet sei: „So dürfen oft Bilder, um in ihrer Eigenschaft als Bilder vollkommen zu sein und die Gegenstände besser darzustellen, diesen häufig gerade nicht gleichen.“[153]

Descartes hat diesen Vorbehalt als methodischen Zweifel in seinen *Meditationes de prima philosophia* (1641) ausformuliert. Seine Experimentalanordnung spricht den Sinnen (zumindest vorläufig) jeden philosophischen Kredit ab:

> [I]ch will glauben, Himmel, Luft, Erde, Farben, Gestalten, Töne und alle Außendinge seien nichts als das täuschende Spiel von Träumen, durch die er [Gott] meiner Leichtgläubigkeit Fallen stellt; mich selbst will ich so ansehen, als hätte ich keine Hände, keine Augen, kein Fleisch, kein Blut, überhaupt keine Sinne, sondern glaubte nur fälschlich, dies alles zu besitzen.[154]

Die zweifelsfreie Erkenntnis von Körpern, d. h. alles Figürlichen und räumlich Umschriebenen, „was durch Gefühl, Gesicht, Gehör, Geschmack oder Geruch wahrgenommen [und] auf mannigfaltige Art bewegt“ [155] wird, erfolgt nicht

> durch die Sinne oder durch die Einbildungskraft, sondern einzig und allein durch den Verstand [...], nicht dadurch, daß man sie betastet oder sieht, sondern daß man sie denkt: so erkenne ich ganz offenbar, daß ich nichts leichter und augenscheinlicher erkennen kann – als meinen Geist.[156]

distance par la grandeur, ou la figure, ou la couleur, ou la lumiere, les tableaus de Perspectiue nous monstrent assés combien il est facile de s'y tromper. Car souuent, parce que les choses, qui y sont peintes, sont plus petites que nous ne nous imaginons qu'elles doiuent estre, & que leurs lineamens sont plus confus, & leurs couleurs plus brunes ou plus foibles, elles nous paroissent plus esloignées qu'elles ne sont.“ („Will man nun den Abstand aus Größe, Gestalt, Farbe oder Helligkeit bestimmen, so zeigen uns die perspektivischen Bilder zur Genüge, wie leicht man sich dabei täuschen kann. Denn oft, da ja die gemalten Gegenstände kleiner sind, als sie nach unserer Vorstellung sein dürften, und ihre Konturen verwaschener und ihre Farben dunkler oder matter sind, erscheinen sie uns entfernter, als sie es tatsächlich sind.“ René Descartes. *Dioptrik*. Übs. v. Gertrud Leisegang. Meisenheim am Glan, 1954, S. 109).

153 „[P]our estre plus parfaites en qualité d'images, & representer mieux vn obiect, elles doiuent ne luy pas resembler.“ AT, Bd. 6, S. 113 / Descartes (1954), S. 89.

154 „[P]utabo caelum, aerem, terram, colores, figuras, sonos cunctaque externa nihil aliud esse quam ludificationes somniorum, quibus insidias credulitati meae tetendit: considerabo me ipsum tamquam manus non habentem, non oculos, non carnem, non sanguinem, non aliquem sensum, sed haec omnia me habere falso opinantem.“ Descartes (1992), S. 39ff.

155 „[T]actu, visu, auditu, gustu vel odoratu percipi, [...] moveri pluribus modis“. Descartes (1992), S. 46f.

156 „[N]am cum mihi nunc notum sit ipsamet corpora non proprie a sensibus vel ab imaginandi facultate, sed a solo intellectu percipi, nec ex eo percipi, [...] quod intelligantur, aperte cognosco nihil facilius aut evidentius mea mente posse a me percipi.“ Descartes (1992), S. 58f.

Die sinnliche Wahrnehmung wird durch einen Denkakt substituiert: „Unter Denken verstehe ich alles, was derart in uns geschieht, daß wir uns seiner unmittelbar aus uns selbst bewußt sind. Deshalb gehört nicht bloß das Einsehen, Wollen, Einbilden, sondern auch das Wahrnehmen hier zum Denken."[157] Zu klarer und deutlicher Erkenntnis über die materielle Außenwelt, d. h. zur Wahrheit, gelänge der Mensch nur vermittels einer komplexen Theorie von Ideen, die Gegenstand der Verstandestätigkeit sind. Bei körperlichen Dingen sind dies Ausdehnung, Figur und Bewegung sowie Substanz, Dauer und Zahl. „Alles übrige aber, wie Licht, Farben, Töne, Gerüche, Geschmäcke, Wärme und Kälte und sonstige Berührungsqualitäten, denke ich nur recht verworren und dunkel und also weiß ich nicht, ob sie wahr oder unwahr sind."[158] Die hier vollzogene Mathematisierung und Geometrisierung des Wahrnehmungsvorganges, die einer Reduktion auf die Sinnesquantitäten (zu Ungunsten der Sinnesqualitäten) gleichkommt, findet eine Entsprechung in der distanzierten Zuschauerhaltung, die Descartes in seiner die *Dioptrique* einleitenden Methodenschrift entwirft.

An einem der prominentesten Beispiele des barocken Illusionstheaters möchte ich nun im Folgenden verdeutlichen, inwiefern Descartes durch die Errichtung eines epistemologisch beherrschbaren Wahrnehmungsraumes die Illusionskonventionen des barocken Theaters reproduziert. Beachtenswert hierbei ist, dass der barocke Theaterillusionismus eben nicht missverstanden werden darf als Illusion eines ‚absolut wirklichen Vorganges', sondern sich als Illusion eines „allgemeinräumlichen Sachverhaltes" auf „räumliche Wahrscheinlichkeit", nicht jedoch auf „lokal-historische Wahrscheinlichkeit" bezieht.[159] Pierre Corneilles Tragikomödie *Illusion comique*, welche im Vorfeld der poetologischen Auseinandersetzungen um die Einheit von Ort, Zeit und Handlung entsteht (im Rahmen der *Querelle des Anciens et des Modernes*), spielt entsprechend mit der Täuschbarkeit der Sinne und den Darstellungskonventionen des Theaterraumes. Dieses barocke Drama *par excellence*, welches etwa zur gleichen Zeit seine Uraufführung (1636) erlebt, in der auch der *Discours* entsteht, inszeniert in typisch barocker Manier ein Spiel im Spiel, durch welches die Zuschauerhaltung selbst zum Thema der Bühnenhandlung wird.[160] Eine Schlüsselszene der *Illusion comique* (5. Akt, 4. Szene) – und

157 „Cogitationis nomine, intelligo illa omnia, quae nobis consciis in nobis fiunt, quatenus eorum in nobis conscientia est. Atque ita non modo intelligere, velle, imaginari, sed etiam sentire, idem est hic quod cogitare." AT, Bd. 8, S. 7 / René Descartes. *Die Prinzipien der Philosophie.* Übs u. mit Anm. vers. v. Artur Buchenau. Hamburg, 1992, S. 3. Vgl. zu Descartes' Bildbegriff Lambert Wiesing. *Phänomene im Bild.* München, 2000, S. 81.

158 „[C]etera autem, ut lumen et colores, soni, odores, sapores, calor et frigus, aliaeque tactiles qualitates, nonnisi valde confuse et obscure a me cogitantur, adeo ut etiam ignorem an sint verae, vel falsae." Descartes (1992), S. 78f.

159 Zielske (1965), S. 244.

160 Vgl. zu diesem Motiv grundlegend George Forestier. *Le théâtre dans le théâtre sur la scène française du XVIIe siècle.* 2. Aufl. Genf, 1996, sowie insbesondere zum Stellenwert der *Illusion comique:* Ders. „Introduction". *L'illusion au XVIIe siècle.* Hg. v. Patrick Dandrey u. Georges Forestier. Paris, 2002, S. 7–13.

darüber hinaus für das barocke Illusionstheater – ist durch einen Kupferstich überliefert, den Corneille im Jahr des Erscheinens seiner *Trois discours sur les poèmes dramatiques* (1660) der Gesamtausgabe seiner Dramen beigibt (Abb. 24).[161] Wie bei Descartes, so geht es auch bei Corneille um die Einübung eines reflexiven Vorbehaltes gegenüber der sinnlichen Wahrnehmung.

Der Magier Alcandre, den der verzweifelte Vater Pridamant auf der Suche nach seinem verloren geglaubten Sohn Matamore aufsucht, initiiert das Spiel der Illusionen, indem er vor den Augen Pridamants – der zugleich in der Rolle eines Zuschauers auf der Bühne steht – das Leben Matamores episodenhaft zur Erscheinung bringt. Die Zuschauerhaltung Pridamants wird durch mehrfach wiederholte Gebote betont: „Was Ihr auch seht, verfolgts mit unerschrockner Seele." „Lauscht seinen Worten und schweigt selber still."[162] Pridamant und Alcandre folgen dem Spiel im Spiel aus der Dunkelheit der Höhle des Magiers heraus, die sich ihrerseits als kunstvolle Überblendung einer platonischen Höhle und einem abgedunkelten Theaterraum zu erkennen gibt: „Er, dessen Zauberwort durchbricht, was die Natur verfügt", so heißt es über den dunklen Ort des Illusionstifters Alcandre, „hat sich mit dieser finsteren Grotte als Palast begnügt. Stets läßt er Dunkel herrschen in den schauerlichen Grüften, die ihre Schleier nur den Strahlen eines falschen Tages lüften, daß nicht mehr Dämmer in die finstren Zonen dringt, als jene Schatten, die ihn aufsuchen, ertragen."[163] Dem platonischen Schattentheater der Magierhöhle entsprechend, ist das Spiel im Spiel dadurch ausgezeichnet, dass Matamore als Schauspieler agiert, d.h., dass Pridamant durch die Vision Alcandres getäuscht wird, wenn er dem vermeintlichen Tod seines Sohnes beiwohnt. Die Abbildung zeigt eben jenen Moment der vermeintlichen Tötung durch die Palastwachen des von ihm – im Spiel – hintergangenen Königs. Pridamant, der die Szene für real hält, wird von Alcandre zurückgehalten. Die Abbildung inszeniert diese Täuschung als ein doppeltes Erschrecken: das Erschrecken Pridamants über den vermeintlichen Tod seines Sohnes und das Erschrecken Alcandres über den Irrtum, die Verletzung der Zuschauerkonvention auf Seiten Pridamants. In der Schlussapotheose der *Illusion comique*, in der Pridamant seinen Irrtum erkennt – „Laßts eure Augen euch beweisen." – und Alcandre sich zu einem Plädoyer für die Schauspielkunst emporschwingt, da Pridamant diese als eine seinem Sohn unstatthafte und unwürdige Kunst verdammt, erlebt der Gesichtssinn eine

161 Es ist dies die letzte unter Mitarbeit Corneilles publizierte Gesamtausgabe seiner Dramen: Pierre Corneille. *Le Théâtre de P. Corneille. Reueu & corrigé par l'Autheur.* 3 Bde. Roüen, 1660.

162 II. Akt. 1. Szene: „Quoi qui s'offre à vos yeux n'en ayez point d'effroi. [...] Faites-lui du silence et l'écoutez parler." Pierre Corneille. *L'illusion comique. Présentation, notes, dossier, bibliographie, chronologie et lexique de Jean-Yves Huet.* Paris, 1997, S. 44. Zitiert nach der deutschen Übersetzung: Pierre Corneille. *Der Cid / Spiel der Illusionen.* Aus dem Französischen von Simon Werle. Frankfurt a.M., 1995, S. 95.

163 I. Akt. 1. Szene: „Ce grand Mage dont l'art commande à la nature / N'a choisi pour palais que cette grotte obscure; / La nuit qu'il entretient sur cet affreux séjour, / N'ouvrant son voile épais qu'aux rayons d'un faux jour, / De leur éclat douteux n'admet en ces lieux sombres / Que ce qu'en peut souffrir le commerce des ombres." Corneille (1997), S. 33 / Corneille (1995), S. 87.

Abb. 24 Illustration zum V. Akt, 4. Szene aus *L'illusion comique* (1635) von Pierre Corneille (*Le Théâtre de P. Corneille. Reueu & corrigé par l Autheur*, 1660). Es ist dies die einzige illustrierte Ausgabe der zu Lebzeiten herausgegebenen Dramen Corneilles. Das Bild stammt von François Chauveau (1613–1676), gestochen wurde es von Honoré David.

Entwertung zugunsten der Reflexion, wenn Pridamant schließt: „Hab ich mich mit der Angst auch von dem Vorurteil gelöst."[164]

Mit dem Heraustreten aus der Höhle des Magiers wird zugleich das Heraustreten aus der Dunkelheit des Theaters vollzogen und mit ihm die Qualität der Illusion formuliert. Corneille antizipiert hier im Medium des Dramas bereits jenes ästhetische Konzept einer *illusion agréable*, die der Abbé d'Aubignac 1657 in seiner *Pratique du théâtre* formulieren wird, wenn er Alcandre sagen lässt: „Menschen zu dienen ist mein innigstes Verlangen: durch eure [Pridamants, d. h. des ‚Zuschauers'] Freude hab ich meinen Lohn empfangen. Lebtwohl: ich bin zufrieden, da auch Ihr es seid."[165]

Die *Illusion comique* Pierre Corneilles führt die Paradoxie der Illusion als einer von dem Zuschauer als lustvoll empfundenen, kunstvollen Täuschung der Sinne vor. Strukturell entspricht die von Corneille geforderte, distanzierte Haltung des Illudierten jener, die Descartes sich selbst in der biographischen Rahmeninszenierung seiner Methodenschrift auferlegt. Hier wie dort ist das Paradox einer Beziehungslosigkeit gegeben, die nicht aufhört, sich zu ‚beziehen'.

Die dem *Discours* zugrundeliegende Suche nach einem Ort, der dem methodischen Anspruch nach Zweifelsfreiheit eine Entsprechung bietet, endet in einem Land, dessen öffentliche Ordnung jenem Paradox des Illusionsraumes zu entsprechen scheint, da es ein Leben ermöglicht „inmitten eines großen und sehr tätigen Volkes, das sich mehr um die eigenen Angelegenheiten kümmert als neugierig auf die der anderen" zu schauen. Und „ohne eine Bequemlichkeit der belebtesten Städte zu entbehren", lässt es sich hier in Holland „ebenso einsam und zurückgezogen leben wie in der entlegendsten Wildnis." Dieser Ort, an dem „lange Kriege eine solche öffentliche Ordnung haben entstehen lassen, daß die stehenden Heere anscheinend nur dazu dienen, daß man die Früchte des Friedens in desto größerer Sicherheit genießen kann",[166] ist zugleich der Erscheinungsort der anonym (!) publizierten Methodenschrift.

Der methodische Vernunftgebrauch, in den der *Discours* einführen möchte, prononciert vor dem Hintergrund des Sinneszweifels Begriffe der Klarheit und Distinktheit; eine ‚Helligkeit' des Wahren, der die ‚Dunkelheit' des Bezweifelbaren und Unklaren gegenübersteht.[167] Diese dem Illusionsgebrauch der Bühne entsprechende Konstellation gilt auch für den Vorgang der Veröffentlichung

164 V. Akt, 6. Szene: „N'en croyez que vos yeux."/„A banni cette erreur avecque la tristesse." Corneille (1997), S. 138 / Corneille (1995), S. 159.

165 V. Akt, 6. Szene: „Servir les gens d'honneur est mon plus grand désir, / J'ai pris ma récompense en vous faisant plaisir." Corneille (1997), S. 138f. / Corneille (1995), S. 159.

166 „[E]t à me retirer ici, en un pays où la longue durée de la guerre a fait établir de tels ordres, que les armées qu'on y entretient ne semblent servir qu'à faire qu'on y jouisse des fruits de la paix avec d'autant plus de sûreté, et où parmi la foule d'un grand peuple fort actif, et plus soigneux de ses propres aiffaires, que curieux de celles d'autrui, sans manquer d'aucune des commodités qui sont dans les villes les plus fréquenteées, j'ai pu vivre aussi solitaire et retiré que dans les déserts les plus écartés." Descartes (1997), S. 50f.

167 Vgl. zur Metapher des „Lichtes der Wahrheit" bei Descartes Carboncini (1991), S. 38ff.

selbst, da nur dasjenige ans Licht (auf das Papier) gebracht werden kann, das die unmittelbare Evidenz der Vernunft ausstrahlt. Die Paradoxie der descartesschen Methodenschrift wird nun gerade dort deutlich, wo der für sich selbst in Anspruch genommene Illusionsvorbehalt auf das papierene Theater der eigenen Schrift übertragen wird. So zeigt sich Descartes den möglichen Einwänden seiner Leser äußerst misstrauisch gegenüber, denn „solange es allen nur ums Siegen geht, bemüht man sich weit mehr, das Wahrscheinliche zur Geltung zu bringen als wirklich Gründe für und wider abzuwägen."[168] Denn obgleich „viele Augen mehr sehen als nur zwei", „so hindert mich doch meine Erfahrung mit Einwänden, die man mir machen kann, Gutes davon zu erwarten."[169] Doch so rigoros die Selbstprüfung des Autors auch ausfällt, sie kann nicht den Irrtümern vorbeugen, die seine Schriften ebenso notwendig auslösen, wie die Sinne getäuscht werden. Hier, im sechsten Teil des *Discours*, der allein eine Rechtfertigung des Schreibens und Publizierens des vorliegenden Buches darstellt, tritt Descartes (um im Bild zu bleiben) den Kampf gegen seine Magierstellung als Autor an.

Staunenswerte Maschinen *(Traité de l'homme)*

Fontenelles eingangs zitiertes Operngleichnis erinnert zum einen daran, inwiefern sich der Wahrheitsanspruch der descartesschen Methode durch ganz ähnliche Konventionen legitimiert, wie sie zeitgleich für den Illusionsraum der barocken Theaterbühne entwickelt werden. Zum anderen erinnert sein Gleichnis daran, welche Bedeutung Descartes der Maschine als Erklärungsmodell eines geregelten und gesetzmäßigen Funktionierens beimisst. Durch die methodische Trennung von *res extensa* und *res cogitans* schafft er die Voraussetzung für die mechanische Erklärung der gesamten Physik. Das Attribut der Natürlichkeit kann sich fortan bruchlos sowohl auf Pflanzen als auch auf Automaten beziehen. Die Rückführung der Phänomenwelt auf maschinelle Funktionszusammenhänge stellt einen Kerngedanken seines methodischen Forschens dar. Doch gerade am Wirken der Maschine lässt sich zeigen, inwiefern die vermeintliche Sinnesfeindlichkeit des radikalen Zweiflers durch das staunenswerte Wirken der Maschine unterlaufen wird. Das Wirken der Maschine ist für ihn nicht allein Beispiel eines geregelten Funktionierens, sondern gerade auch in seiner admirativen Dimension bedeutsam.

Eine konsequente Anwendung der Mechanik auf die Anthropologie hatte Descartes erstmals in seinem *Traité de l'homme* (1633, 1662 als *De homine* erschienen) vollzogen. Darin ist die Maschine Explanandum aller Funktionen des Körpers, insofern sich dieser als *res extensa* in mechanische Gesetzmäßigkeiten zer-

168 „[C]ar, pendant que chacun tâche de vaincre, on s'exerce bien plus à faire valoir la vraisemblance, qu'à peser les raisons de part et d'autre." Descartes (1992), S. 112f.

169 „[P]lusieurs peuvent plus voir qu'un homme seul" / „[...] toutefois l'expérience que j'ai des objections qu'on me peut faire, m'empêche d'en espérer aucun profit." Descartes (1992), S. 110f.

legen lässt. In einer technomorphen Ausdeutung des menschlichen Körpers bringt er die künstlichen Grotten und Fontänen der königlichen Gärten in Anschlag, um an deren Rohrleitungssystem die Beschaffenheit der Nervenverbindungen zu erläutern.[170] Dabei kann er auf eigene Erlebnisse, beispielsweise aus den Gärten Fontainebleaus, aber auch auf Beschreibungen, ähnlich denen, wie sie im Tagebuch der Italienreise Montaignes (1580/81) vorliegen, zurückgreifen.[171] Die Lebensgeister (*esprits animaux*), die bei Descartes die Interaktion von Körper und Seele gewährleisten, illustriert er durch die Kraft des Wassers, welches etwa eine Mühle am Laufen oder einen Orgelautomaten am Spielen hält. Das Wasser fungiert gleichsam als Transportmittel der Lebensgeister. Die Röhren, die das mechanische Prinzip verkörpern, werden durch Descartes als Infrastruktur gedeutet, unter deren Bedingung die Lebensgeister sich im Körper bewegen. So wird der physische Prozess der Wahrnehmung bei ihm zum (Salomon de Caus entlehnten) Maschinenspektakel (Abb. 25):

> Die äußeren Objekte, die durch ihre bloße Präsenz auf die Sinnesorgane einwirken, und die auf diese Weise die unterschiedlichen Bewegungen [der Körpermaschine] hervorrufen, abhängig davon, wie die Nervenabschnitte angelegt sind, sind wie Fremde, die, eingetreten in eine der Grotten, ohne dessen gewahr zu werden durch ihre Anwesenheit deren Tätigkeit initiieren: da sie dort nicht eintreten können, ohne einen Mechanismus auszulösen, der, wenn sie sich beispielsweise einer badenden Diana nähern, diese sich im Schilfrohr verstecken läßt. Und der, wenn sie ihr folgen wollen, einen Neptun auf sie zukommen läßt, der sie mit seinem Dreispitz bedroht. Und der, wenn sie von einer anderen Seite kommen, ein Meeresungeheuer auf sich zukommen läßt, das ihnen Wasser ins Gesicht speit. Oder vergleichbare Dinge, ganz nach den Launen des Ingenieurs, der sie gemacht hat. Und wenn schließlich die vernünftige Seele in dieser Maschine sein wird, dann wird sie ihren Hauptsitz im Nervensystem haben, wie der Fontenier, der an dem Ort sein muß, wo alle Rohre dieser Maschinen zusammenlaufen, wenn er auf irgendeine Weise ihre Bewegungen ausführen, verhindern oder ändern will.[172]

170 AT, Bd. 11, S. 120, 131f. Die Parallelen zu den von Salomon de Caus präsentierten Maschinen, vor allem seinen Grotten (vgl. de Caus (1615), Bd. I, Problemata XXVII) sind überdeutlich. Ähnliche Grottenmaschinerien finden sich auch in de Caus' Beschreibung des Heidelberger Schlossgartens (*Hortus palatinus*, 1620). Bereits Jurgis Baltrusaitis. (*Aberrations. 4 essais sur la légende des formes*. Paris, 1957) machte auf den Vorbildcharakter de Caus' in einem anderen Zusammenhang aufmerksam. Korrekturen erfuhren seine materialreich ausgeführten Thesen, die u. a. von der Wechselwirkung zwischen der Anschauung von Maschinen und dem technomorphen Körperdenken Descartes handeln, durch Geneviève Rodis-Lewis (1956). Zur Vorbildfunktion des Maschinenbuchs von de Caus für die descartessche Anthropologie und Epistemologie siehe jetzt: Des Chene (2001), S. 65ff.

171 Vgl. AT, Bd. 11, S. 212–215 mit weiteren Beispielen.

172 „Les objets exterieurs, qui par leur seule presence agissent contre les organes de ses sens, & qui par ce moyen la determinent à se mouuoir en plusieurs diuerses façon, selon que les parties de son

Abb. 25 Grottenmaschinerie bei Salomon de Caus (*Les raisons des forces mouvantes. Avec diuerses Machines Tant vtilles que plaisantes Aux quelles sont adioints plusieurs deſſeings de grotes et fontaines*, 1615).

Indem Descartes das technisch elaborierte Maschinenspektakel einer Grotte gleichnishaft auf den menschlichen Perzeptions- und Bewegungsapparat anwendet, scheint qualitativ die Sonderstellung des Affektes der Verwunderung (*admiration*), welche Descartes in den *Passions de l'âme* (1649) begründet, präfiguriert.[173] Die Verwunderung, die von Descartes als präreflexive Ausgangsdisposition jedes Perzeptionsaktes interpretiert wird, reguliert, worauf sich unsere Aufmerksamkeit allererst richtet, d.h. was wahrgenommen wird. Sie ist dazu nützlich, „daß wir Dinge bemerken, die wir bis dahin nicht gewußt haben, und sie im Gedächtnis bewahren. Denn wir wundern uns nur über das, was uns seltsam und außerordentlich erscheint."[174] Durch die Bewegung der Lebensgeister, die durch den Eindruck veranlasst wird, hilft sie, diesen zu fixieren, ihn in einer bestimmten Lage zu fixieren.[175] Mäßigung und Ausgewogenheit ist hier nötig, um die Stillstellung als solche nicht in Erstaunen (*étonnement*) umschlagen zu lassen, um eben jene Reflexion, für die die Stillstellung erfolgt, zu ermöglichen. Die Ökonomie der Aufmerksamkeit, die Descartes in den Affekt der Verwunderung legt, scheint deshalb zunächst nicht vollkommen deckungsgleich mit den Rezeptionskonventionen der Spektakelmaschinerie. Zielt diese darauf, die Reflexion durch die Sinnesüberwältigung auszuschalten bzw. zu lenken, so soll die Verwunderung gerade die unvoreingenommene Reflexion, die Beurteilung des Wahrgenommenen ermöglichen. Dennoch richten sich beide nach den gleichen Parametern. Ihr Maßstab ist das Neue und Überraschende.[176] Ein Beispiel für diese Form philosophischer Verwunderung findet sich bereits in den *Meditationes*. Dort schildert Descartes einen Augenblick der Irritation, der ihn beim Vorbeigehen von Menschen vor seinem Fenster erfasst. Diese wohlplatzierte Teichoskopie, die Descartes vor dem inneren Auge des Lesers zur Darstellung bringt, inszeniert die plötzliche Einsicht in die

cerueau sont disposée, sont comme des Estrangers qui, entrans dans quelques-vne des grottes de ces fontaines, causent eux-mesmes sans y penser les mouuemens qui s'y font en leur presence: car ils n'y peuuent entrer qu'en marchant sur certains quarreaux tellement disposez, que, par exemple, s'ils approchent d'vne Diane qui se baigne, ils la feront cacher dans des rozeaux; & s'ils passent plus outre pour la poursuiure, ils feront venir vers eux vn Neptune qui les menacera de son trident; ou s'ils vont de quelqu'autre costé, ils en feront sortir vn monstre marin qui leur vomira de l'eau contre la face; ou choses semblables, selon le caprice des Ingenieurs qui les ont faites. Et enfin quand l'*ame raisonnable* sera en cette machine, elle y aura son siege principal dans le cerueau, & sera là comme le fontenier, qui doit estre dans les regars où se vont rendre tous les tuyeaux de ces machines, quand il veut exciter, ou empescher, ou changer en quelque façon leurs mouuemens." AT, Bd. 11, S. 131f.

173 René Descartes. *Die Leidenschaften der Seele. Französisch-Deutsch.* Hg. u. übs. v. Klaus Hammacher. Hamburg, 1996, insbesondere S. 112–121.

174 „[E]lle est utile en ce qu'elle fait que nous apprenons & retenons en nostre memoire les choses que nous avons auparavant ignorées. Car nous n'admirons que ce qui nous paroist rare & extraordinaire." Descartes (1996), S. 116f.

175 Bei Descartes geht es zudem um den Krafterhalt. Die Kraft des Eindruckes, der die Verwunderung hervorruft, soll erhalten bleiben, deshalb die Stillstellung.

176 Nicklaus (2004), S. 40–46, sieht den cartesischen Affekt der Admiration gebunden an eine Faszination am Technischen selbst, da der technische Apparat in vielen Maschinentheater-Aufführungen gerade nicht verborgen, sondern ausgestellt wurde.

Täuschungsfähigkeit der Sinne als Verwunderung über die Möglichkeit perfekter menschlicher Automaten:

> Doch da sehe ich zufällig vom *Fenster* aus Menschen auf der Straße vorübergehen, von denen […] ich gewohnt bin zu sagen: ich sehe sie, und doch sehe ich nichts als die Hüte und Kleider, unter denen sich ja Automaten verbergen könnten! Ich urteile aber, daß es Menschen sind. Und so erkenne ich das, was ich mit meinen Augen zu sehen vermeinte, einzig und allein durch die meinem Denken innewohnende Fähigkeit zu urteilen.[177]

Das fensterumrahmte Schauspiel kostümierter Automaten versetzt den Leser in eine Welt der Täuschungen, des Theaters. Anders formuliert: Die in Szene gesetzte Reflexionshaltung findet sich hier bereits eingebettet in die Spektakelkonventionen des Maschinentheaters.

Die methodische Rückführung der Erscheinungswelt auf überprüfbare, mechanische bzw. mathematisch-geometrische Kriterien zeigt sich gerade bei der Gründungsfigur des neuzeitlichen Rationalismus immer wieder als ein paradoxes Unterfangen. Die vernunftgemäße ‚Reinhaltung' des Denkens, die Descartes als Ausgrenzung alles Täuschenden und Illusionierenden in Szene setzt, reproduziert unter den Bedingungen des Ausschlusses jenen Illusionismus, den die Methode zu verbannen sucht. Leibniz bemerkt viele Jahre später lapidar zu den Descartes'schen Prinzipien, dass „der Autor selbst vielleicht vorgezogen [hat], Paradoxien vorzubringen, um den Leser in Erstaunen zu setzen und durch die Neuheit zu reizen."[178]

177 „[N]isi iam forte respexissem ex fenestra homines in platea transeuntes, quos etiam ipsos non minus usitate quam ceram dico me videre. Quid autem video praeter pileos et vestes, sub quibus latere possent automata, sed iudico homines esse: atque ita id, quod putabam me videre oculis, sola iudicandi facultate, quae in mente mea est, comprehendo." Descartes (1992), S. 56f. (Herv. JL).

178 „Sed fortasse autor maluit *Paradoxeion*, ut torpentem lectorem novitate excitaret." Gottfried Wilhelm Leibniz. „Animadversiones in partem generalem Principiorum Cartesianorum". *Die philosophischen Schriften von Gottfried Wilhelm Leibniz.* 7 Bde. Hg. v. C.J. Gerhardt. Berlin, 1875–1890, Bd. 4 (1880), S. 350–392, hier S. 354/Gottfried Wilhelm Leibniz. „Bemerkungen zum allgemeinen Teil der Cartesischen Prinzipien [1692]." *Hauptschriften zur Grundlegung der Philosophie.* Teil 1. Übs. v. Artur Buchenau mit Einl. u. Anm. hg. v. Ernst Cassirer. Hamburg, 1996, S. 215–251, hier S. 215.

Universalität und Lokalität (Skytte)

Salomons Haus, Francis Bacons Archetypus neuzeitlicher Wissenschaftsorganisation, war bis ins 18. Jahrhundert hinein ein bauliches Provisorium.[179] So erfolgt die Gründung und Unterbringung der *Royal Society* in den 1660er Jahren in dem Zimmer eines Gründungsmitgliedes im *Gresham College*, wo die *Society* bis 1666 (und erneut ab 1674) notdürftig unterkommt.[180] Die Deutsche Akademie der Naturforscher in Halle, die *Leopoldina*, ist für lange Zeit nach ihrer Gründung 1652 eine Wanderakademie. Verwaltung, Bücher und Sammlungen werden bis 1878 an den Tätigkeitsort des jeweiligen Präsidenten gebracht. Die nachmalige *Preußische Societät der Wissenschaften und Künste*, 1700 gegründet, ist bis 1743 im Marstall des Herrschers bei den „königlichen Pferden und Maultieren" untergebracht.[181]

Die Versuche, der sich institutionalisierenden Wissenschaft des 17. Jahrhunderts ein eigenes Haus zu geben, sie im wahrsten Sinne des Wortes auf ein neues Fundament zu stellen und der Versammlung gelehrter Männer ein ihrem Selbstanspruch angemessenes Gebäude zu geben, scheiterten zunächst.[182] Die zahl-

179 Vgl. zu diesem Befund: Tilo Schabert. *Die Architektur der Welt. Eine kosmologische Lektüre architektonischer Normen.* München, 1997, S. 38f. Hier auch weitere Beispiele für das ‚Wandern' von Akademien. Vorarbeiten zu diesem Unterkapitel finden sich in meinem Aufsatz „Universalität und Territorialität. Zur Architektonik akademischer Geselligkeit am Beispiel der *Brandenburgischen Universität der Völker, Wissenschaften und Künste* (1666/67)". *Kunstkammer, Laboratorium, Bühne – Schauplätze des Wissens im 17. Jahrhundert.* Hg. v. Helmar Schramm, Ludger Schwarte u. Jan Lazardzig. Berlin u. New York, 2003, S. 179–199.

180 Siehe Shapin (1988), S. 381.

181 Alexander Amersdorfer. *Der Akademie-Gedanke in der Entwicklung der Preussischen Akademie der Künste. Ein Vortrag.* Berlin, 1928, S. 10. Einen Überblick über die europäische Akademiebewegung bietet: Claudia Valter. „Akademien der Wissenschaften". *Erkenntnis, Erfindung, Konstruktion. Studien zur Bildgeschichte von Naturwissenschaften und Technik vom 16. bis zum 19. Jahrhundert.* Hg. v. Hans Holländer. Berlin, 2000b, S. 121–142. Vgl. außerdem: Daniel-Odon Hurel u. Gérard Laudin (Hg.). *Académies et sociétés savantes en Europe (1650–1800).* Paris, 2000; Klaus Garber u. Heinz Wismann (Hg.). *Europäische Sozietätsbewegung und demokratische Tradition.* 2 Bde. Tübingen, 1996. Grundlegend ist nach wie vor: Martha Ornstein. *The Role of Scientific Institutions.* New York, 1930.

182 Sophie Forgan setzt ihre Betrachtungen zur Architektur der *Scientific Institutions* entsprechend erst im 18. und 19. Jahrhundert an. Vgl. Sophie Forgan. „Context, Image and Function: A Preliminary Enquiry into the Architecture of Scientific Societies". *BJHS* 19 (1986), S. 89–113. Inwiefern auch hier epistemischer und architektonischer Bau zusammenfällt, hat Tilo Schabert herausgearbeitet. Ihm zufolge werde „die Architektur der Akademie [...] durchsichtig [...] auf das hin, was sie ist: Erscheinung von Wissenschaft. Wissenschaft ist Welterkenntnis – universelle Erkenntnis der Dinge, der Wirklichkeit – und die Akademie – die freie Vereinigung von Gelehrten für die Gelehrsamkeit nur unter den Bedingungen der Gelehrsamkeit – ist die ‚Welt', in der die Welt, die von der Wissenschaft erkannte, aufscheint." Schabert (1997), S. 37.

reichen und zumeist kurzlebigen Sozietäten, gelehrten Gesellschaften und Akademien, die überall in Europa entstehen, reflektieren wiederum die Instabilität sozialer, konfessioneller und territorialer politischer Grenzen, zumal in ‚Deutschland', wo sie einen „Ausdruck von Utopismus"[183] annehmen. Eine gewisse Zwangsläufigkeit bekommt das Utopische vor allem dadurch, dass es darum geht, eine Lokalität zu bestimmen, die den Ort universaler Erkenntnis markieren soll. Die Schwierigkeit liegt darin, nicht nur eine Wissenschaftsarchitektur zu entwerfen, sondern immer auch eine Architektonik des Wissens zu denken, deren Welthaltigkeit universale Erkenntnis allererst ermöglicht.[184]

Welthaltigkeit der Akademie

Im Frühjahr 1667 wird am Hof des brandenburgischen Kurfürsten Friedrich Wilhelm der schwedische Reichsrat Bengt Skytte (1614–1683) mit einem bemerkenswerten Projekt vorstellig. Die Vorschläge für eine *Universitas Brandenburgica Gentium, Scientiarum et Artium*, die der gelehrte Projektemacher dem Kurfürsten unterbreitet, projizieren auf das durch den Dreißigjährigen Krieg im besonderen Maße in Mitleidenschaft gezogene brandenburgische Territorium eine universale Gelehrtenstadt.[185] So verspricht Skytte in einer seiner zahlreichen Eingaben bei Hofe mit der überbordenden Rhetorik eines barocken Projektierers,

183 Jörg Jochen Berns. „Zur Tradition der deutschen Sozietätsbewegung im 17. Jahrhundert". *Sprachgesellschaften, Sozietäten, Dichtergruppen. Arbeitsgespräch in der Herzog August Bibliothek Wolfenbüttel, 28. bis 30. Juni 1977. Vorträge und Berichte* (= Wolfenbütteler Arbeiten zur Barockforschung 7). Hg. v. Manfred Bircher u. Ferdinand van Ingen. Hamburg, 1978, S. 57f. Zur deutschen Entwicklung vgl. ferner: Fritz Hartmann u. Rudolf Vierhaus (Hg.). *Der Akademiegedanke im 17. und 18. Jahrhundert* (= Wolfenbütteler Forschungen 3). Bremen u. Wolfenbüttel, 1977; aus ideengeschichtlicher bzw. programmatischer Perspektive: Walther Artelt. „Vom Akademiegedanken im 17. Jahrhundert". *Nunquam otiosus. Beiträge zur Geschichte der Präsidenten der Deutschen Akademie der Naturforscher Leopoldina. Festgabe zum 70. Geburtstag des XXII. Präsidenten Kurt Mothes* (= Nova Acta Leopoldina N. F. 198 = Bd. 36). Hg. v. Erwin Reichenbach u. Georg Uschmann. Leipzig, 1970, S. 9–22; Gerhard Kanthak. *Der Akademiegedanke zwischen utopischem Entwurf und barocker Projektmacherei. Zur Geistesgeschichte der Akademiebewegung des 17. Jahrhunderts.* Berlin, 1987.

184 Siehe entsprechende Hinweise bei Galison (1999), S. 2ff.

185 Die Literatur zum Plan einer *Universitas Brandenburgica Gentium, Scientiarum et Artium* ist mittlerweile einigermaßen umfangreich. Bezugspunkt fast aller Autoren ist die gründliche Studie von Fritz Arnheim. „Freiherr Benedikt Skytte (1614–1683), der Urheber des Planes einer brandenburgischen ‚Universal-Universität der Völker, Wissenschaften und Künste'". *Beiträge zur brandenburgischen und preußischen Geschichte. Festschrift zu Gustav Schmollers 70. Geburtstag.* Hg. v. Verein für Geschichte der Mark Brandenburg. Leipzig, 1908, S. 65–99. Vgl. auch seinen gekürzten und um neue Quellen ergänzten Beitrag: Fritz Arnheim. „Die Universal-Universität des Grossen Kurfürsten und ihre geistigen Urheber". *Monatshefte der Comenius-Gesellschaft für Kultur und Geistesleben* 20 (= N. F. 3) (1911), S. 19–35. Die ältere Literatur ist zusammengefasst bei Kanthak (1987), S. 7–13. Unterschiedliche Perspektiven auf den Entwurf bieten: Carl Hinrichs. „Die Idee des geistigen Mittelpunktes Europas im 17. und 18. Jahrhundert". *Das Hauptstadtproblem in der Geschichte. Festgabe zum 90. Geburtstag Friedrich Meineckes.* Tübingen, 1952, S. 97–102; Ernst Opgenoorth. *Friedrich Wilhelm. Der Große Kurfürst von Brandenburg. Eine politische Biographie. Zweiter Teil: 1660–1688.* Göttingen u. a.,

> Das also Ir. Chr. Fr. Dtt. in Ihro landt vndt in einem Ort haben können, was andere potentates mit größesten vmkostung vndt mühe suchen mußen an weit abgelegenen ortern, vndt doch nicht wol finden, weniger behalten können. Was das nun für ein Inoptimabel Schatz ist, die besten vndt Kunstreichsten Leüte in seinem landt vndt an einem orte [zu] haben; das ist inoptimabel; vndt geht über alle Schatz-Kunst Kammer undt Rariteten; Kan auch nimmer verbraucht oder weggeholt oder beraubt werden wie mit thote Schetzen undt rariteten ofter leider geschit; darumb billich nur auf eine *lebendige vndt vnsterbliche Kunststat* zu wenden, vndt halten; als auf eine tote, [...] wie auch vergengliche: weil die lebendige nicht allein mit vnterschiedliche tote rariteten vndt Kunstsachen Ir. Churf. Dtt. bedinen können vndt werden, sondern die Weisen vndt Erfahrenen personen der Vniversitet, mit lebendigen relationes vndt Consilien, von *allen Ortern der Welt.*[186]

Durch nichts weniger als einen neuen geistigen Weltmittelpunkt sucht Bengt Skytte den brandenburgischen Kurfürsten zu faszinieren. Diese neue Gelehrtenstadt sollte mit weitreichenden Privilegien ausgestattet und als ein politisch neutraler Ort eine Sammlungsstätte der hervorragendsten und gelehrtesten Männer Europas werden. Die „lebendige Schatzkammer" – bereits Bacon benutzt für das Haus Salomon den Begriff *treasury* –, die Skytte als eine idealstädtische Utopie in den altmärkischen Sand imaginiert und deren ‚Grundriss' er in immer neuen Eingaben und sich ergänzenden oder widersprechenden „Memoriae" entstehen lässt, bleibt eine Papierarchitektur, die heute im Preußischen Geheimen Staatsarchiv zu betrachten ist.

Eine ebenfalls nicht ausgeführte Architektur, die heute als größtes erhaltenes Architekturmodell des 17. Jahrhunderts im Museum für Hamburgische Geschichte zu betrachten ist, gibt der dem Entwurf zugrundliegenden Idee der Welthaltigkeit eine materiale Gestalt. Es handelt sich um ein Modell des Salomonischen Tempels.[187] Der Salomonische Tempel gibt der *sapientia Salomonis*, jenem be-

1978, S. 60f; Barbara Beuys. *Der Große Kurfürst. Der Mann, der Preußen schuf. Biographie.* Reinbek b. Hamburg, 1979, S. 305–309; Ludwig Hüttl. *Der Große Kurfürst. Friedrich Wilhelm von Brandenburg.* München, 1984, S. 344–347; Conrad Grau. *Die Preußische Akademie der Wissenschaften zu Berlin. Eine deutsche Gelehrtengesellschaft in drei Jahrhunderten.* Heidelberg, Berlin u. Oxford, 1993, S. 37–39; Ines Böger. *„Ein Seculum ... da man zu Societäten Lust hat". Darstellung und Analyse der Leibnizschen Sozietätspläne vor dem Hintergrund der europäischen Akademiebewegung im 17. und 18. Jahrhundert.* Bd. 1. München, 1997, S. 366f.

186 PgStA, I. HA Rep. 9 Allgemeine Verwaltung K lit. M II Fasc. 1, Bl. 9r u. 9v (Herv. JL).

187 Modell des Salomonischen Tempels von Johann Jakob Erasmus (?) im Auftrag von Gerhard Schott, Hamburg 1680–1692. Inv. Nr. 1910, 539. 3,45x3,44 m. Grundfläche. Eichen-, Tannen-, Birnbaumholz, Birkenrinde, Bleiguss, Silberdraht, Lederpresstapete, z.T. vergoldet und farbig gefasst. Jeweils zwei Querflügel unterteilen die Fläche in neun quadratische Binnenhöfe, von denen nur die zwei Höfe zur Rückseite hin (der biblischen Orientierung gemäß nach Westen), zu einer Einheit zusammengefasst sind. In diesem längsrechteckigen Hof steht das eigentliche, gemäß den biblischen Angaben genau ausgeführte Tempelgebäude, eine aufgedoppelte Basilika, vor der im Osten querrechteckig zum übrigen Gebäudeteil turmartig die dreistöckige Ostfassade aufgeführt ist. Vgl. Gisela Jaacks.

rühmten Diktum alttestamentarischer Weisheitsliteratur, konkrete Realität: „Aber du hast alles nach Maß, Zahl und Gewicht geordnet." (Weisheit Salom. 11,21). Demnach trägt der Weltenbau und alles darin Befindliche eine mathematische Struktur. Gott hat die Welt nach mathematischen Gesichtspunkten geschaffen und der Mensch kann ihren Bauplan kraft des ihm von Gott verliehenen Verstandes aufdecken.[188] Die Gründungsfiguren neuzeitlicher Wissenschaft haben diese Überzeugung praktiziert und in Worte gefasst. In seiner Schrift *Il saggiatore* (1623) schreibt Galileo Galilei, dass das Buch der Natur in der Schrift der Mathematik geschrieben sei; Johannes Kepler sucht und findet in der Mathematik den Schlüssel zur Lösung der Planetenbewegungen, die er mit der Räderwerkautomation einer Uhr vergleicht. Das Tempelmodell legt diesbezüglich Zeugnis ab sowohl von der Schöpfung des *Artifex omnium*, als auch von auch der Möglichkeit, dieser im Rahmen menschlicher Verständnisfähigkeit auf die Spur zu kommen, sie buchstäblich zu entschlüsseln. In dieser Hinsicht bildet die Idealarchitektur des Salomonischen Tempels tatsächlich eine Leitvorstellung neuzeitlicher Wissenschaft ab: an einem konkreten Ort das methodische und instrumentelle Rüstzeug zur vollständigen Enträtselung der Welt zu besitzen.

Wer sich heute der gewaltigen Modellanlage des Salomonischen Tempels nähert, ist sicherlich überwältigt von der schieren Größe dieses nie ganz vollendeten Gebäudekomplexes. Doch bleibt ein herausragender Effekt dieses Modells aufgrund der geringen Höhe der Vitrine auf den ersten Blick verborgen. Kniet man sich hingegen auf den Boden, um durch eines der unzähligen Fenster zu blicken, so wird schlagartig die Vollkommenheit dieser gewaltigen Quadratur evident: Aufgrund der Regularität der Anlage sowie der handwerklich perfekten Ausführung ist es möglich, in jedem der winzigen Fenster durch das gesamte massive Holzmodell hindurchzublicken.[189] Diese unerwarteten Durchblicke und Einsichten, die die Massivität des Modells durch visuelle Transparenz konterkarieren,

„Abbild und Symbol. Das Hamburger Modell des Salomonischen Tempels". *Hamburg Portrait* 17 (1982); dies. „‚Engelgleiche Musik', ‚Elbschwäne' und ‚Salomos Tempel'. Hamburg als Zentrum geistiger und musikalischer Kultur im Barock". *300 Jahre Oper in Hamburg*. Hamburg, 1977, S. 36–49, sowie Bernd Vogelsang. *„Archaische Utopien": Materialien zu Gerhard Schotts Hamburger „Bühnenmodell" des Templum Salomonis.* Phil. Diss. Köln, 1981. Der Salomonische Tempel war stets beides, symbolisch und manifest: „Für die Kirchenväter war der alttestamentarische Tempel Salomos das Haus Gottes. Er war damit Typus oder auch Präfiguration der neutestamentarischen christlichen Kirche, seinem Antitypus. Der historisch-biblische Bau verwandelt sich zur Metapher des Gebäudes der christlichen Kirche und seiner Gläubigen: Der neutestamentarische Neue Tempel figuriert als *Tempel des Leibes des Herrn*, und seine Gläubiger werden *als lebendige Steine* des geistigen Gebäudes bezeichnet." Vogelsang (1981), S. 120f. Die Wirkungsgeschichte des Salomonischen Tempels ist erstmals systematisch von Naredi-Rainer (1994) dargestellt worden, der, ausgehend von den beiden literarischen Quellen, dem sogenannten Baubericht im 1. Buch der Könige und der Tempelvision des Ezechiel, den Tempel in seinen daraus hervorgehenden Funktionen als architektonisches Urbild sowie als kosmisches Symbol nachzeichnet. Zum Hamburger Tempelmodell vgl. ebd., S. 182f.

188 Siehe Folkerts/Knobloch/Reich (2001), S. 3 u. passim.

189 Eine Ausnahme stellt nur der Bereich dar, der durch die Tempelanlage im hinteren östlichen Drittel verdeckt wird.

bieten auch heute noch eine ungeheuer erregende Erfahrung. Sie bescheren dem Besucher für einen kurzen Augenblick jenen Zauber, den der Betrachter des 17. Jahrhunderts angesichts einer göttlichen, nach dem Ideal mathematisch-geometrischer Regularität und Präzision ausgeführten Architektonik empfunden haben mag.[190] So ist überliefert, dass seinerzeit sogar Stehleitern das Architekturmodell umgaben, die die Vollkommenheit der Anlage auch aus der Vogelperspektive erlebbar werden ließen.[191]

Vor diesem Hintergrund verwundert es nicht, dass sich die Vorschläge für Sozietätsbauten im 17. Jahrhundert zunächst entlang monastisch anmutender Gebäude entwickeln und universale Konzeptionen auf ein religiös definiertes, räumlich-soziales Substitut zurückgreifen.[192] Die ‚utopische Lösung' des Problems, nämlich die Lokalisierung universeller Erkenntnis, äußert sich zum einen in der mathematischen, also vernunftgemäßen Konstruktion und Organisation des menschlichen Beziehungsraumes. Zum anderen in der Konstruktion eines idealstädtischen Mikrokosmos, der in Dependenz zum weltlichen Makrokosmos steht.

Für seine Pläne einer brandenburgischen Universaluniversitätsstadt bringt Bengt Skytte gegenüber dem Kurfürsten Ideen in Anschlag, die sich als Extrakt der einflussreichen Akademieprogramme dieser Zeit lesen lassen. Er zeigt sich in seinem Universalismus beeinflusst von Andreae und Bacon, vor allem aber durch sein großes Vorbild, den böhmischen Theologen und Pädagogen Johann Amos Comenius.

Bei Bacon markiert der experimentelle Zugriff auf die Welt den symbolischen Ort des Hauses Salomon. Der panoptische Blick der „Gesellschaft des Hauses Salomon" auf den Erdkreis reduziert diesen zum Untersuchungsfeld. Die räumliche Exklusivität und paradiesische Unberührtheit des Inselstaates wird hier zur Bedingung der Möglichkeit von Erkenntnis, da sie sowohl den Status moralisch-religiöser Unbeflecktheit als auch die Objektivität des experimentellen Zugriffs auf die Welt sichert.[193]

190 Solch sinnesgestützte, diachrone Brückenschläge am Beispiel heute vergessener Medien schildert Barbara Maria Stafford. „Künstliche Intensität – Bilder, Instrumente und die Technologie der Verdichtung". *Kunstkammer, Laboratorium, Bühne – Schauplätze des Wissens im 17. Jahrhundert* (Theatrum Scientiarum I). Hg. v. Helmar Schramm, Ludger Schwarte u. Jan Lazardzig. Berlin u. New York, 2003, S. 339–358.

191 Für diesen Hinweis danke ich der Kustodin des Museums für Hamburgische Geschichte, Frau Prof. Dr. Gisela Jaacks.

192 Z. B. die monastisch konzipierten College-Entwürfe für die *Royal Society* von John Evelyn 1659. Siehe Michael Hunter. „A ‚College' for the Royal Society: The Abortive Plan of 1667–1668". *Establishing the New Science. The Experience of the Early Royal Society.* Woodbridge, 1989, S. 156–184.

193 Bacon antizipiert hier bereits das Konzept des *noble savage*: „Thus Bacon intends through the experience of the text, by his analogizing of English religion to his text's ideology, (in which science represents holiness) to prepare the reader – now become alien to his old European world – for his own new task. He could be ‚elect' in a new world to come." W. A. Sessions. *Francis Bacon Revisited.* New York, 1996, S. 152.

Der böhmische Pansoph Comenius, ein enger Freund von Bengt Skyttes Vater, dem Humanisten Johan Skytte (1577–1645), entwirft in seiner pansophischen Programmschrift *Via lucis* (1642?), die er der *Royal Society* in London widmet und übersendet (1668), die Architektonik eines „Hauses der Weisheit", einer „Weltakademie", die den Weg zu einer universellen Erleuchtung der Menschen ebnen soll.[194] Comenius projektiert seine „Weltakademie" als universale, zentralistisch organisierte Sammlungsstätte.[195] Da die Weisheit durch Gott gestreut worden sei, sei es notwendig, ein Kollegium (von lat. *colligere*: sammeln) zu schaffen, an dem die Weisheit zusammengeführt, verwaltet und erneut allen Menschen zugänglich gemacht werde: *„Denn eine Vielzahl von Weisen wird das Heil des Erdkreises sein* (Weish. 6,26)."[196] Zum Sitz der Akademie bestimmt er England, da es so gelegen ist, dass es auf dem Seeweg von jeder Weltgegend erreicht werden kann und – umgekehrt – von hier aus alle Weltgegenden angesteuert werden können. Minutiöse Regeln für den Briefverkehr in alle Welt werden von Comenius aufgestellt, um den kollegialen Zusammenhalt der Gemeinschaft zu sichern.[197] Überhaupt ist es die methodische Regelhaftigkeit und die dadurch erlangte Synchronizität, die dem sektiererischen Tun des Einzelnen, der religiösen Zersplitterung, also der Unordnung, entgegenwirken sollen.

Gegen die Vereinzelung stellt Comenius das aus der prophetischen Tradition aufgegriffene Motiv der Umkehrung, ein Vorgriff auf den ersten Band seines siebenbändigen Emendationswerkes, die *Panorthosia* (Allerweckung): *„aus der Zerstreutheit zur Vereinigung, aus der Verwirrung zur Ordnung, von den Meinungen zur Wahrheit, von den Peripherien der Dinge zu ihren Mittelpunkten, von uns selbst und*

194 Zur Rolle Comenius' in der Gründungsphase der *Royal Society* ausführlich: Margery Purver. *The Royal Society: Concept and Creation*. London, 1967, hier das Kapitel II.4 „The Royal Society and ‚Pansophia'", S. 206–234. Allgemein zu dessen Einfluss auf die Akademiebewegung vgl. Ludwig Keller. *Comenius und die Akademien der Naturphilosophen des 17. Jahrhunderts*. Berlin, 1895. Im Vorwort schreibt Keller: „Die Geringschätzung, mit der die Geschichtsforschung an den Spuren dieser ‚Akademien' bisher vorbeigegangen ist, erklärt sich zum Teil daraus, dass die Societäten selbst diese Spuren verwischt haben und im Stillen zu existieren und zu wirken wünschten."

195 Dies geschehe, so Comenius, im Andenken an Bacon, „der als erster Überlegungen darüber anstellte, wie eine universale Erneuerung der Wissenschaften geschehen kann."/„in memorium *Illustrissimi Verulamii Angliae Concellarii*, a qvo de universali Scientiarum Reformatione consiliorum occasio prima." [Johann Amos Comenius]. *VIA LUCIS, Vestigata & vestiganda, h. e. Rationabilis disqvisitio, qvibus modis intellectualis Animorum LUX, SAPIENTIA, per omnes Omnium Hominum mentes, & gentes, jam tandem sub Mundi vesperam feliciter spargi possit*. [...]. Amsterdam, 1668, S. 72. Zitiert nach der deutschen Übersetzung: Johann Amos Comenius. *Der Weg des Lichtes. Via lucis*. Übs., erl. u. hg. v. Uwe Voigt. Hamburg, 1997, S. 148. Zum Verhältnis von Bacon und Comenius siehe Purver (1967).

196 *„Multitudo sapientum salus erit Orbis terrarum* (Sap. 6.26)." Comenius (1997), S. 144 / Comenius (1668), S. 70. Comenius weist ausdrücklich auf diese Bedeutung des Wortes Kollegium hin. Siehe Comenius (1668), S. 73 u. Comenius (1997), 148f. Anm. 326.

197 In seiner Sprachlehrschule *Ianua Linguarum* gibt Comenius unter dem Eintrag zu gelehrten Gesellschaften bezeichnenderweise v.a. detaillierte Regeln für den Briefverkehr, gleichsam ein fernbriefliches Geselligkeitsmodell. Johann Amos Comenius. *Ianua Linguarum reserata aurea* [...]. Stockholm, 1642, S. 242ff.

von den Geschöpfen zu Gott."[198] Der universale Zugriff auf die Welt ist im *Via lucis* im Gegensatz zu Bacon nicht indirekt, durch Abgeschiedenheit, sondern direkt, durch Allgegenwart bestimmt. Eine Allgegenwart der Weisheit, die Comenius durch das Bild der Festgemeinschaft, der Hochzeit und Versöhnung der Menschen mit der Weisheit zum Ausdruck bringt. In diesem „Salomonische[n] Schauspiel" vollzieht sich die Vermählung der Weisheit mit den Menschen. Dieses Schauspiel, das an die salomonische Offenbarung seiner Dichtung *Labyrinth der Welt – Lusthaus des Herzens* (1625) erinnert,

> *handelt von der Weisheit, die sich ein Haus baut, ihr Mastvieh schlachtet und ihren Wein mischt, die ihre Tische deckt und ihre Mägde ausschickt, um in den Kollegien und auf den erhabenen Plätzen der Stadt* (der Welt) *sogar die Einfältigen und die Wahnsinnigen zum Essen und Trinken einzuladen* (Spr. 9,1f.). Als Speisen werden hierbei die Wissensgegenstände bereitgestellt, die in je eigene Bände eingeordnet und mit dem Wein unterschiedlicher Liebreize übergossen worden sind. Dementsprechend stellen die Schulen die gedeckten Tische dar. Die Mägde aber, die zu diesem heiligen *Gastmahl der Weisheit* einladen, werden die Mitglieder des Kollegiums sein, die reinen und jungfräulichen Sinnes alle Menschen zu dem heiligen Hochzeitsfest herbeirufen, das die Braut Weisheit feiert. Neue und wirksame Einladungsformeln wird schließlich jene neue, für alle leichtverständliche Sprache reichlich gewähren.[199]

Der panoptische Blick auf die Welt wird durch das Paradox einer heterotopischen Zentrierung ausgedrückt. „Wie auf einer Warte" („qvi velut in specula") sollen die Mitglieder des Kollegiums (der Tischgemeinschaft) überall auf der Welt „zum Wohl des Menschengeschlechtes Ausschau halten" („pro salute generis Humani excubando").[200] Als universale Sammlungsstätte der Weisheit fungiert das Kollegium als ein „universaler Wachtposten" („pro salute omnium excubitores") für den wahren Zustand der Welt. Erst nach genauer Prüfung werden die

198 „[A] dispersione ad unionem; a confusione ad ordinem; ab opinionibus ad veritatem; a circumferentiis rerum ad centra Rerum; a nobis ipsis, & creaturis, ad DEum." Comenius (1668), S. 74 / Comenius (1997), S. 151.

199 „Atqve si ad sacra alludere libeat, *posset Salomonicum illud drama de Sapientia domum sibi aedificante Altilia sua mactante, & Vinum suum miscente, instruenteqve, & emittente puellas suas ad invitandum per collegia & loca excelsa Urbis* (Orbis:) *ut venientes fatui etiam & dementes comedant & bibant* (Prov. 9.11.) *huc accommodari.* Paratas enim illas dapes Res ipsae sciendae, per Volumina sua digestae, variarumqve deliciarum vino perfusae, representabunt: sicut mensas instructas Scholae. Puellae vero ad sacrum hoc Sapientiae convivium invitantes, erunt Collegae, puro & Vrigineo animo omnes homines ad sacras sponsae Sophiae nuptias solicitantes. Invitandi deniqve formulas novas, & efficaces, Lingva illa nova, omnibus facile intelligibilis, suppeditabit." Comenius (1668), S. 60 / Comenius (1997), S. 126. Mit den Anklängen an eine Universalsprache verweist Comenius bereits auf die *Panglottia*, fünfter Band innerhalb des Beratungswerkes *De rerum humanarum emendatione.*

200 Comenius (1668), S. 70 / Comenius (1997), S. 144.

neuen Erkenntnisse der Wachtposten „in die allgemeinen Schatzkammern der allgemeinen Wahrheit" („in communes communis sapientiae thesauros") gebracht. Wie bei Bacon wachen auch hier die Mitglieder des Kollegiums darüber, was „dem Nutzen des Menschengeschlechtes zugeführt" („generis humani usu transferantur") werden darf und was geheimgehalten werden muss.[201]

Als das Projekt einer Weltakademie mit Sitz in England durch die Gründung der *Royal Society* (1660) jede Chance auf Verwirklichung verliert, kann sich Comenius von den Zwängen und Gefahren des Territoriums lösen.[202] In der *Panorthosia* (Allerweckung, 1669) fordert er schließlich die Auflösung aller gelehrten Gesellschaften – er erwähnt unter anderem die *Accademia dei Lincei* in Italien und die *Fruchtbringende Gesellschaft* in Deutschland[203] – zugunsten eines Kollegiums des Lichts. Jede innerweltliche Architektur der Weisheit, in der stets die Gefahr des Irrtums lauert, soll dadurch überflüssig werden. Lernen und Lehren sind hier Vorgänge göttlicher Selbsttätigkeit:[204]

> Dem *Kollegium des Lichts obliegt es, daß es nirgendwo auf der ganzen Welt erforderlich sei, jemanden zu belehren, noch weniger, daß jemand unwissend bleibe, sondern alle von Gott belehrt seien.* Das bedeutet, es wird sich Gelegenheit bieten, daß auf der Welt die Augen aller Menschen diesem Licht zugewandt würden, in dem alle von sich selbst die Wahrheit sehen,

201 Comenius (1997), S. 150f.

202 „Si de loco qvaeratur, *An cohabitare necesse sit? Non putem.* Relictis ubivis Corporibus cohabitare possunt spiritu, eadem agendo omnes, suo qvisqve loco, sibiqve singulis annis de incrementis Regni Christi (Lucis, Pacis, Sanctitatis) communicantes. Docti praesertim, ad qvorum provinciam universale hoc *Mentium et Gentium commercium* propriissime spectare videtur. Sumtibus tamen et procuratione Regum et Rerumpublicarum: consciisqve et bene apprecantibus Ecclesiis." Johann Amos Comenius. „De emendatione rerum humanorum. Consultationis Catholicae. Pars Sexta, PANORTHOSIA, In qva De emendando jam tandem beneficio omnium praecedentium, Eruditionis, Religionis, Politiarumqve statu publico, consultatur". *De rerum humanarum emendatione. Consultatio catholica. Editio princeps.* 2 Bde. München, 1966 [Nachdr. d. Ausg. v. 1660], Bd. 2, S. 300 / „Es könnte die Frage aufgeworfen werden, ob es nötig sei, daß sie gemeinsam wohnen. Ich glaube nicht. Sind ihre Leiber auch an verschiedenen Orten, so können sie doch im Geist beisammen wohnen. Jeder vollbringt an seinem Ort das Gleiche. Sie tauschen jedes Jahr Nachrichten aus, wie das Reich Christi wächst (an Licht, Frieden und Heiligkeit); das trifft insbesondere für die Gelehrten zu, für deren Bereich der Austausch der *Gedanken und Völker* offensichtlich besonders eigentümlich ist. Die Aufwendungen vergüten und die Mittel gewähren mit Wissen und Zustimmung der Kirchen, Könige und Republiken." Johann Amos Comenius. *Allverbesserung (= Panorthosia).* Übs., eingel. u. erl. v. Franz Hofmann. Frankfurt a. M. u. a., 1998, S. 238.

203 *Accademia dei Lincei* (der Luchse, der Scharfsichtigen), gegründet in Rom 1603; *Fruchtbringende Gesellschaft*, gegründet 1617 in Deutschland, Johann Valentin Andreae war hier Mitglied.

204 Die Technotheologie Comenius' ist von Klaus Schaller herausgearbeitet worden. Sie gipfelt darin, dass sich Comenius am Ende seines Lebens, 1669, nur noch mit dem Bau eines vom ihm als MP bezeichneten Perpetuum mobile befasste. Die erfolgreiche Konstruktion dieses Automaten war ihm wichtiger als die Vollendung seines Emendationswerkes, da sich in der Maschine, so seine Hoffnung, der ‚lebendige Gott' offenbaren würde. Vgl. Schaller (1997).

der sich bereits keine Irrtümer und Wahnvorstellungen beimischen können.[205]

Es gehört zu den Aporien des comenianischen Denkens, dass auch hier „die Edelsten unter den Besten" („Optimates hi eligantur ex optimis"), nach Ländern und Kontinenten organisiert, dafür Sorge tragen müssen, dass „die Philosophie überall eine Bastion der Wahrheit, die Religion Heimat und Bastion der Frömmigkeit, die Politik Heim und Festung der Sicherheit in der ganzen Welt"[206] sei.

Öffentlichkeit und Fortifikation

Die Schwierigkeit, eine Architektur der Weisheit zu denken, besteht verkürzt gesagt darin, der latenten Welthaltigkeit der Akademie und ihrer universalistischen Programmatik durch die Behauptung eines Weltmittelpunktes Ausdruck zu verleihen.[207] Dieses Bedürfnis artikuliert sich in den großen (Wissenschafts-)Utopien des 17. Jahrhunderts durch eine symbolische Substitution, etwa durch das baconsche „Auge des Reiches". In ihm können universale Ausrichtung und lokale Begrenztheit harmonisiert werden. Interessant nun an den Vorschlägen Bengt Skyttes ist, dass dieses theoretische Problem einer praktischen Lösung zugeführt wird.

Brandenburg-Preußen wird für die zweite Hälfte des 17. Jahrhunderts immer wieder eine wissenschaftsfreundliche Atmosphäre attestiert. Neben den Universitätsgründungen in Duisburg und Halle (1655, 1667) entwickelte sich Berlin zum „Zentrum der verschiedensten Wissenschaften [...], reichend von der Bibliothekswissenschaft, der Sinologie über die botanischen Wissenschaften und die Chemie bis zur experimentellen Medizin."[208] Gleichwohl waren die Verhältnisse in Berlin noch recht eng, und die Gelehrten bedurften schon „in spezielleren Fragen der Drucklegung des Kontaktes mit den hochentwickelten Städten im

205 „*Collegii Lucis erit providere, ut nusqvam gentium opus sit qvenqvam doceri, multo minus qvenqvam necessarium qvidqvam ignorare: sed ut omnes docti sint a Deo.* Hoc est, providere occasiones, ut omnium toto orbe hominum oculi obvertantur Luci illi, in qva Omnes videant Veritatem per semetipsos: neqve se Errorum aut hallucinationis admiscere amplius possit qvidqvam." Comenius (1966), T. II, S. 299 / Comenius (1998), S. 235.

206 „[P]rovidentes ut ubiqve Philosophia sit Veritatis, Religio Pietatis, Politia Pacis et securitatis, domicilium propugnaculum per totum Orbem." Comenius (1966), S. 300 / Comenius (1998), S. 236f.

207 Zur Verbindung von Naturforschung und Spiritualismus siehe Hinrichs (1952).

208 Rolf Winau. „Der Hof des Großen Kurfürsten als Mittelpunkt wissenschaftlicher Forschung. Vorschläge zur Edition der Werke der Leibärzte (Gesamtausgabe Christian Mentzel)". *Werkstattgespräch „Berliner Ausgaben"*. Hg. v. Hans-Gert Roloff. Bern u. a., 1981, S. 30–40, hier S. 31. Einen Überblick über wissenschaftliche Forschungen und Veröffentlichungen am brandenburg-preußischen Hof bietet: Peter Bahl. *Der Hof des Großen Kurfürsten. Studien zur höheren Amtsträgerschaft Brandenburg-Preußens.* Köln, Weimar u. Wien, 2001, S. 310–322.

westlichen Teil des Reiches und in den Niederlanden."[209] Das kulturelle Engagement des Kurfürsten Friedrich Wilhelm schlug sich vor allem im Aufbau seiner Buchsammlung nieder, deren 90.000 gedruckte Bände (1688) den Grundstock für die Preußische Staatsbibliothek bildeten.[210] Viele der kurfürstlichen Vorhaben zum Aufbau eines kulturellen und wissenschaftlichen Zentrums scheiterten aber an den begrenzten finanziellen Ressourcen des Hofes, der ein durch den Dreißigjährigen Krieg in besonderem Maße zerstörtes Terrain verwaltete.

Als im Herbst 1666 der vormalige schwedische Reichsrat und Intimus der Königin Christine, Bengt Skytte,[211] nach Überwerfung mit dem schwedischen Hof durch die Vermittlung seines Freundes, des kurfürstlichen Leibarztes Nicolas Bonnet, Friedrich Wilhelm die Pläne einer „Universal Universitaet institution" eröffnet, reagiert dieser zunächst wohlwollend auf „ein so nobles dessein".[212] Als Freund und Bewunderer von Comenius, der am brandenburgischen Hof einen guten Ruf besaß, hatte der hochgebildete Skytte die Idee einer Gelehrtenstadt bereits bei der aus nächster Nähe miterlebten Gründung der *Royal Society*[213] entwickeln und vor Gründung der *Société des Sciences* 1666 in Paris dem Minister Jean-Baptiste Colbert unterbreiten können.[214] Dieser weist ihn ab und so erscheint

209 Bahl (2001), S. 320.

210 Siehe Bahl (2001), S. 300–310.

211 Die biographischen Umrisse des Lebens dieses barocken Projektemachers sind von Arnheim (1908 u. 1911) herausgearbeitet worden. Einzelheiten zum Verhältnis Skyttes zum Hartlib-Dury-Kreis und den Gründungswehen der *Royal Society* bietet das Kapitel „The Royal Society and ‚Pansophia'" bei Purver (1967), S. 204–234, insbesondere 220ff. Zum Verhältnis von Comenius und Skytte vgl. Milada Blekastad. *Comenius. Versuch eines Umrisses von Leben, Werk und Schicksal des Jan Amos Komenský.* Oslo, 1969, S. 553, 605f., 656f.; Anders Grape. „Comenius, Bengt Skytte och Royal Society". *Lychnos. Lärdomshistoriska Samfundets Årsbok* (1936), S. 319–330; Hinrichs (1952), S. 99f. Zur Karriere Skyttes als Projektemacher einzelne Hinweise bei Pamela H. Smith. *The Business of Alchemy. Science and Culture in the Holy Roman Empire.* Princeton, 1994, S. 145f, 162f., 247.

212 PgStA, I. HA Rep. 9 Allgemeine Verwaltung K lit. M II Fasc. 1, Bl. 3v.

213 Inmitten der Gründungsphase der Royal Society führt Skytte sich in den Zirkel um Jonathan Hartlib und John Dury mit dem Plan ein, den ehemaligen und zu diesem Zeitpunkt namenlosen *Oxford experimental science club* unter dem Namen *Antilia* als pansophisches College unter die *Royal Charter* zu stellen. *Antilia*, Ausdruck des protestantischen Utopismus, hieß eine ursprünglich von Johann Valentin Andreae 1618 in Vaihingen gegründete Sozietät, die immer wieder Nachahmer inspiriert hatte. So steht auch der skyttesche Plan für eine ‚Royal Society' in einer Linie mit Andreae, insbesondere aber dessen *Christianopolis*, als einer autonomem, überkonfessionellen Stadtgemeinschaft, die das langfristige Ziel des Gelehrtenzirkels war. Dieser Plan barg wohl im Wesentlichen bereits alle Elemente des späteren brandenburgischen Entwurfs einer *Universitas universitatem*. In Hartlib fand Skytte einen begeisterten Befürworter dieser Sozietätsidee. Auch Robert Boyle unterstützte das Vorhaben, welches dennoch bald fallengelassen werden musste, da sich der pansophische Zirkel um Hartlib gegen die ‚Materialisten' innerhalb des *experimental science club* nicht durchzusetzen vermochte und mit königlicher Unterstützung nicht zu rechnen war. Zudem war Skytte nach dem Tod Karl X. Gustavs 1660 gezwungen, baldmöglich nach Stockholm zurückzukehren. Siehe Purver (1967), S. 224f.

214 Dieser reagierte – wie es in Skyttes handschriftlicher Selbstbiographie (1680) heißt – „nicht favorabiliter auf seine propositionen." Zit. n. Arnheim (1908), S. 84

der polyglotte Kosmopolit Skytte im Januar 1667 zu einer Audienz bei Friedrich Wilhelm in Berlin.

Aus insgesamt fünfzehn Eingaben und Briefen Skyttes an den geheimen Rat Georg von Bonin, den Kurfürsten und seinen Minister, Herrn von Schwerin, besteht die papierene Architektur der brandenburgischen Gelehrtenstadt, welche ein Jahr später als lateinisch abgefasste Gründungsurkunde Friedrich Wilhelms 1668 im *Diarium Europaeum* veröffentlicht wird (siehe die Übersetzung im Anhang).[215] In Form einer Einladung wendet sie sich an alle „Verehrer der höheren Gelehrsamkeit", „alle anständigen und ehrbaren Männer, gleich welcher Nation, welcher Profession und welchen Glaubens sie sein mögen", ferner an diejenigen „die der Tyrannei überdrüssig sind und die Freiheit lieben" und aus ehrbaren Gründen „ihre Heimat verloren haben", die „in der Gemeinschaft mit Gebildeten und in gelehrter Konversation Genuss finden." Ihnen wird versprochen,

> dass sie in dieser Universal-Universitätsstadt einen Parnass und einen Mäzen finden, ferner den Ruhm der Wissenschaften und Künste, die ehrenhafte Freiheit des Gewissens und auch die Freiheit in allen übrigen Dingen, Trost für die Niedergeschlagenen, Zuflucht und Asyl für die Verbannten, eine Gemeinschaft edler Seelen und die Freundschaft Gleichgesinnter, mit einem Wort das, worin der Genuss der Gebildeten und Weisen besteht.

Nicht nur Calvinisten, Arminianer, Lutheraner, römische und griechische Katholiken, sondern auch jüdische, arabische und andere ‚ungläubige' Gelehrte werden aufgefordert, sich an den „Sitz der Musen, Tempel der Wissenschaften, Werkstatt der Künste, Wohnstätte der Tugenden und [...] Palast für die beste und erhabenste Herrscherin der Welt, die Weisheit" zu begeben. In siebzehn Punkten werden diesem Ort weitreichende Privilegien eingeräumt, darunter eine immerwährende Steuerfreiheit und freie Unterkunft für die herausragendsten Gelehrten und Künstler, ewige politische Neutralität gegenüber den benachbarten Ländern, Freiheit von Einquartierungen und Durchmärschen der kurfürstlichen Soldaten sowie eine weitgehend eigenständige Verwaltung und Rechtssprechung. In der Rhetorik Skyttes wäre der Kurfürst durch die Gründung der Universal-Universitätsstadt „ein Newer fundator templum Salomonis."[216] Die Aufnahme in „allen Chroniken" „als wan sie viele battalien gewonnen hetten" sei ihm sicher.[217] In der Umschrift des zum Schluss des Patentes beschriebenen Akademiesiegels wird der

215 *Diarium Europaeum*. Bd. XVI. Appendix II. Frankfurt a. M., 1668, S. 11ff. Im Folgenden zitiert nach dem Abdruck bei Georg Daniel Seyler. *Leben und Thaten Friedrich Wilhelms des Großen, Churfürstens zu Brandenburg*. Leipzig, 1730, S. 80–83. Der Originaltext ist mit eigener Übersetzung im Anhang widergegeben. Ich verzichte daher auf die jeweilige Zitation des lateinischen Textes in den Fußnoten.

216 PgStA, I. HA Rep. 9 Allgemeine Verwaltung K lit. M II Fasc. 1, Bl. 43v.

217 PgStA, I. HA Rep. 9 Allgemeine Verwaltung K lit. M II Fasc. 1, Bl. 9v.

Weltmittelpunkt zum symbolischen Ort der Neugründung: „Fundatore Friderico Wilhelmo Elect[ore] Brand[enburgicae] *Nobilis sic orbis in orbe.*“[218]

Die Wissenschaftsarchitektonik, die der schwedische Projektierer Skytte entwirft, ist eklektizistisch in ihrer utopisch-idealstädtischen Ausrichtung, berücksichtigt aber zugleich die lokalen Bedingungen des brandenburg-preußischen Staates. Wie ein roter Faden durchzieht die Suche nach dem geeigneten Ort für die Gründung der „lebendige[n] und unsterbliche[n] Kunststat“[219] seine Relationen am brandenburgischen Hof. Zunächst geht es ihm um einen privilegierten Rechtsraum, der gleich einer ideellen Fortifikation nach außen die Bedingung der Möglichkeit direkter personaler Kommunikation bzw. des gelehrten Austausches nach innen sichern sollte. Ein Ort also, „den man Universitatem Universitatum Hominum et Scientiarum praecipuarum Mundi köndte nennen: Darinnen alle von Standt, Mitteln und Wissenschafften begabte Personen freÿ [...] möchten leben und conversiren miteinander.“[220] Diese erste „fundatio [besteht] fürnehmlichst in privilegien; welche kein gelt kosten; den sie geben freyheit denen leuten, die man nicht hat oder ohne freÿheit nicht haben“ kann. Der Kurfürst verlöre „nichts dadurch als ein papier; undt [hätte] doch die ehr.“[221] Die großzügig eingeräumten Privilegien entwerfen diesen Ort als eine universale, zentralistisch organisierte Sammlungsstätte im Sinne Comenius'. Den innerweltlichen Anreiz zur Zusammenkunft legt Skytte vor allem in die Gewährung des umfassend konzipierten politischen und religiösen Asyls, das wiederum nur den besten und profiliertesten Personen (ganz im Sinne der comenianischen „Optimaten“) zu gewähren sei. So wird das Verhältnis von räumlich-ideeller und personaler Exklusivität hier zugunsten eines sich gerade erst herausbildenden Wissenschaftlertypus zur Deckung gebracht. Die Exklusivität des Raumes als gelehrte Enklave im brandenburgischen Territorialstaat soll ein Stimulus gelehrter Konversation und Umgangsform werden. So versucht Skytte die zahlreichen *obiectiones* dadurch zu entkräften, dass

> Ihro Majestet nicht von Schafshirten vnd Waidmachereÿ könten aufgewachet werden, vndt darumb lieber vornehme Leüte vmb seine residentz hette, als solche grobe Leüte, ob sie schon was [...] nützen oder einbringen; so were das doch nicht mit den anderen Ihro weisheit zu egaliren.

Schließlich würden „doch bawern genug im lande bleiben.“[222]

Ihr materielles Fundament, ihren ‚Ort‘, findet die *Sophopolis* schließlich in der altmärkischen Stadt Tangermünde (Abb. 26). Dort sollte die Universität zunächst

218 Vgl. Hinrichs (1952), S. 101.
219 PgStA, I. HA Rep. 9 Allgemeine Verwaltung K lit. M II Fasc. 1, Bl. 9v.
220 PgStA, I. HA Rep. 9 Allgemeine Verwaltung K lit. M II Fasc. 1, Bl. 5r.
221 PgStA, I. HA Rep. 9 Allgemeine Verwaltung K lit. M II Fasc. 1, Bl. 11r, 10v.
222 PgStA, I. HA Rep. 9 Allgemeine Verwaltung K lit. M II Fasc. 1, Bl. 11v.

Abb. 26 Der Kupferstich aus dem *Theatrum Europaeum* (1637) zeigt Tangermünde aus südlicher Richtung an der Scheide von Tanger und Elbe im Jahr 1635 unter schwedischer Besatzung. Entgegen seines tatsächlichen Verlaufs ist der Fluss Tanger seitenverkehrt dargestellt. Die in geometrischer Präzision errichtete Fortifikationsanlage, die sich in die Landschaft drängt, überträgt sich auf die innere Anordnung des Heereskörpers. Alles fügt sich in dieser Szenerie dem harmonischen Darstellungsideal der Stadtvedute, die nichts über die Verwüstungen des zu dieser Zeit herrschenden Krieges verrät (vgl. Gerhard Eimer. „Die Barockstadt und ihr künstlerisches Erscheinungsbild. Zur Entstehung der frühesten Modellsammlungen". *Europäische Städte im Zeitalter des Barock*. Hg. v. Kersten Krüger. Köln u. Wien, 1988, S. 3–24). Der Historiker Gustav Droysen fasst die Folgen des Krieges (Plünderungen, Ernteausfälle, Seuchen), unter denen die Mark Brandenburg vor allem in den Jahren 1636–1640 zu leiden hatte, zusammen: „Schon seit 1635 lagen viele Äcker unbestellt, der Viehbestand war zugrunde gerichtet, ganze Dörfer verlassen, die Städte nahrungslos, verarmt, seit 1637 wüteten Pest und Hungersnot." (Zitiert nach: *Tangermünde. Vergangene Jahrhunderte berichten*. Hg. v. Heimatmuseum d. Stadt Tangermünde. Tangermünde, 1995 u. 1998, S. 57). Bereits 1626 hatten dänische Truppen vor Tangermünde Schanzen errichtet, wodurch, wie es in einem Bericht des damaligen Bürgermeisters Ritner heißt, „an Äckern, Wiesen, Gärten, Obst- und Eichbäumen, Häusern und der Ziegelscheunen ein unwiederbringlicher Schaden" entstanden sei (ebd.). In der Differenz zwischen dem harmonischen Darstellungsideal und den realen Kriegszerstörungen spiegelt sich auf andere Weise noch einmal die paradoxe Konstellation aus Lokaliät und (medialer) Universalität.

in der Burg unterkommen und später „wie ex equo Trojano"[223] die Stadt und deren Umgebung zur Gelehrtenstadt umgestalten.

223 PgStA, I. HA Rep. 9 Allgemeine Verwaltung K lit. M II Fasc. 1, Bl. 43v. Wohl aufgrund der zu erwartenden Aufbau- und Renovierungskosten der nach dem Krieg ruinösen Burg bzw. Stadt wurde im letzten Moment auf Vorschlag Georg v. Bonins die Stadt Ziesar als Ausweichquartier diskutiert. Vgl. PgStA, I. HA Rep. 9 Allgemeine Verwaltung K lit. M II Fasc. 1, Bl. 48.

Die südwestlich von Berlin in der Altmark gelegene Stadt bot durch ihre Lage an der Elbe und die Anbindung an den Hauptpostweg zur Residenz Cölln gute infrastrukturelle Voraussetzungen. Skytte dürfte die Festungsstadt vor allem als Hauptquartier des Königs Gustav Adolf vertraut gewesen sein, für den er als Gesandter Europa bereist hatte.[224] Die Burg, ehemals kaiserliche Residenz, war 1640 von schwedischen Truppen zerstört worden. Auch die Stadt wurde während des Krieges stark in Mitleidenschaft gezogen: Tangermünde war vierzehn Mal Hauptquartier von Feldherren gewesen, siebenmal erobert und einmal vollständig ausgeplündert worden. Von den über sechshundert bewohnten Bürgerhäusern zu Beginn des siebzehnten Jahrhunderts waren zur Mitte des Jahrhunderts nur noch etwa die Hälfte bewohnbar, geschweige denn bewohnt.[225]

Von der Burg standen – von wenigen Ausnahmen abgesehen – nur noch die Mauern, sodass die Investitionen in das skyttesche Projekt mit dem Wiederaufbau einer ehedem wichtigen Residenz eine zusätzliche Begründung finden konnten. Aus der ruinösen Stadt Tangermünde sollte eine Gelehrtenstadt hervorgehen, angelegt mit regelmäßigen Straßen und Plätzen, mit Palästen für die kurfürstliche Familie und weitläufigen Gebäuden für die Wissenschaftler und Universitätsbeamten. Die privaten Bauten sollten in finanzieller Eigenregie bzw. mit Unterstützung aus herrschaftlicher Hand, die öffentlichen Bauten hingegen als kurfürstliche Donation neu entstehen.[226] Zu den öffentlichen Bauten zählt Skytte auch die Privatgemächer des Kurfürsten und der Verwalter. Neben Raritätenkabinetten und Laboratorien sind Druckereien und Künstlerateliers geplant, Experimentierhäuser, Bet- und Hörsäle, ein Waisenhaus und ein Hospital, sogar ein Tierpark.[227] Frühzeitig soll die Planung für die großzügigen Gartenanlagen beginnen. Der Skyttesche Entwurf sieht eine Parallelisierung des Zuzuges mit den Bautätigkeiten vor, die Gelehrten und Künstler sollen ihre Häuser in Eigenverantwortung errichten können, die nötigen Baustoffe und Handwerker werden ihnen dann zur Verfügung gestellt. Die Stadt soll mit einem gewaltigen Stab von Sekretären, Schreibern und Schatzmeistern, Apothekern und Ärzten, Köchen und Kellermeistern, Stallknechten und Nachtwächtern bevölkert werden. In Anleh-

224 Vgl. Arnheim (1908), S. 70. Ob er je selbst in Tangermünde war, ist nicht zu ermitteln. Zur Rolle der Stadt und Festung Tangermünde im Dreißigjährigen Krieg vgl. George Gottfried Küster. *Antiquitates Tangermundenses*. Berlin, 1729; August Wilhelm Pohlmann. *Geschichte der Stadt Tangermünde seit Gründung derselben bis zu dem laufenden Jahre 1829*. Stendal, 1829. Zur Geschichte des Festungsbaues nach dessen teilweiser Zerstörung 1640 siehe: Ludwig Goetze. *Geschichte der Burg Tangermünde*. Stendal, 1871. Hierzu auch: Paul Kleinert. *Vom Anteil der Universität an der Vorbildung fürs öffentliche Leben. Rede bei Antritt des Rektorats [...] der Kgl. Friedrich Wilhelm Universität am 15. Okt. 1885*. Berlin, 1885, S. 6f.

225 Siehe Wilhelm Zahn. *Geschichte der Altmark*. Stendal, 1892, S. 64.

226 Tatsächlich hatte der Kurfürst in einer Erklärung vom 12. März 1667 zunächst 15.000 Taler zur Restaurierung der Tangermünder Burg gewährt, diese Zusage aber bald wieder zurückgezogen.

227 Vgl. PgStA, I. HA Rep. 9 Allgemeine Verwaltung K lit. M II Fasc. 1, Bl. 37–39.

nung an die baconsche Büstensammlung ersinnt Skytte ein goldenes Buch, in das alle Leistungen für die Ewigkeit eingetragen würden.

Dass das Projekt schließlich nicht verwirklicht wird, ist wohl nicht zuletzt den zu erwartenden Kosten zuzuschreiben, die ein derartiger Ausbau der Stadt Tangermünde bedeutet hätte. Kurz vor Abbruch der Verhandlungen kommt sogar noch die Stadt Ziesar als alternativer Standort für die Akademie ins Gespräch. Zudem ist der Projektemacher Skytte schlecht beleumundet: Der schwedische Botschafter macht den Kurfürsten darauf aufmerksam, dass Skytte als Privatmann agiere, da ihm sämtliche Titel aberkannt worden seien.[228] Seine tatsächliche Stellung verträgt sich wiederum nicht mit den Privilegien (dem Direktorenposten mit entsprechender Vergütung), die Skytte für sich und seine Verwandten einfordert. Hinzu kommt, dass sich auch Georg von Bonin darüber beunruhigt zeigt, welche Art Menschen das großzügig ausgesprochene Asyl ins Land locken würde.[229] Man entlässt den immer ungeduldiger auf Realisierung drängenden Skytte mit einer Gratifikation ausgestattet auf Werbungsreise.[230] Als im Frühjahr 1668 zwei Abgesandte der *Royal Society* den brandenburgischen Residenten Christian von Brandt aufsuchen, um sich nach dem „Vorhaben", das „so woll eingerichtet, so genereux, rühmlich und nützlich" erschien, zu erkundigen, kann dieser ihnen nicht sagen, ob der Kurfürst „dieses Vorhaben werkstellig zu machen" gedenke. Auf seine Rückfrage lässt ihm der Kurfürst mitteilen, dass er das „vorgewesene desseing" aufgegeben habe, gleichwohl aber den Zuzug englischer Handwerker, die „aufrichtig in der reformirten Religion und auch von Mitteln wären", begrüßen würde.[231] Die Dominanz merkantilistischer Interessen an dem Akademieprojekt wird schließlich besonders deutlich, wenn von Brandt die Gesandten wissen lässt, dass

> Ew. Churf. D. die von der englischen Nation vor allen anderen gerne aufnehmen und sie mit desto bessern Freiheiten und Privilegien versehen würden, wenn man neben denen literatis auch eine gute Anzahl von englischen Weissgerbern, Handschuhmachern, Lederarbeitern, Strumpfmachern, Parfumeurs, Messerschmieden, Tuchmachern, Huetmachern und dergleichen dahin bringen und also die englische Manufacturen daselbst einführen könnte.[232]

228 Vgl. Grau (1993), S. 38.

229 PgStA, I. HA Rep. 9 Allgemeine Verwaltung K lit. M II Fasc. 1, Bl. 68.

230 Eine tragikomische Pointe erhalten die Relationen des Schweden am brandenburgischen Hof, als Bonin dem Kurfürsten anrät, den mittlerweile unliebsam gewordenen Gast nicht durch Geld, welches dieser sicher benötigte, sondern durch „einige curieuse und rare Dinge" zu entlohnen. PgStA I. HA Rep. 9 Allgemeine Verwaltung K lit. M II Fasc. 1, Bl. 69.

231 Ferdinand Hirsch (Hg.). *Urkunden und Actenstücke zur Geschichte des Kurfürsten Friedrich Wilhelm von Brandenburg.* 12 Bde. Bd. 8. *Politische Verhandlungen.* Berlin, 1892, S. 666 und 667 Anm. 2.

232 Hirsch (1892), S. 666.

Der für das Projekt neben Gewissens- und Religionsfreiheit so entscheidende Asylgedanke, wird hier auf das ökonomische Interesse an einer Gewerbeansiedlung reduziert.

Dem schillernden Konzept des schwedischen Projektierers, das dem Kurfürsten einen neuen geistigen Weltmittelpunkt in der devastierten Ebene des altmärkischen Landes verheißt, steht vordergründig die reale Finanzknappheit des Hofes gegenüber. Im Hintergrund wirken sich hier aber die Machtansprüche frühabsolutistischer Staatlichkeit aus. Diese werden im politischen Testament des Kurfürsten Friedrich Wilhelm artikuliert, welches dieser im gleichen Jahr, in dem der Gründungsaufruf für eine Universaluniversität (1667) erscheint, handschriftlich verfasst. Vor allem die Fortifizierung des eigenen Territoriums soll dem veränderten Souveränitätsbedürfnis des Herrschers Ausdruck verleihen. Gleich zu Beginn gilt die Sorge dem Ausbau der Befestigungen. An seinen Nachfolger gerichtet heißt es dort ferner:

> Was nun die vestungen in Eweren Landen betrift, Darahn beruhet nicht allein die wohlfahrt Ewerer Lande, sonderen auch Eweres gantzen Staadts, befelle Euch derhalben dieselbige zum hochsten, verwahret, verbessert, vndt bauet selbige, versehet Sie auch mitt aller notturft, aufs beste Ihr konnet, *es mach auch kosten was es wolle* [...].[233]

In diese Festungen sollen ausschließlich Kommandeure gesetzt werden, die verlässlich sind, zuvor niemals in fremder Herrschaft standen und direkt dem Befehl des Kurfürsten unterstehen. Eine architektonische Vision absolutistischer Territorialstaatsgewalt wird hier entworfen, die das Fortifikationswesen weniger zum Schutz einzelner Ortschaften und Städte ersinnt, als vielmehr als ein hervorragendes Instrument politischer Souveränität:

> vndt wan Ihr viell vestungen in Preussen angeleget, vndt darin solche zu Gouverneurs leget, Die allein von Euch dependiren, vndt denen Ihr versichert seidt, [...] So werdet Ihr Den nutzen dauon ziehen, das Ihr des Landes, vndt vestungen desto besser versichert, vndt Ihr mehren Respeckt vndt furcht haben werdet, So wirdt auch Ewere Souverenitet hiedurch in mehrer Sicherheitt gesetzet werden.[234]

Dieses Testament markiert anschaulich einen Bruch im Fortifikationswesen des 17. Jahrhunderts. Die Stadt als Träger der Fortifikation verschwindet und an

233 Georg Küntzel u. Martin Hass (Hg.). *Die politischen Testamente der Hohenzollern. Nebst ergänzenden Aktenstücken. Die Hofordnung Joachims II. Die politischen Testamente des Grossen Kurfürsten von 1667 und Friedrich Wilhelm I. von 1722.* 2 Bde. Leipzig u. Berlin, 1911, Bd. 1, S. 57f. (Herv. JL).

234 Küntzel u. Hass (1911), S. 64.

ihre Stelle tritt der Staat als „verfassungsmäßiger Fortifikateur".[235] Andersherum wird aus der Sicht der Stadt die Festung mehr und mehr zu einer staatlichen Auflage, gegen die man sich zu verteidigen sucht.

Interessant sind die Parallelen zwischen der universalwissenschaftlichen Architektonik Skyttes und den Machtansprüchen des frühabsolutistischen Staates insofern, als sie sich im gemeinsamen Prinzip der Grenze treffen. Nur auf dem Wege einer radikalen Abschließung, Einschließung und Fortifikation ist die Idee des öffentlichen Raumes realisierbar, dessen Offenheit im 17. Jahrhundert zu jenen Phantasmen gehört, die den Aufschwung der Wissenschaften begleiten.

William Eamon hat dargestellt, inwiefern im 17. Jahrhundert Wissenschaft zunehmend eine bestimmte Form der Öffentlichkeit markiert, die sich im Zuge publizistischer Techniken und neuer Institutionen wissenschaftlicher Kooperation und Investigation sowie deren Schutz entwickelt: „Secrecy, however, is in principle universally rejected in modern science. Free and open communication of research is regarded as a sine qua non of scientific progress and a major component of the ‚ethos' governing science."[236] Diese Grundeinschätzung scheint auch aus dem Selbstanspruch der Universaluniversität zu sprechen. So heißt es unter Punkt 15 der Gründungsurkunde:

> Und damit es einem jeden ganz und gar frei sei, jedwede Wissenschaft auszuüben und zu lehren und dies ohne jegliche Beeinträchtigung und Aufsicht, wird auch niemand, der geheime Dinge der Natur oder der Wissenschaft erforscht oder herausfindet, gezwungen, diese gegen seinen Willen kund zu tun. Sollte er aber mit freiem Willen den Wunsch verspüren, sollte er aber aus freien Stücken seine Ergebnisse bekannt machen wollen, so wird es nicht verboten sein, dafür einen Preis zu verlangen beziehungsweise entlohnt zu werden.

Doch steht der Anspruch, die Gelehrtenstadt zum öffentlichen Tausch- und Handelsplatz des Wissens zu machen, in einem bemerkenswerten Spannungsverhältnis zu den materialen Bedingungen dieses Ortes. Es handelt sich in erster Linie um eine auf Verteidigung hin angelegte, eine schützende, die Existenz der Gelehrten (etwa durch Gewährung des Asyls) erst ermöglichende Architektur. Die Ideologie der Offenheit zeigt sich vor allem auf der symbolischen Ebene, von der aus die Gelehrtenstadt ins Zentrum der Welt gerückt erscheint. Auf der materiellen Ebene hingegen schält sich eine ganz pragmatische Architektonik wissenschaftlicher Öffentlichkeit heraus. Deren Möglichkeit ist unmittelbar an die sie umgebende Festung gebunden.

235 Eichberg (1989), S. 349f.

236 William Eamon. „From the Secrets of Nature to Public Knowledge". *Reappraisals of the Scientific Revolution.* Hg. v. David C. Lindberg u. Robert S. Westman. Cambridge, 1990, S. 333.

Die Idee von der brandenburgischen Universal-Universität findet nach der Abreise Skyttes aus Berlin ein Nachspiel. Mitte Mai 1667 kommt es zu einem Zusammentreffen mit Gottfried Wilhelm Leibniz im Haus des irenischen Politikers Johann Christian von Boineburg (1622–1672) in Mainz. Skytte versucht beide – vergeblich – für die zu begründende Universal-Universität zu gewinnen. Doch haben die Ideen Skyttes wohl einen wesentlichen Einfluss auf Leibniz Sozietätsbegeisterung.[237] Leibniz zeigt sich zudem interessiert an Skyttes Universalsprachenprojekt.[238] – Nach der Stiftung der Brandenburg-Preussischen Sozietät (1700) von seinem Berliner Briefpartner, dem Hofprediger Daniel Ernst Jablonski, auf die frühen Versuche einer brandenburgischen Akademie angesprochen, gibt sich Leibniz, dem die „ganze Histori von der universitate Brandenburgica Gentium Scientiarum et Artio" bereits seit dem Treffen mit Skytte bekannt ist und der vermutlich sogar eine Abschrift des Entwurfes besitzt, verwundert, „wie es kommt, daß mir nicht eingefallen von der Sache zu reden."[239]

237 Vgl. Kanthak (1987), S. 82 und Böger (1997), S. 367.

238 Nach 1669 scheint Skytte von verschiedenen deutschen Städten aufgrund „atheistischer" Umtriebe verwiesen worden zu sein. Den Rest seines Lebens verbringt er zwischen Schweden, Holland und England, seine sprachwissenschaftlichen Forschungen fortsetzend mit der Arbeit an einem etymologischen Universallexikon, seinem *Etymologicum*, welches er aber bis zu seinem Tod 1683 in Stockholm nicht fertigzustellen vermag. Siehe Arnheim, S. 93ff.

239 Zit. n. Böger (1997), S. 367. Die nachmalige Preußische Akademie der Wissenschaften sollte trotzdem noch für lange Zeit den Ruch des Narrentums nicht verlieren. Friedrich Wilhelm I. ließ nach seinem Amtsantritt 1713 die Räumlichkeiten des Observatoriums mit einem „Ochsen- und Hammelstall à 100 Hauptschafviehe" zur Miete ausschreiben. Seine „Akademie" charakterisierte er als „der narren possen und der dollen Menschen ihrer curieusität." 1718 ernannte er ostentativ den Oberzeremonienmeister und Geheimen Rat Jakob Paul Gundling zum Präsidenten der „Akademie" und verpflichtete sie zur Bezahlung der königlichen Hofnarren. Noch 1731 wurde der Kgl. Spaßmacher David Fassmann zum Präsidenten und 1732 der zweite Kgl. Spaßmacher Otto von Graben zum Stein zum Vizepräsidenten der Sozietät erkoren. Siehe Joachim Otto Fleckenstein. „Leibniz und die wissenschaftlichen Akademien". *Leibniz-Faksimiles. Bekanntes und Unbekanntes aus seinem Nachlaß.* Hg. von der Stiftung Volkswagenwerk. Hildesheim u. New York, 1971, S. 1–12, hier S. 8.

Theorie und Praxis (Leibniz)

Wie vielleicht kein anderer hat Gottfried Wilhelm Leibniz (1646–1716) den Zusammenhang von Theorie und Praxis, von Metaphysik und praktischer, sinnengestützter Produktion und Akkumulation von Wissen im 17. Jahrhundert zum Programm seines Denkens und Handelns gemacht.[240] Noch heute ziert sein Wahlspruch *theoria cum praxi* das Wappen der von ihm ins Leben gerufenen Berlin-Brandenburgischen Akademie der Wissenschaften. Gleichwohl scheint kaum eine Philosophie dieser Zeit weniger geeignet, praktische Seiten der Wissensproduktion in den Blick zu nehmen. Allgegenwärtig ist bei ihm das Streben nach Harmonie, nach einem System, welches darauf zielt, die Widersprüche der Praxis mathematisch aufzulösen. Einen entsprechenden Kulminationspunkt findet sein an Harmonie und Einheit orientiertes Denken in der Monade, welche wesentliche Eigenschaften einer gut funktionierenden Maschine aufweist. Leibniz gibt damit der Hoffnung Ausdruck, eine Lösung der herausragenden Fragen seiner Zeit gefunden zu haben, denn das individuelle Gesetz einer Monade „ist nichts als eine Variation des allgemeinen Gesetzes, das das Universum regelt."[241] Demgegenüber bezeugt ein knapper, während seines Parisaufenthaltes verfasster Entwurf mit dem Titel *Drôle de pensée* (September 1675) eine am Spektakulären, an Spiel und Illusion orientierte Wissens- und Erfindungspraxis. Dieser Text, dessen Entstehung sich der Vorführung einer Flugmaschine am Ufer der Seine verdankt, stellt gleichsam einen Schlüssel zu paradoxen Seiten der Wissensproduktion im 17. Jahrhundert dar.[242]

240 Siehe Marie-Noelle Dumas. „Praxis, praktische Wissenschaften und Philosophie im 17. Jahrhundert". *Theoria cum praxi. Zum Verhältnis von Theorie und Praxis im 17. und 18. Jahrhundert.* Wiesbaden, 1980, S. 85–94.

241 „[…] n'est qu'une variation de la loy generale qui regle l'univers." Gottfried Wilhelm Leibniz. „Eclaircissement des difficultés que Monsieur Bayle a trouvées dans le systeme nouveau de l'union de l'ame et du corps. […]." *Die philosophischen Schriften von Gottfried Wilhelm Leibniz.* Hg. v. C. J. Gerhardt. Berlin, 1880, Bd. 4, S. 517–571, hier S. 553.

242 Eine umfassende Analyse des Textes sowie eine moderne Übersetzung bietet jetzt Horst Bredekamp. *Die Fenster der Monade. Gottfried Wilhelm Leibniz' Theater der Natur und Kunst.* Berlin, 2004, insbesondere S. 45–63 u. 237–246 (Übersetzung). Bredekamp stellt den Entwurf in den Mittelpunkt der lebenslangen Bemühungen Leibniz' um ein *Theatrum naturae et artis*, wie es erstmals von Johann Joachim Becher in einem Appendix zu seinem *Methodus didactica* konzipiert worden war (siehe Johann Joachim Becher. *Appendix Practica, über seinen Methodum dicdacticam, Darinnen Was in besagtem Methodo dunckel und schwer zu verstehen ist* […]. Franckfurt am Mayn, 1674 [1669], S. 50ff.). Durch die Offenlegung seiner erweiterten Kunstkammer-Konzeption kann Bredekamp auf breiter Quellenbasis nachweisen, inwiefern Leibniz' Epistemologie im Kern auf eine Prävalenz des Visuellen gründet.

Leibniz verfasst diesen Text zur gleichen Zeit und am gleichen Ort, an dem er auch seine wohl bekannteste ‚Entdeckung' formuliert, den Infinitesimalkalkül. So verweist der Entstehungsort des Textes zum einen auf die Suche nach dem Regelhaften, dem Gesetzmäßigen, welches das infinite Universum *einem* Kalkül, einer vernunftgemäßen, d. h. mathematischen Ordnung zu unterwerfen versucht. Auf der anderen Seite schlägt hier die Projektionslust des barocken Projektemachers zu Buche, welche in überbordender Weise das Mögliche mit dem Unmöglichen zu verbinden versteht. Interessant ist dieser Entwurf aber vor allem deshalb, weil er die Aufmerksamkeit auf das Nichtkalkulierbare, das Kontingente des menschlichen Denkens lenkt.

Maschinelle Irritation (*Drôle de pensée*)

An der Betrachtung einer Maschine entzündet sich einer der ungewöhnlichsten Texte, der sich im Nachlass von Gottfried Wilhelm Leibniz befindet. Er ist zur Zeit seines Parisaufenthaltes (März 1672–Oktober 1676), wahrscheinlich Ende September 1675 entstanden. Das Manuskript, übertitelt mit *Drole de Pensée touchant une nouuelle sorte de REPRESENTATIONS* und der Hinzufügung *plus tost Academie des Ieux*, ist eine auf zwei Bögen in atemloser Expressivität zusammengetragene Sammlung von Ideen und plötzlichen Einfällen, die sich insgesamt zu einer Akademie der Repräsentationen, der Vergnügungen bzw. der Spiele (so die Namen, die Leibniz für die von ihm ersonnene Einrichtung vorsieht) verdichten.[243]

243 Gottfried Wilhelm Leibniz. „Drôle de Pensée, touchant une nouvelle sorte de RÉPRESENTATIONS". *Sämtliche Schriften und Briefe.* Hg. v. d. Deutschen Akademie der Wissenschaften zu Berlin. Berlin, 1970, Reihe IV, Bd. 1, S. 562–568 u. Anm. S. 694–696 (abgekürzt im folgenden AA = Akademieausgabe, Reihenangabe, Bandangabe). Die im Folgenden angeführten Übersetzungen sind meine eigenen. Von *Drôle de pensée* gibt es nur eine Textfassung, die unter der Signatur der Niedersächsischen Landesbibliothek Hannover LH XXXVIII (Blatt 232–233) aufbewahrt wird. LH XXXVIII ist komplett digitalisiert und im Datenbankprojekt ECHO aufgelegt (Quellenstandort Online: http://echo.mpiwg-berlin.mpg.de). LH XXXVIII (= Technica) umfasst 380 Blatt und enthält viele Zeichnungen. Um zum Manuskript zu gelangen (Scans Nr. 709ff.), ist dem Pfad „Scientific Revolution" => „Leibniz" => „Technica" zu folgen. Unter der älteren Forschungsliteratur zu *Drôle de pensée* sind hervorhebenswert: Philip P. Wiener. „Leibniz's Project of a public Exhibition of Scientific Inventions". *Journal of the History of Ideas* 2 (1940), S. 232–240; Michel Serres. „Don Juan au palais des merveilles – Sur les statues au XVIIe siècle". *Les Études Philosophiques* 3 (1966), S. 385–390; Yvon Belaval. „Une ‚Drôle de pensée' de Leibniz". *Nouvelle Revue Francaise* 70 (1958), S. 754–768; Paul Wiedeburg. *Der junge Leibniz. Das Reich und Europa.* Teil 2. *Paris.* Bd. 1. *Europäische Politik.* Wiesbaden, 1970, S. 610–639 u. Bd. 3 (Anmerkungen), S. 293–308; Wilhelm Ennenbach. „Über eine öffentliche Einrichtung zur Vorführung, Lagerung und Erfassung technischer Objekte". *Neue Museumskunde* 24.2 (1981), S. 103–108; Daston/Park (1998), S. 215–217. Über Leibniz' Sozietätspläne informiert umfassend Böger (1997), hier inbesondere S. 96–114 (Leibniz' Paris-Aufenthalt 1672–1676). Eine die Akademieausgabe übertreffende kritische Edition des Textes befand sich bis Anfang 2003 unter dem Online-Quellenstandort http://www.znort.it/suiseth/drole/msstrutt.html.

Der Text beginnt mit der Schilderung eines Ereignisses, welches ihn auf die Idee zu dieser Akademie gebracht hat:

> Die im September 1675 in Paris am Ufer der Seine gegebene Repräsentation einer Maschine, die dazu dient über das Wasser zu gehen, brachte mich auf den nachfolgenden Gedanken, der, so merkwürdig er erscheint, nicht ohne Wirkung bliebe, würde er ausgeführt.[244]

Zwar ist dem Text kein Hinweis zu entnehmen, um welche Art von Maschine es sich hier handeln könnte (eine Maschine, die dazu dient, über das Wasser zu gehen, könnte auch ein Tretboot sein),[245] doch liegt es nahe, dass es sich um eine Flugmaschine handelt, die der in ganz Europa für seine Flugversuche berühmte und weithin in gelehrten Zirkeln diskutierte Schlossser Besnier aus der Provinz Marne konstruiert und erprobt hatte.[246] Im Nachlass Leibniz' befindet sich ein aus den *Philosophical Collections* von Robert Hooke unregelmäßig ausgeschnittenes Blatt, welches das Funktionieren des Flug- bzw. Gleitapparates erläutert (Abb. 27).[247]

244 AA, IV, I, S. 562: „La Representation qui se fit à Paris septemb. 1675. sur la riviere de Seine, d'une Machine qvi sert à marcher sur l'eau, m'a fait naistre la pensée suivante, la qvelle, qvelqve drole qv'elle paroisse, ne laisseroit pas d'estre de conseqvence, si elle estoit executée." Der Begriff *Representation* beeinhaltet die semantischen Dimensionen der Vorführung, Aufführung, aber auch der Ausstellung im weiteste Sinne, ich habe ihn deshalb beibehalten. Siehe hierzu ausführlich Furetière (1690), s. v. „REPRESENTATION".

245 Bereits Roger Bacon erwähnt „Instrumente zum Gehen auf dem Wasser." Roger Bacon. *Epistola de secretis operibus artis et naturae*. Hrsg. v. J. S. Brewster. London, 1859, S. 41. Siehe auch Kurt Flasch. *Das philosophische Denken im Mittelalter. Von Augustin zu Machiavelli.* Stuttgart, 1986, S. 354.

246 Zu den Flugversuchen Besniers und deren literarischem Niederschlag vgl. Wolfgang Behringer u. Constance Ott-Koptschalijski. *Der Traum vom Fliegen. Zwischen Mythus und Technik.* Frankfurt a. M., 1991, S. 286ff.

247 Robert Hooke. *Philosophical Collections.* Bd. 1. London, 1679, Abb. 2 zu S. 16. Leibniz hat eine eigene Benutzungserklärung dazu geschrieben: „A dextra manu et sinistro pede deprimitur A et B, dum simul sinistrae manui et dextro pedi alligatae aliae C et D elevantur. Deinde a sinistra manu et dextro pede rursus deprimuntur C et D ipsis A et B elevatis, idqve alternis. Hic motus diagonalis animalibus qvadrupedibus imo ipsi homini natandi, qvin et ambulandi naturalis." Hooke bringt die englische Übersetzung eines Artikels im *Journal des Sçavans* vom Dezember 1678 zum Abdruck, der als Auszug eines Briefes an N. Toinard einen Augenzeugenbericht dieses Flugversuches sowie eine ähnliche Zeichnung davon liefert (AA, IV, II, Unters. zu IV, I, S. 740ff.). Siehe Robert Hooke. „Extrait d'une lettre escrite a Monsieur Toynard sur une Machine d'une nouvelle Invention pour vôler en l'air." *Journal des Sçavans* (12.12.1678), S. 426: „M. Toinard a eu avis que le S. Besnier Serrurier de Sablé au païs du Maine a inventé une machine à quatre aisles pour vôler. Quoy qu'il en attende une Figure & une Description plus exacte que celle-cy, l'on a crû que parce que ce Journale est le dernier de ceux que nous donnerons cette année avant celuy du Catalogue de tous les Livres & de la Table des Matieres par où nous finissons toutes les années; le Public ne seroit pas faché d'apprendre par advance une chose si extraordinaire." Keinem der im *Dictionnaire de Journaux 1600–1789* (Paris, 1991) für die Jahre 1675/76 verzeichneten Periodika ist ein entsprechender Nachweis zu entnehmen. Konsultiert wurden *Gazette* [*de France*], *Journal des Savants*, *Journal du Palais*, *Liste des Avis du bureau d'adresse*, *Feuille du bureau d'adresse*, *Liste d'Avis à boire et sérieux*, *Lettres en vers* [*de Boursault*]. Doch mag dies einfach

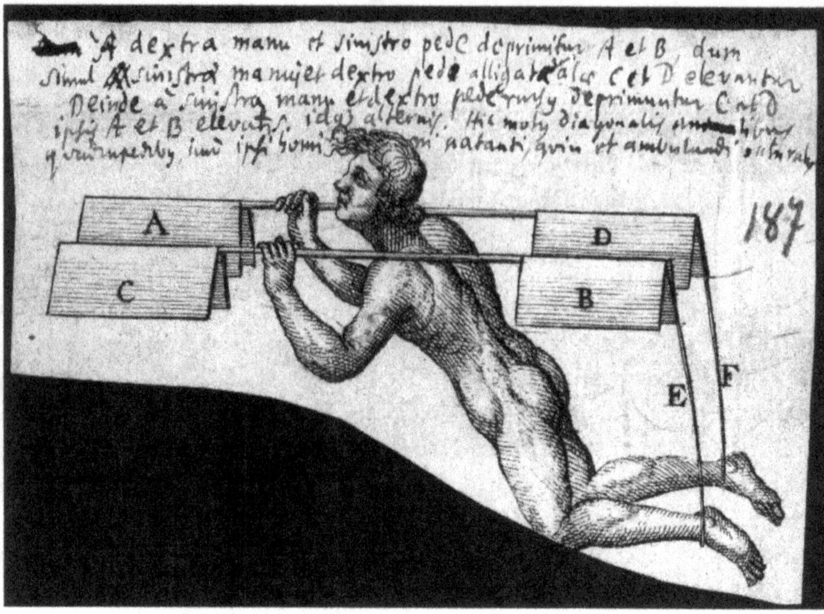

Abb. 27 Flugmaschine des Schlossers Besnier nach Robert Hooke *Philosophical Collections* (1679). Das Bild ist von Leibniz später herausgeschnitten und dem *Drôle de pensée* beigefügt worden.

Der Text lässt sich nur schwer zusammenfassen, zu vielfältig und heterogen sind die in ihm behandelten Gegenstände, zu assoziativ ist die Reihenfolge, in der er (auch mit einigen Redundanzen) um sein Thema, eine Akademie der Repräsentationen (*Academie des representations*), kreist. Doch lassen sich zumindest einige Schwerpunkte benennen. Zunächst erwägt er, welche Personen die Errichtung dieser Institution finanzieren und unterstützen könnten, ferner, wer alles engagiert werden könnte. Als Gesellschafter dieser Einrichtung schlägt er – und dies erscheint zugleich als Reflex auf den Entstehungszusammenhang des Textes selbst – hochrangige und finanzstarke Maschinenliebhaber vor: „Nehmen wir an, dass einige Personen von Stand mit Sinn für schöne Kuriositäten und vor allem für Maschinen sich zusammenschlössen, um deren öffentliche Darbietung zu betreiben."[248] Engagiert werden sollten ferner – und dies unterstreicht den Stellenwert der Praxis – Maler, Bildhauer, Zimmerleute, Uhrenmacher sowie Mathematiker,

daran liegen, dass der für solcherart Nachrichten am ehesten in Betracht kommende *Mercure Galant* wegen Krankheit des Herausgebers, Jean Donneau de Visé, in den betreffenden Jahren 1675 und 1676 nicht erscheint. Siehe Étienne Deville. *Index du Mercure de France 1672–1832, donnant l'indication, par ordre alphab., de toutes les notices, mentions, annonces, planches, etc., concernant les beaux-arts et l'archéologie.* Paris, 1910, S. IX.

248 „Supposons qve qvelques personnes de consideration, entendues aux belles curiositez, et sur tout aux machines, soyent d'accord ensemble, pour en faire faire des representations publiques." AA, IV, I, S. 562.

Ingenieure, Architekten, Gaukler, Scharlatane, Musiker, Dichter, Buchhändler, Schriftsetzer und Stecher. Darauf folgen ein kurzer und ein längerer Abschnitt, die in größter Dichte die unterschiedlichen Repräsentationen und Einrichtungen auflisten, die diese Akademie zusammenfassen könnte. Komödien, Naumachien, Rossballette, Feuerwerke, Laterna magica-Vorführungen, Lotterien und Glücksspiele, anatomische Demonstrationen, Automaten- und Maschinen-Aufführungen werden ebenso genannt wie öffentliche Experimente, Kunst- und Raritätenkabinette, ein Registrierbüro für Erfindungen, Galerien, Sportstätten und ein Heilkräutergarten.

Als direkte Inspirationsquelle seiner Akademie kommt die nahe seiner Wohnung gelegene *Foire de St. Germain* in Frage. Die vielfältigen Unterhaltungsmöglichkeiten erstreckten sich hier von Theateraufführungen und Schaustellern über Freaks, wie riesenhafte und zwergwüchsige Menschen sowie kuriose oder wilde Tiere bis hin zu Affen- und Hundedressuren, Kraftmeiern, Marionetten, Wachsfiguren und Spielautomaten.[249] Ferner finden sich in dem Text deutliche Anklänge an die *Plaisirs de l'Isle enchaintée* (1664), dem epochemachenden dreitägigen Fest am Hof Ludwig XIV. in Versailles, welches sich gleichsam stilbildend auf Begriff und Idee dessen auswirkte, was forthin als Spektakel galt.[250] Als literarische Ideengeber scheinen unter anderem die mathematischen und philosophischen Erquickstunden von Daniel Schwenter und Georg Philipp Harsdörffer, die optischen und musikalischen Schriften des jesuitischen Universalgelehrten Athanasius Kircher, die Magdeburger Versuche Otto von Guerickes und die mechanisch-mathematischen Schriften von Leibniz' Lehrer Erhard Weigel erwähnenswert.[251]

249 Die Erweiterung der ursprünglich von den *Forains* aufgeführten *divertissements comiques* um opernspezifische Elemente wie Dekorationswechsel, Gesang und Tanz sowie die parodistische Verwendung von Opernmelodien führten zur Entstehung der *Opéra-comique*.

250 Im Mai 1664 veranstaltete Ludwig XIV. in Versailles ein Hoffest, offiziell zu Ehren seiner Mutter Anna von Österreich und seiner jungen Gemahlin Maria Theresia, inoffiziell für seine Maitresse Mademoiselle de La Vallière, das unter dem Namen „Plaisirs de l'Isle enchantée" berühmt wurde. Es gibt mehrere zeitgenössische Berichte darüber. Berühmt ist derjenige Molières (Molière [Jean-Baptiste Poquelin]. *Œuvres complètes*. Hg. v. Georges Couton. Paris, 1971, S. 89–268). Siehe auch die Beschreibung *Les Plaisirs de l'Isle enchantée. Course de bague, Collation ornée de Machines, Comedie meslée de Danse et de Musique, Ballet du Palais d'Alcne, Feu d'Artifice: Et autres Festes galantes et magnifiques; faites par le Roy à Versailles, le VII. May 1664. Et continuées plusieurs autres Iours*. Paris, 1664, die bereits im Titel einige der von Leibniz erwähnten Spektakel nennt. Zur Festmaschinerie am Hofe Ludwigs XIV. siehe Kolesch (2006) mit weiterführender Literatur.

251 Von Kircher übernimmt Leibniz evtl. die Idee gewaltiger Hörrohre, die es ermöglichen sollen, Räume ungesehen abzuhören. Siehe Kircher (1650), S. 304ff. Ähnlich sind sie auch bei Georg Philipp Harsdörffer in dessen *Delitiae phylosophicae et mathematicae. Der mathematischen und philosophischen Erquickstunden Dritter Theil*. Nürnberg, 1653, zu finden. Hier findet sich zudem das von Leibniz erwähnte Schachspiel mit lebendigen Personen (S. 405) sowie die Flugdrachen („Wie man einen feurigen Drachen in der Lufft sol flügen machen." S. 514f.). Er erwähnt ferner das von von Guericke beschriebene „Wettermännchen". Einen starken Einfluss auf die Abfassung des *Drôle* und dessen Inventionsprogramm dürften auch die Erfindungsbüchlein Erhard Weigels gehabt haben. Siehe v. a. Weigel (1669) und (1672), hier insbesondere Kapitel 19. Vgl. Bredekamp (2004), S. 45–63.

Schließlich spielt der Ort, an dem all diese Dinge versammelt werden könnten, eine Rolle. Die buchstäbliche Vielseitigkeit der aneinander gereihten und doch keinem Prinzip der Serie folgenden Demonstrationen, Spektakel und Spiele macht es ihm schwer, der Akademie einen zentralen Ort, ein Gebäude zu geben: „Sie könnte aus mehreren Häusern an verschiedenen Orten der Stadt bestehen oder vielmehr noch [aus] verschiedenen Zimmern wie Läden des Palastes in einem Haus, in welchem Privatleute Zimmer gemietet hätten, um Raritäten zeigen zu können."[252] Allein die Anzahl der aufzunehmenden Institutionen, etwa das colbertsche Vier-Nationen-Kollegium,[253] das *Théâtre du Marais*,[254] eine Vielzahl von Glücksspielhäusern,[255] Akademien[256] und Kunstkammern lässt eine Bündelung, eine Sammlung an einem Ort nicht zu. Vielmehr entgrenzt sich die Akademie der Repräsentationen vor dem Hintergrund der Pariser Topographie in eine ins Unendliche strebende Vervielfältigung von Perspektiven, eine Multiplikation der Ansichten und Einsichten, die selbst wieder zu neuen Erfindungen führen.

Die wechselseitige Beziehung aus Erregung und Erfindung ist es, die der Akademie finanzielle Autonomie zusichern soll: „Oftmals würden keine Kosten entstehen, da man anderen nur gegen ein gewisses Entgelt die Möglichkeit im Haus der Akademie auszustellen gewährte. Und man würde sogar Gewinn machen, der immer bei der Akademie bliebe: und man hätte keine Ausgaben."[257] Resümierend bestimmt Leibniz den Nutzen der Akademie:

> Der Nutzen dieser Unternehmung wäre größer als man ihn sich nur vorstellen kann, nicht nur in der Öffentlichkeit, sondern auch im Privaten. In

252 AA, IV, I, S. 565f.: „Il en pourroit estre plusieurs maisons en differens endroits de la ville, qvi representeroient de diverses choses. Ou plus tost differentes chambres comme boutiqves du Palais dans une même maison, dont les particuliers ayant des chambres louées feroient voir les raretez."

253 Vgl. Germain Brice. *Description de la ville de Paris et tout ce qu'elle contient de plus remarquable*. Paris, 1971 [Nachdr. d. Aufl. Paris, 1752], S. 474–480: Beschreibung und Abbildung des von Leibniz erwähnten *College de 4 nations*, welches im Jahr der Abfassung der *Drôle de Pensée* gebaut wurde. Es geht auf einen Plan Kardinal Mazarins zurück, der den Baugrund bereits 1661 bestimmt hatte.

254 Siehe zum *Théâtre du Marais* zur Zeit Leibniz': Victor Fournel. *Les Contemporains de Molière. Recueil de comédies, rares ou peu connue jouées de 1650 a 1680 avec l'histoire de chaque théâtre des notes et notices biographiques, bibliographiques et critiques*. 3 Bde. Bd. 3. *Théâtre du Marais*. Genf, 1967 [Nachdr. d. Ausg. Paris, 1875].

255 *Academies de jeu* hießen in Paris die Häuser in denen Glücksspiele, vornehmlich Karten- und Würfelspiele gespielt wurden. Diese Häuser wurden staatlicherseits immer wieder verboten. Siehe hierzu den Artikel „Jeu" von Furetière (1690). Ferner: Francis Freundlich. *Le monde du jeu à Paris 1715–1800*. Paris, 1995, die anhand von Polizeiakten Paris als die europäische „Hauptstadt der Spiele" im 18. Jahrhundert beschreibt.

256 „Maison jeu de paume". *Jeu de paume* meint die Pariser Ballspielhäuser, die vielen Theatertruppen als Ort für ephemere Bühneninstallationen dienten. Siehe: *Les jeux du roi. Le roi du jeu. L'histoire du jeu de paume en France* [Ausst.kat.]. Paris, 1998.

257 AA, IV, I, S. 566: „Souuent on ne feroit point de frais en donnant seulement [à] d'autres la liberté de representer dans la maison de l'Academie, pour un certain argent. Et ainsi on en auroit du profit, ce seroit tousiours à l'Academie: et on ne feroit point de depense."

> der Öffentlichkeit würde sie den Menschen die Augen öffnen, zu neuen Erfindungen anregen, schöne Einsichten geben, die Welt unendlich vieler nützlicher oder geistreicher Neuheiten in Kenntnis setzen. Alle diejenigen, die eine neue Erfindung hätten oder einen geistreichen Entwurf, könnten dorthin kommen, dort ihren Lebensunterhalt verdienen, ihre Erfindung bekanntmachen, um daraus Gewinn zu ziehen. Es würde sich um ein Büro handeln, wo alle Erfinder ihre Erfindungen zur Anzeige bringen könnten.[258]

Auffallend an Leibniz' „Geistesblitz" ist der starke visuelle Charakter des Textes. In der raschen Aufeinanderfolge von Einfällen, in der es kaum ein Verharren, kaum ein Erklären gibt, in der kaskadenhaft Substantive und Namen aneinandergereiht sind, ist allemal die Sogkraft visueller Eindrücke spürbar. Die Niederschrift dieser Eindrücke verdankt sich einer bei Leibniz ganz grundsätzlich vorhandenen Aufmerksamkeit für die irritierende Kraft des plötzlichen Einfalles, der sich auf unerklärliche Weise am Merkwürdigen und Sonderbaren entzündenden Idee. So besteht der *Drôle de pensée* nicht allein aus einer Enumeration von bizarren und merkwürdig anmutenden Gedanken, sondern versucht zugleich, dieser Art von blitzartig auftretenden Einfällen einen Ort zu geben.

Bereits in einem frühen Akademieentwurf, dem Plan *Zur Auffrichtung einer Societät* (1669–72?), hatte Leibniz unter der fordernden Überschrift *Die Künste und Wissenschaften zu vermehren und zu verbessern* sein Augenmerk auf „Merkbücher, Tagebücher, fliegende Gedanken, hinterlassene Papiere" gerichtet. Er verbindet damit die Hoffnung, das Flüchtige, das nebenbei Hingeworfene, welches mit dem Tod einer Person unweigerlich verloren geht, aufzuheben, „zu erhalten, auszumachen und mit Modellen und Proben zu versuchen."[259] In den *Nouveaux Essais* (1704) geht er noch einmal auf die irritierende Kraft dieser „fliegenden Gedanken" ein. Sie tauchen hier nicht mehr als Notizen oder niedergeschriebene Einfälle auf. Vielmehr versucht er, sehr präzise die Erscheinungsweise und die Folgen dieser Gedanken zu umschreiben, die das bloß Assoziative überschreiten, die in aller Klarheit erscheinen und dennoch uneingebunden sind in das Her-

258 AA, IV, I, S. 565: „L'usage de cette entreprise, seroit plus grand qv'on ne se pourroit imaginer, tant en public, qv'en particulier. En public il ouuriroit les yeux aux gens; animeroit aux inventions, donneroit des belles veües, instruiroit le monde d'une infinité de nouueautez utiles ou ingenieuses. Tous ceux qvi auroient une nouuelle invention, ou dessein ingenieux, pourroient y venir, ils y trouueroient de qvoy gagner leur vie, faire connoistre leur invention, en tirer du profit; ce seroit un bureau general d'adresse pour tous les inventeurs." Leibniz dürfte das bekannte *Bureau d'Adresse* von Renaudot vor Augen gehabt haben. Vgl. Kathleen Wellman. *Making Science Social. The Conferences of Théophraste Renaudot 1633–1642*. Oklahoma, 2003.

259 Gottfried Wilhelm Leibniz. „Grundriß eines Bedenkens von der Aufrichtung einer Societät in Deutschland, um die Künste und Wissenschaften aufzunehmen." *Schöpferische Vernunft. Schriften aus den Jahren 1668–1686*. Zusammengestellt, übersetzt und erläutert von Wolf von Engelhardt. Hamburg, 1951, S. 73–95, hier S. 86.

kömmliche, sich mit dem Vertrauten nicht in Einklang bringen lassen. „Übrigens", so unterstreicht er den Gesprächston der Abhandlung,

> kommen uns unfreiwillige Gedanken zum Teil von außen durch die Gegenstände, die unsere Sinne beeindrucken, zum Teil von innen auf Grund von (oft unmerklichen) Eindrücken, die von den vorhergehenden Perzeptionen übrigbleiben, die ihre Wirkung fortsetzen und sich mit den neu hinzukommenden vermischen. In dieser Hinsicht sind wir passiv; und selbst wenn wir wach sind, kommen uns *Bilder* (unter welchen ich nicht allein die Darstellung von Gestalten, sondern auch von Tönen und anderen sinnlich wahrnehmbaren Eigenschaften verstehe) wie in Träumen, ohne gerufen zu werden. Im Deutschen heißen sie „fliegende Gedanken", was ich „pensée volantes" nennen möchte, die nicht in unserer Macht stehen und bei denen es manchmal Widersinnigkeiten gibt, die rechtschaffenen Leuten Bedenken machen und die Kasuisten und Gewissenslenker vor Aufgaben stellen. Das ist wie bei einer Laterna magica, die Gestalten auf einer Wand erscheinen läßt, sobald man in ihrem Inneren etwas dreht. Unser Geist aber, der ein Bild wahrnimmt, das ihm in Erinnerung kommt, kann ihm Halt gebieten und es sozusagen festhalten. Mehr noch, der Geist tritt, wenn es ihm gut erscheint, in bestimmte Gedankenfolgen ein, die zu anderen führen.[260]

260 „Au reste il nous vient des pensées involontaires, en partie de dehors par les objets qui frappent nos sens, et en partie au dedans à cause des impressions (souvent insensibles) qui restent des perceptions precedentes qui continuent leur action et qui se mêlent avec ce qui vient de nouveau. Nous sommes passifs à cet egard, et même quand on veille, des *images* (sous lesquelles je comprends non seulement les representations des figures, mais encor celles des sons et d'autres qualités sensibles) nos viennent comme dans les songes, sans estre appellées. La langue Allemande les nomme *fliegende Gedanken*, comme qui diroit des pensées volantes, qui ne sont pas en nostre pouvoir, et où il y a quelques fois bien des absurdités qui donnent des scrupules aux gens de bien et de l'exercise aux casuistes et directeurs des consciences. C'est comme dans une lanterne magique qui fait paroistre des figures sur la muraille à mesure qu'on tourne quelque chose au dedans. Mais nostre esprit s'appercevant de quelqu'image, qui luy revient, peut dire: halte là, et l'arrester pour ainsi dire. De plus l'esprit entre, comme bon luy semble, dans certaines *progressions de pensées* qui le menent à d'autres." Gottfried Wilhelm Leibniz. *Philosophische Schriften.* Bd. III. Erste Hälfte: *Nouveaux essais sur l'entendement humain/Neue Abhandlungen über den menschlichen Verstand.* Buch I–II. Hg. u. übs. v. Wolf v. Engelhardt u. Hans Heinz Holz. 2. Auflage. Darmstadt, 1985, S. 260ff. Aus der Zeit seines Parisaufenthaltes stammt eine längere Notiz Leibniz', der sich dem Phänomen des Träumens widmet (abgedruckt bei Willy Kabitz. *Die Philosophie des jungen Leibniz. Untersuchungen zur Entwicklung seines Systems.* Heidelberg, 1909, S. 154ff.). Im Anschluss an Hobbes' *De Corpore* (IV, Kap. XXV, Zeile 9) beruht für Leibniz der Unterschied zwischen Wachen und Träumen darin, dass den Träumen eine feste Ordnung und ein zielgerechter Zusammenhang im Sinne einer bewussten inneren Sammlung, des echten „Sichbesinnens" fehlt. Aber es bleibt für Leibniz wunderbar und unerklärlich, dass auf diese spontane und momentane Weise Gebilde im Traum entstehen, die schöner und vollkommener sind, als wir es im bewussten Wachzustand je erreichen können. Leibniz gesteht u. a., dass er oft ohne jeden Zweifel ausgezeichnete Reden, Bücher, Briefe, Gedichte, die er nie gelesen habe und die erst im Augenblick des Traumes entstanden seien, zu behalten und aufzuzeichnen gewünscht habe. Was im Wachen mit Mühe gesucht werde, das biete sich dem Träumenden wie von selbst dar. Es offenbart sich in den

Vor dem Hintergrund dieser Passage erscheint der *Drôle de pensée* als ein Zweifaches, nämlich als unmittelbare Niederschrift „fliegender Gedanken", gleichsam als Versuch, das Irritationspotential des sinnlichen Eindruckes einzufangen sowie zugleich als Reflexion auf die Bedingungen der Wissensproduktion, um ungewöhnlichen Einfällen und neuen Ideen einen Ort zu geben, diese um ihres Nutzens willen in der Gestalt einer Akademie zu fixieren. Hierin liegt eine Grundspannung dieses Textes: in der Territorialisierung „fliegender Gedanken".

Nun gehört es zu den Eigenheiten des leibnizschen Projektierens und Entwerfens, dass kaum ein Projekt oder Entwurf gleichsam als eine sich selbst genügende Geistesübung entsteht. Auch erklärt sich dies ganz allgemein aus dem Charakter des barocken Projektemachens selbst, welches wesentlich davon lebt, dass es einem erstaunten Publikum, vorzugsweise einem finanzstarken Herrscher, als greifbare Möglichkeit vor Augen geführt wird, die dem Potentaten zur Ehre und dem Projektierer zur finanziellen Unabhängigkeit gereichen könnte.[261] Paul Wiedeburg, der sich akribisch der leibnizschen Jugendzeit, insbesondere den intellektuellen und kulturellen Entstehungszusammenhängen der frühen Schriften widmete, nimmt an, dass Leibniz diesen Entwurf eher als eine Ideensammlung für seine Rückkehr nach Deutschland betrachtet haben könnte. Aus dem Umstand, dass Leibniz den einflussreichen Mitbegründer der Akademie Jean Chapelain (1595–1674) mit keinem Wort erwähnt, leitet er ab, dass es Leibniz nicht um eine Verbesserung bestehender französischer Institutionen ging, sondern er vielmehr das allgemeine Beste im Blick gehabt habe, d. h. sein Akademieentwurf nicht so sehr auf seine Pariser Wohnstatt zielte, als vielmehr „zur Stärkung der *République des Lettres* als einer eigenständigen und zugleich umfassenden Gemeinschaft zu dienen bestimmt war." Er schließt: „Niemals aber kann es sich um einen Vorentwurf für eine Colbert einzureichende Denkschrift zur Erweiterung oder gar Verbesserung der bestehenden französischen Institutionen gehandelt haben."[262]

Dieser Annahme Wiedeburgs widerspricht eine Eingabe, die der Gebäude- und Gartenvorsteher Philipps von Bourbon, Herzog von Orléans und Bruder des Königs, ein gewisser Henry Guichard, im August 1674 bei dem allmächtigen Minister Ludwigs XIV., Jean-Baptiste Colbert (1619–1683), machte. Nur zwei Jahre nach Einrichtung der *Académie de musique* unter der Leitung des von Leibniz abfällig erwähnten Jean-Baptiste Lully (1632–1687) – Leibniz gilt als Verehrer

Träumen also ein freischaffendes, architektonisches und harmonisierendes Vermögen der menschlichen Seele, das, von der unterscheidenden und trennenden Tätigkeit des wachen, denkenden Bewusstseins befreit, die kompositorischen, also die aufbauenden und schöpferischen Kräfte zur ungehinderten Entfaltung bringe. („Necesse est igitur esse nescio qvid in mente nostra architectans et harmonicum, qvod à dijudicandis ideis liberatum se convertat ad componendas." Ebd., S. 156).

261 Zu den Charakteristika des barocken Projektemachens, insbesondere am Beispiel Leibniz', vgl. unten Kapitel 4.

262 Wiedeburg (1970), S. 622f. „Was Leibniz damit anfangen wollte bleibt fraglich. Mit Bezug auf seine eigenen Versuche, Anschluß an die Pariser Akademien zu finden, kann aber nach dem Gesagten allenfalls nur davon die Rede sein, daß er einige der aufgezeichneten Gesichtspunkte in dem einen oder anderen Gespräch mit zuständigen Gelehrten nutzen wollte." (S. 622).

des Lully-Konkurrenten Molière – erteilt Colbert Guichard ein Privileg zur Errichtung einer *Académie royale des Spectacles*. Das Patent beginnt folgendermaßen:

> Da die öffentlichen Spektakel für das Volk immer schon die am weitesten verbreiteten Vergnügungen bereitstellten und sowohl zu dessen Glückseligkeit als auch zu dessen Entspannung und Erfüllung beitragen konnten, beschränken wir uns in unserer Sorgfaltspflicht gegenüber den Bürgern nicht nur auf die Wahrung von Ruhe und Ordnung, sondern wir wollen darüber hinaus auch noch durch öffentliche Vergnügungen zu ihrer Erhaltung beitragen. Aus diesem Grund haben wir die wohlgefällige Eingabe unseres verehrten und geschätzten Henry Guichard, Vorsteher der Gebäude und Gärten unseres hochverehrten und hochgeschätzten und einzigen Bruders, des Herzogs von Orléans angenommen und ihm das Privileg zum Bau von Zirkussen und Amphietheatern erteilt, um dort Karuselle, Tuniere, Rennen, Schlachten, Tierkämpfe, Illuminationen, Feuerwerke und ganz allgemein das, was den antiken Spielen der Griechen und Römer nachempfunden ist, stattfinden zu lassen.[263]

Es mag dem damaligen Publikumsgeschmack entsprechen, wenn Leibniz in seinem nur ein Jahr später verfassten Papier in einer *Academie de representations* nahezu dieselben Vergnügungen und Darbietungen zusammenfassen möchte. Henry Guichards Privileg wird unter dem Einfluss Lullys, der eine Einschränkung seiner Macht befürchtet, da Guichard auch musikalische Vorführungen jeder Art integrieren möchte, durch Ludwig XIV. im März 1676 zurückgezogen.[264] Leibniz, der sich ebenfalls gegen die Dominanz Lullys wendet, notiert in seinem Entwurf lakonisch: „Baptiste wird nicht ewig leben. Und man könnte hier die Oper oder Musikakademie hinzuführen."[265] Ob Leibniz, der regen Anteil am kulturellen Leben in Paris nahm (er besuchte beispielsweise die *Société de Samedie* von Madame Scudéry) und der sehr um einen Kontakt zum Hof bemüht war, von diesem Vor-

263 „Les spectacles publics ayant toujours fait les divertissemens les plus ordinaires des peuples et pouvant servir à leur félicité aussy bien que le repos et l'abondance, nous ne nous contentons pas de veiller à la tranquilité de nos sujets par nos travaux et nos soins continuels, nous voulons bien y contribuer encore par des divertissemens publics. C'est pourquoy nous avons agrée la très-humble supplication qui nous a esté faite par nostre cher et bien-amé Henry Guichard, intendant des bastimens et jardins de nostre très-cher et très-amé frère unique, le duc d'Orléans, de luy permettre de faire construire des cirques et des amphithéâtres pour y faire des caroussels, des tournois, des courses, des joustes, des luttes, des combats d'animaux, des illuminations, des feux d'artifice et généralement tout ce qui peut imiter les anciens jeux des Grecs et des Romains." Pierre Clément (Hg.). *Lettres, instructions et mémoires de Colbert*. 8 Bde. Bd. 5. *Fortification. Sciences. Lettres. Beaux-Arts, Batiments*. Paris, 1979 [Nachdr. d. Ausg. Paris, 1861–1882], S. 551f. und Kommentar S. LXXIVf.

264 Clément (1869), S. 551 Anm. 4.

265 „Baptiste ne vivra pas tousjours. Et on y joindrat l'opera ou l'Academie de musique." AA, IV, I, S. 566.

haben durch seine Briefpartnerin Liselotte von der Pfalz, der Herzogin von Orléans, erfahren hat, lässt sich nur vermuten. Auf jeden Fall zeigt sich hier, inwiefern Leibniz' Akademieentwurf durchaus im Kontext ähnlich gelagerter Projekte steht.

Auch mit dem Nebentitel seines Entwurfes, *Academie des Ieux*, einem in dieser Zeit in Paris gebräuchlichen Begriff für Spielhäuser jeder Art, zeigt sich Leibniz aufgeschlossen für populäre Unterhaltungsformen. In seinem Anliegen, Vergnügen und Erkenntnis miteinander zu verbinden, geht er noch einen Schritt weiter. In zwei längeren Einlassungen finden sich in Leibniz' Bizarrerie frühe Reflexionen zu einer Theorie des Spiels, durch welche er die Synthese aus Phantasie und Kalkül in den Mittelpunkt der Einrichtung stellt. So geht er ausführlich auf das Verhalten der Spieler und die Spielordnung ein und wägt ab, ob Täuschen und Tricksen erlaubt sein sollten. Schließlich kommt er zu dem Schluss, dass das Spiel den Nukleus des gesamten Unternehmens bilden müsste, da in der spielerischen Täuschung selbst eine produktive Kraft läge:

> Das Spiel wäre der schönste Vorwand der Welt, eine der Öffentlichkeit so nützliche Sache wie diese zu beginnen. Denn man müsste die Menschen an der Nase herumführen, von ihrer Schwäche profitieren und sie täuschen, um sie zu heilen. Es gibt zur Einführung der Weisheit nichts besseres, als sich der Manien zu bedienen. Dies bedeutet wahrhaftig *miscere utile dulci* und aus einem Gift eine Arznei zu machen.[266]

Die Anlehnung an das ursprünglich von Horaz kommende *miscere utile dulci* (*Ars Poetica*, V. 343)[267] verdeutlicht die eigensinnige Stellung, die Täuschung und Illusion in der leibnizschen Spektakel- und Spielakademie einnehmen. Zielt die Formulierung bei Horaz auf ein angemessenes mimetisches Verhältnis von Realität und Fiktion in der Dichtkunst, so gilt Leibniz' Interesse hier ganz offensichtlich dem spielerischen Paradox aus Berechenbarkeit und Kontingenz, mathematischer Präzision und imaginativer Freiheit. Dabei beschränkt er sich nun keinesfalls auf die modischen Kartenspiele *biribi, quinquenove* oder *trictrac*, denen er im Rahmen der *ars conjectandi* späterhin einzelne mathematische Studien widmet.[268] Die zahlreichen Spielmodelle, die der *Drôle* birgt – Leibniz erwähnt etwa

266 AA, IV, I, S. 567: „Le jeu seroit le plus beau pretexte du monde de commencer une chose aussi utile au public qve cellecy. Car il faudroit faire donner le monde dans le panneau, profiter de son foible, et le tromper pour le guerir. Y a'-il rien de si juste, qve de faire servir l'extravagence à l'establissement de la sagesse? C'est veritablement *miscere utile dulci*. Et faire d'un poison un alexitere."

267 Vgl. zur Rolle dieses Topos im 16. und 17. Jahrhundert: Jean-Marie Piemme. „L'*utile dulci* ou la convergence des nécessités: recherches historiques sur les causes de l'adoption de la règle scaligérienne de l'utilité, par les théoriciens de 1630". *Revue d'Histoire du théâtre* 2 (1969), S. 118–133, der den starken Bedeutungswandel, die Verfestigung und ‚Gesetzwerdung' der Phrase von Horaz bis zu Scaliger betont.

268 Siehe hierzu im Einzelnen: Marc Parmentier (Hg.). *L'estime des apparences. 21 manuscripts de Leibniz sur les probabilités, la théorie des jeux, l'espérance de vie.* Texte établi, traduit, introduit et annoté par Marc Parmentier. Paris, 1995.

die Möglichkeiten, im Modell ganze Schlachten nachzustellen,[269] aber auch Theater- und Maskenspiel –, tragen dem Grundgedanken Rechnung, dass das Spiel Phantasie und Regelhaftigkeit miteinander verbindet. In der Synthese aus „fliegenden Gedanken" und Rechenkunst im Spiel sieht Leibniz (ähnlich übrigens wie bereits sein Lehrer Erhard Weigel) die Erfindungskunst begründet. So fordert Leibniz viele Jahre nach den Pariser Ereignissen in seinen *Nouveaux Essais* (1704) erneut mit aller Vehemenz zum Nachdenken über den Nutzen von Spielen für die Wissenschaft auf:

> Und im allgemeinen würde ich wünschen, daß ein gelehrter Mathematiker ein umfängliches Werk über alle Arten von Spielen mit genauer Beschreibung und guter Begründung schreiben wollte, was von großem Nutzen wäre, um die Erfindungskunst zu vervollkommnen, da der menschliche Geist besser bei den Spielen als bei den ernsteren Gegenständen in Erscheinung tritt.[270]

Die Erkenntnis, dass sich Phantasie und Kalkül allein im Spiel verbinden lassen, geht wohl ganz wesentlich auf jenen Pariser „Geistesblitz" zurück, mit dem Leibniz auf so erregende Weise Zeugnis ablegt von dem Ursprung seines Fragens.

Theatermaschine und Kalkül

Leibniz bemerkenswerter Entwurf einer auf öffentlichen Spektakeln basierenden Akademie lenkt die Aufmerksamkeit auf die Frage, inwiefern sinnliche Eindrücke, überraschende oder faszinierende Phänomene unsere Ideen und Fragen allererst hervorbringen. Insofern ist es bemerkenswert, dass keine Tafel, kein Hinweisschild im Pariser Stadtbild Auskunft gibt über den Ort, an dem der Universalwissenschaftler zu dieser Zeit gelebt, gewohnt und gearbeitet hat. Dies ist umso erstaunlicher, als dem langjährigen Parisaufenthalt des späteren Mitgliedes der *Académie des Sciences* für die Grundlegung seiner Philosophie, seines Denkens allgemein größte Bedeutung beigemessen wird.[271] Irgendwann im Spät-

269 Leibniz hat hier wohl jene Modellsammlungen für Stadt- und Festungsmodelle vor Augen, die der Ausbildung von Architekten, Militärs und Adligen dienten. 1668 war die Grande Galerie des Louvre dazu bestimmt worden, die Sammlung von Architekturplänen und -modellen aufzunehmen. Siehe mit entsprechenden Darstellungen: Bredekamp (2004), S. 56ff.

270 „[E]t generalement je souhaiterois qu'un habile Mathematicien voulût faire un ample ouvrage bien circonstancié et bien raisonné sur toute sorte de jeux, ce qui seroit de grand usage pour perfectionner l'art d'inventer, l'esprit humain paroissant mieux dans les jeux que dans les matieres les plus serieuses." Gottfried Wilhelm Leibniz. *Philosophische Schriften*. Bd. III. Zweite Hälfte: *Nouveaux essais sur l'entendement humain / Neue Abhandlungen über den menschlichen Verstand*. Buch III–IV. Hg. u. übs. v. Wolf v. Engelhardt u. Hans Heinz Holz. 2. Auflage. Darmstadt, 1985, S. 514f.

271 Hier formuliert er zum ersten Mal den Infinitesimalkalkül, hier erfährt seine Auseinandersetzung mit Descartes ihren Ausgangspunkt, hier tritt er in Auseinandersetzung mit Huygens. Siehe

herbst 1674 ist Leibniz, der sich mit Unterbrechungen seit März 1672 in Paris aufhielt, an den Ort gezogen, an dem nicht allein der *Drôle de pensée* entstanden sein dürfte, sondern Leibniz auch die erste schriftliche Fixierung seiner vielleicht bedeutendsten und folgenreichsten Kreation, nämlich des Infinitesimalkalküls geglückt ist.[272] Verbürgt ist Leibniz' Wohnort in einem Brief vom Dezember 1674 des Juristen Johann Daniel Stalburg: „Saint Quentin rue garanciere faubourg St. Germain."[273] In dieser Straße, so ließe sich zuspitzend behaupten, haben zwei, für die Geschichte von Kunst und Wissenschaft bedeutsame Weltschöpfungen ihren Ursprung: Die Anfänge des französischen Opernwesens und die Herausbildung des Infinitesimalkalküls.

In der *Rue Garancière*, einer kleinen, etwa 220 Meter langen Straße, sind auch heute noch die meisten Gebäude aus der damaligen Zeit erhalten.[274] Die schnurgerade, enge und dunkle Straße liegt im *Fauxbourg de St. Germain*. Sie befand sich zum Ende des 17. Jahrhunderts etwas abseits des eigentlichen Stadtzentrums. Sie grenzt in nördlicher Richtung an die prachtvolle *Rue de Vaugirard*, die ihrerseits an dem um 1600 entstandenen *Jardin du Luxembourg* in west-östlicher Richtung entlangführt, und in südlicher Richtung an die kleine *Rue de St. Sulpice* (damals noch *Le petit bourbon* bzw. *Rue des Aveugles*). Die *Rue Garancière* senkt sich aus Richtung des *Jardin du Luxembourg* kommend leicht ab und endet an der Rück-

Leibniz à Paris (1672–1676): Symposion de la G. W. Leibniz-Gesellschaft (Hannover) et du Centre National de la Recherche Scientifique (Paris) à Chantilly (France) du 14 au 18 novembre 1976 (= Studia Leibnitiana. Suppl. 17). Wiesbaden, 1978. In seiner Pariser Zeit zeichnet sich Leibniz durch seinen großen Erfindungsreichtum als mathematischer Symbolbildner aus. Vgl. Bredekamp (2004), S. 92.

272 Wiedeburg (1970), Bd. II.1, S. 718f.: „Während der von Leibniz wiederaufgenommenen Untersuchungen der infinitesimalen Fragen und Quadraturprobleme kommt ihm nun im Herbst 1675 bei Betrachtungen über Kurven mit funktionell gegebener Subnormale der entscheidende Einfall, das Cavalierische Zeichen omn. (‚Summa omnium y') durch das Integral-Zeichen ∫ zu ersetzen. Das geschah am 29. Oktober 1675, und Colerus hat mit Recht von einem ‚welthistorischen Zettel' dieses Datums gesprochen, auf dem Leibniz den Gedanken festgehalten hat." Siehe zu der Bedeutung der Bildlichkeit mathematischer Zeichen für Leibniz (insbesondere zum Integralzeichen) grundlegend Bredekamp (2004), S. 87–100.

273 AA, I, 1, Nr. 265. Zit. n. Kurt Müller u. Gisela Krönert. *Leben und Werk von Gottfried Wilhelm Leibniz. Eine Chronik.* Frankfurt a. M., 1969, S. 37. Erst im Oktober und November des folgenden Jahres gibt Leibniz die Adresse seiner Unterkunft weiter an seine Leipziger Verwandten Johann Friedrich Leibniz und Christian Freiesleben, die sich mehrfach über ausbleibende Mitteilungen beschwert hatten. Er wendet sich mit der Bitte um finanzielle Unterstützung an sie: „[...] weil ich in Franckreich auch an hohen orthen bekand worden, so haben einige fürnehme Personen die mich sonderlich begünstigen, mir ein gewißes amt oder charge vorgeschlagen, so zu erkauffen" und „Ob nun wohl dazu etlich 1000 thl. gehören, [...] mangeln mir auch nichts als etlich 100 thl., umb solches angeld zu erfüllen." AA, I, 1, S. 428f. Zit. n. Müller/Krönert (1969), S. 39. Leibniz' latente Geldknappheit könnte auch bei der Wahl seiner Unterkunft eine gewisse Rolle gespielt haben.

274 Vgl. Félix Lazare u. Louis Lazare. *Dictionnaire administratif et historique des rue et des Monuments de Paris (1855).* Paris, 1994, S. 369. Jacques Hillairet. *Dictionnaire historique des Rues de Paris.* Paris, 1979, S. 566, erläutert die Herkunft des Straßennamens: „Cette rue doit son nom à celui de l'hôtel Garancière (peut-être teinturerie où l'on teignant à la garance) qui y existait vers 1400 et qui, bien délabré, fut morcelé, vers 1540, lors du percement de la rue; elle fut aussi appelée Garance, Garancée et anciennement Rue de Saint-Sulpice."

seite der Kirche *St. Sulpice*, einer monumentalen Basilika, deren Bau 1646 nach Plänen von Christophe Gamart begonnen und ab 1655 durch den Architekten Ludwigs XIV., Louis Le Veau (1612–1670), fortgeführt wurde. Immer wieder durch ausbleibende Geldzahlungen unterbrochen waren die Bauarbeiten auch zur Zeit von Leibniz' Parisaufenthalt nicht abgeschlossen und dürften tagsüber die Geräuschkulisse in der *Rue Garancière* dominiert haben.[275] Die verschiedenen Stadtpläne Paris' aus dieser Zeit, auf der die *Paroisse St. Sulpice* verzeichnet ist, spiegeln die unruhige Bautätigkeit wieder, insofern die *Église St. Sulpice* mit wechselnden Grundrissen und die diese streifende *Rue du Cimetière* (der Gemeindefriedhof fiel der Neukonstruktion zum Opfer) in unterschiedlichen Verläufen wiederzufinden sind.[276]

Leibniz lebte wohl bis zum Ende seiner Pariser Zeit (Herbst 1676) in dieser Straße, jedenfalls ist keine weitere Adressänderung bekannt. Eine kolorierte Karte der *Paroisse St. Sulpice* aus dem Jahr 1696 bietet aus der Vogelperspektive eine detailliert beschriebene Topographie der Gemeinde (Abb. 28). Augenfällig ist die Nähe der *Rue Garancière* zu der ‚vierten Bühne' Paris', dem Spektakelbetrieb auf der *Foire de St. Germain*.[277] An der Ecke zur *Rue de Cimetières* und der angrenzenden *Église St. Sulpice* ist hier (heute Hausnummer vier) der Name einer gewissen „Madame Saugeon" verzeichnet.[278] 1663 befand sich an dieser Stelle ein von der Gemeinde unterstütztes Mädchenpensionat, „la communauté des Filles de Madame Saujon" bzw. „la communauté des Filles de la Vierge"[279], welches aber 1674 schloss – also in eben dem Jahr, in dem Leibniz in diese Straße zog; da die Karte von 1696 den Namen der Eigentümerin dieses *hôtel* noch verzeichnet, könnte man dies als Indiz dafür sehen, dass zwar das auf Spenden angewiesene Mädchenpensionat geschlossen, ein privatwirtschaftlicher Pensionsbetrieb aber beibehalten worden war (Abb. 29).[280]

Während der genaue Wohnort Leibniz' bis heute unbekannt ist, gehört die Geschichte des ebenfalls in der *Rue Garancière* verzeichneten *Hôtel de Sourdéac* zu

275 Nach dem Tode von Le Veau übernahm Daniel Gittard 1670 die Leitung der Arbeiten. Siehe Lazare (1855, 1994), S. 712.

276 Konsultiert wurden die Pläne von Matthaeus Merian (1615), Archives de Paris, Cartes et Plans 99–100; Plan Generale de Paris par Jacques Gomboust (1652), Archives des Paris, Cartes et Plans 3141; Paris vers 1675. Plan de Jouvin de Rochefort. Archives de Paris. Cartes et Plans 6717; Paris au XVIIIe siècle. Plan de Michel-Étienne Turgot (1734–1739). Archives de Paris. Cartes et Plans 6720. Dies ist zugleich der letzte Plan in Vogelperspektive.

277 Siehe Georges Mongrédien. *La vie quotidienne sous Louis XIV.* Paris, 1948, insbesondere Kapitel VI „Jeux et distraction".

278 Siehe *Plan de la paroisse de St. Sulpice de Paris ou du Fauxbourg St. Germain* (1696). In zwei Exemplaren ist dieser Plan erhalten in der *Bibliothèque historique de la ville Paris*. Leider bieten die umfangreichen Legenden dieses Gemeindeplanes keinen Aufschluss darüber, was sich hinter dem dort notierten Namen „Mme Saugeon" verbirgt.

279 Vgl. Hillairet (1979), S. 566.

280 Leider liefern auch biographische Lexika für Paris hier keine Auskunft. Vgl. etwa Paul Jarry. *Les vieux Hôtels de Paris*. Paris, 1929. Dass Leibniz in seinen Briefen nicht den vielleicht missverständlichen Adreßzusatz „Mme Saugeon" verwendet, ist nicht verwunderlich.

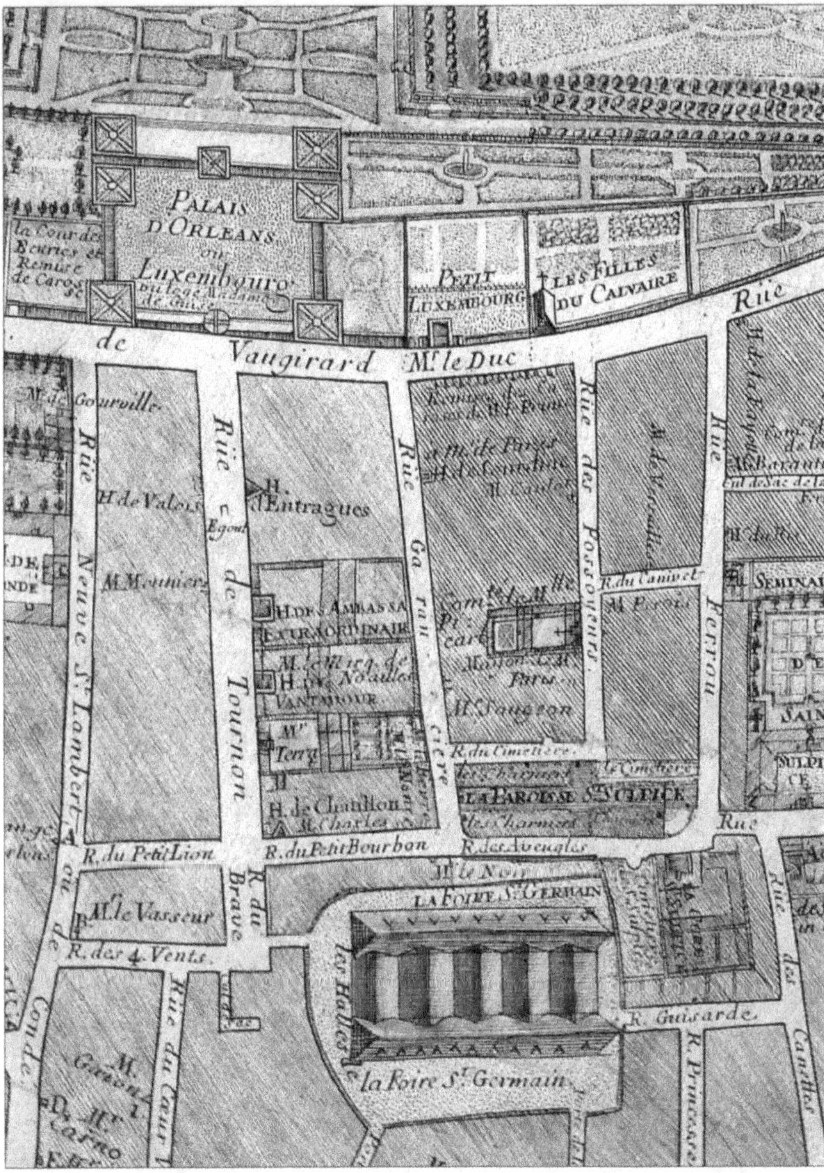

Abb. 28 Gemeindekarte von *St. Sulpice* im *Fauxbourg St. Germain* (1696). Unweit des *Jardin du Luxembourg*, befand sich Leibniz' Pariser Wohnung. Im Ausschnitt sind die mehrfach gestaffelten Hallen der *Foire de St. Germain* am südlichen Ende der *Rue Garancière* zu erkennen.

Abb. 29 Dort, wo der Toreingang in einen Innenhof führt (heute Hausnummer 4), könnte Leibniz von 1674 bis 1676 gewohnt haben. Im Hintergrund ist die Rückseite der Basilika von *St. Sulpice* zu sehen. Sie wurde 1646 nach Plänen von Christophe Gamart begonnen und ab 1655 durch den Architekten Ludwigs XIV., Louis Le Veau, fortgeführt. Die Basilika steht am südlichen Ende der *Rue Garancière*. Nur wenige Meter in nördliche Richtung befindet sich das *Hôtel de Sourdéac* (heute Hausnummer 8), in dessen Mauern Alexandre de Rieux, Marquis de Sourdéac ein Maschinentheater für mehrere hundert Zuschauer errichtet haben soll. Der Eintritt war angeblich frei.

den am besten dokumentierten dieser kleinen Straße.[281] Es trägt den Namen des Marquis de Sourdéac (1620–1695), eines „génie originale", wie Tallemant Des Réaux bemerkt, das dem Maschinentheater regelrecht verfallen war.[282] Der Stadtpalast wurde 1640 von dem italienischen Architekten Bobelini unter Ludwig XIII. im Auftrag des Bischofs René de Rieux, Comte de Léon, auf den Grundmauern des ehemaligen *Hôtel Garancière* samt einer Prunkfassade errichtet. Der aus der Bretagne stammende Adlige hatte dieses mittlerweile auf den Namen *Hôtel de Sourdéac* getaufte Gebäude 1651 an seinen Sohn, Alexandre de Rieux, Marquis de Sourdéac, vermacht, der es 1671 bezog.[283] Leibniz erwähnt den Marquis de Sourdéac gleich zu Beginn des *Drôle* (er nennt ihn noch vor Lully), wo er über mögliche Gesellschafter und Finanziers nachdenkt, die fortschrittlich gesonnen sein sollten und vor allem maschinenverständig – „wie zum Beispiel der Marquis von Sourdiac, Herr Baptiste […]."[284]

Tatsächlich stellt der Marquis gleichsam die Inkarnation eines maschinenverrückten Enthusiasten dar, der, obgleich zu seiner Zeit weithin bekannt, heute nahezu in Vergessenheit geraten ist. Große Bekanntschaft erlangte Sourdéac, dem eine entscheidende Rolle in der Herausbildung und Etablierung der französischen Oper zukommt, durch die Maschinenoper-Aufführung des *Toison d'Or* von Thomas Corneille (1625–1709) auf seinem Schloss in Neufbourg in der Bretagne, die er anlässlich der Hochzeit Ludwigs XIV. im November 1660 ausrichtete (und durch die er sich finanziell ruinierte).[285] Sourdéac entwarf die Maschinen, ließ diese durch den Theateringenieur Denis Buffequin (geb. 1616) realisieren und brachte das Stück mit den Schauspielern des *Théâtre du Marais* zur Aufführung.[286] Im Anschluss überließ Sourdéac die zahlreichen Maschinen dem *Marais*, wo der *Toison d'Or* ab dem 12. Februar 1661 und dann erneut in der Saison 1663/64 zahlreiche Aufführungen erfuhr und sogar in den 1680er Jahren (dann durch die neugegründete *Comédie française*) eine Wiederaufnahme erfuhr. Der Erfolg war überwältigend:

> Die grandiosen Maschinen des *Toison d'or* haben für größtes Aufsehen in Frankreich gesorgt. Ein hoher Herr eines der ersten Häuser des Königreiches, voll von Esprit und Großmut, brachte allein die Kosten auf, um mit ihnen die gesamte Aristokratie der Provinz in seinem Schloss zu be-

281 Vgl. Henri Veyrier. *Le Faubourg Saint-Germain. De l'abbaye à l'école militaire.* Paris, 1966, S. 88f. mit weiteren Literaturhinweisen.

282 Zur Beschreibung des Marquis vgl. Gédéon Tallemant Des Réaux. *Les historiettes de Tallemant Des Réaux.* 9 Bde. Bd. 5. *Mémoires pour servir à l'histoire du XVIIe siècle.* Hg. v. M.M. Monmerqué. Paris, 1834, S. 328ff.

283 Zu Sourdéac siehe Delavigne/Delavigne (1911) und Armand Jardillier. *La vie originale de M. de Sourdéac.* Neubourg, 1961.

284 „Comme par example le Marqvis de Sourdiac, Mons. Baptiste, […]." AA, IV, I, S. 562.

285 Vgl. Nuitter/Thoinan (1972), S. 106f.

286 Eine ausführliche Beschreibung bieten Delavigne/Delavigne (1911) u. Jardillier (1961), S. 43ff.

schenken. Dann verschenkte er gnädig die Maschinen an die Truppe des *Marais*, wohin der König mit seinem gesamten Hofstaat im Gefolge kam, um dieses wunderbare Stück zu sehen. Ganz Paris drückte ihm gegenüber seine Bewunderung aus und diese großartige Oper, die sich allein dem Geist und der Großherzigkeit des bereits erwähnten Seigneurs verdankte, diente anderen, die nachfolgten, als Modell. Dann kam Baptiste Lully [...].[287]

Die zahlreichen Aufführungsberichte der Pariser Journale überschlagen sich in Superlativen.[288] Auch der spätere Lehrer und Konkurrent von Leibniz in der Frage der Pendelbewegungen, Christiaan Huygens (1629–1695), war Zeuge einer Aufführung im *Marais*:

Habe die Komödie von Jason [La Toison d'or] im Marais gesehen und die Maschinen des Marquis de Sourdéac. Einige Szenenwechsel waren sehr schön wie auch der Luftkampf von Zethes und Calais mit Medea. Exzellente Dichtung des alten Corneille. Man zahlt einen Louis d'or für die Tribüne, einen halben für das Parkett und acht Louis für eine Loge.[289]

Nach seinem Erfolg erhielt Sourdéac den Auftrag, die Maschinen für eine Aufführung der italienischen Komödie des *Ercole Amante* (*l'Hercule Amoureux*) zu realisieren, die am 7. Februar im großen Saal des neuerbauten Schlosses in den Tuilerien anlässlich der Geburt des Dauphin stattfinden sollte. „Die Maschinen waren so gewaltig und so überraschend", so heißt es in einem zeitgenössichen Bericht, „dass es bis zu einhundert Personen bedurfte, um sie zu heben."[290] Die

287 „Celles qui ont fait le plus de bruit en France furent les pompeuses machines de *La Toison d'or*, dont un grand seigneur d'une des premières maisons du royaume, plein d'esprit et de générosité, fit seul la dépense pour en régaler dans son château toute la noblesse de la province. Depuis il voulut bien en gratifier la troupe du Marais, où le roi, suivi de toute la cour, vont voir cette merveilleuse pièce. Tout Paris lui a donné ses admirations, et ce grand opéra, qui n'est dû qu'à l'esprit et à la magnificence du Seigneur dont j'ai parlé, a servi de modèle pour autres qui ont suivi. Baptiste Lulli est venu depuis [...]." Samuel Chappuzeau. *Théâtre français*. Paris, 1674, S. 48.

288 Maurice Grouard. „La première de La Toison d'or au Neubourg". *Revue normande* (1934), S. 125–132.

289 „Eté voir la comédie de Jason [*La Toison d'or*] aux Marais, et les machines du marquis de Sourdéac; quelques changements de théâtre étaient fort beaux, comme aussi le combat de l'air de Zethes et Calaïs contre Médée, les vers excellents du vieux Corneille; on paya un louis d'or dans l'amphithéâtre, un demi dans le parterre, huit louis pour une loge." Christiaan Huygens. „Journal de voyage à Paris". *Le séjour de Christiaan Huygens à Paris*. Hg. v. H. L. Brugmans, 1935, S. 157 (Eintrag vom 06. 03. 1661). Die Aufführung war von Huygens mit Spannung erwartet worden. Bereits am 26.12.1660 notiert er: „Azout qui dit que dans 15 jours on représenteroit la comédie de Jason avec des machines du Marq. de Sourdéac." (S. 139). Vgl. Wiedeburg (1970), S. 614f.

290 „Les machines en étoient si grandes et si surprenantes qu'il y en avoit qui enlevoient jusqu'à cent personnes." Jardillier (1961), S. 54.

Zwischenakte bestanden aus Balletteinlagen, in denen Ludwig XIV. mit vergoldetem Haar, einer Sonne gleich, tanzte.

In den folgenden Jahren verhalf Sourdéac als Maschinist dem neuen Genre der Maschinen-Oper in Paris zur Durchsetzung. Gegen den intriganten Widerstand des Komponisten und königlichen Privilegienhalters für musikalische Aufführungen, Jean-Baptiste Lully, realisierte er unter großem Publikumszuspruch mehrere Maschinen-Opern. In Vorbereitung der Pastorale *Pomone*, seiner dritten Maschinen-Oper, ließ er 1671 mit gewaltigem Kostenaufwand im *Jeu de paume de la Bouteille* in der *Rue de Nesle* durch den bereits erwähnten Architekten Henry Guichard, den Privilegienhalter einer *Académie des Spectacles*, ein Theater einrichten.[291] Das Stück wurde erneut zu einem gewaltigen Erfolg und erlebte 146 Aufführungen.[292] Im gleichen Jahr 1671 übernahm er schließlich auch den zum *Hôtel de Sourdéac* umbenannten Stadtpalast von seinem Onkel, Abbé Armand de Rieux, um dort ebenfalls ein Theater einzurichten. Der Plan Gombousts von 1652 zeigt das *Hôtel de Sourdéac* von der *Rue Garancière* bis an die *Rue des Fossoyeurs* (heute *Rue Vigarani*) reichend mit stilvoll angelegtem Barockgarten. In einem Saal seines dreistöckigen Stadtpalastes, also nur wenige Meter von Leibniz' Pariser Wohnort entfernt, sollen 500–600 Personen kostenlos den Maschinen-Aufführungen Sourdéacs beigewohnt haben.[293]

Gleichwohl die von Sourdéac ausgestatteten und finanzierten Aufführungen enorme Publikumserfolge darstellten, war der Marquis bald finanziell ruiniert. Kurz nach dem Tod Molières überlässt er die Ausstattung seines Theaters in der *Rue de Nesle* den *Comédiens du Roi* für 30.000 *Livres* und wird – wie der erste Schauspieler Molières, Charles de La Grange, in seinem *Registre* berichtet – Maschinist der im *Théâtre du Marais* untergekommenen *Troupe du Roi*.[294] In dem Jahr, in dem auch der *Drôle de pensée* entsteht, arbeitet Sourdéac als Maschinist der Maschinen-Oper *Circé* (von Thomas Corneille und Jean Donneau de Visé) wieder ganz in der Nähe der *Rue Garancière* für die *Comédiens du faubourg Saint-*

291 Charles Robinet beschreibt diesen Saal in einem versartig verfassten Brief vom 18.04.1671: „C'est un vaisseau large et profond, / Orné d'un superbe plafond, / Avecque trois beaux rangs de loges, / Aussi lestes que pour des doges / Et qui plus est, de bout en bout, / Afin que nul n'y soit debout, / Un très-commode amphithéâtre / D'où l'on peut voir tout au théâtre." *Bibliothèque Mazarine 296 A 5.* Zit. n. Jardillier (1961), S. 57. Saint-Évremond urteilt über *Pomone* in der *Comédie des Opéras*: „La poésie en était fort méchante, la musique belle, Monsieur de Sourdéac en avait fait les machines. C'est assez dire pour nous donner une grande idée de leur beauté: on voyait les machines avec surprises, les danses avec plaisir; on entendait les chants avec agrément, les paroles avec dégout." Zit. n. Jardillier (1961), S. 58.

292 „La pièce, présentée le 3 Mars 1671, obtint, à en croire les contemporains, un incontestable succès dû, une fois de plus, en majeure partie aux surprenantes machines de l'ingénieux marquis. On y voyait notamment certain nuage enflammé tombant du ciel au milieu des éclairs et des griondements de tonnerre, cependant que des folets fantômes en sortaient emportant dans les airs Beroë, l'un des personnages." Jardillier (1961), S. 58.

293 Siehe Jardillier (1961), S. 61, leider – wie so häufig – ohne weitere Quellenangaben.

294 *Registre de La Grange (1658–1685). Precédé d'une notice biographique. Publié par les soins de La Comédie-Française.* Paris, 1876, S. XXII.

Germain.[295] Die *Gazette d'Amsterdam* berichtet über die von Madame Molière gespielte (ovidsche) Zauberin *Circé*, dass „die Flugbewegungen und die Maschinen der letzteren so außerordentlich sind, dass sie die Vorstellungskraft übersteigen."[296] Über den Erfolg dieser Maschinen-Oper unterrichtet die Textfassung: „Ihr Erfolg war groß. Und dies ist nicht erstaunlich, denn man hat bis heute nicht etwas so Schönes und so Überraschendes gesehen wie diese Maschinen, die die Ausstattung dominierten."[297] Der Verwandlungszauber der *Circé* kommt auch Leibniz in den Sinn, wenn er am Ende des *Drôle de pensée* ein merkwürdiges Schattentheater imaginiert, in dem Holzfiguren bzw. Marionetten – er erwähnt das Marionettentheater des *Marais* – hinter einem Transparent agieren:

> Es würde unaufhörlich wunderbare Metamorphosen, salti mortali und Flüge geben. Circe, die Zauberin, die auftretende Höllen verwandelt. Danach würde auf einen Schlag alles dunkel, dabei wäre dieselbe Wand nochmals dienlich, indem man alles Licht, außer jenem nahe den kleinen beweglichen Holzfiguren, löscht. Dieses Restlicht würde mithilfe einer magischen Lampe bewundernswert schöne und bewegliche Figuren gegen die Wand werfen, die demselben Perspektivgesetz folgen. All dies würde von einem Lied hinter der Bühne begleitet. Die kleinen Figuren würden von unten oder durch ihren Fuß bewegt werden, so dass, was immer dazu dient, sie zu bewegen, unsichtbar bleibt. Gesang und Musik würden alles begleiten.[298]

Direkte Parallelen zwischen Leibniz' Beschreibung des musikalisch untermalten Schattentheaters und der von Sourdéac ausgestatteten Maschinen-Oper *Circé* sind, soweit hier den Beschreibungen der Textfassung zu trauen ist, vielleicht zufällig. Der Einsatz einer Laterna magica ist für das anamorphisierende Maschinenspektakel Sourdéacs nicht belegt – wie übrigens in kaum einem Aufführungsbericht des 17. Jahrhunderts. Leibniz könnte die Idee aus Descartes' Nachlass

295 Uraufführung am 08.02.1675.

296 „[L]es mouuements des vols et des machines de cette dernière sont si extraordinaires qu'ils passent l'imagination." Gazette d'Amsterdam (14.02.1675).

297 „Le succés en a esté grand, & il ne s'en faut pas étonner, puis qv'on n'a rien veu jusqv'icy de si beau, ny de si surprenant, qve les Machines qvi en ont fait le principal ornement." Thomas Corneille. *Circé, Tragédie ornée de Machines, de changemens de Théâtre, & de Musiqve.* Paris, 1675, *Argument.*

298 „Il y aura incontinent des metamorphoses merveilleuses, des sauts perilleux, des vols. *Circe Magicienne qvi transforme, des enfers qvi paroissent.* Apres cela tout d'un coup on obscurciroit tout; la même muraille serviroit, on supprimeroit toute la lumiere, excepté cette seule, qvi est proche des petites figures de bois remuables. Ce reste de lumiere avec l'aide d'une Lanterne Magique jetteroit contre la muraille des figures admirablement belles et remuables, qvi garderoient les mêmes loix de la perspective. Cela seroit accompagné d'un chant derriere le theatre. Les petites figures seroient remuées par en bas ou par leur pieds, afin qve ce qvi sert à les remuer, ne paroisse pas. Le chant et la musiqve accompagneroient tout." AA, IV, I, S. 568 (Herv. JL).

übernommen haben, den er etwa zu dieser Zeit bei dessen Nachlassverwalter Claude Clerselier einsieht.[299] Gleichwohl offenbart sich Leibniz durch den letzten Satz seines Textes als Augenzeuge der Entstehung des Opernwesens in Frankreich. Noch der Leibniz-Spötter Voltaire (1694–1778), der eine große Sympathie für Sourdéac erkennen lässt, attestiert 1710 im Vorwort zur Gesamtausgabe Corneilles, Sourdéac sei „leidenschaftlicher Anhänger der Spektakel, [...] welche es in Frankreich seit der Einführung der Oper gab. Er ruinierte sich dort vollkommen und starb arm und unglücklich, da er die Künste zu sehr liebte."[300]

Gerade aufgrund der Aufmerksamkeit, die Leibniz in seinem „Geistesblitz" dem Ursprung seiner eigenen Ideen entgegenbringt, ist es bemerkenswert, inwiefern die Kreation des Infinitesimalkalküls und die Theatermaschinen des Marquis de Sourdéac, die Phantasiewelt der barocken Maschinen-Oper und die Vernunftwelt des Kalküls, am selben Ort und zur gleichen Zeit miteinander interferieren. Gemeinsam ist ihnen, das Unendliche im Endlichen zu fassen. Wenn Leibniz auf den Manuskriptseiten des *Drôle de pensée* eine Aufmerksamkeit für „fliegende Gedanken" und unkalkulierbare Perzeptionen bezeugt, dann unterschreitet er darüber hinaus bereits die gleichnishafte Verwendung von Maschine und Körper der cartesianischen Anthropologie: Die „Perzeption und das, was davon abhängt", so heißt es Jahrzehnte später in der *Monadologie*, sei „*durch mechanische Gründe*, das heißt durch Figuren und Bewegungen, *nicht erklärbar*":

299 In den durch Leibniz' Hand überlieferten sogenannten *Cogitationes privatae* Descartes' findet sich die Schilderung einer Projektionsszenerie, die stark an diejenige erinnert, die Leibniz im *Drôle* bietet: „On peut faire en vn iardin des ombres qui representent diverses figures, telles que des arbres & les autres: *Item*, tailler des palissades, de sorte que de certaine perspective elles representent certaines figures: *Item*, dans vne chambre, faire ‹que› les rayons du soleil, passant par certaines ouvertures, representent divers chiffres ou figures: *Item*, faire paroître, dans vne chambre, des langues de feu, des chariots de feu & autres figures en l'air; le tout par de certains miroirs qui rassemblent les rayons en ces points-là: *Item*, on peut faire que le soleil, reluisant dans vne chambre, semble tousiours venir du mesme costé, ou bien qu'il semble aller de l'Occident à l'Orient, le tout par miroirs paraboliques; & fault que le soleil donne au-dessus du toit, dans vn miroir ardent, duquel le point de la reflexion soit au droit d'vn petit trou & donne dans vn autre miroir ardent, lequel a le mesme point de reflexion aussi au droit de ce petit trou, & reiettera ses rayons en lignes paralleles dedans la chambre." Leibniz kommentiert diese Passage an anderer Stelle: „*In miscellaneis*, il y avoit quelques pensées, comme par exemple de faire paroistre la muraille, verte, jaune, &c., par le moyen d'une lampe dont le ver(re) vert, le coton vert, & dans l'huyle du ver de gris broyé. *Item* proposition pour faire paroistre des chiffres & autres figures, par le moyen des rayons du soleil, & des miroirs." René Descartes. „Cogitationes privatae". *Œuvres de Descartes.* 11 Bde. Hg. v. Charles Adam u. Paul Tannery. Paris, 1996, Bd. 10, S. 215f. (im Folgenden zitiert als *AT*). Die Anmerkungen von Leibniz ebd., S. 209. Die deutliche Parallele zu Leibniz' Schattentheater im *Drôle*, die Descartes' ‚Garten der Schatten' aufweist, könnte dafür sprechen, dass Leibniz diese Idee Descartes' aufgreift und selbst – vor dem Hintergrund eigener Erfahrungen etwa in den Maschinen-Opern des Marquis de Sourdéac – weiterentwickelt. Vgl. zum Schattentheater im *Drôle* Bredekamp (2004), S. 64–80.

300 „[P]assionné pour les spectacles [...] à qui ont dut depuis en France l'établissement de l'opéra; il s'y ruina entièrement et mourut pauvre et malheureux pour avoir trop aimé les arts." Pierre Corneille. *Le Théâtre De Pierre Corneille. Avec Des Commentaires De Voltaire.* 12 Bde. Paris, 1764, Bd. 1, Vorwort.

> Und denkt man sich aus, daß es eine Maschine gäbe, deren Bauart es bewirke, zu denken, zu fühlen und Perzeptionen zu haben, so wird man sie sich unter Beibehaltung der gleichen Maßstabverhältnisse derart vergrößert vorstellen können, daß man in sie wie in eine Mühle einzutreten vermöchte. Dies gesetzt, wird man in ihr, sobald man sie besucht, nur Stücke finden, die einander stoßen, und niemals etwas, das eine Perzeption erklären möchte.[301]

An die Stelle des nach mechanischen Prinzipien wirkenden Wahrnehmungs*apparates* tritt hier der organische Körper, der selbst als „eine Art göttlicher Maschine oder so etwas wie ein natürlicher Automat" bezeichnet wird.[302] Leibniz' Idee eines umfassenden Automaten, eines Automaten-Monismus, tritt aus dem Repräsentationsraum des cartesianischen Maschinentheaters zurück und verdeutlicht den Unterschied zwischen Maschine und Automat, zwischen Mechanik und Organisation. Während Descartes die Maschine als Modell heranzieht, um sich durch die Rückführung des Sinnesapparates auf mechanische Gesetzmäßigkeiten Gewissheit zu verschaffen, geht Leibniz später einen anderen Weg. Durch den Versuch, eine Erklärung zu liefern für die willkürlichen Perzeptionen und Gedanken, deren Ursprung gleichsam unterhalb der Bewusstseinsebene eines jeden Einzelnen liegen, überwindet er theoretisch die stumpfe Mechanik der Maschine zugunsten eines „maschinischen Gefüges", welches die Umwelt diesseits und jenseits der materiellen Maschine integriert.[303]

301 „Et feignant, qu'il y ait une Machine, dont la structure fasse penser, sentir, avoir perception, on pourra la concevoir aggrandie en conservant les mêmes proportions, en sorte qu'on y puisse entrer comme dans un moulin. Et cela posé, on ne trouvera en la visitant au dedans que des pieces qui poussent les unes les autres, et jamais de quoy expliquer une perception." Gottfried Wilhelm Leibniz. „Les principes de la philosophie ou la Monadologie / Die Prinzipien der Philosophie oder die Monadologie". *Philosophische Schriften.* Bd. 1. *Opuscule metaphysique / Kleine Schriften zur Metaphysik.* Hg. u. übs. v. Hans Heinz Holz. 2. Aufl. Darmstadt, 1985, S. 439–483, hier S. 444ff.

302 „Espèce de Machine divine, où d'un Automate Naturel." Ebd., S. 468f.

303 Félix Guattari. „Über Maschinen". *Ästhetik und Maschinismus. Texte zu und von Félix Guattari.* Hg. v. Henning Schmidgen. Berlin, 1995, S. 115–132, hier S. 117.

AUTONOMISIERUNGSTENDENZEN UND PARADOXIEVERZICHT

Diese Untersuchung richtete ihr Augenmerk auf paradoxe Konstellationen in der Wissensproduktion in der Konstituierungsphase neuzeitlicher Wissenschaft im 17. Jahrhundert. Die Ausgangshypothese lautete, dass gerade der Blick auf die Materialität, Medialität und Performativität von Wissen dazu verhelfen könnte, Paradoxien gleichsam als ein *Ursprung des Fragens* sowie als *Grenze des Wissens* auf die Spur zu kommen – und dies in einer Zeit, in der das Paradoxe und das Bekenntnis zum Paradoxen selbst eine bemerkenswerte Konjunktur erfährt.

Fragt man nun aus der Sicht des 18. Jahrhunderts, d.h. aus der Perspektive einer fortschreitenden Konsolidierung und Autonomisierung von Kunst und Wissenschaft, nach den hier beschriebenen paradoxen Konstellationen in der Wissensproduktion, dann muss zunächst festgehalten werden, dass jene barocke Ordnung des Wunderbaren und Spektakulären, die einer im Umbruch befindlichen Wissenschaft ihre spezifische Sichtbarkeit gab, hundert Jahre nach Bacon nur mehr außerhalb der Begründungszusammenhänge wissenschaftlichen Wissens explizit ist.[1] Dieser Tendenz gegenläufig hat sich die spezifische Theatralität frühneuzeitlicher Kunst und Wissenschaft, die nicht zuletzt ja auch Medium und Resultat ihrer Konstituierungsphase war, mehr und mehr zu einem Binnenphänomen autonomer Systeme gewandelt.[2] Dasjenige, was im 17. Jahrhundert mit einigem inszenatorischen Aufwand (und in aller Vorläufigkeit) als Projekt, Entwurf oder Idee von Wissenschaft propagiert und erprobt wurde, hat seinen projektiven, seinen prekären Charakter verloren und ist nun entweder Realität oder ‚vergessen'. Wenn bereits im 17. Jahrhundert die Inszenierungshoheit über den „Fortgang der Wissenschaften" zugunsten des Baconismus, d.h. vor allem dessen institutioneller Ausprägung in der *Royal Society*, ausfällt, dann ist es bemerkenswert, dass sich eine Infragestellung fortschrittsorientierten Denkens heute erneut unter dem Signum des *Projektes* vollzieht.[3] Vor diesem Hintergrund erscheint es lohnenswert, sich anhand des Phänomens der barocken Projektemacherei noch einmal den heiklen Status jener „offenen Epistemologie" zu vergegenwärtigen, die die Wissenschaftsentwicklung dieser Zeit kennzeichnet. Ähnlich wie die Frage

1 Sie finden nun Eingang in die Strategien der literarischen Vulgarisierung von Wissen. Diesbezüglich wäre die „Wunderbare Wissenschaft" des 18. Jahrhunderts (Gipper (2002)) im Rahmen einer Geschichte des je unzeitgemäßen Wissens zu behandeln.

2 Vgl. Schramm (2003).

3 Ich denke an Titel wie Robert K. Faulkner. *Francis Bacon and the Project of Progress.* London, 1993 oder Lothar Schäfer. *Das Bacon-Projekt.* Frankfurt a.M., 1999. Faulkner beginnt seine Studie mit der Bemerkung: „Sometimes the importance of a topic is obvious. Need I argue that modernity and its plan for progress have become controversial?" (S. 3).

nach dem Paradoxen, birgt der Blick auf die Projektemacherei des 17. Jahrhunderts die brisante Frage nach dem „Zumutungscharakter" wissenschaftlichen Wissens – erscheint doch heute vielerorts Wissen/Wissenschaft gegenüber dem Interesse, welches es leitet, gleichsam immunisiert.[4]

4 Kray/Pfeiffer (1991), S. 14. Vgl. zu heutigen Formen wissenschaftlicher, künstlerischer und unternehmerischer Projektarbeit den Interviewband von Christian Reder (Hg.). *Lesebuch Projekte. Vorgriffe, Ausbrüche in die Ferne.* Wien u. New York, 2006. Eine historische Perspektive auf das neuzeitliche Phänomen der Projektemacherei bietet der Sammelband von Markus Krajewski (Hg.). *Projektemacher. Zur Produktion von Wissen in der Vorform des Scheiterns.* Berlin, 2004. Einen Schwerpunkt auf das 17. Jahrhundert legt Ulrich Troitzsch. „Erfinder, Forscher und Projektemacher. Der Aufstieg der praktischen Wissenschaften". *Macht des Wissens. Die Entstehung der modernen Wissensgesellschaft.* Hg. v. Richard van Dülmen u. Sina Rauschenbach. Köln, Weimar u. Wien, 2004, S. 439–464. Die ältere Forschung zur Projektemacherei ist versammelt bei Ernst Gerhard Jacob. *Daniel Defoe, Essay on* (sic!) *Projects (1697). Eine wirtschafts- und sozialgeschichtliche Studie.* Leipzig, 1929; Alex Keller. „The Age of the Projectors". *History Today* 16.7 (1966), S. 443–474; Fritz Redlich. „Die Rolle der Neuerung in einer quasi-statischen Welt: Francis Bacon und seine Nachfolger". *Der Unternehmer. Wirtschafts- und Sozialgeschichtliche Studien. Mit einem Nachwort von Edgar Salin.* Göttingen, 1964, S. 233–247; Herbert Breger. „Närrische Weisheit und weise Narrheit in Erfindungen des Barock". *Ästhetik und Kommunikation* 45/46 (1981), S. 114–122, und speziell zum 18. Jahrhundert Georg Stanitzek. „Der Projektmacher. Projektionen auf eine ‚unmögliche' moderne Kategorie". *Ästhetik und Kommunikation* 65/66 (1987), S. 135–146.

Wissen als Entwurf: Das Zeitalter der Projekte

Lange vor seinem Schiffbruch-Roman *Robinson Crusoe* drückt Daniel Defoe (1661–1731) in seinem ersten Prosawerk, dem *Essay upon Projects* (1697), seiner Zeit einen Stempel auf: Man lebe in einem „Projecting Age", einem Zeitalter der Projekte.[5] Im engeren Sinne reagiert er damit auf die sogenannte „South Sea Bubble", eine Spekulationsblase aus Börsengeschäften und Finanzspekulationen, die durch staatliche Intervention zum Platzen gebracht wurde.[6] Defoe erinnert mit seiner Diagnose an den prekären Ursprung des neuzeitlichen technischen und wissenschaftlichen Fortschrittsparadigmas – angesiedelt zwischen barocker Spekulationslust, alchemistischem Laborieren, spektakulärem Erfindertum auf der einen Seite und einer systematischen Förderung sozialer, technischer und administrativer Innovationen auf der anderen Seite.

Das Möglichkeitsdenken der Projektemacher des 17. Jahrhunderts bewegt sich zwischen Zerstörung und Aufbau, *tabula rasa* und Neuerschaffung. Defoe hat diese spannungsreiche Fortschrittsrhythmik in der *History of Projects*, die seinen *Essay upon Projects* einleitet, schöpfungsgeschichtlich legitimiert: Noahs Bau der Arche und der Turmbau zu Babel fungieren hier gleichsam als Leitmotive für den zivilisatorischen und wissenschaftlichen Fortschritt.[7] Allein die göttliche Weisung,

5 Vgl. Daniel Defoe. „Essay upon Projects (1697)". *The Works of Daniel Defoe*. Hg. v. W.R. Owens. Bd. 8. *Political and Economic Writings*. Teil-Bd. 8. *Social Reform*. Hg. v. dems. London, 2000, S. 27–142, hier S. 34. Im Folgenden zitiere ich nach der deutschen Übersetzung Daniel Defoe. *Sociale Fragen vor zweihundert Jahren (An Essay on* [sic!] *Projects)*. Übs. v. Hugo Fischer. Leipzig, 1890. Wiederaufgelegt und mit einem umfangreichen Kommentar versehen: Daniel Defoe. *Ein Essay über Projekte. London 1697*. Hg. u. komm. v. Christian Reder. Wien u. New York, 2006. Zu den biografischen Hintergründen des *Essay* vgl. auch Paula R. Backschneider. *Daniel Defoe. His Life*. Baltimore u. London, 1989, S. 71ff.

6 Zu dieser Episode vgl. Jacob (1929).

7 Die vollständige Passage lautet im Original: „The Building of the Ark by *Noah*, so far as you will allow it a human Work, was the very first Project I read of; and no question seem'd so ridiculous to the Greaver Heads of that Wise, tho' Wicked Age, that poor *Noah* was sufficiently banter'd for it; and had he not been set on work by a very peculiar Direction from Heaven, the Good old Man would certainly have been laugh'd out of it, as a most senseless ridiculous Project. The Building of Babel was a Right Project; for indeed *the true definition of a Project, according to Modern Acceptation, is, as is said before, a vast Undertaking too big to be manag'd, and therefore likely enough to come to nothing*; [...] Thus 'twas most certainly true, That if the People of the Old World cou'd have Built a House up to Heaven, they shou'd never be Drown'd again on Earth, and they only had forgot to Measure the Heigth, *that is*, as in other Projects, it only Miscarri'd, or else 'twou'd have Succeeded. And yet when all's done, that very Building, and the incredible Heighth it was carri'd, is a Demonstration of the vast Knowledge of that Infant-Age of the World, *who had no advantage of the Experiments or Invention of any before themselves*." Defoe (2000), S. 40f. (Herv. JL). Dass die Erwähnung dieser beiden Projekte zivilisationsgeschichtlich ernst zu nehmen ist, zeigt sich daran, dass Defoe auch seine *General History of Discoveries*

so bemerkt Defoe ironisch, habe den Projektemacher Noah davor bewahrt, „sein ganz sinnloses und lächerliches Projekt" aufzugeben. Der Turmbau zu Babel sei hingegen „ein richtiges Projekt", da „zu breit angelegt, als daß aus ihm etwas werden könnte". Doch der lakonische Tonfall Defoes schlägt in Bewunderung um „für das große Wissen", welches beim Bau des Turmes noch nicht auf früheren Erfahrungen und Erfindungen hätte fußen können.[8] Noch der Herausgeber von Johann Joachim Bechers *Närrischer Weißheit und weiser Narrheit*, der Programmschrift barocker Projektemacherei schlechthin, kritisiert 1707, dass Becher diese beiden biblischen Projekte nicht erwähnt hat.[9] Dieses aus heutiger Sicht merkwürdig anmutende Manko ist deshalb ernst zu nehmen, weil es verdeutlicht, inwiefern die Projektemacherei gleichsam als Avantgarde eines neuartigen experimentalwissenschaftlichen Fortschrittsdenkens angesehen werden kann, welche die Schöpfungsgeschichte als Zivilisationsgeschichte auszudeuten (und sich einzuverleiben) versucht.[10]

Der Begriff *Projekt*, abgeleitet aus dem lateinischen Partizip *proiectus* („hingeworfen, entworfen"), bezeichnet nach Zedlers Universallexikon von 1741 „insgemein so viel, als ein blosses Concept, Auffsatz, Entwurff, Vorschlag oder Vorbereitungs=Schrifft."[11] Zusammengesetzt aus dem lateinischen Verb *iacere* und der Vorsilbe *pro*, umfasst es die Bedeutungen „vorwärts-, vorwerfen, hervortreten lassen, hin-, niederwerfen."[12] Doch ist mit dieser lexikalischen Festlegung des 18. Jahrhunderts nur eine Seite des Projektierens benannt. Im 17. Jahrhundert

and Improvements, In useful Arts (1725/26) ebenso wie seinen *Essay Upon Literature* (1726) mit der Geschichte von Sintflut und Turmbau beginnen lässt. Vgl. Daniel Defoe. „A General History of Discoveries and Improvements (1725–6) and An Essay Upon Literature (1726)". *The Works of Daniel Defoe*. Hg. v. W.R. Owens. Bd. 5. *Writings on Travel, Discovery and History*. Teil.-Bd. 4. Hg. v. P.N. Furbank. London, 2001, S. 29ff. u. S. 255ff.

8 Defoe (1890), S. 15.

9 Vgl. Johann Joachim Becher. *Närrische Weißheit Und Weise Narrheit: Oder Ein hundert so Politische als Physicalische, Mechanische und Mercantilische Concepten und Propositionen, deren etliche zu nichts worden*. 3. Aufl. Hg. v. Jacob Friedrich Reimmann. [Frankfurt a. M.], 1707, Vorrede.

10 Die Funktion der technischen Leitbilder ‚Turm' und ‚Arche' für die Wissensproduktion erläutern Bennett/Mandelbrote (1998). Deren Verwendung im Rahmen der Projektemacherei ist ausführlich behandelt in meinem Aufsatz „‚Masque der Possibilität' – Experiment und Spektakel barocker Projektemacherei". *Spektakuläre Experimente. Praktiken der Evidenzproduktion im 17. Jahrhundert*. Hg. Helmar Schramm, Ludger Schwarte u. Jan Lazardzig. Berlin u. New York, 2006, S. 176–212, hier v. a. S. 187–199.

11 Johann Heinrich Zedler. „Project". *Grosses vollständiges Universal-Lexikon Aller Wissenschafften und Künste, welche bißhero durch menschlichen Verstand und Witz erfunden und verbessert worden*. 64 Bde. Leipzig u. Halle, 1732–1750, Bd. 29, Sp. 784. Hier wird insbesondere auf die rechtliche Unverbindlichkeit des ‚Projektes' hingewiesen.

12 Wolfgang Pfeiffer (Hg.). *Etymologisches Wörterbuch des Deutschen*. 3 Bde. Berlin, 1989, Bd. 2, Sp. 1325. Markus Krajewski erinnert daran, dass sich neben der progressiven Semantik auch eine resignierende Komponente ausmachen lässt, die die enttäuschte Hoffnung, das Scheitern sowie den Vorwurf in sich birgt. Entsprechend interpretiert er die Projektemacherei als eine dialektische Figur des Entwerfens und Scheiterns. Vgl. Krajewski (2004), S. 11 u. passim.

findet der Begriff *projektieren* außerdem noch eine Verwendung im Sinne einer alchemischen Arbeitsmethode, der *Projektion.* Diese beschreibt die Transmutation unedler Materialien in Gold (bzw. Silber), die den Schluss- und Höhepunkt des *Opus magnum* darstellt.[13] In diesem transformierenden Sinn wird *projektieren* beispielsweise auch von Leibniz und Johann Joachim Becher verwendet.[14] Die (al)chemische Semantik des Begriffes tritt zwar im Laufe des 17. Jahrhunderts in den Hintergrund, ist aber als Doppeldeutigkeit fassbar, wenn etwa Robert Boyle 1691 in der *History of the Air* schreibt: „The women [...] think us either projectors or conjurers."[15] Auch in dem synonymen Gebrauch von *projektieren* und *erfinden* hält sich die alchemische Bedeutung, insofern *erfinden* die Veredelung und Verbesserung des Existierenden meint.

Untrennbar verbunden mit dem Projekt ist der Projektemacher. So wird in England von einem *great projector* gesprochen, als „einem, der mit mancherley projecten schwanger geht."[16] Zedlers *Universal-Lexikon* definiert „Projectenmacher" als „diejenigen, welche den Leuten dieses oder jenes Project, davon sie sich vor die Erfinder ausgeben, entdecken, und sie zu deren Ausführung unter scheinbahren Vorstellungen eines daraus zu erwartenden grossen Gewinnstes anermuntern."[17]

Über hundert Jahre vor Zedlers lexikalischer Erfassung des Projektemachers betritt dieser (bezeichnenderweise gerade in England) als Narrenfigur die Bühne. „What is a projector? I would conceive", lässt Ben Jonson (1572–1637), ein Bekannter Bacons, *Fitzdottrel* in *The Devil is an Ass* (uraufgeführt 1616) fragen, woraufhin die Antwort *Ingines* (sic!) lautet: „Why, one Sir, that projects Wayes to enrich men, or to make 'hem great."[18] In Jonsons *Volpone* (uraufgeführt 1605) trägt er den sprechenden Namen *Sir Politick Would be* und verdingt sich als Heringshändler, Erfinder von Zündholzschachteln oder einer Quarantäne- und Desinfektionsanstalt für Schiffe.[19] John Wilsons Komödie *The Projectors* (1664) schließlich liest sich als dramatisierte Fassung einer satirischen Abhandlung, die der Arzt Thomas Brugis 1641 in London unter dem Titel *The Discovery of a Proiector – Shewing the Beginning, Progresse, and End of the Projector and his Projects*

13 Claus Priesner u. Karin Figala (Hg.). *Alchemie. Lexikon einer hermetischen Wissenschaft.* München, 1998, S. 262.

14 Zur alchemischen Verwendung des Begriffes siehe August Hauptmann. *Neues Chymisches Kunst Project und sehr wichtiges Bergk Bedencken* [...]. Leipzig, 1658 (Frontispiz!).

15 Zit n. Smith (1994), S. 269. Hier können sowohl der *artificer* als auch der *alchemist* gemeint sein.

16 Christian Ludwig. *Teutsch-Englisches Lexicon* (1716), Sp. 1428. Zit. n. Krajewski (2004), S. 11.

17 Zedler (1741), Sp. 784.

18 Ben Jonson. „The Devil is an Ass. Acted in the Year 1616." *The Works of Ben Jonson* [...]. London, 1692, S. 457–484, hier S. 464 (I. Akt, 7. Szene).

19 Ben Jonson. „Volpone, Or the Fox. A Comedy. First Acted in the Year 1605". *The Works of Ben Jonson* [...]. London, 1692, S. 153–179, hier S. 160ff. (I. Akt, 5. Szene).

veröffentlicht hatte.[20] Im Kern geht es Brugis (wie Wilson) darum, das Streben nach Neuerung („striving for innovating") als das Ergebnis der Mühe und Arbeit („paines and labour") von Projektemachern zu disqualifizieren. Da diese ihre Theorien nicht genügend ausarbeiteten, seien sie nicht in der Lage, vollkommene Anweisungen („perfect directions") zu geben, wie ihr Projekt in die Tat umzusetzen sei. Vor dem Hintergrund der Gründung der *Royal Society* 1660 in London verdichtet sich bei Wilson das Problem der sprachlichen Vermittlung zu einer regelrechten Kaskade von Paradoxien – „Heat without Fire or Smoke", „making Cloth without Wool", „A devise to stop up the Rivers", „A Whirliging for Dreining the Sea" oder „sealing of Butter, without the charge of Butter Prints" heißen nur einige der Projekte.[21] Ausschweifendes und versponnenes Experimentieren und Laborieren wird zum Erkennungsmerkmal der Projektemacherei. In der Figur des auf Kleinsttier- und Transfusionsexperimente spezialisierten *Sir Nicolas Gimcrack* in Thomas Shadwells *The Virtuoso* (1676) entsteht nicht bloß ein ironisches Zerrbild der frühen *Royal Society*. Experimentieren bedeutet hier eine das gemeinschaftliche Zusammenleben moralisch destabilisierende Kraft.[22] Ein kaum verborgenes Vorbild des schnell zum Stereotyp geronnenen *Sir Gimcrack* ist Robert Hooke (1635–1703), der nach einem Besuch der Aufführung erbost in sein Tagebuch schreibt, dass die Leute fast mit dem Finger auf ihn zeigen würden.[23] Wie furchtsam die Gentlemen-Wissenschaft auf die bedrohlich nahe rückende Lächerlichkeit des Projektemachers und den ihm anhaftenden Odeur des Ziellosen, Scheiternden reagierte, zeigt sich auch, wenn einer der größten Projektemacher des Jahrhunderts, Leibniz, im Vorfeld der Gründung der *Preußischen Akademie der Wissenschaften* mit Bezugname auf *The Virtuoso* warnt, dass die Sozietät „nicht auf blosse Curiosität oder Wissens-Begierde und unfruchtbare Experimenta gerichtet seyn" dürfe, „wie etwa in Paris, London und Florenz geschehen."[24]

20 Thomas Brugis. *The Discovery of a Proiector. Shewing the Beginning, Progresse, and End of the Projector and his Projects*. London, 1641. Vgl. Redlich (1964), 236ff.

21 John Wilson. *The Projectors. A Comedy*. London, 1664, S. 13 u. 37f. In Christian Felix Weißes fünfaktigem Lustspiel *Der Projektmacher* (Leipzig, 1769) kann gut hundert Jahre nach Wilson die Figur des Projektemachers kaum noch diese Brisanz entfalten. Weiße präsentiert einen vertrottelten, gutgläubigen Patrizier, der ganz offensichtlich jeden Bezug zur Realität verloren hat. Weißes Wissenschaftskritik ist dabei rückwärtsgewandt und spielt nicht – wie etwa Wilson – mit Ähnlichkeiten zu zeitgenössischen Wissenschaftlern.

22 Die überaus erfolgreiche Komödie, die eine Reihe von Nachahmungen fand, wurde mit Unterbrechungen bis 1705 gespielt. Vgl. die editorische Notiz v. Montague Sommers in Thomas Shadwell. „The Virtuoso" [1676]. *The Complete Works of Thomas Shadwell*. 5 Bde. Hg. v. Montague Sommers. London, 1927, Bd. 3, S. 98.

23 Am 25.05.1676 notiert Hooke in seinem Tagebuch: „Mr. Hill gave Sir J. Hoskins, Aubery and I an account of the Vertuoso play." Am 2. Juni besucht er eine Aufführung und schimpft: „With Godfroy and Tompion at Play [...] Damned Doggs. *Vidica me Deus*. People almost pointed." Robert Hooke. *The Diary, 1672–80*. Hg. v. Henry W. Robinson u. Walter Adams. London, 1935, S. 235 u. S. 238f.

24 „Weilen Churfürstl. Durchl. zu Brandenburg ein gloriöses und recht Königliches Werck vorhaben, eine Societatem Scientiarum & artium zu fundieren, so wäre auf solche Anstalt zu dencken,

Auch in Frankreich ist der *donneur d'avis, brasseurs d'affairs* eine häufig vorkommende Gestalt.[25] In Molières *Fascheux* (1661) ist der Projektemacher *Ormin* eine der häufig auftauchenden Figuren der Pariser Gesellschaft. Auf die Frage, ob er endlich jenen „Stein der Weisen" („bénite pierre") gefunden habe, „Der reich macht alle Könige der Erde" („Qui peut seule enrichir tous les rois de la terre?"), verneint er dies. Sein Projekt sei solide und trüge dem König 400 Millionen Francs ein: ohne Steuern. Sein Projekt besteht darin, alle Küstenorte Frankreichs mit Häfen auszustatten.[26]

So kurios, seltsam und lachhaft die Bühnenfigur des Projektemachers aus heutiger Perspektive anmutet, der Projektemacher steht im 17. Jahrhundert gleichwohl im Zentrum wissenschaftlicher Praxis. Akademie- und Sozietätsentwürfe, Maschinen-, Instrumenten- und Automatenmodelle, administrative wie sozialfürsorgerische Erfindungen sind Gegenstände der Projektemacherei.[27] Aus heutiger Sicht fügen sich die Entwürfe, Modelle, Erfindungen in eine Geschichte des technischen und wissenschaftlichen Fortschritts. Die Projektemacherei ist aber – genau besehen – einer jener Schauplätze des Wissens, an dem Realität und Illusion, das Machbare und das Denkbare, das Wahrscheinliche und das Unmögliche beständig miteinander in Konflikt geraten.

Kaum eine Person verdeutlicht dies anschaulicher als Leibniz, zu dessen lebenslang verfolgten Projekten nicht nur leidlich räsonabel erscheinende Sozietätsentwürfe, Kunst- und Wunderkammern, Bergwerks- sowie Rechenmaschinen

dass der wahre Zweck und Nutzen mit geringer Beschwerde erhalten werde. Solche Churfürstl. Societät müsste nicht auf blosse Curiosität oder Wissens-Begierde und unfruchtbare Experimenta gerichtet seyn, oder bey der blossen Erfindung nützlicher Dinge, ohne Application und Anbringung beruhen, wie etwa zu Paris, London und Florenz geschehen, daher eine Verspottung, und die bekannte Englische Comödie The Virtuoso erfolget, auch endlich die Hände abgezogen worden; sondern man müsste gleich anfangs das Werk samt der Wissenschaft auf den Nutzen richten, und auf solche specimina dencken, davon der hohe Urheber Ehre, und das gemeine Wesen ein mehrers zu erwarten Ursach habe." J.E. Kapp. *Sammlung einiger Vertrauten Briefe, welche zwischen dem weltberühmten Freyherrn Gottfried Wilhelm von Leibnitz und dem berühmten Berlinischen Hof=Prediger Herrn Daniel Ernst Jablonski* [...] *gewechselt worden sind.* Leipzig, 1745, S. 172.

25 In Werner Sombarts Beschreibung von 1913 wird der Projektemacher des Pariser 17. Jahrhunderts gleichsam zum Inbegriff des eigenen nervösen Jahrzehnts: „Man begegnet ihnen immer in dem Augenblick, in dem sie irgendeine glänzende Sache ausfindig gemacht haben. Sie schlüpfen in die Vorzimmer, treten die Schwellen der Staatsbeamten ab und pflegen mit den galanten Frauen geheimnisvolle Zwiesprache. Ihr Heute ist bejammernswert; ihr Morgen ist voll von Versprechungen und von Licht. [...] voll Unruhe, voller Spürsinn, immer im Anschlag, mit durchbohrendem Blick, mit scharfen Klauen, immer auf der Jagd nach den Talern. Unter ihnen findet man die verkannten Erfinder, die Romantiker der Tat, die unruhigen und fein organisierten Gehirne, Bankerotteurs mit einem möglichst düstern Hut auf dem Kopfe, Bohemiens, die aus der Bourgoisie entwischt sind und nun wieder hinein möchten, kühne und auskunftsreiche Leute, die ihr Brot im Rauch der Garküche verzehren, [...] schmutzige Abenteurer, die im Kot auf der Straße oder in der vergoldeten Haut eines großen Finanziers endigen." Werner Sombart. *Studien zur Entwicklungsgeschichte des modernen Kapitalismus.* 2 Bde. München u. a., 1913, Bd. 1. *Luxus und Kapitalismus*, S. 57. Vgl. Jacob (1929), S. 45.

26 Molière. *Les Fascheux. Comédie.* Amsterdam, 1684, S. 45f. Zit. n. der dt. Übs. Molière. „Die Lästigen". *Dramen in drei Bänden.* Hg. v. Kurt Port. Bd. 3, S. 169–207, hier S. 202.

27 Zahlreiche Beispiele barocker Projektemacherei bietet Breger (1981).

gehören, sondern auch zahlreiche sehr sonderbar anmutende Projekte. Darunter findet sich auch jenes bislang fast unbeachtet gebliebene *Projet d'une manufacture militaire*, in dem er einen Vorschlag für soldatische Schutzbewaffnung unterbreitet:

> Ich habe mir oft vorgestellt, ob es nicht möglich wäre, einen Stoff herzustellen, der zur gleichen Zeit leicht, geschmeidig und wehrhaft genug ist, einen Pistolenschuss abzuwehren. Wenn es möglich wäre, ihn preiswert zu erlangen, dann wäre es das Höchste aller Wünsche, ihn in unten stehender Weise zu verarbeiten, weil man mit ihm sogar die einfachen Soldaten ausstatten kann. Dies erwiese dem Menschengeschlecht einen großen Dienst und insbesondere der Christenheit, die sich rüsten könnte, die türkischen Heere mit einem Schlag zurückzudrängen.[28]

Tatsächlich schwebt Leibniz hier eine Art seidenes Panzerhemd vor, welches praktische Leichtigkeit und Geschmeidigkeit mit Wehrhaftigkeit verbindet. Aber über den Gegenstand seines Nachdenkens hinaus erscheint es bemerkenswert, wie der Versuch einer Differenzierung von Theorie und Praxis im Text von Leibniz immer wieder in sich zusammenfällt. Das Gedachte gewinnt als Mögliches unmittelbare Realität:

> Dies ist die Methode, die ich für machbar und in der angestrebten Absicht für tauglich halte. [...] Man muss Stück auf Stück legen und zwar solange, dass es beweglich bleibt und ich stelle mir vor, dass es keine Schutzbekleidung gibt, die so leicht und beweglich zugleich ist und die dabei mehr abwehren wird.[29]

In seiner spielerischen Zuversicht, die das Denkbare als das scheinbar Mögliche und damit als Realität anzuerkennen scheint, weiss sich dieses Projekt eins mit vielen anderen, ganz anders gelagerten Projekten. Sei es das allgegenwärtige Streben nach einem *perpetuum mobile*, die Verwandlung von Sand in Gold oder eine Postkutsche, die die Strecke von Hannover nach Amsterdam in sechs Stunden zurücklegt – die Grenze zwischen Möglichem und Unmöglichem ist seltsam

28 „J'ay souvent songé, s'il ne seroit pas possible de fabriquer une estoffe, qui fut en même temps legere, pliante et capable de resister à une bonne mousquetade; s'il estoit possible, de l'avoir encor a bon marché, ce seroit le comble des souhaits qu'on pourroit former là dessus, car on en pourroit fournir jusqu'aux simples soldats. Ce seroit rendre sans doute un grand service au genre humain, et sur tout à la chrestienté qui s'en pourroit prevaloir pour renverser tout d'un coup les forces Ottomannes." Zit. n. Jähns (1890), S. 1211–1213, hier S. 1211. Leibniz' bislang wenig beachtete kriegswissenschaftliche Projekte sind bei Jähns dokumentiert.

29 „En voicy la methode que je croy faisable et propre au dessein, dont il s'agit. [...] Il en faudroit mettre pieces sur pieces, tant qu'elle demeureroit pliante, et je m'imagine, qu'il n'y auroit rien d'aussi leger et d'aussi pliable, qui resisterait d'avantage." Jähns (1890), S. 1212 f.

durchlässig. Der Ökonom Paul Jacob Marperger (1656–1730) hat in seiner Abhandlung zu Projekt und Projektemacherei (veröffentlicht 1733) dieses Changieren zwischen Möglichem und Realem auf den Begriff gebracht, wenn er das Ansinnen der Projektemacher gleichsam hinter einer „Masque der Possibilität" vermutet.[30] Damit spielt er auf originäre Weise auf die fast zwanghafte Theatralisierung in der Wissensproduktion seiner Zeit an. Immer wieder stellt sich die Frage, warum gerade jenes aussichtslos erscheinende Projekt bis zur wütenden Vertreibung des Projektemachers vom Hofe eines vormaligen Gönners verfolgt, jenes andere vielversprechende Vorhaben aber in einem Konvolut dicht beschriebener Papiere vergessen wird. Leibniz' seidenes Schutzhemd für Soldaten ist in seiner Zeit ebenso folgenlos geblieben wie sein früher Entwurf einer *Académie des Représentations*. Übrig bleibt häufig jene sonderbare melancholische Grundhaltung, die auch aus den Seiten von Johann Joachim Bechers Traktat *Närrische Weißheit und weise Narrheit* (1682) spricht.[31] Eine gelassene Traurigkeit, die sich – darin Cervantes' *Don Quijote* nicht unähnlich – aus einem heimlichen Wissen um die Vergeblichkeit und Fragwürdigkeit des eigenen Tuns und aus jenem Wissen um die (durch eine überbordende Rhetorik kaschierte) Bedeutungslosigkeit der eigenen Person speist.[32]

Die einhundert von Becher gelisteten *Concepta* unterteilen sich in solche, die „dem eusserlichen Ansehn nach närrisch / irraisonnable und ohnmöglich geschienen / dennoch in praxi wohl succedirt und mit Nutzen reussiret", sowie in solche, die „dem äusserlichen Ansehen nach guten Schein hatten / von Raison waren / und gute Intention demonstrirten / dennoch aber in praxi nicht succedirten / und derentwegen bey dem gemeinen Mann für närrisch und unbedacht ausgeschryen worden." Dabei geht es Becher weniger darum, die Initiatoren der versammelten Projekte (unter ihnen beispielsweise auch Leibniz) der Scharlatanerie und des Gaukelspiels zu überführen – auch seine eigenen Projekte stellt er sowohl unter

30 Paul Jacob Marperger. „Beweiß, daß zur Beförderung des Public- und Privat-Interesse auch das Studium Curiositas nöthig sey". *Auserlesene kleine Schriften, Welche Allerhand Historische, Politische, Mathematische, zur Gelehrsamkeit sowohl, als zur Kauffmannschafft und Haußhaltung dienliche, überhaupt aber dem Publico nützliche Nachrichten und Vorschläge in sich halten* [...]. Leipzig u. Rudelstadt, 1733a, S. 354–366, hier S. 356.

31 Johann Joachim Becher. *Johann Joachim Bechers Röm. Kays. Maj. Cammer = und Commercien = Raths Närrische Weißheit Und Weise Narrheit: Oder Ein hundert / so politische alß Physicalische / Mechanische und Mercantilische Concepten und Propositionen / deren etliche gut gethan / etliche zu nichts worden / Sampt den Ursachen / Umbständen und Beschreibungen derselben* [...]. Franckfurt, 1682. Zu Becher vgl. die biographische Studie von Herbert Hassinger. *Johann Joachim Becher 1635–1682. Ein Beitrag zur Geschichte des Merkantilismus*. Wien, 1951, sowie jetzt Smith (1994).

32 Miguel de Cervantes reagiert mit *Don Quijote* (1605, 1615) – ebenso wie Francisco de Quevedo mit seiner Satire *Los Sueños – La Fortuna con seso y la hora de todos* (1635) – literarisch auf die späterhin so genannten *arbitristas*, die sich im Spanien der 1580er Jahre an die kastilische Krone wenden (*memoriales al Rey*), um Vorschläge zur Beseitigung der desolaten Lage der habsburgischen Staatsfinanzen zu unterbreiten. Vgl. Krajewski (2004), S. 16f. Bereits Defoe beschreibt die Projektemacherei in seinem Essay als ‚Donquichotterie'. Vgl. Defoe (2000), S. 38.

Abb. 30 Frontispiz zu Johann Joachim Bechers *Närrische Weißheit Und Weise Narrheit: Oder Ein hundert so Politische als Physicalische, Mechanische und Mercantilische Concepten und Propositionen, deren etliche zu nichts worden* (1707).

das Signum der närrischen Weisheit als auch unter das der weisen Narrheit.[33] Becher bietet vielmehr eine Apologie des Projektierens an, in deren Zentrum die Relativität kategorialer Zuweisungen steht. Denn obgleich die Hälfte der versammelten „Concepta"

> unter Narrheiten gesetzt seyn / soll der Leser doch wissen / daß darunter viel Weißheit verborgen / und was heute diesem oder jenem / auff diese oder jene Art nicht gut gethan / das kan vielleicht auff eine andere Zeit / durch andere Leuth / und auff andere Manier noch gut thun.[34]

Bereits der Entstehungsort dieses Traktats – „auff dem Meere geschrieben in höchstem Sturm" – kann als eigensinniger Kontrapunkt zur glatten, bis an den Horizont sich streckenden Oberfläche des berühmten baconschen Frontispizes des *Novum Organon* angesehen werden.[35] Auf unterschiedliche Weise offenbart sich bei Bacon und Becher der Zusammenhang von Wissens- und Illusionskunst im Zeichen des Projektiven. Das Frontispiz, das etwa zwanzig Jahre nach Bechers Tod der dritten Auflage des Traktats vorangestellt wird (Abb. 30), kann diesbezüglich als ein medialer Ordnungsversuch des frühen 18. Jahrhunderts verstanden werden, der darauf zielt, Bechers „weise Narrheit" in die Sprache des Theaters zu überführen, d. h. seine Wissens- und Erfindungskunst als ‚theatralisch' zu de-

33 In der Vorrede schreibt er, dass der Leser „aus eben diesem Tractat spüren [wird], daß ich unpartheyisch von mir selber geschrieben / sowol in die Närrische Weißheit / als Weise Narrheit auffrichtig gesetzt / und fürwar in meiner Conscientz / niemand zu Liebe noch zu Leyd aus einiger Passion geschrieben." Becher (1682), Vorrede.

34 Becher (1682), S. 179.

35 Becher (1682), Vorrede. Becher befand sich auf der Flucht vor den Folgen seines aus Sicht des Rates der Stadt Antwerpen gescheiterten Sand-zu-Gold-Projektes. Vgl. hierzu ausführlich Gerald Hartung. „Johann Joachim Becher, *oder* Die Projekte und Konzepte eines närrischen Gelehrten". *Zwischen Narretei und Weisheit. Biographische Skizzen und Konturen alter Gelehrsamkeit.* Hg. v. dems. u. Wolf Peter Klein. Hildesheim, Zürich u. New York, 1997, S. 262–287. Den Zusammenhang von Theater und Ökonomie bei Becher im Kontext der Geschichte des Versicherungswesens analysiert Michael Lorber. „Vom ‚Kauf der Gefahr'. Projektemacherei und Versicherung im 17. Jahrhundert". *Drohung und Verheißung. Mikroprozesse in Verhältnissen von Macht und Subjekt.* Hg. v. Evamaria Heisler, Elke Koch u. Thomas Scheffer. Freiburg i. Br., 2007. S. 287–314. Immer wieder ist zu beobachten, wie das Scheitern der Projektemacher zur Reflexion über die Projektemacherei führt. Wie bei Becher ist auch bei Defoe der Anlass seines Essays im finanziellen Ruin (1692) zu suchen. Defoe nimmt auf seinen Bankrott Bezug, wenn er ein Projekt zur Hilfe für Bankrotteure vorschlägt. Bei dem „Oekonomisten" Paul Jacob Marperger ist das Verhältnis von literarischer Produktion und finanzieller Notlage besonders evident. Auf deren Höhepunkt verfasst er in den 1720er Jahren seine Abhandlung über Projekte und Projektemacher, die allerdings erst nach seinem Tod erscheint. Vgl. Paul Jacob Marperger. „Von Projecten und Projectenmachern, deroselben Nutzen und Schaden, und was bey Examinirung, Acceptirung, und Rejicirung derselben zu beobachten sey". *Auserlesene kleine Schriften, Welche Allerhand Historische, Politische, Mathematische, zur Gelehrsamkeit sowohl, als zur Kauffmannschafft und Haußhaltung dienliche, überhaupt aber dem Publico nützliche Nachrichten und Vorschläge in sich halten* [...]. Leipzig u. Rudelstadt, 1733b, S. 371f. Vgl. auch: Historische Commission b. d. Königl. Akademie der Wissenschaften (Hg.). „Marperger, Paul Jacob". *Allgemeine Deutsche Biographie.* 56 Bde. Leipzig, 1884, Bd. 20, S. 405–407.

couvrieren.[36] Unter dem paradoxen Motto *Multi videntur, sed non sunt* wird hier der Blick auf eine sich perspektivisch verjüngende, durch Wechselrahmen und Wolkensoffitten parzellierte Bühne gewährt, auf der sechs Schauspieler vor dem eine Schlossfassade andeutenden Hintergrundprospekt stehen. Das Motiv ist insofern von Belang, als es das Theater- und Illusionshafte unterstreicht, welches dem Inhalt des Traktats zu eigen ist. Während das baconsche Frontispiz die neue Methode des Experiments als eine Eroberung und Kolonisierung bisher unbekannter Territorien des Wissens inszeniert, verweist das Frontispiz zu Bechers Traktat auf eine andere, dem illusionistischen Spiel des Theaters verwandte Wissenspraxis. Das Frontispiz von Bechers Schrift antizipiert damit die Grundthematik des Traktats und darüber hinaus der Projektemacherei selbst. Der melancholische Gestus des paradoxen Mottos *Multi videntur, sed non sunt* entspricht einer Wissensform, deren spielerischer, phantastisch-prekärer Charakter sich in beständiger Nähe zum Scheitern, d. h. zur Des-Illusionierung des Zuschauers befindet.

Dabei hat man es mit dem paradoxen Sachverhalt zu tun, dass, genau besehen, im 17. Jahrhundert kaum ein Unterschied zwischen ‚ernsthafter' Wissenschaft und Projektemacherei besteht, da auch wichtige Aspekte der neuen Wissenschaft zunächst als Projektiererei und Entwurf daherkommen. Erst die begriffliche und konzeptionelle Erfassung des Projektemachers und der Projektemacherei im Laufe der 18. Jahrhunderts, so scheint es, verbannt jenes närrisch-tumbe Bild des Projektemachers aus einer gelehrten, ‚ernsten' Wissenschaft, zu deren Gründungsfigur Francis Bacon stilisiert wird.[37]

36 Die dritte Auflage (Becher, 1707) ist „Mit einem Vorbericht von Bechers Person" herausgegeben worden von Jacob Friedrich Reimmann. Der „Vorbericht" zeigt ein Kategorisierungsproblem, welches auch Urban Gottfried Bucher, der erste Biograf Bechers, angesichts des unsteten und schwer fassbaren Projektemachers zu einer Wortneuschöpfung animierte: „Ob nun Herr D. Becher mehr unter die Politicos oder Medicos zu zehlen, mögen andere urtheilen; ich will mich nicht unterstehen, das Praedicat, so ihm eigentlich zukommt, zu determinieren, daher ich ihn auf dem Titul lieber einen nützlich gelehrten nennen habe wollen." Urban Gottfried Bucher. *Das Muster eines Nützlich-Gelehrten in der Person Herrn Doctor Johann Joachim Bechers, Kayserl. Majestät Cammer- und Commercien-Raths. Nach seinen Philologischen, Mathematischen, Physicalischen, Politischen und Moralischen Schrifften beurtheilet, und nebst seinem Lebens-Lauff vorgestellet.* Nürnberg u. a., 1722, S. 12.

37 1783 bemerkt Johann Hermann Pfingsten, der deutsche Übersetzer von Bacons *De dignitate et augmentis scientiarum* (1623), dass Bacon „von arglistigen Proiektenmacher hintergangen worden sey". Bacon (1783), S. 24.

Grenzen des Wissens: Melancholie und Policey

Die unstete, Zeit seines Lebens an keinen Ort gebundene Existenz des Projektemachers Becher wird vielleicht durch keine seiner Erfindungen so gut ins Bild gesetzt wie durch jenes *Laboratorium portatile*, einen praktikablen, alchemischen Reise-Ofen, den er kurz vor seinem Tod, nachdem er vor enttäuschten Gläubigern nach England geflohen ist, entwirft und bauen lässt (Abb. 31). „Ich schrieb im Städtchen Truro in Cornwall auf Seiten des Hafens von Falmouth an der äußersten Grenze von England, gewöhnlich Landes Ende genannt“[38] – schreibt er vieldeutig über den ‚unmöglichen‘ Entstehungsort seiner Erfindung. Die Spruchbänder, die den Kupferstich des *Scyphus Becheriani* umwehen, drücken die Sehnsucht nach Zugehörigkeit zu einer Gemeinschaft aus, die ebenso utopisch und spekulativ bleibt wie sein Tun: „bibat qui potest / lavet qui vult / turbet qui audet“ („Trinke aus mir, wer kann / wasche sich, wer mag / Trübe mich, wer es wagt“), heißt es dort in wörtlicher Wiedergabe eines Tafelspruches aus Johann Valentin Andreaes Rosencreutzer-Manifest.[39] Vielleicht eine Reaktion auf die kurz zuvor erfolgte, letztgültige Verweigerung einer Aufnahme in die *Royal Society*. Die Ortlosigkeit seiner Existenz als Projektemacher und Alchemist, die das zerlegbare, transportable Laboratorium verkörpert, wird schließlich dadurch unterstrichen, dass er sich selbst immer wieder um Abgrenzung von den „falsche[n] Chymisten“ bemüht: „Dann die falsche Chymisten suchen das Gold / die Philosophen aber die Wissenschafft / die allem Gold vorzuziehen. Jene machen einen blauen Dunst / Betrügereyen / Narretheydungen vor die Augen: Diese lassen sich bey derer Dinge Ursachen finden.“[40] Diesem Bewusstsein um den Verlust jeder Zugehörigkeit scheint auch jener melancholische Tonfall am Ende der *Närrischen Weißheit* zu entspringen, in dem die eigene Ortlosigkeit und Entwurzelung gleich durch ein neues Projekt, eine *eigene* Sozietät, überblendet wird:

> Ich hätte die Sachen noch viel weiter ausführen könen / aber die Lust ist mir vergangen / und ich hab hierdurch ein Prob zeigen wolen / wornach

38 „Scribebam Truro in Cornubia penes Portum Falmouth ad extrema Angliae ora, vulgo Landes Ende.“ Johann Joachim Becher. *Opuscula chymica rariora* [...]. Nürnberg u. Altdorf, 1719, Vorrede.

39 Johann Joachim Becher. „Scyphus Becherianus sive Laboratorium portatile [...].“ *Opuscula chymica rariora* [...]. Nürnberg u. Altdorf, 1719, S. 33–198, Abb. 1. Vgl. *Johann Valentin Andreae. Chymische Hochzeit: Christiani Rosencreutz: Anno 1459* [Straßburg, 1616]. Hg. u. eingel. v. Richard van Dülmen. Stuttgart, 1981, S. 85 (S. 74).

40 Johann Joachim Becher. *Chymisches Laboratorium, Oder Unter=erdische Naturkündigung* [...]. Franckfurt, 1680, Vorrede.

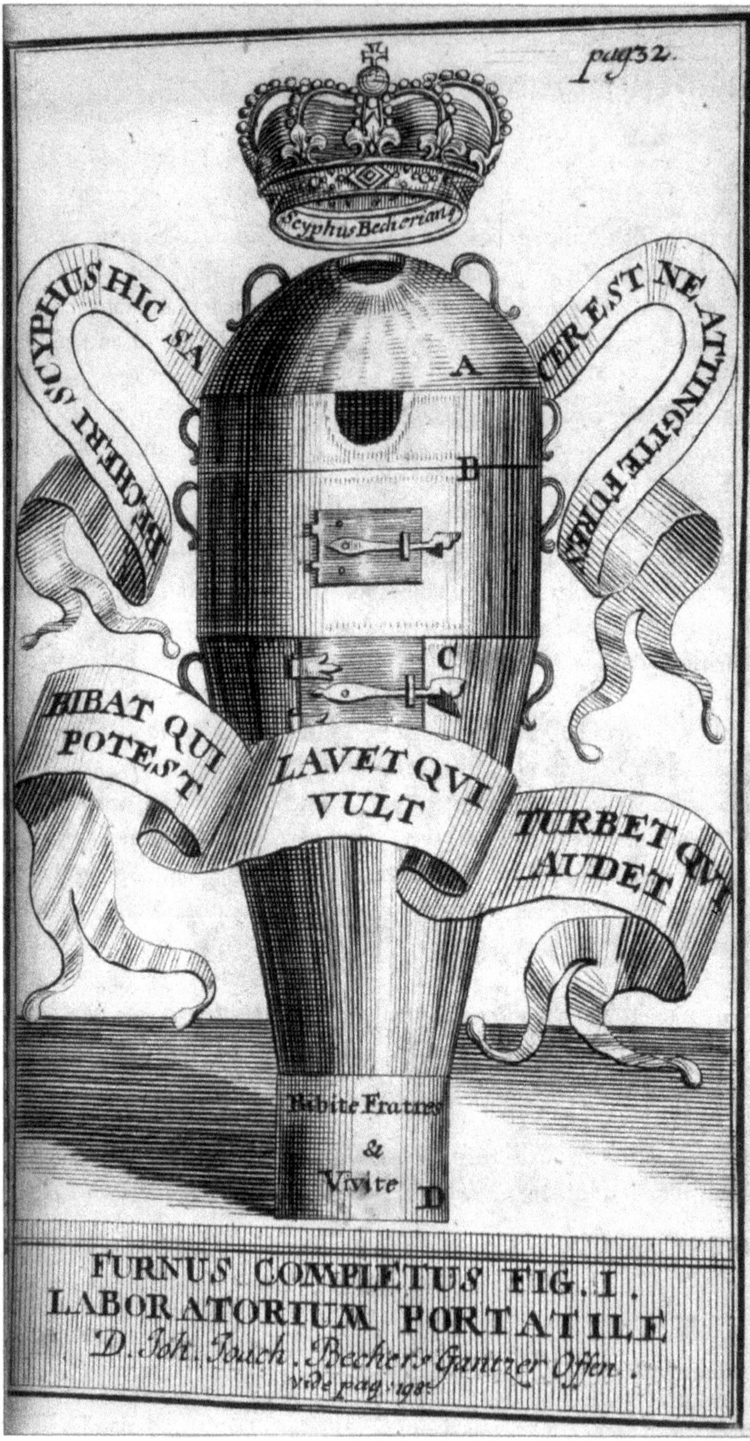

Abb. 31 Erfindung eines mobilen alchemischen Ofens durch Johann Joachim Becher (*Opuscula chymica rariora*, 1719).

> sich die Societates Curiosorum zu richten / wiewol ich selbsten in keiner solchen Societät bin / sondern vor mich eine fundire / die ich Societatem Psychosophicam nenne.[41]

Die quirlige Gestalt des Projektemachers, der mit seinen Konzepten und Erfindungen an den europäischen Höfen hausieren geht, Geldgeber und Unterstützer sucht, Allianzen und Intrigen schmiedet, verliert im 18. Jahrhundert ganz entschieden an Bedeutung. Mit ihm verschwindet auch jene in den Schriften der Projektemacher offen zur Schau gestellte Melancholie des Scheiterns. Diese Entwicklung geht paradoxerweise einher mit einer Zunahme von Abhandlungen, die sich aus gleichsam distanzierter Perspektive dem Phänomen der Projektemacherei widmen. Dasjenige, was zuvor als sonderbare Überlagerung und Durchdringung von Realität und Illusion, Denk- und Machbarem die Gestalt experimentellen Wissens bestimmte, wird nun von einer neuen Tendenz in den Wissenschaften erfasst, die die Idee eines Fortschritts mit einer systematisch betriebenen Politik der Entzauberung verbindet. Das Basteln und Probieren, Erfinden und Spekulieren der Projektemacher wird durch die Suche nach überprüfbaren Regeln ersetzt, die – nunmehr glaubhaft – den Zufall planbar, die Zukunft kalkulierbar, das Kontingente beherrschbar erscheinen lassen. Die Figur des Projektemachers, die von der barocken Bühne aus die sich konstituierende Experimentalwissenschaft in Verlegenheit bringen konnte, wird nun – außerhalb des Theaters – durch ihre Theaterhaftigkeit, d. h. ihr scheinhaftes Auftreten und ihr gesellschaftlich deviantes Verhalten gebrandmarkt. Interessanterweise geschieht dies gerade durch verstärkte Versuche der Assimilierung und Normalisierung. Projektemacherei wird umgedeutet und eingeschränkt auf projektives, d. h. strategisches, regelhaftes, fortschrittsorientiertes Denken. Der gemeinsame Nenner der unterschiedlichen ökonomischen, inventiven oder progressiven Rationalitäten ist dabei das Verbot jener Widersprüche und Paradoxien, welche sich aus der buchstäblich wunderbaren Durchdringung von Illusion und Realität, Vernunft und Fiktion ergeben.

Die Konjunktur des Begriffes *projet*, der als modisches Lehnwort im Deutschen noch bis weit ins 18. Jahrhundert eine Parallelexistenz führt, lässt die französischen Enzyklopädisten nun mit einem lexikalischen Seufzer antworten: „Wieviel Männer geben sich verrückten Unternehmungen hin!“[42] Sie bemängeln eine oft unüberbrückbare Differenz zwischen Vorhaben, Ausführung und Erfolg, die

41 Becher (1682), S. 179.

42 „[C]ombien l'homme forme-t-il de folles entreprises!“ Diderot/d'Alembert (1765), Bd. 13. S. 441. Der Konjunktiv ist ihnen dabei Ausdruck einer oftmals unüberbrückbaren Differenz zwischen Vorhaben, Ausführung und Erfolg: „Combien perd-il de pas, / S'outrant pour acquérir des biens ou de la gloire! / Si j'arrondissois mes états; / Si je pouvois / remplir mes coffres de ducats; / Si j'apprenois l'hébreu, les sciences, l'histoire.“ Antoine Furetière zitiert in seinem *Dictionnaire universel* Boileau: „Quand je vois ta sageße en ses justes projets / D'une heureuse abondance enrichir tes sujets. / Des projets des humains la fortune se jouë.“ Furetière (1690), Bd. 3, s.v. „Projet“.

durch die Schönheit (*beauté*) des Projektes gleichsam überdeckt werde.[43] Diese hänge mit „der offensichtlichen Ordnung und Größe" zusammen.[44] Doch solle man sich durch die bewunderungswürdige Schematik und die vorteilhafte Idee eines Projektes nicht täuschen lassen, da die Praxis sich oftmals mit solcherart Spekulation nicht vertrage. Indem sie das Illusionshafte der Projektemacherei betonen, stellen sich die aufgeklärten Enzyklopädisten an die Spitze derjenigen, die seitens der Kameral-, Policey- und Staatswissenschaften die Projektemacherei, d. h. – historisch besehen – ihre eigenen Wurzeln, von allem Phantastischen, Spektakulären und Überbordenden zu bereinigen versuchen. Entsprechend vielfältig sind die Warnungen, dass das „ad oculum demonstrirte" Projekt eine „Teuscherey der Menschen", ein „Deceptio visus", ein „New-Nothing", eine auf „Schein = Grunde" basierende „Chimäre" sein könne.[45] Am Gegenstand des Projektes vollzieht sich folglich die Scheidung „einer guten Einbildungs = und Erfindungs = Krafft" von „schlimmsten Moquerien", einer „gute[n] Vernunft und Vorstellungskraft" von „ausschweifende[n] Einfälle[n]" und „närrische[n] Hirngeburt[en]."[46]

Der lange und proskriptive Eintrag in Zedlers Universallexikon, der in auffallendem Kontrast zu dem knapp und nüchtern gehaltenen Eintrag des Grimmschen Wörterbuchs im 19. Jahrhundert steht, verweist eine Generation nach Becher auf eine kontroverse Arbeit am Begriff.[47] Dabei geht es zum einen um eine Typologie des von Fürstenhof zu Fürstenhof vagabundierenden Pläneschmiedes und *donneur d'avis*. Definitorisch erfasst, geht es zum anderen nun darum, das

43 „Weder in Brugis Schrift noch in Sprats Buch [gemeint ist Thomas Sprats *History of the Royal Society* (1667)], noch in zeitgenössischen deutschen Veröffentlichungen, die dasselbe Wort gebrauchen, wurde ein klarer Unterschied zwischen dem bloßen Vorschlag oder Plan einer Neuerung und dem Unternehmen ihrer Durchführung gemacht. ‚Projekt' deckte beides." Redlich (1964), S. 237.

44 „[L]'ordre & de la magnificence qu'on y remarque". Diderot/d'Alembert (1765), Bd. 13, S. 441. „Projet, Dessein, (*Synonymes.*) Le *projet* est un plan, ou un arrangement de moyens, pour l'exécution d'un *dessein*: le *dessein* est ce qu'on veut exécuter. On dit ordinairement des *projets*, qu'ils sont beaux; des *desseins*, qu'ils sont grands." (Ebd.).

45 Marperger (1733b), 371f.; Defoe (2000), S. 37f.; Georg Heinrich Zincke. „Vorrede". *Peter Krezschmers, nunmehrigen Hauß = Vaters im Leipziger Waysen = und Zucht = Hause, Oeconomische Vorschläge, Wie das Holz zu vermehren, Obst=Bäume zu pflantzen, die Strassen in gerade Linien zu bringen, mehr Aecker dadurch fruchtbar zu machen, die Maulbeer = Baum = Plantagen, damit zu verknüpffen und die Sperlinge nebst den Maulwürffen zu vertilgen. Nebst einem Anhange, von Verbesserung grosser Herren Küchen und Tafeln, Auch eine Vorrede Hrn. D. Georg Heinrich Zinckens, worinnen von Projecten und Projecten = Machern gehandelt wird.* 2. Aufl. Leipzig, 1746, S. 9 u. 18.

46 Zincke (1746), S. 11 u. 14; Johann Heinrich Gottlob von Justi. „Gedanken von Projecten und Projectmachern". *Johann Heinrich Gottlobs von Justi gesammelte politische und Finanzschriften über wichtige Gegenstände der Staatskunst, der Kriegswissenschaften und des Cameral= und Finanzwesens.* 3 Bde. Kopenhagen u. Leipzig, 1761–1764, Bd. 1, S. 256–281, hier S. 263 u. 269.

47 Vgl. Jacob u. Wilhelm Grimm. „Project, Projekt". *Deutsches Wörterbuch.* Leipzig, 1889, Bd. 7, Sp. 2163f. Noch bündiger ist Johann Georg Krünitz. *Oeconomische Encyclopädie.* Berlin, 1811, Theil 117 (Heinrich Gustav Flörke), S. 720. Zincke (1746) verweist auf den „verwirrten Gebrauch dieses Wortes" (S. 13) und moniert den „schwanckende[n] Sprachgebrauch", den „insonderheit das Wort *Proiect* in mancherley Verstande anbringe" (S. 15).

„Schwindel = Gehirn“[48] des Projektemachers als Negativfolie des „gelehrten und vernünftigen Mannes“[49] herauszuarbeiten. Während jener sich durch bloße Phantasmagorien und täuschende Worthülsen auszeichne, habe sich das vernünftige Projekt an der zeitlichen Glückseligkeit, an langfristigen, die staatliche Wohlfahrt betreffenden Zielen zu orientieren: „Alle Menschen sind Projectmacher“, versichert sich der Policey- und Staatswissenschaftler Johann Heinrich Gottlob von Justi (1717–1771) der Aufmerksamkeit der Leser seiner *Gedanken von Projecten und Projectmachern* (1761). Er nutzt den negativen Odeur des Begriffes, um seiner Forderung nach planvoller, d. h. kontrollier- und administrierbarer Lebensgestaltung auf paradoxe Weise Nachdruck zu verleihen, denn dem Projekt hafte stets auch das „Ungereimte, Lächerliche, und Unmögliche“ an, vor welchem er seine Landsleute ausdrücklich warnt.[50]

Ein die gemeinsame Morphologie von *Projekt* und *Projektion* aufgreifendes Bild, welches den Unterschied zwischen der barocken Projektemacherei und dem vernünftigen, staatserhaltenden Projekt veranschaulicht, bietet Georg Heinrich Zincke, Kameralist und Herausgeber einer Neuauflage des *Politischen Discurs* von Becher im Jahr 1746. Das Zukünftige solle wie durch den Blick auf eine Landkarte visiert werden. Entsprechend sieht er „das Französische Wort Proiet, oder das Lateinisch = Teutsche Wort Proiecte sonderlich aus der Mathemathique hergenommen.“ Da die

> Vorstellung einer Kugel = Fläche, wie sie dem Auge auf einer gläsernen Tafel in einer gewissen Weite auf einmal in einem Blicke erscheinen würde, [...] eine Proiection genennet, und [...] dergleichen Entwerffungen ihren Nutzen in Verfertigung der Land = Charten haben [...]. Eben darinne aber bestehet die Aehnlichkeit eines zuverläßigen Entwurffs, den wir in Staats = und oeconomischen Sachen ein Proiect nennen, mit jenen, daß er uns gleichsam in einem Blick und zum voraus in der Ferne das ganze Vorhaben, die Sache, den Zweck, die Mittel und Gegenmittel vorstelle, damit man eine rechte genaue Ueberlegung zum Entschluß und eine geschickte Einrichtung zur Ausführung machen könne.[51]

Diesem planvollen, in das Bild der Landkarte gekleideten Handeln entsprechend, konstatiert der Policey-Wissenschaftler von Justi wenige Jahre später:

> Das heißt einen wohlüberlegten Plan und Project seines Lebens machen; und wenn man nach einem solchen Plane alle seine Bemühungen einrich-

48 Marperger (1733b), S. 371.

49 von Justi (1761), S. 262.

50 von Justi (1761), S. 267.

51 Zincke (1746), 14f. Vgl. hierzu die Erläuterungen Leibniz' über die Staatskunst, diskutiert bei Joseph Vogl. *Kalkül und Leidenschaft. Poetik des ökonomischen Menschen*. München, 2002.

> tet, wenn man den einmal bezeichneten Weg beständig vor Augen hat, und weder zur Rechten noch zur Linken davon jemals ausweichet; so müßte das Glück auf eine besondere grausame und heimtückische Art mit uns umgehen, wenn wir nicht unser vorgestecktes Ziel erreichen wollten. Allein die wenigsten Menschen machen ein solches wohl überlegtes Project ihres Lebens.[52]

Von Justi zeichnet hier das Gegenbild des unruhigen, unsteten Projektemachers. Die policeyliche Erfassung, die Ausweisung und Verbannung dessen, was keine hundert Jahre zuvor mit Johann Joachim Bechers Programmschrift barocker Projektemacherei begann, findet hier einen Schlusspunkt. Erst von dieser ‚reinen Positivität', dieser ‚narrenfreien' Diktion der Policey-Wissenschaft aus wird der sich bei Becher bereits anbahnende Verlust als Ursprungsort des Melancholischen greifbar:

> O selige Wanderschaft! O schöne Beschauung! O wahrhafte Träume! O erwünschte Entzückung! So heißt es also bald / man sey ein Narr / ein Enthusiast / ein Phantast / Dem aber nur der geringste Vorgeschmack der Philosophie bekant / wird aber gern alle diese Schimpf = Reden dulden.[53]

Die seltsame Ortlosigkeit der Projektemacherei, die immer wieder die Grenzenlosigkeit einer vagabundierenden Einbildungskraft mit dem peregrinierenden Lebenswandel der Projektierer zur Deckung bringt, findet in der policey-wissenschaftlichen Erfassung des 18. Jahrhunderts ihre Grenze.

52 von Justi (1761), 259f.

53 Johann Joachim Becher. *Psychosophia Oder Seelen = Weißheit / Wie nemlich jeder Mensch aus Betrachtung seiner Seelen selbst alle Wissenschaft und Weißheit gründlich und beständig erlangen könne.* 2. Aufl. Hamburg, 1705, Vorrede.

Ausblick

Tiefgreifende Umbrüche von Wissenssystemen scheinen stets verbunden mit einer gesteigerten Theatralisierung von Wissen. Eine diesbezügliche Aufmerksamkeit für Wahrnehmungs- und Verhaltensweisen, für Sprach- und Denkformen entdeckt an den epistemologischen Bruchstellen, in den wissenschaftlichen Revolutionsphasen oder Paradigmenwechseln eine Vielfalt theaterhaften Vokabulars, maskenhaften Verhaltens, kostümierenden Denkens und spektakulärer Darstellungsformen. In den Unruhephasen einer „offenen Epistemologie" scheint ein Hang zum Paradoxen ebenso sehr zu kulminieren wie die Tendenz zur Selbstreflexion, zur Spiegelung und Hinterfragung des eigenen Standpunktes.

Im Mittelpunkt dieser Untersuchung standen jene paradoxalen Energien, die den prekären, genauer: den projekt- und entwurfsartigen Status einer neuen, an den Sinnen orientierten Wissenschaft hervortreten lassen. Deren Theatralität verdankt sich der merkwürdigen Überlagerung und Durchdringung von Denk- und Machbarem, von Imaginations- und Erkenntnispraktiken. Eine Theatralität des Wissens, die freilich erst mit Blick auf die Herausbildung praktisch und theoretisch zunehmend autonom – also in kantscher Terminologie gleichsam „interesselos" – agierender Systeme in Kunst und Wissenschaft im 18. Jahrhundert ein scharfes Profil erhält.

Zum Ausklang der vorliegenden Untersuchung möchte ich an eine – nicht nur theatergeschichtlich bedeutsame – Experimentalanordnung erinnern, deren symptomatischer und heuristischer Wert darin zu sehen ist, dass sie an einem historischen Distanzpunkt steht, der zugleich den Ausgangspunkt für weiterführende Fragen markiert. Es ist hier die Rede von der Erstaufführung des als Programmnummer konzipierten *Première aventure* des Dadaisten Tristan Tzara am 27. März 1920 in Zürich.[54] Diese Aufführung war nicht allein in sprachlicher Hinsicht eine Provokation. In provokatorischer Absicht waren auch Kostüme, Dekor und Requisiten konzipiert. Die Kostüme waren von Francis Picabia entworfen worden und dieser ließ die Figuren in riesige, verschiedenfarbige Papiersäcke gehüllt und mit einem Namensschild umhängt auftreten. Tzara selbst hatte für diese Aufführung eine Lärmmaschine erfunden, auf der dem Publikum mittels eines dreifachen Echos dadaistische Leitsätze eingehämmert wurden. Um die Verwirrung des Publikums zu steigern, war der Dekor vor den Schauspielern aufgebaut worden. Er bestand aus dem Rad eines Fahrrades, einigen kreuz und quer gespannten Seilen sowie mehreren Bildern mit dadaistischen Inschriften. Die Zer-

54 Vgl. Jürgen Grimm. *Das avantgardistische Theater Frankreichs 1895–1930*. München, 1986, S. 242.

störung der Sprache, die Mischung aus gesprochenem Wort, simultan dargebotenen, unverständlichen und bedeutungsleeren Lauten, der heterogene Charakter der Requisiten sowie schließlich der willkürliche Lärm vereinigten sich zu einem aufstachelnden Crescendo. Angesichts der totalen Verweigerung von sinnhaltiger Mitteilung machte das Publikum seiner Empörung derart lautstark Luft, dass Bühne und Zuschauerraum im gleichen Getöse untergingen. So hatte sich das Publikum in Erwartung eines Skandals vorsorglich mit Eiern und Beefsteaks bewaffnet, mit denen es die Darsteller der verschiedenen Programmnummern des Abends bombardierte.

Theatergeschichtlich bedeutsam ist diese Aufführung, weil hier durch die gezielte Provokation des Publikums die Grenze zwischen Bühne und Zuschauerraum aufgehoben wird, eine Verlagerung des „scénario dans la salle“ stattfindet.[55] In Frage gestellt werden dabei auf ganz praktische Weise jene überkommenen Demarkationslinien, die das Ergebnis systematisch operierender Definitionsgewalten sind, die seit Beginn der Frühen Neuzeit festgeschrieben hatten, was Theater, was Kunst *nicht* ist oder *nicht sein darf.* Tzaras Anti-Theater steht demgegenüber – ganz im Sinne der militärischen Semantik avantgardistischer Kunst – auf symptomatische Weise für die Sprengung der Gattungskonventionen, das Amimetische, die Diskontinuität der Handlung, die Entindividualisierung der Figuren, die Dominanz des Szenischen über das Wort, satirische oder groteske Verzerrungen, die die avantgardistischen Theaterexperimente im ersten Drittel des 20. Jahrhunderts ganz generell auszeichnen. Die Attraktion der Provokation und Subversion, die radikale Störung und Infragestellung tradierter Wahrnehmungs-, Bewegungs- und Sprachkonventionen, kalkulierte Widersprüche, die Vermischung von Realität und Irrealität gehen dabei keineswegs allein in einem bloßen Antitraditionalismus und Antiillusionismus von Kunst auf.[56]

Avantgardistische Konzepte in Kunst, Politik und Wissenschaft des 20. Jahrhunderts verstanden sich – gegen den Entfremdungsdruck und die fragmentierende Gewalt etablierter Produktionsverhältnisse – als radikale Suche nach einem grundlegend anderen Verständnis materieller und geistiger Produktion. Neue Formen des Tätigseins, der sinnlichen Wahrnehmung, der kreativen Kommunikation und des Umgangs mit Materialien konzentrierten sich in programmatischen Begriffen des Experimentellen, des praktischen Herstellens und Gestaltens. Niemals ging es dabei allein um die Qualität des hergestellten Produktes, Objektes, Werkes. Im Zentrum des Interesses stand vielmehr der produktive Prozess als solcher, die schöpferische Aktivität, der erweiterte Kunstbegriff, der „kreative Akt“ (Marcel Duchamp). Paradoxerweise wirken viele Experimentalanordnungen der Avantgarde bei näherer Betrachtung ganz modern und ganz antiquiert zugleich. Diese

55 Grimm (1986), S. 242.

56 Zur kulturgeschichtlichen Bedeutung des Theaterexperimentalismus in der ersten Hälfte des 20. Jahrhunderts siehe grundlegend: Joachim Fiebach. *Von Craig bis Brecht. Studien zu Künstlertheorien des 20. Jahrhunderts.* 3. erw. u. überarb. Aufl. Berlin, 1991.

eigensinnige Tendenz erklärt sich nicht zuletzt aus intuitiven, detektivischen, spielerischen Rückbezügen auf die Geschichte(n) des Experimentierens bei gleichzeitigem Anspruch auf eine allumfassende Erneuerung, die sich eben nicht nur von der akuten Symptomatologie der Gegenwart, sondern auch von tradierten Pathologien der Vergangenheit konkret absetzen sollte. So besehen steht Tristan Tzaras Lärmmaschine in eigensinniger Korrespondenz zu jenen phantastischen Spektakelmaschinen aus der Frühzeit des Maschinenwesens. Tzara selbst legt diesen Bezug nahe, wenn er sich ausführlich mit den rätselhaften Maschinenfiguren eines Giovanni Battista Bracelli beschäftigt, die dieser in dem Radierungszyklus *Bizarrerie di varie figure* (1624) zur Anschauung bringt.[57] Die auf den ersten Blick seltsam vertraut anmutende, nackte Technizität dieser wie beseelt agierenden Maschinenmenschen irritiert. Es sind rätselhafte Spielfiguren einer entfesselten Phantasie, merkwürdige Objekte, die sich keiner Entschlüsselung beugen wollen.[58]

Betrachtet man die experimentelle Kultur des 17. Jahrhunderts, verstanden als ein Ursprungsort einflussreicher Entwicklungen und virulenter Fragestellungen in Kunst und Wissenschaft, durch die Brille der praktischen Experimente der Avantgardebewegungen des 20. Jahrhunderts, so wird zunächst der Rahmen etablierter Deutungsmuster verlassen. Kontinuitäten und Diskontinuitäten werden sichtbar, die sich sonst einem entwicklungsgeschichtlichen Diktat beugen. Gerade die avantgardistische Beschäftigung mit Maschinen (von der Maschinenbegeisterung der Futuristen über die dadaistischen Unsinnsapparaturen bis hin zum geballten Medieneinsatz in Totaltheaterentwürfen[59]) läßt vergessene und verdrängte Dimensionen des Maschinellen hervortreten, die jenseits der Produktivitätssteigerung, Funktionalität und Nützlichkeit affektive Dimension des Maschinellen bloßlegen – nicht zuletzt dadurch, dass sie die Maschinenbegeisterung der damaligen Zeit bis ins Absurde überzeichnet. Vor dem Hintergrund einer umfassend wirksamen industriellen Massenproduktion treten Maschinen hier als faszinierende und verstörende Objekte hervor, die es ermöglichen, hartnäckige Fortschritts- und Kontrollphantasmen in ihrer kulturellen und historischen Gemachtheit zu erkennen.

Die Perspektiven einer solchen kulturgeschichtlichen Komparatistik, die die heutige, durch neue mediale, ökonomische und epistemologische Universalismen und Entschlüsselungsphantasmen – ich denke hier vor allem an die ‚weltweite' digitale Vernetzung, das ‚Weltprojekt' Globalisierung sowie an die Verheißungen der Humangenetik – gekennzeichnete Zeit über das ‚Scharnier' der Avantgardekonzepte in Kunst, Politik und Wissenschaft mit dem 17. Jahrhundert in Beziehung zu setzen versuchen, könnten sich deswegen als sehr fruchtbar herausstel-

57 Tristan Tzara. „Propos sur Giovanni Battista Bracelli". *Œuvre complètes*. 5 Bde. Bd. 4. *1947–1963*. Hg. v. Henri Béhar. Paris, 1979, S. 559–567, hier S. 566.

58 So der Befund von Wolfgang Max Faust, der sich um die Entschlüsselung der Maschinenfiguren Bracellis bemüht hat. Siehe Bracelli (1624/1981), S. 20.

59 Eine Bestandsaufnahme aus aktueller Perspektive bietet: Günter Berghaus. *Avant-Garde Performance. Live Events and Electronic Technologies*. New York, 2005.

len, da sie zunächst von dem Scheitern dieser Konzepte auszugehen haben.[60] Erst dieses Scheitern lässt die Avantgardebewegungen des 20. Jahrhunderts als ein abgeschlossenes Archiv praktisch vollzogener Experimente erscheinen, programmatisch gerichtet auf die Infragestellung gravierender Entwicklungen in Kunst, Politik und Wissenschaft, die sich seit Beginn der Neuzeit im europäischen Kulturraum vollzogen haben. Mit anderen Worten: Das Unzeitgemäße der historischen Avantgarden birgt vielleicht die Möglichkeit, jene fundamentalen Paradoxien in den Blick zu nehmen, die unsere heutige Zeit prägen.

60 Ein solcher Vergleich ist natürlich nicht neu, denkt man etwa an die Versuche Gustav René Hockes, die Avantgardekunst seiner Epoche mit dem Manierismus des 16. und 17. Jahrhunderts zusammenzudenken (Hocke, 1957). Auch Walter Benjamins Allegoriebegriff, den er in seinem Trauerspielbuch entwickelt, basiert auf der These, dass die Avantgardekunst seiner eigenen Zeit nicht den geschichtlichen Endpunkt einer Entwicklung in Wissenschaft und Kunst markiert, sondern, paradoxerweise gerade umgekehrt, die barocke Kategorisierung in Kunst und Wissenschaft erst im Lichte der Avantgarde als einflussreiche Definitionsgewalt überhaupt hervortritt. Vgl. hierzu Peter Bürger. *Theorie der Avantgarde*. Frankfurt a.M., 1974, S. 92ff. Siehe zur Entwicklung eines solchen Forschungsansatzes jetzt: Helmar Schramm, Ludger Schwarte u. Jan Lazardzig (Hg.). *Spuren der Avantgarde: Theatrum machinarum*. Berlin u. New York, 2007 [im Erscheinen].

ANHANG

Gründungsaufruf für eine brandenburgische Universal-Universitätsstadt

Übersetzungsvorlage

Georg Daniel Seyler. *Leben und Thaten Friedrich Wilhelms des Großen, Churfürstens zu Brandenburg*. Leipzig, 1730, S. 80–83. Der dort abgedruckte Text entspricht der Gründungserklärung im *Diarium Europaeum*. Bd. XVI. Appendix II. Frankfurt a. M., 1668, S. 11ff. Die Urkunde befindet sich im Preußischen Geheimen Staatsarchiv, Rep. 9 AV, K Litt. M II, fasc. 1, Bl. 53–57.

Für den lateinischen Text wurde die Orthographie der Vorlage übernommen, die Abkürzungen wurden aufgelöst.

12. Aprilis 1667

Fundatio Novae Vniversitatis Brandenburgicae Gentium Scientiarum et Artium!

Sit Orbi Christiano notum, Serenissimum et Potentissimum Principem ac Dominum, Dominum Fridericum Wilhelmum, Marchionem Brandenburgicum, Sacri Romani Imperii Archi-Camerarium et Principem Electorem, Prussiae, Magdeburgi, Juliae, Cliviae, Montium, Stetini, Pomeraniae, Cassubiorum, Vandalorumque, nec non in Silesia, Crosnae et Carnoviae Ducem, Burggravium Norinbergensem, Principem Halberstadii, Mindae et Camini, Comitem Marcae et Ravensbergi, Dominum in Raventein, Lawenburg et Bütaw etc. Statuisse erigere Vniversitatem Gentium, Scientiarum & Artium. Si qui sunt igitur Elegantiarum Musarum Cultores, si qui sunt Indagatores eximiarum Scientiarum, Nobiliorum Artium periti, si qui sunt impediti Divinitatis cultu et usu sacrorum, si qui sunt asperae Dominationis pertaesi, libertatis amantes, si qui sunt per Ostracismum patria pulsi, vel ob aliam quamcunque, modo non inhonestam, causam, sedibus extorres, si qui sunt, qui in Societate Literatorum et in erudita Conversatione mundi ponunt delicias, sciant praedicti et omnes Viri probi et honesti, cujus etiam sint Nationis, honestae professionis et fidei, sciant sese in hac Vniversitate reperturos Parnassum, Mecaenatem, Scientiarum et Artium honorem, conscientiarum et omnium rerum decoram libertatem, Solamen Afflictis, Exulantibus refugium et asylum, egregiarum animarum communionem, sodalitium bonarum mentium, cultioris et supra vulgus sapientis generis humani delicias. Vt autem luculentius, ut distinctius constet de Suae Serenitatis Electoralis animi erga viros Eximios propensione:

I. Attribuit, dicat, consecrat Sua Serenitas Electoralis huic Vniversitati Locum sustentationi vitae necessariorum affluentem, insignem amoenitate, commerciis aptum, et erigit illum in Musarum sedem, Templum scientiarum, artium officinam, receptaculum Virtutum et in Regiam optimae et Celsissimae Mundi Dominatricis Sophiae.

II. Promittit commodato Arcem in vicinia quandam Advenarum habitationi, donec confici et exstrui possint Aedificia, usui publico necessaria sumptu Suae Serenitatis Electoralis, privatorum mansiones uniuscujusque proprio.

12. April 1667

Gründung einer neuen internationalen brandenburgischen Universal-Universitätsstadt für Wissenschaften und Künste!

Es sei der Christenheit bekannt gegeben, dass der Durchlauchtigste und Großmächtigste Fürst und Herr, Herr Friedrich Wilhelm, Markgraf zu Brandenburg, des Heiligen Römischen Reichs Erzkämmerer und Kurfürst, in Preußen, zu Magdeburg, zu Jülich, Kleve, Berg, Stettin, Pommern, der Kassuben und Wenden, auch in Schlesien, zu Krossen und Jägerndorf Herzog, Burggraf zu Nürnberg, Fürst zu Halberstadt, Minden und Kammin, Graf der Mark und Ravensberg, Herr zu Ravenstein, der Lande Lauenburg und Bütow etc. beschlossen hat, eine internationale Universal-Universitätsstadt für Wissenschaften und Künste zu errichten. Verehrer der höheren Gelehrsamkeit, Männer, die vortreffliche Wissenschaften erforschen wollen und solche, die in den edlen Künsten bewandert sind, ferner solche, die in ihrer religiösen Überzeugung und an der Ausübung ihrer Religion gehindert werden, solche, die der Tyrannei überdrüssig sind und die Freiheit lieben, solche, die durch Entscheid aus ihrer Heimat vertrieben sind oder aus irgendeinem anderen ehrbaren, aber auf keinen Fall unehrenhaften Grund ihre Heimat verloren haben, solche, die in der Gemeinschaft mit Gebildeten und in gelehrter Konversation Genuss finden – alle diese sollen wissen und mit ihnen zugleich alle anständigen und ehrbaren Männer, gleich welcher Nation, welcher Profession und welchen Glaubens sie sein mögen – sie alle sollen also wissen, dass sie in dieser Universal-Universitätsstadt einen Parnass und einen Mäzen finden, ferner den Ruhm der Wissenschaften und Künste, die ehrenhafte Freiheit des Gewissens und auch die Freiheit in allen übrigen Dingen, Trost für die Niedergeschlagenen, Zuflucht und Asyl für die Verbannten, eine Gemeinschaft edler Seelen und die Freundschaft Gleichgesinnter, mit einem Wort das, worin der Genuss der Gebildeten und Weisen besteht. Damit nun die Huld Seiner Kurfürstlichen Durchlaucht gegenüber all diesen vortrefflichen Männern noch deutlicher zum Ausdruck kommt, sei das Folgende festgelegt:

I. Seine Kurfürstliche Durchlaucht gewährt dieser Universal-Universitätsstadt ausdrücklich einen Raum, der die für den Lebensunterhalt notwendigen Dinge großzügig darbietet, sich in bester Lage befindet und für den Handel geeignet ist. Errichtet wird die Universal-Universitätsstadt als Sitz der Musen, Tempel der Wissenschaften, Werkstatt der Künste, Wohnstätte der Tugenden und als Palast für die beste und erhabenste Herrscherin der Welt, die Weisheit.

II. Seine Kurfürstliche Durchlaucht sichert eine Burg in der Nachbarschaft zwecks geeigneter Unterbringung der Gäste, bis die Gebäude vollendet und errichtet sind; für den öffentlichen Gebrauch auf Kosten Seiner Kurfürstlichen Durchlaucht und für den eigenen Gebrauch auf Kosten eines jeden einzelnen.

III. Promittit Sua Serenitas Electoralis, se prospecturam, ut ad structuram necessaria justo pretio prostent venalia.

IV. Promittit suo sumptu Aedilem exstruendis et Custodem servandis aedificiis publicis.

V. Promittit ligna rei Culinariae et Calefactioni necessaria pro privatis justo, pro aedificiis et Ministris publicis sine pretio.

VI. Cum autem in Nobiliorum Scientiarum et artium cultura anima consistat hujus Congregationis, alet suo sumptu Sua Serenitas Electoralis unum et alterum rarioris scientiae et Politioris literaturae Virum, habitationem et condignum largiendo Salarium, qui quotidie ex Cathedra doceant non erudiendae Juventuti apta, sed doctis auribus et optime cultis congrua animabus.

VII. Promittit Sua Serenitas Electoralis huic Vniversitati Jura, Privilegia, favores ad placitum et convenientem ipsorum advenarum requisitionem in specie.

VIII. Omnibus in fide Christiana dissidentibus libertatem conscientiarum et Religionis Exercitium, nominatim Reformatis secundum Calvini Doctrinam, Arminii Asseclis, Lutheri dogmata sequentibus, profitentibus Religionem Pontificiam Romanam, Graecis, et quicunque DEum credunt Trinum et Unum, et in merito et sangvine Christi spem ponunt animae et fundamentum Salutis.

IX. Si qui etiam Egregii Hebraei, Arabes, aliive ex infidelibus in haec loca transire et sedem ponere voluerint, non erit illis accessus omnino prohibitus et praeclusus, dummodo singuli specialem exposcant et impetrent Consensum, promittantque velle se suos sibi servare errores, et eos non disseminare et propagare et honeste et civiliter absque dato scandalo vitam agere.

X. Erunt quicunque in hac Vniversitate pedem figere Domusque aedificare volent, ad decem usque annos liberi ab omnibus impositionibus et Tributis: Elapsis vero decem hisce annis, Viri Nobiles, Literati, et Artifices insigniores, omnesque ex reditibus propriis victitantes, cum ipsorum familiis, domibus et hortis, libertate eadem perpetuo fruentur, reliqui vero, qui mercaturam et opificia ordinaria exercent, moderatiora vicinarum urbium onera ferent.

III. Seine Kurfürstliche Durchlaucht verspricht, dafür Sorge zu tragen, dass die für den Bau notwendigen Dinge zu einem angemessenen Preis zur Verfügung stehen.

IV. Er sagt zu, auf eigene Kosten eine Bauaufsicht und einen Kustos einzusetzen.

V. Er sagt zu, das zum Kochen und Heizen notwendige Holz für den privaten Gebrauch zu einem gerechten Preis und für die öffentlichen Gebäude und die Diener umsonst bereitzustellen.

VI. Weil aber das wesentliche Anliegen dieser Universal-Universitätsstadt die Pflege der edlen Wissenschaften und Künste ist, beschäftigt Seine Kurfürstliche Durchlaucht hoch gebildete und äußerst gelehrte Männer als Lehrende auf der Kathedra, die nicht dem Bildungsanspruch der Jugend, sondern dem von gelehrten, schon bestens ausgebildeten Männern entsprechen, und gewährt ihnen Wohnung und ein angemessenes Gehalt.

VII. Seine Kurfürstliche Durchlaucht verspricht dieser Universität Rechte und Privilegien, angemessene Begünstigungen und eine entsprechende Überprüfung der Ankömmlinge bei deren Erscheinen.

VIII. Er verspricht allen christlichen Glaubensrichtungen die Freiheit des Gewissens und der Ausübung der Religion, namentlich den Reformierten gemäß der Lehre Calvins, den Anhängern des Arminius' und denjenigen, die sich zur Lehre Luthers bekennen, den Römischen Katholiken, den Griechen und überhaupt allen denjenigen, die an den Dreieinigen Gott glauben und in die Erlösungstat und das Blut Christi ihre Hoffnung setzen und darin die Grundlage des Heils sehen.

IX. Auch für Juden, Araber oder für andere Ungläubige, die an diesen Ort kommen und sich niederlassen wollen, wird der Zugang keineswegs verboten und verschlossen sein, doch müssen sie als Einzelperson eine besondere Bewilligung einholen und versprechen, dass sie ihre Irrtümer für sich behalten und sie nicht weiter verbreiten werden und ihr Leben ehrlich, rechtschaffen und ohne Anstoß zu erregen führen.

X. Diejenigen aber, die sich in dieser Universal-Universitätsstadt niederlassen wollen, werden für zehn Jahre von allen Abgaben und Steuern befreit sein. Wenn diese zehn Jahre vorbei sind, dann werden diese edlen Männer, also die Gelehrten und die herausragenden Künstler und alle mit eigenen Einkünften, mit ihren Familien, Häusern und Gärten für immer frei sein [von Abgaben], die Übrigen aber, die Handel betreiben und einem gewöhnlichen Handwerk nachgehen, werden die moderaten Steuern, wie sie in den benachbarten Städten erhoben werden, zahlen.

XI. Professores vero et Nobiliorum artium Magistri, qua tales, perpetua gaudebunt immunitate. Si vero fundos sibi comparaverint, vel mercimonia exercuerint, ad onera tenebuntur fundis inhaerentia et ad communia Telonia.

XII. Vt autem major sit hujus loci securitas, et ne ullo modo implicentur motibus, si qui aliquando exstiterint in Vicinia, impetrabit Sua Serenitas Electoralis ab omnibus Finitimis Principibus pro hoc loco Jus Neutralitatis, quod vocant, perpetuum, ita, ut quicquid etiam circum circa agatur et eveniat, Vniversitas haec nihil exinde sentiat incommodi, et ut sub umbra ipsius Apollinis Lauri tutae sint in hoc loco Musae, et fulminis ictu et quacunque belli tempestate et injuria.

XIII. Omnibus sub Serenitate Sua Electorali stipendia merentibus omni tempore huic loco erit interdictum, ita ut nec transitu, nec hospitatione, vel ab alio quo vis modo tantillum illi inferant damni vel creent molestiae.

XIV. Cum autem congruum non sit et parum conveniens, coelestes Musas Semideis facere obnoxias et rusticis subdere Numinibus, liberum erit huic Vniversitati Consules sibi eligere, vel quod cunque Genus Magistratus placuerit, erit etiam liberum modum illis administrationis ordinationesque praescribere, secundum quas sacra peragant, et profana, civilia, et criminalia, Altam, quod vocant, et Bassam exerceant jurisdictionem, omnia tamen salvo jure superioritatis Territorialis, et appellatione ad Serenitatem Suam Electoralem salva, cujus vi et virtute tenebuntur etiam hujus Vniversitatis incolae ad approbationem et confirmationem exhibere ordinationes et statuta, quibus hanc suam Societatem et Coetum regere et regi voluerint, salva etiam Suae Sereniti Electorali facultate constituendi Virum et genere et literis egregium, sub cujus praesidio et directione fiant omnia, quae hic rerum geruntur.

XV. Et uti liberum omnino erit unicuique quamcunque liberalem artem exercere, docere, idque sine ullo incommodo et exactione, ita quoque nemo eorum, qui arcana quaedam naturae vel artis vel scrutatur, vel invenit, invitus illud propalare cogetur. Si vero libera voluntate Vnum vel Alterum illius participem facere voluerit, mercedem et pretium pro eo accipere non erit prohibitum.

XI. Die Professoren aber und die Lehrer der edleren Künste werden sich aufgrund ihrer Position dauerhafter Immunität erfreuen. Wenn sie allerdings Grundbesitz erwerben oder Handel treiben sollten, müssen sie Grundsteuern und allgemein übliche Zölle entrichten.

XII. Damit die Sicherheit dieses Ortes ausreichend ist und man nicht auf irgendwelche Weise in Unruhen, die in der Nachbarschaft entstehen, verwickelt wird, wird Seine Kurfürstliche Durchlaucht das so genannte ewige Neutralitätsrecht für diesen Ort von den benachbarten Fürsten erwerben, sodass diese Universal-Universitätsstadt nicht in Mitleidenschaft gezogen wird, und dass unter dem schirmenden Lorbeer Apolls die Musen allhier geschützt sein mögen vor den Unbilden und der Ungerechtigkeit des Krieges.

XIII. Allen unter Ihrer Kurfürstlichen Durchlaucht Kriegsdienst Leistenden ist dieser Ort auf alle Zeit verwehrt, sodass sie weder beim Durchmarsch noch durch einen Aufenthalt oder auch auf beliebig andere Weise Schaden bringen (sei er auch noch so gering) und Anlass zur Beschwerde geben können.

XIV. Weil es aber vollkommen unangemessen wäre, himmlische Musen Halbgöttern oder einfachen Gottheiten unterzuordnen, wird dieser Universal-Universitätsstadt die Freiheit gegeben, sich Konsuln zu wählen oder beliebige andere Beamte. Es wird auch die Freiheit gewährt über die Art und Weise der Verwaltung und bestimmte Regelungen zu entscheiden, gemäß denen sie kirchliche, weltliche, zivile und strafrechtliche Rechtsfragen entscheiden, also Probleme der Höheren und Niederen Gerichtsbarkeit. Alles geschieht allerdings ohne Verletzung der territorialen Oberhoheit und ohne Verletzung des Apellationsrechts an Seine Kurfürstliche Durchlaucht, durch deren Gewalt und Stärke auch die Einwohner dieser Universal-Universitätsstadt angehalten sein werden, zur Billigung und Bestärkung Anordnungen und Richtlinien vorzulegen, mit denen nach ihrem Willen diese Gemeinschaft und sie selbst regiert werden sollen, wobei es auch hier in der Macht Seiner Kurfürstlichen Durchlaucht liegt, einen vornehmen Mann von auserlesener Bildung einzusetzen, unter dessen Vorsitz und Leitung alles geregelt und ausgeführt werden soll.

XV. Und damit es einem jeden ganz und gar frei sei, jedwede Wissenschaft auszuüben und zu lehren und dies ohne jegliche Beeinträchtigung und Aufsicht, wird auch niemand, der geheime Dinge der Natur oder der Wissenschaft erforscht oder herausfindet, gezwungen, diese gegen seinen Willen kundzutun. Sollte er aber auf eigenen Wunsch und aus freien Stücken seine Ergebnisse bekannt machen wollen, so wird es nicht verboten sein, dafür einen Preis zu verlangen beziehungsweise entlohnt zu werden.

XVI. Liber erit unicuique nullis omnino Teloniis, nullis impositionibus, et exactionibus obnoxius accessus, discessusque quandocunque placuerit, itidem Liber et nullo modo impeditus.

XVII. Nomen erit huic Coetui: Vniversitas Brandenburgica, Gentium, Scientiarum et Artium, Insigne, effigies Suae Serenitatis Electoralis Throno insidens, dextra gerens Sceptrum, sinistra Templum tangens, cui inscriptum Σοφία, Pallas et Minerva a latere Laurum tenentes, super caput Principis, Fundatoris circum circa scriptum:

FUNDATORE FRIDERICO WILHELMO ELECT. BRAND. NOBILIS SIC ORBIS IN ORBE

In cujus fidem majorem praesentes hasce manu nostra scripsimus, easque Sigillo nostro Electorali communiri jussimus. Dabantur in Arce nostra, quae est Coloniae ad Spream, XII. Aprilis Anno M. DC. LXVII

Fridericus Wilhelmus
Elector. (L. S.)

XVI. Einem jeden wird der Zugang frei und keinerlei Zöllen unterworfen sein und ebenso frei kann man fortgehen, ohne Behinderung und wann auch immer man will.

XVII. Der Name dieser Gemeinschaft wird lauten: Internationale Brandenburgische Universal-Universitätsstadt für Wissenschaften und Künste, auf dem Siegel das Abbild Seiner Kurfürstlichen Durchlaucht auf dem Thron sitzend, in der Rechten das Szepter führend, mit der Linken den Tempel berührend, auf dem Σοφία [geschrieben] steht, wobei Pallas und Minerva einen Lorbeerkranz von den Seiten her halten, oberhalb des Hauptes des Fürsten und Gründers steht kreisförmig geschrieben:

FUNDATORE FRIDERICO WILHELMO ELECT. BRAND. NOBILIS SIC ORBIS IN ORBE

Damit die Glaubwürdigkeit [dieser Urkunde] in höchstem Maße gewährleistet ist, haben wir dies mit eigener Hand geschrieben und es mit unserem Kurfürstlichen Siegel bestätigen lassen, gegeben in unserem Schloss in Cölln an der Spree, am 12. April 1667.

Friedrich Wilhelm
Kurfürst

Bildnachweise

Titelbild
Diego Ufano. *Artillerie. C'est à dire: Vraye instruction de l'artillerie et de toutes ses appartenances* [...] (*Tratado de la artilleria*). Übs. u. ill. v. Johann Theodor de Bry. Zutphen, 1621, S. 17. Mit freundlicher Genehmigung der Herzog August Bibliothek, Wolfenbüttel (Sign.: A: 17.3 Bell. 2°).

Seite 41 · Abbildung 1
Nicola Sabbattini. *Anleitung Dekorationen und Theatermaschinen herzustellen. Pratica di fabricar scene, e machine ne'teatri* [...]. *Originalausgabe aus dem Jahr 1639.* Übs. u. hg. v. Willi Flemming. Weimar, 1926, S. 99.

Seite 43 · Abbildung 2
Luca Ronconi u.a. (Hg.). *Lo spettacolo e la meraviglia. Il Teatro Farnese di Parma e la festa barocca.* Turin, 1992, S. 85.

Seite 51 · Abbildung 3
Vitruvius, Des aller namhafftigsten unnd hocherfahrensten/Römischen Architecti/unnd kunstreichen Werck oder Bawmeisters/Marci Vitruvij Pollionis/Zehen Bücher von der Architectur und künstlichem Bawen. Ein Schlüssel und eynleitung aller Mathematischen unnd Mechanischen Künst/Scharpffsinniger fleissiger nachtrachtung oder Speculation künstlicher Werck [...]. Übs. u. hg. v. Walther Hermann Ryff. Basel, [1614], S. 607. Mit freundlicher Genehmigung der Herzog August Bibliothek, Wolfenbüttel (Sign.: Schulenb. N 2° 91 (1)).

Seite 59 · Abbildung 4
Denis Diderot u. Jean LeRond d'Alembert (Hg.). *Encyclopédie ou dictionnaire raisonné des sciences, des arts et des métiers. Planches.* Bd. 10. Paris, 1772, Abb. 80. Mit freundlicher Genehmigung der Herzog August Bibliothek, Wolfenbüttel (Sign: KA 80-2610).

Seite 66 · Abbildung 5
Heinrich Zeising. *Theatri machinarum* [6 Teile]. 3 Bde. Leipzig, 1607–1614, T. I, Abb. 9; T. II, Abb. 18; T. II, Abb. 12; T. I, Abb. 12 [im Bild von links oben nach rechts unten]. Mit freundlicher Genehmigung der Herzog August Bibliothek, Wolfenbüttel (Sign.: A: 31 Geom. (1–2)).

Seite 67 · Abbildung 6

Georg Andreas Böckler. *Theatrum machinarum novum, Das ist Neu = vermehrter Schauplatz der Mechanischen Künsten / handelt von allerhand Wasser = Wind = Roß = Gewicht = Hand = Mühlen* [...]. Nürnberg, 1661, Frontispiz. Mit freundlicher Genehmigung der Herzog August Bibliothek, Wolfenbüttel (Sign.: A: 20.2 Geom. 2°).

Seite 68 · Abbildung 7

Agostino de Ramelli. *Schatzkammer / Mechanischer Künste /* [...] *Darinnen viel unterschiedene Wunderbahre / Kunstreiche Machinae zu befinden / so man zu Friedens und Kriegszeiten / in = und ausserhalb Vestungen / Auch sonsten hochnützlichen und wol gebrauchen kan* [...]. O.o., 1620, Abb. 136 / Salomon de Caus. *Von gewaltsamen bewegungen.* Franckfurt, 1615, Abb. 16. Mit freundlicher Genehmigung der Herzog August Bibliothek, Wolfenbüttel (Sign.: M: Nc 2° 3 und M: Od 4° 48).

Seite 69 · Abbildung 8

Agostino de Ramelli. *Schatzkammer / Mechanischer Künste /* [...] *Darinnen viel unterschiedene Wunderbahre / Kunstreiche Machinae zu befinden / so man zu Friedens und Kriegszeiten / in = und ausserhalb Vestungen / Auch sonsten hochnützlichen und wol gebrauchen kan* [...]. O.o., 1620, Abb. 1, 191. Mit freundlicher Genehmigung der Herzog August Bibliothek, Wolfenbüttel (Sign.: M: Od 4° 48).

Seite 71 · Abbildung 9

Vittorio Zonca. *Novo teatro di machine et edificii.* Padova, 1656 [1607], S. 42, 105/ Georg Andreas Böckler. *Theatrum machinarum novum, Das ist Neu = vermehrter Schauplatz der Mechanischen Künsten / handelt von allerhand Wasser = Wind = Roß = Gewicht = Hand = Mühlen* [...]. Nürnberg, 1661, Abb. 7, 10. Mit freundlicher Genehmigung der Herzog August Bibliothek, Wolfenbüttel (Sign.: A: 33.5 Geom. 2° und A: 20.2 Geom. 2).

Seiten 74 und 75 · Abbildung 10, 11

John Wilkins. *Mathematical Magick: Or, The Wonders That may be performed by Mechanical Geometry. In Two Books. Concerning Mechanical Powers & Motions. Being one of the most easie, pleasant, useful (and yet most neglected) part of Mathematicks* [...]. London, 1680, S. 98, 81. Mit freundlicher Genehmigung der Herzog August Bibliothek, Wolfenbüttel (Sign.: A: 28.15 Geom.).

Seite 81 · Abbildung 12

Leupold, Jakob. *Theatrum Machinarum Hydrotechnicarum = Schau-Platz der Wasser-Bau-Kunst, Oder: Deutlicher Unterricht und Anweisung desjenigen / was bey dem Wasser-Bau, und absonderlich der Dam-Kunst, zu wissen nöthig ist, als nemlich: Quellen und Brunnen zu suchen und zu graben, die Wasser zu probiren und zu leiten, durch hoeltzerne, toehnerne, bleyerne und eiserne Roehren, auch was bey ieder Arth zu wissen dienlich, wie es in Graeben zu fuehren und abzuwaegen, Canaele zu graben, der Schutt mit Vortheil heraus zu schaffen* [...]. Leipzig, 1724, Abb. 23. Mit freundlicher Genehmigung der Herzog August Bibliothek, Wolfenbüttel (Sign.: M: Uf 2° 41).

Seite 96 · Abbildung 13
Joseph Furttenbach. *Architectura Universalis, Das ist: Von Kriegs: Statt- und Wasser Gebäwen* [...]. Ulm, 1635, Frontispiz, Abb. 1. Mit freundlicher Genehmigung der Herzog August Bibliothek, Wolfenbüttel (Sign.: A: 11.1 Geom. 2° (1)).

Seite 98 · Abbildung 14
Joseph Furttenbach. *Mechanische Reißladen* [...]. Augspurg, 1641, Abb. 0. Mit freundlicher Genehmigung der Herzog August Bibliothek, Wolfenbüttel (Sign.: A: 39.8 Geom. (2)).

Seite 104 · Abbildung 15
Joseph Furttenbach. *Mannhaffter Kunst=Spiegel* [...]. Augspurg, 1663, Abb. 13. Mit freundlicher Genehmigung der Herzog August Bibliothek, Wolfenbüttel (Sign.: M: Uf 4° 51).

Seite 109 · Abbildung 16
Joseph Furttenbach. *Newes Itinerarium Italiae* [...]. Ulm, 1627, Abb. 26. Mit freundlicher Genehmigung der Herzog August Bibliothek, Wolfenbüttel (Sign.: A: 39.8 Geom. (1)).

Seite 117 · Abbildung 17
Joseph Furttenbach. *Newes Itinerarium Italiae* [...]. Ulm, 1627, Abb. 1. Mit freundlicher Genehmigung der Herzog August Bibliothek, Wolfenbüttel (Sign.: A: 39.8 Geom. (1)).

Seite 125 · Abbildung 18
Joseph Furttenbach. *Architectura Civilis* [...]. Ulm, 1628, Abb. 22. Mit freundlicher Genehmigung der Herzog August Bibliothek, Wolfenbüttel (Sign.: A: 113.1 Quod. 2° (2)).

Seite 133 · Abbildung 19
Joseph Furttenbach d.J. *Feriae Architectonicae, der Siebende Theil.* Augspurg, 1662, Abb. 1 u. 3. Mit freundlicher Genehmigung der Herzog August Bibliothek, Wolfenbüttel (Sign.: A: 29.9 Geom.).

Seite 137 · Abbildung 20
Joseph Furttenbach. *Halinitro-Pyrobolia* [...]. Ulm, 1627, Frontispiz. Mit freundlicher Genehmigung der Herzog August Bibliothek, Wolfenbüttel (Sign.: A: 22 Bell. 2° (1)).

Seite 151 · Abbildung 21
Johann Valentin Andreae. *Reipublicae Christianopolitanae Descriptio* [...]. Straßburg, 1619. Mit freundlicher Genehmigung der Herzog August Bibliothek, Wolfenbüttel (Sign.: A: 144.10 Eth. (2)).

Seite 157 · Abbildung 22
Johann Valentin Andreae. *Collectaneorum Mathematicorum Decades XI* [...]. Tübingen, 1614, Abb. 110. Mit freundlicher Genehmigung der Herzog August Bibliothek, Wolfenbüttel (Sign.: 28.4 Geom.).

Seite 176 · Abbildung 23
Francis Bacon. *Sylva Sylvarum Sive Historia Naturalis in decem Centurias distributa* [...]. Leiden, 1648, Frontispiz. Mit freundlicher Genehmigung der Herzog August Bibliothek, Wolfenbüttel (Sign.: A: 150.3 Phys.).

Seite 192 · Abbildung 24
Pierre Corneille. *Le Théâtre de P. Corneille. Reueu & corrigé par l'Autheur.* Teil I. Paris, 1660, S. 618. Bibliothèque de l'Arsenal, Paris (Sign.: Rf. 1701).

Seite 196 · Abbildung 25
Salomon de Caus. *Les raisons des forces mouvantes. Avec diuerses Machines Tant vtilles que plaisantes Aux quelles sont adioints plusieurs deßeings de grotes et fontaines* [...]. *Livre Second: Ov Sont Desseignées plusieurs Grotes et Fontaines propres pour l'ornement des palais maisons de plaisances et Jardins.* Frankfurt a. M., 1615, Abb. 35 recto. Mit freundlicher Genehmigung der Herzog August Bibliothek, Wolfenbüttel (Sign.: A: 5 Geom. 2° (2)).

Seite 211 · Abbildung 26
Theatri Europaei, Das ist: Historischer Chronick / Oder Warhaffter Beschreibung aller fürnehmen denckwürdigen Geschichten / so sich hin und wieder in der Welt / meistentheils aber in Europa / Von Anno Christi 1629. biß auff das Jahr 1633. zugetragen [...]. Der Ander Theil. [...]. Franckfurt am Mayn, 1679 [1637], Abb. zu S. 416. Mit freundlicher Genehmigung der Staatsbibliothek Berlin, Preussischer Kulturbesitz (Sign.: 4" Qe 1009-2<a>).

Seite 220 · Abbildung 27
Anonym. Ausschnitt aus Robert Hooke. *Philosophical Collections*. Bd. 1, London, 1679, S. 16, Abb. 2. Niedersächsische Landesbibliothek Hannover, LH XXXVIII, 8, Bl. 187.

Seite 231 · Abbildung 28
Plan de la paroisse de St-Sulpice de Paris ou du faubourg St-Germain, gravé en l'année 1696 par l'ordre de Mre Henry Baudrand, [...] curé de ladite paroisse. [Maßstab 1:2.000]. 1 feuille en couleur. (820x625). Bibliothèque historique de la ville de Paris (Sign.: F° AT 26).

Seite 232 · Abbildung 29
Fotografie des Verfassers.

Seite 251 · Abbildung 30
Johann Joachim Becher. *Närrische Weißheit Und Weise Narrheit: Oder Ein hundert so Politische als Physicalische, Mechanische und Mercantilische Concepten und Propositionen, deren etliche zu nichts worden*. 3. Aufl. Hg. v. Jacob Friedrich Reimmann. [Frankfurt a. M.], 1707, Frontispiz. Mit freundlicher Genehmigung der Herzog August Bibliothek, Wolfenbüttel (Sign.: M: Od 16).

Seite 254 · Abbildung 31
Johann Joachim Becher. *Opuscula chymica rariora add. nova praef.* [...] *multisque figuris aeneis illustr. a Friderico Roth-Sholtzio* [Friedrich Roth-Scholtz]. Nürnberg, 1719, Abb. 32. Mit freundlicher Genehmigung der Herzog August Bibliothek, Wolfenbüttel (Sign.: M: Nd 19).

Literaturverzeichnis

Adam, Wolfgang. *Poetische und Kritische Wälder. Untersuchungen zu Geschichte und Formen des Schreibens ‚bei Gelegenheit'*. Heidelberg, 1988.

Agricola, Georg. *Vom Bergkwerck 12 Bücher* [...]. Basel, 1557.

Albert, Johann. „Schlaf und Traum bei Calderón". *Festschrift für Ludwig Urlichs*. Würzburg, 1880, S. 163–198.

Albrecht, Siegfried. „Bühnenbild und Bühnentechnik". *Teatro. Eine Reise zu den oberitalienischen Theatern des 16.–19. Jahrhunderts* [Ausst.kat.]. Hg. v. Österreichischen Theatermuseum. Marburg, 1991a, S. 28–48.

Albrecht, Siegfried. „Exkurs: Voraussetzungen der modernen Theaterpraxis". *Teatro. Eine Reise zu den oberitalienischen Theatern des 16.–19. Jahrhunderts* [Ausst. kat.]. Marburg, 2001b, S. 199–207.

Allut, Paul. *Recherches sur la Vie et sur les Œuvres du P. Claude-François Menestrier de la Compagnie de Jésus. Suivis d'un Recueil de Lettres inédites de ce Père à Guichenon, & de quelques autres Lettres de divers Savants de son temps, inédites aussi*. Lyon, 1857.

Amersdorfer, Alexander. *Der Akademie-Gedanke in der Entwicklung der Preussischen Akademie der Künste. Ein Vortrag*. Berlin, 1928.

Andreae, Johann Valentin. *Collectaneorum Mathematicorum Decades XI. Centum & decem tabulis*. Tübingen, 1614.

Andreae, Johann Valentin. TVRBO, *sive moleste et frvstra per cuncta divagans ingenivm. In Theatrum productum*. Helicone Iuxta parnassum [Straßburg], 1616.

Andreae, Johann Valentin. *Menippus sive dialogorum satyricorum centuria inanitatum nostratium speculum* [...]. Helicone juxta Parnassum [Straßburg], 1617.

Andreae, Johann Valentin. *Peregrini in Patria Errores*. Utopiae [Straßburg], 1618.

Andreae, Johann Valentin. Reipublicae *Christianopolitanae Descriptio*. Straßburg, 1619.

Andreae, Johann Valentin. *Turris Babel. Sive iudiciorum de Fraternitate rosaceae crucis chaos*. [Straßburg], 1619.

Andreae, Johann Valentin. *Christenburg. Das ist: Ein schön geistlich Gedicht/darinn als in einem Spiegel klärlich vor Augen gestellet wird/die Ankunfft/Zunemen vnd Wolstand der Kirchen GOttes: Auch hergegen wodurch derselben vielfältige Geist = vnd Leibliche Feinde sie in Abnemen/Eusserste noth vnd gefahr bringen/vnd wie solchen hinwieder gestewret werden möge*. Freiburg, 1626.

Andreae, Johann Valentin. *Selbstbiographie Johann Valentin Andreä's aus dem Manuscripte übersezt und mit Anmerkungen und Beilagen begleitet von Prof. Seybold*. Winterthur, 1799.

Andreae, Johann Valentin. *Turbo oder der irrende Ritter vom Geist, wie ihn mit allen seinen höchst kläglichen und müßigen Kreuz- und Querfahrten Johann Valentin Andreae hat für die Schaubühne beschworen* (1616). Aus d. Lat. übs. v. Wilhelm Süß. Tübingen, 1907.

Andreae, Johann Valentin. *Christianopolis. Utopie eines christlichen Staates aus dem Jahre 1619.* Mit einem Nachw. v. Günter Wirth. Übs. aus d. Lat. v. Ingeborg Pape. Leipzig, 1977.

Andreae, Johann Valentin. *Fama Fraternitatis / Confessio Fraternitatis / Chymische Hochzeit: Christian Rosencreutz. Anno 1459.* Eingel. u. hg. v. Richard van Dülmen. 3. Aufl. Stuttgart, 1981.

Arbeitsgruppe München. „Wissen und Sehen. Epistemische Strukturen der Medialität". *Wahrnehmung und Medialität.* Hg. v. Erika Fischer-Lichte, Christian Horn u. Matthias Warstat. Tübingen u. Basel, 2001, S. 31–50.

Aristotle. *Minor Works. On colours, On things heard, Physiognomics, On plants, On marvellous things heard, Mechanical Problems, On indivisible lines, Situations and names of winds, On Melissus, Xenophanes, and Gorgias. With an English translation by M. S. Hett* (= The Loeb Classical Library). London u. Cambridge/Mass., 1936 [1980], S. 327–411.

Aristoteles. *Mechanische Probleme (Quaestiones Mechanicae).* Hg. u. übs. v. Friedrich Theodor Poselger. Hannover, 1881.

Arnheim, Fritz. „Freiherr Benedikt Skytte (1614–1683), der Urheber des Planes einer brandenburgischen ‚Universal-Universität der Völker, Wissenschaften und Künste'". *Beiträge zur brandenburgischen und preußischen Geschichte. Festschrift zu Gustav Schmollers 70. Geburtstag.* Hg. v. Verein für Geschichte der Mark Brandenburg. Leipzig, 1908, S. 65–99.

Arnheim, Fritz. „Die Universal-Universität des Grossen Kurfürsten und ihre geistigen Urheber". *Monatshefte der Comenius-Gesellschaft für Kultur und Geistesleben* 20 (= N. F. 3) (1911), S. 19–35.

Artelt, Walther. „Vom Akademiegedanken im 17. Jahrhundert". *Nunquam otiosus. Beiträge zur Geschichte der Präsidenten der Deutschen Akademie der Naturforscher Leopoldina. Festgabe zum 70. Geburtstag des XXII. Präsidenten Kurt Mothes* (= Nova Acta Leopoldina N. F. 198 = Bd. 36). Hg. v. Erwin Reichenbach u. Georg Uschmann. Leipzig, 1970, S. 9–22.

Attali, Jacques. *Chemins de sagesse. Traité du labyrinthe.* Paris, 1996.

Aubignac, François-Hédelin d'. *Dissertation sur la condemnation des Théâtres.* Paris, 1666.

Aubignac, François-Hédelin d'. *Pratique du théâtre* [...]. Amsterdam, 1715.

Bacher, Jutta. „‚Ingenium vires superat'. Die Emanzipation der Mechanik und ihr Verhältnis zu *Ars, Scientia* und *Philosophia*". *Erkenntnis, Erfindung, Konstruktion. Studien zur Bildgeschichte von Naturwissenschaften und Technik vom 16. bis zum 19. Jahrhundert.* Hg. v. Hans Holländer. Berlin, 2000a, S. 519–553.

Bacher, Jutta. „Das Theatrum Machinarum – Eine Schaubühne zwischen Nutzen und Vergnügen". *Erkenntnis, Erfindung, Konstruktion. Studien zur Bildgeschichte von Naturwissenschaften und Technik vom 16. bis zum 19. Jahrhundert.* Hg. v. Hans Holländer. Berlin, 2000b, S. 255–297.

Bacher, Jutta. „Artes Mechanicae". *Erkenntnis, Erfindung, Konstruktion. Studien zur Bildgeschichte von Naturwissenschaften und Technik vom 16. bis zum 19. Jahrhundert.* Hg. v. Hans Holländer. Berlin, 2000c, S. 35–49.

Backschneider, Paula R. *Daniel Defoe. His Life.* Baltimore u. London, 1989.

Bacon, Francis. *Sylva Sylvarum: or a Naturall Historie. In ten centuries* [...]. *Published after the Authors death.* By William Rawley. [Enthält auch: *New Atlantis. A Worke unfinished*]. London, 1627.

Bacon, Francis. *Sylva Sylvarum Sive Historia Naturalis in decem Centurias distributa* [...]. Leiden, 1648.

[Bacon, Francis]. *Lord Franz Bacon Großkanzler von England über die Würde und den Fortgang der Wissenschafften.* Verdeutschet und mit dem Leben des Verfaßers und einigen historischen Anmerkungen hg. v. Johann Hermann Pfingsten. Pest, 1783.

Bacon, Francis. *The Works.* 14 Bde. Hg. v. James Spedding, Robert Leslie Ellis u. Douglas Danon Heath. Stuttgart-Bad Cannstatt, 1986 [Nachdr. der Ausg. London, 1857–1874].

Bacon, Francis. *Neues Organon.* Lateinisch-Deutsch. 2 Bde. Hg. u. mit einer Einl. v. Wolfgang Krohn. Hamburg, 1990.

Bacon, Roger. *Epistola de secretis operibus artis et naturae.* Hrsg. v. J. S. Brewster, London, 1859.

Bahl, Peter. *Der Hof des Großen Kurfürsten. Studien zur höheren Amtsträgerschaft Brandenburg-Preußens.* Köln, Weimar u. Wien, 2001.

Baltrusaitis, Jurgis. *Aberrations. 4 essais sur la légende des formes.* Paris, 1957.

Baltrusaitis, Jurgis. *Der Spiegel. Entdeckungen, Täuschungen, Phantasien.* Gießen, 1986.

Banse, Gerhard (Hg.). *Johann Beckmann und die Folgen. Erfindungen – Versuch der historischen, theoretischen und empirischen Annäherung an einen vielschichtigen Begriff.* Münster u. a., 2001.

Barck, Karlheinz. „Wunderbar". *Ästhetische Grundbegriffe.* 7 Bde. Hg. v. dems. u. a. Stuttgart u. Weimar, 2005, Bd. 6, S. 730–773.

Barghini, Andrea u. a. (Hg.). *La Cultura delle macchine. Dal Medioevo alla Rivoluzione industriale nei documenti dell'archivio storico A.M.M.A.* Roma, 1989.

Barth, Hans. „Das Zeitalter des Barocks und die Philosophie von Leibniz". *Kunstformen des Barockzeitalters.* Hg. v. Rudolf Stamm. München, 1956, S. 413–434.

Bauer, Hermann. *Barock. Kunst einer Epoche.* Berlin, 1992.

Bauer, Markus u. Thomas Rahn. „Vorwort". *Die Grenze. Begriff und Inszenierung.* Hg. v. dens. Berlin, 1997.

Baur-Heinhold, Margarete. *Theater des Barock. Festliches Bühnenspiel im 17. und 18. Jahrhundert.* München, 1966.

Becher, Johann Joachim. *Appendix Practica, über seinen Methodum didacticam, Darinnen Was in besagtem Methodo dunckel und schwer zu verstehen ist* [...]. Franckfurt am Mayn, 1674 [1669].

Becher, Johann Joachim. *Chymisches Laboratorium, Oder Unter=erdische Naturkündigung* [...]. Franckfurt, 1680.

Becher, Johann Joachim. *Johann Joachim Bechers Röm. Kays. Maj. Cammer=und Commercien=Raths Närrische Weißheit Und Weise Narrheit: Oder Ein hundert/so politische alß Physicalische/Mechanische und Mercantilische Concepten und Propositionen/deren etliche gut gethan/etliche zu nichts worden/Sampt den Ursachen/Umbständen und Beschreibungen derselben* [...]. Franckfurt, 1682.

Becher, Johann Joachim. *Psychosophia Oder Seelen=Weißheit/Wie nemlich jeder Mensch aus Betrachtung seiner Seelen selbst alle Wissenschaft und Weißheit gründlich und beständig erlangen könne.* 2. Aufl. Hamburg, 1705.

Becher, Johann Joachim. *Närrische Weißheit Und Weise Narrheit: Oder Ein hundert so Politische als Physicalische, Mechanische und Mercantilische Concepten und Propositionen, deren etliche zu nichts worden.* 3. Aufl. Hg. v. Jacob Friedrich Reimmann. [Frankfurt a.M.], 1707.

Becher, Johann Joachim. *Opuscula chymica rariora add. nova praef.* [...] *multisque figuris aeneis illustr. a Friderico Roth-Sholtzio* [Friedrich Roth-Scholtz]. Nürnberg, 1719.

Becher, Johann Joachim. „Scyphus Becherianus sive Laboratorium portatile [...]". *Opuscula chymica rariora* [...]. Nürnberg u. Altdorf, 1719, S. 33–198.

Bedini, Silvio A. „Die mechanische Uhr und die wissenschaftliche Revolution". *Die Welt als Uhr. Deutsche Uhren und Automaten 1550–1650.* Hg. v. Klaus Maurice u. Otto Mayr (Hg.). München u. Berlin, 1980, S. 21–29.

Behringer, Wolfgang u. Constance Ott-Koptschalijski. *Der Traum vom Fliegen. Zwischen Mythus und Technik.* Frankfurt a.M., 1991.

Beijer, Agne. *Slottsteatrarna pa Drottningholm och Gripsholm.* Stockholm, 1937.

Belaval, Yvon. „Une ‚Drôle de pensée' de Leibniz". *Nouvelle Revue Francaise* 70 (1958), S. 754–768.

Belaval, Yvon. „Ouverture sur le spectacle". *Encyclopédie des spectacles.* Hg. v. Guy Dumur. Paris, 1965, S. 3–16.

Bemmann, Johannes. *Die Bühnenbeleuchtung vom geistlichen Spiel zur höfischen Oper als Mittel künstlerischer Illusion.* Diss. Leipzig, 1933.

Benedict, Barbara M. *Curiosity. A Culturla History of Early Modern Inquiry.* Chicago, 2001.

Bennett, Jim u. Stephen Johnston (Hg.). *The Geometry of War* [Ausst.kat.]. Oxford, 1996.

Bennett, Jim u. Scott Mandelbrote. *The Garden, the Ark, the Tower, the Temple. Biblical Metaphors of Knowledge in Early Modern Europe.* Oxford, 1998.

Berghaus, Günter. *Avant-Garde Performance. Live Events and Electronic Technologies*. New York, 2005.

Berns, Jörg Jochen. „Zur Tradition der deutschen Sozietätsbewegung im 17. Jahrhundert". *Sprachgesellschaften, Sozietäten, Dichtergruppen. Arbeitsgespräch in der Herzog August Bibliothek Wolfenbüttel, 28. bis 30. Juni 1977. Vorträge und Berichte* (= Wolfenbütteler Arbeiten zur Barockforschung 7). Hg. v. Manfred Bircher u. Ferdinand van Ingen. Hamburg, 1978, S. 53–73.

Berns, Jörg Jochen. „Peregrinatio academica und Kavalierstour. Bildungsreisen junger Deutscher in der Frühen Neuzeit". *Rom – Paris – London. Erfahrung und Selbsterfahrung deutscher Schriftsteller und Künstler in den fremden Metropolen. Ein Symposion*. Hg. v. Conrad Wiedemann. Stuttgart, 1988, S. 155–181.

Berns, Jörg Jochen. „Einleitung". Daniel Schwenter u. Georg Philipp Harsdörffer. *Deliciae physico-mathematicae oder mathematische und philosophische Erquickstunden*. 3 Bde. Hg. u. eingel. v. Jörg Jochen Berns. Frankfurt a. M., 1991 [Nachdr. d. Ausg. Nürnberg, 1636], Bd. 1, S. V–XLIV.

Berns, Jörg Jochen. *Die Herkunft des Automobils aus Himmelstrionfo und Höllenmaschine*. Berlin, 1996.

Berns, Jörg Jochen. *Film vor dem Film. Bewegende und bewegliche Bilder als Mittel der Imaginationssteuerung in Mittelalter und Früher Neuzeit*. Marburg, 2000.

Berns, Jörg Jochen. „Sakralautomaten. Automatisierungstendenzen in der mittelalterlichen und frühneuzeitlichen Frömmigkeitskultur". *Automaten in Kunst und Literatur des Mittelalters und der Frühen Neuzeit*. Hg. v. Klaus Grübmüller u. Markus Stock. Wolfenbüttel, 2003, S. 197–222.

Berns, Jörg Jochen. „Utopie und Vergessen am Beispiel der Inselutopie des Thomas More". *Kulturelles Vergessen: Medien – Rituale – Orte*. Hg. v. Günter Butzer u. Manuela Günter. Göttingen, 2004, S. 185–193.

Berns, Jörg Jochen. „Der Zauber der technischen Medien Fernrohr, Hörrohr, Camera obscura, Laterna magica". *Simpliciana* 24 (2004), S. 245–266.

Berns, Jörg Jochen u. a. (Hg.). *Erdengötter. Fürst und Hofstaat in der Frühen Neuzeit im Spiegel von Marburger Bibliotheks- und Archivbeständen* [Ausst.kat.]. Marburg, 1997.

Berthold, Margot. *Joseph Furttenbach (1591–1667). Architekturtheoretiker und Stadtbaumeister in Ulm*. Phil. Diss. München, 1951.

Berthold, Margot. „Joseph Furttenbach von Leutkirch, Architekt und Ratsherr in Ulm (1591–1667)". *Ulm und Oberschwaben. Zeitschrift für Geschichte und Kunst. Mitteilungen des Vereins für Kunst und Altertum in Ulm und Oberschwaben* 33 (1953), S. 119–179.

Berthold, Margot. „Joseph Furttenbach und die Verwandlungsbühne". *Bühnentechnische Rundschau* 64 (1970), S. 13–15.

Besson, Jacques. *Theatrvm Instrvmentorvm et Machinarvm* [...]. Lyon, 1578.

Bettini, Mario. *Apiaria vniversæ philosophiæ mathematicæ: in qvibvs paradoxa et noua pleraque Machinamenta ad vsus eximios traducta, & facillimis demonstrationibus confirmata* [...]. Bononiae, 1642.

Beuys, Barbara. *Der Große Kurfürst. Der Mann, der Preußen schuf. Biographie.* Reinbek bei Hamburg, 1979.

Bexte, Peter. *Blinde Seher. Die Wahrnehmung der Wahrnehmung in der Kunst des 17. Jahrhunderts.* Berlin, 1999.

Biagioli, Mario (Hg.). *The Science Studies Reader.* New York u. a., 1999.

Bjurström, Per. *Giacomo Torelli and Baroque Stage Design.* Stockholm, 1961.

Blair, Ann. *The Theater of Nature. Jean Bodin and the Renaissance Science.* Princeton, 1997.

Blekastad, Milada. *Comenius. Versuch eines Umrisses von Leben, Werk und Schicksal des Jan Amos Komenský.* Oslo, 1969.

Bloch, Ernst. *Das Prinzip Hoffnung.* 3 Bde. Frankfurt a. M., 1985.

Blume, Horst Dieter. *Einführung in das antike Theaterwesen.* Darmstadt, 1978.

Blumenberg, Hans. *Der Prozeß der theoretischen Neugierde.* Frankfurt a. M.,1973.

Blumenberg, Hans. *Die Legitimität der Neuzeit.* Frankfurt a. M., 1988.

Blumenberg, Hans. *Schiffbruch mit Zuschauer. Paradigma einer Daseinsmetapher.* Frankfurt a. M., 1997.

Blumenberg, Hans. *Paradigmen zu einer Metaphorologie.* 2. Aufl. Frankfurt a. M., 1998.

Böckler, Georg Andreas. *Theatrum machinarum novum, Das ist Neu =vermehrter Schauplatz der Mechanischen Künsten / handelt von allerhand Wasser = Wind = Roß = Gewicht = Hand = Mühlen* [...]. Nürnberg, 1673 [1661].

Böger, Ines. *„Ein Seculum ... da man zu Societäten Lust hat". Darstellung und Analyse der Leibnizschen Sozietätspläne vor dem Hintergrund der europäischen Akademiebewegung im 17. und 18. Jahrhundert.* 2 Bde. München, 1997.

Böhme, Gernot u. W. van den Daele, „Erfahrung als Programm". Dies. u. Wolfgang Krohn. *Experimentelle Philosophie.* Frankfurt a. M., 1977, S. 185–236.

Böhme, Gernot. *Am Ende des Baconschen Zeitalters. Studien zur Wissenschaftsentwicklung.* Frankfurt a. M., 1993.

Böhme, Hartmut. „Die Metaphysik der Erscheinungen. Teleskop und Mikroskop bei Goethe, Leeuwenhoek und Hooke". *Kunstkammer, Laboratorium, Bühne – Schauplätze des Wissens im 17. Jahrhundert.* Hg. v. Helmar Schramm, Ludger Schwarte u. Jan Lazardzig. Berlin u. New York, 2003a, S. 359–396.

Böhme, Hartmut. „Theoretische Überlegungen zur Kulturgeschichte der Angst und der Katastrophe". *Sentimente, Gefühle, Empfindungen. Zur Geschichte und Literatur des Affektiven von 1770 bis heute.* Hg. v. Anne Fuchs u. Sabine Strümper-Kropp. Würzburg, 2003b, S. 27–45.

Boindin, Nicolas. *Discours sur la forme et la construction du théâtre des anciens.* Paris, 1761.

Bolz, Norbert. „Die Paradoxie der Utopie". *Was kostet der Kopf? Ausgesetztes Denken der Aisthesis zwischen Abstraktion und Imagination.* Dietmar Kamper zum 65. Geburtstag. Marburg, 2001, S. 152–164.

Bracelli, Giovanni Battista. *Bizzarie di varie figure.* Hg. u. eingel. v. Wolfgang Max Faust. Nördlingen, 1981 [Nachdr. d. Ausg. Florenz, 1624].

Brahe, Tycho. „Astronomiae instauratae mechanica (1598)“. *Tychonis Brahe Dani scripta astronomica.* 15 Bde. Hg. v. I. L. E. Dreyer, Johannes Raeder u. G. A. Hagemann. Hanau, 1923–1929, Bd. 5 (1923).

Braungart, Wolfgang. *Die Kunst der Utopie. Vom Späthumanismus zur frühen Aufklärung.* Stuttgart, 1989.

Bredekamp, Horst. *Antikensehnsucht und Maschinenglauben. Die Geschichte der Kunstkammer und die Zukunft der Kunstgeschichte.* Berlin, 2000.

Bredekamp, Horst. *Die Fenster der Monade. Gottfried Wilhelm Leibniz' Theater der Natur und Kunst.* Berlin, 2004.

Breger, Herbert. „Närrische Weisheit und weise Narrheit in Erfindungen des Barock“. *Ästhetik und Kommunikation* 45/46 (1981), S. 114–122.

Brice, Germain. *Description de la ville de Paris et tout ce qu'elle contient de plus remarquable.* Paris, 1971 [Nachdr. d. Ausg. Paris, 1752].

Brülow, Kaspar. *Moses, Sive Exitus Israelitarum ex Ægypto, Tragico-Comoedia Sacra, Libertationem Ex Omni Malorum pelago solum in Deum sperantibus promittens* [...]. Straßburg, 1621.

Brülow, Kaspar. *Carmen exegetico-dramaticum, de S. Propheta Jona, et Ninivitarum conversione,* [...]. Straßburg, 1627.

Bruggen, Stijn van. „Bühnentechnik der italienischen Renaissance in Deutschland“. *Bühnentechnische Rundschau* 3–5 (1998), S. 34–36, 48–52, 54–60.

Brugis, Thomas. *The Discovery of a Proiector. Shewing the Beginning, Progresse, and End of the Projector and his Projects.* London, 1641.

Bucher, Urban Gottfried. *Das Muster eines Nützlich-Gelehrten in der Person Herrn Doctor Johann Joachim Bechers, Kayserl. Majestät Cammer- und Commercien-Raths. Nach seinen Philologischen, Mathematischen, Physicalischen, Politischen und Moralischen Schrifften beurtheilet, und nebst seinem Lebens-Lauff vorgestellet.* Nürnberg u. a., 1722.

Bürger, Peter. *Theorie der Avantgarde.* Frankfurt a. M., 1974.

Bürja, Abel. *Der mathematische Mahler.* Berlin, 1795.

Buisseret, David. *Ingénieurs et fortification avant Vauban. L'organisation d'un service royal aux XVIe–XVIIe siècles.* Paris, 2002.

Burckhardt, Martin. *Vom Geist der Maschine. Eine Geschichte kultureller Umbrüche.* Berlin, 1999.

Burkhardt, Johannes. „Die Friedlosigkeit der Frühen Neuzeit. Grundlegung einer Theorie der Bellizität Europas“. *ZHF* 24 (1997), S. 509–574.

Burnett, A.D. *The Engraved Title-Page of Bacon's Instauratio magna. An Icon and Paradigm of Science and its Wider Implications.* Durham, 1998.

Campbell, L. B. *Scenes and Machines on the English Stage during the Renaissance.* New York, 1960 [Nachdr. d. Ausg. Cambridge, 1923].

Campe, Rüdiger. „Die Einstellung des Zuschauers. ‚Admiratio' in den Gärten von Versailles und in der Royal Society zwischen 1660 und 1690“. *Theatralität und die Krisen der Repräsentation. DFG-Symposion 1999.* Hg. v. Erika Fischer-Lichte. Stuttgart u. Weimar, 2001, S. 337–354.

Carboncini, Sonia. *Transzendentale Wahrheit und Traum. Christian Wolffs Antwort auf die Herausforderung durch den Cartesianischen Zweifel.* Stuttgart-Bad Cannstatt, 1991.

Carrick, E. „Theatre machines in Italy 1400–1800". *The Architectural Review* 70 (1931), S. 9–14 u. S. 34–36.

Cassirer, Ernst. „Descartes und Corneille". *Descartes. Lehre – Persönlichkeit – Wirkung.* Mit einer Einl. hg. sowie mit Anm. u. Reg. versehen v. Rainer A. Blast. Hamburg, 1995, S. 71–117.

Caus, Salomon de. *Les raisons des forces mouvantes. Avec diuerses Machines Tant vtilles que plaisantes Aux quelles sont adioints plusieurs deßeings de grotes et fontaines* [...]. *Livre Second: Ov Sont Desseignées plusieurs Grotes et Fontaines propres pour l'ornement des palais maisons de plaisances et Jardins.* Frankfurt a. M., 1615.

Caus, Salomon de. *Von gewaltsamen Bewegungen* [...]. Frankfurt, 1615.

Chappuzeau, Samuel. *Théâtre français.* Paris, 1674.

Clément, Pierre (Hg.). *Lettres, instructions et mémoires de Colbert.* 8 Bde. Bd. 5. *Fortification. Sciences. Lettres. Beaux-Arts, Batiments.* Paris, 1979 [Nachdr. d. Ausg. Paris, 1861–1882].

Cole, Rosalie Littell. *Paradoxia epidemica. The Renaissance Tradition of Paradox.* Hamden, 1976.

Comenius, Johann Amos. *Ianua Linguarum referata aurea* [...]. Stockholm, 1642.

[Comenius, Johann Amos]. *VIA LUCIS, Vestigata & vestiganda, h. e. Rationabilis disqvisitio, qvibus modis intellectualis Animorum LUX, SAPIENTIA, per omnes Omnium Hominum mentes, & gentes, jam tandem sub Mundi vesperam feliciter spargi possit.* [...]. Amsterdam, 1668.

Comenius, Johann Amos. „De emendatione rerum humanorum. Consultationis Catholicae. Pars Sexta, PANORTHOSIA, In qva De emendando jam tandem beneficio omnium praecedentium, Eruditionis, Religionis, Politiarumqve statu publico, consultatur". Iohannis Amos Comenii *De rerum humanarum emendatione. Consultatio catholica. Editio princeps.* 2 Bde. München, 1966 [Nachdr. d. Ausg. v. 1660], Bd. 2.

Comenius, Johann Amos. *Der Weg des Lichtes. Via lucis.* Übs., erl. u. hg. v. Uwe Voigt. Hamburg, 1997.

Comenius, Johann Amos. *Allverbesserung (= Panorthosia).* Übs., eingel. u. erl. v. Franz Hofmann. Frankfurt a. M. u. a., 1998.

Comenius, Johann Amos. „E Scholasticis Labyrinthis Exitus in planum. Sive, Machina Didactica, mechanice constructa: ad non haerendum amplius (in docendi & discendi muniis) sed progrediendum" (1657)/„Aus den Labyrinthen der Schule der Auszug ins Freie. Oder, Die didaktische Maschine, mechanisch konstruiert: um nicht länger steckenzubleiben (in den Angelegenheiten des Lehrens und Lernens), sondern Fortschritte zu machen". Übs. v. Rupert Röder. Quellenstandort Online: http://www.didactools.de/comenius/machdidk.htm (Februar 2006).

Cormack, Lesley B. „‚Good Fences Make Good Neighbors'. Geography as Self-Definition in Early Modern England". *Isis* 82 (1991), S. 639–661.

Corneille, Pierre. *Le Théâtre de P. Corneille. Reueu & corrigé par l'Autheur.* 3 Bde. Roüen, 1660.

Corneille, Pierre. *Le Théâtre De Pierre Corneille. Avec Des Commentaires De Voltaire.* 12 Bde. Paris, 1764.

Corneille, Pierre. *Der Cid/Spiel der Illusionen.* Aus dem Französischen von Simon Werle. Frankfurt a. M., 1995.

Corneille, Pierre. *L'illusion comique. Présentation, notes, dossier, bibliographie, chronologie et lexique de Jean-Yves Huet.* Paris, 1997.

Corneille, Thomas. *Circé, Tragédie ornée de Machines, de changemens de Théâtre, & de Musiqve.* Paris, 1675.

Cosgrove, Denis. „Mapping New Worlds: Culture and Cartography in Sixteenth-Century Venice". *Imago Mundi* 44 (1992), S. 65–89.

Curtius, Ernst Robert. *Europäische Literatur und Lateinisches Mittelalter.* 11. Aufl. Tübingen u. Basel, 1993.

Dandrey, Patrick u. Georges Forestier (Hg.). *L'illusion au XVIIe siècle.* Paris, 2002.

Daston, Lorraine. „Baconian Facts, Academic Civility, and the Prehistory of Objectivity". *Annals of Scholarship* 8 (1991), S. 337–363.

Daston, Lorraine u. Katharine Park. *Wonders and the Order of Nature. 1150–1750.* New York, 1998.

Daston, Lorraine. *Wunder, Beweise und Tatsachen. Zur Geschichte der Rationalität.* Frankfurt a. M., 2001.

Dear, Peter. „Miracles, Experiments, and the Ordinary Course of Nature". *Isis* 81 (1990), S. 663–683.

Deborre, Ingeborg. *Palladios Teatro Olimpico in Vicenza. Die Inszenierung einer lokalen Aristokratie unter venezianischer Herrschaft.* Marburg, 1996.

Defoe, Daniel. *Sociale Fragen vor zweihundert Jahren (An Essay on* [sic!] *Projects).* Übs. v. Hugo Fischer. Leipzig, 1890.

Defoe, Daniel. „Essay upon Projects (1697)". *The Works of Daniel Defoe.* Hg. v. W. R. Owens. Bd. 8. *Political and Economic Writings.* Teil-Bd. 8. *Social Reform.* Hg. v. dems. London, 2000, S. 27–142.

Defoe, Daniel. „A General History of Discoveries and Improvements (1725–6) and An Essay Upon Literature (1726)". *The Works of Daniel Defoe.* Hg. v. W. R. Owens. Bd. 5. *Writings on Travel, Discovery and History.* Teil.-Bd. 4. Hg. v. P. N. Furbank. London, 2001.

Defoe, Daniel. *Ein Essay über Projekte. London 1697.* Hg. u. komm. v. Christian Reder. Wien u. New York, 2006.

Del Monte, Guidobaldo. *Mechanischer Kunstkammer erster Theil/Von Waag/Hebel/Scheiben/Haspel/Keyl/und Schrauffen: Begreiffend die wahre Fundamenta aller Machination. Den Teutschen Künstlern zum besten* [...] *auß bewehrten*

Autoribus [...] *verfaßt, und mit* [...] *Kupffer Figuren erkläret Durch Danielem Mögling* [...]. Franckfurt am Mayn, 1629.

Delavigne, M. u. V. Delavigne. „Un grand Seigneur au XVII. Siècle. Le Marquis de Sourdéac". *La Revue Hebdomadaire* 20 (1911), S. 450–483.

Delumeau, Jean. *Angst im Abendland. Die Geschichte kollektiver Ängste im Europa des 14. bis 18. Jahrhunderts.* Reinbek bei Hamburg, 1985.

Delumeau, Jean. *Rassurer et protéger. Le sentiment de sécurité dans l'Occident d'autrefois.* Paris, 1989.

Des Chene, Dennis. *Spirits and Clocks. Machine and Organism in Descartes.* Ithaca u. London, 2001.

Descartes, René. *Traité de la Mechanique* [...]. Paris, 1668.

Descartes, René. *Dioptrik.* Übs. v. Gertrud Leisegang. Meisenheim am Glan, 1954.

Descartes, René. *Meditationen über die Grundlagen der Philosophie. Lateinisch-deutsch.* Auf Grund der Ausgaben von Artur Buchenau neu hg. v. Lüder Gäbe. Hamburg, 1992.

Descartes, René. *Die Prinzipien der Philosophie.* Übs u. mit Anm. vers. v. Artur Buchenau. Hamburg, 1992.

Descartes, René. *Œuvres de Descartes.* 11 Bde. Hg. v. Charles Adam u. Paul Tannery. Paris, 1996.

Descartes, René. *Die Leidenschaften der Seele. Französisch-Deutsch.* Hg. u. übs. v. Klaus Hammacher. Hamburg, 1996.

Descartes, René. *Von der Methode des richtigen Vernunftgebrauchs und der wissenschaftlichen Forschung.* Französisch-deutsch. Übs. u. hg. v. Lüder Gäbe. Hamburg, 1997.

Deville, Étienne. *Index du Mercure de France 1672–1832, donnant l'indication, par ordre alphab., de toutes les notices, mentions, annonces, planches, etc., concernant les beaux-arts et l'archéologie.* Paris, 1910.

Dictionnaire de Journaux 1600–1789. Paris, 1991.

Diderot, Denis u. Jean LeRond d'Alembert (Hg.). *Encyclopédie ou dictionnaire raisonné des sciences, des arts et des métiers.* 17 Bde. Paris, 1751–65.

Diderot, Denis u. Jean LeRond d'Alembert (Hg.). *Encyclopédie ou dictionnaire raisonné des sciences, des arts et des métiers. Planches.* Bd. 10. Paris, 1772.

Dietrich, Margret. „Der Barocke Corneille. Ein Beitrag zum Maschinen-Theater des 17. Jahrhunderts". *Maske und Kothurn* 4 (1958), S. 199–219 u. 316–345.

Dietrich, Margret. „Vom Einfluß der Mathematik und Mechanik auf das Barocktheater". *Sonderabdruck aus dem Anzeiger der phil.-hist. Klasse der Österreichischen Akademie der Wissenschaften* 107.1 (1970), S. 7–22.

Dijksterhuis, Eduard Jan. *Die Mechanisierung des Weltbildes.* Berlin, Göttingen u. Heidelberg, 1956.

Dilke, O. A. W. „The Culmination of Greek Cartography in Ptolemy". *The History of Cartography.* Bd. 1. *Cartography in Prehistoric, Ancient, and Medieval Europe and the Mediterranean.* Hg. v. John Brian Harley u. David Woodward. Chicago u. London, 1987, S. 177–200.

Dohrn-van Rossum, Gerhard. *Die Geschichte der Stunde. Uhren und moderne Zeitordnung.* München u. a., 1992.

Dotzler, Bernhard. *Papiermaschinen. Versuch über Communication & Control in Literatur und Technik.* Berlin, 1996.

Dotzler, Bernhard J. u. Sigrid Weigel (Hg.). *„fülle der combination". Literaturforschung und Wissenschaftsgeschichte.* München, 2005.

Drake, Stillman u. I. E. Drabkin (Hg.). *Mechanics in Sixteenth-Century Italy. Selections from Tartaglia, Benedetti, Guido Ubaldo, & Galileo.* London, 1969.

DuBos, Jean Baptiste. *Kritische Betrachtungen über die Poesie und Mahlerey* [...]. Kopenhagen, 1760.

Dülmen, Richard van. *Die Utopie einer christlichen Gesellschaft. Johann Valentin Andreae (1586–1654).* Teil 1 [kein weiterer Teil-Bd. erschienen]. Stuttgart-Bad Cannstatt, 1978.

Dumas, Marie-Noelle. „Praxis, praktische Wissenschaften und Philosophie im 17. Jahrhundert". *Theoria cum praxi. Zum Verhältnis von Theorie und Praxis im 17. und 18. Jahrhundert.* Wiesbaden, 1980, S. 85–94.

Eamon, William. „From the Secrets of Nature to Public Knowledge". *Reappraisals of the Scientific Revolution.* Hg. v. David C. Lindberg u. Robert S. Westman. Cambridge, 1990, S. 333–365.

Edgerton, Samuel Y. *The Heritage of Giotto's Geometry. Art and Science on the Eve of the Scientific Revolution.* Ithaca, 1991.

Edighoffer, Roland. „‚Menippus redivivus': Johann Valentin Andreae als Satiriker". *Simpliciana* 22 (2000), S. 189–200.

Eichberg, Henning. „Geometrie als barocke Verhaltensnorm. Fortifikation und Exerzitien". *Zeitschrift für Historische Forschung* 1 (1977), S. 17–50.

Eichberg, Henning. „Ordnen, Messen, Disziplinieren. Moderner Herrschaftsstaat und Fortifikation". *Staatsverfassung und Heeresverfassung in der europäischen Geschichte der frühen Neuzeit* (= Historische Forschungen 28). Hg. v. Johannes Kunisch. Berlin, 1986, S. 347–375.

Eichberg, Henning. *Festung, Zentralmacht und Sozialgeometrie. Kriegsingenieurwesen des 17. Jahrhunderts in den Herzogtümern Bremen und Verden.* Köln u. Wien, 1989.

Eimer, Gerhard. „Die Barockstadt und ihr künstlerisches Erscheinungsbild. Zur Entstehung der frühesten Modellsammlungen". *Europäische Städte im Zeitalter des Barock.* Hg. v. Kersten Krüger. Köln u. Wien, 1988, S. 3–24.

Eis, Egon. *Die Illusion der Sicherheit. Das Schicksal der großen Bollwerke.* Düsseldorf, 1958.

Elkana, Yehuda. *Anthropologie der Erkenntnis. Die Entwicklung des Wissens als episches Theater einer listigen Vernunft.* Frankfurt a. M., 1986.

Ennenbach, Wilhelm. „Über eine öffentliche Einrichtung zur Vorführung, Lagerung und Erfassung technischer Objekte". *Neue Museumskunde* 24.2 (1981), S. 103–108.

Fabris, Jacopo. *Instruktion in der theatralischen Architektur und Mechanique (1760).* Hg. v. Torben Krogh, Kopenhagen, 1930.

Faulhaber, Johannes. *Anderer Theil Der Ingenieurs Schul. Darinnen Die Regular Fortification, sampt den Aussenwercken/durch und ohne Rechnung mit newen Inventionibus gelehrt werden* [...]. Ulm, 1633.

Faulkner, Robert K. *Francis Bacon and the Project of Progress.* London, 1993.

Febel, Gisela (Hg.). *PARADOX oder Über die Kunst, anders zu denken. Mélanges für Gerhart Schröder.* Kemnat, 2001.

Fehrenbach, Frank (Hg.). *Leonardo da Vinci. Natur im Übergang. Beiträge zu Wissenschaft, Kunst und Technik.* München, 2002.

Felderer, Brigitte. „Einleitung". *Wunschmaschine – Welterfindung. Eine Geschichte der Technikvisionen seit dem 18. Jahrhundert.* Hg. v. ders. Wien u. New York, 1996, S. 1–6.

Feyerabend, Paul. *Wider den Methodenzwang.* Frankfurt a. M., 1976.

Feyerabend, Paul. *Wissenschaft als Kunst.* Frankfurt a. M., 1984.

Fiebach, Joachim. *Von Craig bis Brecht. Studien zu Künstlertheorien des 20. Jahrhunderts.* 3. erw. u. überarb. Aufl. Berlin, 1991.

[Filarete]. *Filarete's Treatise on Architecture. Being the Treatise by Antonio di Piero Averlino Known as Filarete.* 2 Bde. Übs., eingel. u. hg. v. John R. Spencer. Yale, 1965.

Fischer-Lichte, Erika (Hg.). *Theatralität und die Krisen der Repräsentation. DFG-Symposion 1999.* Stuttgart u. Weimar, 2001.

Flamand, Claude. *Gründtlicher Vnderricht/Von Auffrichtung unnd Erbawung der Vestungen* [...]. Basel, 1612.

Flasch, Kurt. *Das philosophische Denken im Mittelalter. Von Augustin zu Machiavelli.* Stuttgart, 1986.

Fleckenstein, Joachim Otto. „Leibniz und die wissenschaftlichen Akademien". *Leibniz-Faksimiles. Bekanntes und Unbekanntes aus seinem Nachlaß.* Hg. von der Stiftung Volkswagenwerk. Hildesheim u. New York, 1971, S. 1–12.

Flemming, Willi. „Le merveilleux dans le théâtre de l'Allemagne à l'époque baroque". *Revue du Théâtre* 15 (1963), S. 13–20.

Folkerts, Menso, Eberhard Knobloch u. Karin Reich (Hg.). *Maß, Zahl und Gewicht. Mathematik als Schlüssel zu Weltverständnis und Weltbeherrschung.* 2. Aufl. Wiesbaden, 2001.

Fontenelle, Bernard le Bovier de. *Entretiens sur la pluralité des mondes. Nouvelle Éditions.* London, 1784.

Fontenelle, Bernard le Bovier de. *Philosophische Neuigkeiten für Leute von Welt und für Gelehrte. Ausgewählte Schriften.* Leipzig, 1989.

Foramitti, Hans. „Vorwort". *Joseph Furttenbach. Newes Itinerarium Italiae.* Hildesheim u. New York, 1971 [Nachdr. d. Ausg. Ulm, 1627], S. V–XXIV.

Forestier, George. *Le théâtre dans le théâtre sur la scène française du XVIIe siècle.* 2. Aufl. Genf, 1996.

Forestier, George. „Introduction". *L'illusion au XVIIe siècle.* Hg. v. Patrick Dandrey u. Georges Forestier. Paris, 2002, S. 7–13.

Forgan, Sophie. „Context, Image and Function: A Preliminary Enquiry into the Architecture of Scientific Societies". *BJHS* 19 (1986), S. 89–113.

Foucault, Michel. *Archäologie des Wissens,* Frankfurt a. M., 1973.

Foucault, Michel. *Die Ordnung der Dinge.* Frankfurt a. M., 1974.

Fournel, Victor. *Les Contemporains de Molière. Recueil de comédies, rares ou peu connue jouées de 1650 a 1680 avec l'histoire de chaque théâtre des notes et notices biographiques, bibliographiques et critiques.* 3 Bde. *Théâtre du Marais.* Genf, 1967 [Nachdr. d. Ausg. Paris, 1863–1875], Bd. 3 (1875).

Franck, Sebastian. *Paradoxa.* Eingel. v. W. Lehmann. Hg. v. Heinrich Ziegler. Jena, 1909.

Freud, Sigmund. „Die Traumdeutung". *Gesammelte Werke.* 23 Bde. Hg. v. Anna Freud. Frankfurt a. M., 1999, Bd. 2/3.

Freundlich, Francis. *Le monde du jeu à Paris 1715–1800.* Paris, 1995.

Friedrich, Markus. „Das Buch als Theater. Überlegungen zu Signifikanz und Dimension der Theatrum-Metapher als frühneuzeitlichem Buchtitel". *Wissenssicherung, Wissensordnung und Wissensverarbeitung. Das europäische Modell der Enzyklopädien.* Hg. v. Theo Stammen und Wolfgang E. J. Weber. Berlin, 2004, S. 205–232.

Frommel, Christoph L. u. Nicholas Adams (Hg.). *Fortifications, Machines, and Festival Architecture. The Architectural Drawings of Antonio da Sangallo the Younger and his Circle.* Chicago, 1994.

Furetière, Antoine. *Le dictionnaire universel* [...]. 3 Bde. Den Haag u. Rotterdam, 1690.

Furttenbach, Joseph. *Halinitro-Pyrobolia: Beschreibu[n]g Einer newen Büchsenmeisterey; nemlichen: Gründlicher Bericht / wie der Salpeter / Schwefel / Kohlen / vnnd das Pulfer zu præpariren / zu probieren / auch langwirrig gut zu behalten: Das Fewrwerck zur Kurtzweil vnd Ernst zu laboriren; Dann / wie der Pöler / das grobe Geschütz / vnd der Petardo zu gobernirn: Ingleichem die Lunden bey Tag- vnd Nachtszeiten / sicherlich vnd ohne gesehen zu tragen / &c.; Sampt einer kurtzen Geometrischen Einlaytung / die Weite vnd Höhe gar gering zu erfahren / Alles auß eygener Experientza; Neben etlichen newen / zuvor nicht gesehnen Inventionen, gantz fleissig vnd vertrewlich beschrieben; Vber das / mit. 44. Kupfferstucken delinirt vnd für Augen gestellt.* Ulm, 1627.

Furttenbach, Joseph. *Newes Itinerarium Italiae: In welchem der Reisende nicht allein gründtlichen Bericht, durch die herrlichste namhaffteste örter Italiae sein Reiß wol zubestellen, sonder es wirdt jhme auch* [...] *beschrieben, was allda* [...] *an fürstlichen Hoffhaltungen* [...] *denckwürdig zu sehen* [...]. Ulm, 1627.

Furttenbach, Joseph. *Architectura Civilis: Das ist: Eigentliche Beschreibung wie man nach bester form / und gerechter Regul / Fürs Erste: Palläst / mit dero Lust: und Thiergarten / darbey auch Grotten: So dann Gemeine Bewohnungen: Zum Andern / Kirchen / Capellen / Altär Gotshäuser: Drittens / Spitäler / Lazareten und Got-*

säcker auffführen unnd erbawen soll / Alles auß vielfaltiger Erfahrnuß zusammengetragen / beschrieben / und mit. 40. Kupfferstucken für Augen gestellt. Ulm, 1628.

Furttenbach, Joseph. *Architectura Navalis. Das ist: Von dem Schiff-Gebäw: Auff dem Meer vnd Seekusten zugebrauchen. Vnd Nemblich / In was Form vnd gestallt / Fürs Erste / Ein Galea, Galeazza, Galeotta, Bergantino, Filucca, Fregata, Liudo, Barchetta, Piatta: Zum Andern / Ein Nave, Polaca, Tartana, Barcone, Caramuzzala, vnd ein gemeine Barca, (welche samptlich zu Krieg: vnd Friedens Zeitten an jetzo in den Vornembsten Meer Porten zu finden:) nach verständlicher / gewisser Regul / vnd unfehlbarer beständiger Ordnung sollen erbawen werden. Allen / Auff dem Meer practicirten Liebhabern / Wie auch den Bawmeistern / vnd Mahlern zu Wolgefallen / vnd sonderbahren Nutzbarkeiten; Auß selbst gesehenen / vnd mit allem Fleiß zusammen getragenen vnd auffgezeichneten Wercken: Neben kurtz-widerholter Fürbildung / der in Anno 1571. zwischen den Christen vnd Türcken fürgegangenen / hochernstlichen / Ansehnlichen Meerschlacht. Sampt vielen Abrissen; vnd noch darüber. 20. dem Natural gar ähnlich- vnd recht Conterfehtischen Kupfferstücken / complirt, außgerüstet / vnd in gegenwertigem Corpore gantz Eygentlich beschrieben.* Ulm, 1629.

Furttenbach, Joseph. *Architectura Martialis: Das ist / Außführliches Bedencken / vber das / zu dem Geschütz vnd Waffen gehörige Gebäw: Darinnen für das Erste eygentlich zuvernemmen / Jn was gestalt ein wolgeordnetes Zeug- oder Rüst-Hauß / sampt deß Zeuges notwendigen Behaltnussen auffzubawen: Auch wie dasselbige mit Geschütz / Waffen / vnd Rüstungen solle außgestaffieret werde*[n]. *Zum Andern / Wie durch ein Newes Jnstrument der Salpeter zuprobiren: Beneben etlichen Nutzlichen Zugwercken / Kriegswagen / Granaten / vnd Bockstucken* […] *Zum Dritten / mit was richtigkeit ein Zeugwartt sein jhme anvertrawtes Geschütz vnd Munition / bey guter Rechnung vnd ordentlicher Buchhaltung / in rühmlicher obacht verwalten solle / Allen Martialisten / Besonders den Zeugwartten vnd Büchsenmeistern / zu Wolgefallen beschrieben / vnd mit 12. hierzu dienlichen Kupfferstücken außgefertiget.* Ulm, 1630.

Furttenbach, Joseph. *Architectura Universalis, Das ist: Von Kriegs: Statt- und Wasser Gebäwen: Erstlich wie man die Statthor unnd Einlaß* […] / *Auß eigener Experientza* […] *zusamen getragen beschrieben und mit 60. Kupfferstucken vorgebildet und delinirt* […]. Ulm, 1635.

Furttenbach, Joseph. *Architectura Recreationis, Das ist: Von Allerhand Nutzlich: vnd Erfrewlichen Civilischen Gebäwen: In vier Vnterschidliche Hauptstuck eingetheilt. Erstlich / wie man für die Privat Personen / vnd Burgersleut* […] *angenehme Wohnhäuser* […] *erbawen kann. Zum Andern / in was Form vnnd Gestalt die Adeliche Schlösser* […] *Palläst / Lust: Thiergärten / vnd Grottenwerck* […] *mögen zu Werck gesetzt werden. Drittens / ein newe Manier / die Fürstliche Palläst* […] *zuerbawen. Zum Vierttten / wie die Rathhäuser / so wol auch die Dogana, oder Zoll: vnd Geschawhäuser / gleichfahls die Zimmer: vnd Werckhäuser* […] *auffzurichten seyen / Alles auß selbst eigener vil-Jähriger Praxi, vnd Experienza auffgemerckt / vnd zusamen getragen / allhier mit 36. Kupfferstucken delinirt / vnnd beschriben.* Augspurg, 1640.

Furttenbach, Joseph. *Architectvra Privata. Das ist: Gründtliche Beschreibung / Neben conterfetischer Vorstellung / inn was Form und Manier / ein gar Irregular, Burgerliches Wohn-Hauß: Jedoch mit seinen sehr guten Commoditeten erbawet / darbey ein Rüst: und Kunst Kammer auffgericht: Ingleichem mit Garten / Blumen: Wasser: neben einem Grottenwercklin versehen / unnd also schon zu gutem Ende ist gebracht worden: Darbey dann auch gar vertrewlich / und àpert zu erlehrnen / in was Gestalt / man die Berlemuttere Meer-Schnecken / neben denselben Muscheln / sowol auch die Corallen Zincken palliren / und das Beste Kitt / zu verfertigung der Grotten zubereiten solle; Und zu noch besserem Verstand / mit vierzehen sehr gerechten / gar nutzlichen Kupfferstucken geziert /* [...]. *Allen Liebhaberen der Civilischen Gebäwen zu sonderem Gefallen an das Liecht gegeben* [...]. Augspurg, 1641.

Furttenbach, Joseph. *Büchsenmeisterey-Schul: Darinnen die new angehende Büchsenmeister und Feurwercker, nicht weniger die Zeugwartten* [...] *underwisen und gelehrt werden. Alles auß eigener Erfahrenheit* [...] *beschriben, vermehret, auch mit 45. Kupferblatten delinirt* [...]. Augspurg, 1643.

Furttenbach, Joseph. *Mechanische ReißLaden, Das ist, Ein gar geschmeidige, bey sich verborgen tragende Laden, die aber solcher gestalt außgerüstet worden, daß* [...] *alle fünffzehen Recreationen* [...] *mit gegenwertigen kleinen Instrumentlin könden exercirt werden* [...] */ In diese kleine Form vnd Laden zusamen getragen beneben mit 5. Kuppferblatten orniert,* [...]. Augspurg, 1644.

Furttenbach, Joseph d. J. *Gewerb-Stattgebäw* [...] *Wie ein / auff ebnem Plan ligende new Jnventirte Gewerb: oder HandelStatt mit 18. RegularWercken / durch der Wahlschlager Hand / von gutter Erden auffzuführen /* [...] *Berchriben / vnd mit drey* [...] *selber Radirten Kupferstucken gezieret.* Augspurg, 1650.

Furttenbach, Joseph d. J. *PaßVerwahrung /* [...] *Welcher Gestalt ein Paß / oder Stadtthor / zugleich aber auch das Zeughauß / sampt dem groben Geschütz vnd Gewöhr / sampt sonderbaren angenehmen Commoditeten, also zuverbawen vnd zuversetzen /* [...] */ Beschrieben / vnd mit zwey* [...] *selber Radierte Kupfferstuck außgerüstet / vnd in den Druck gegeben.* Augspurg, 1651.

Furttenbach, Joseph d. J. *Feriæ Architectonicæ* [...] *das seynd Die nur noch ubrige Früe und Spattstunden / mit liebreichen Delectationen der drey Arten hochnutzlichen Gebäwen / sampt derselben Mitgliedern in den Freyen Künsten wol anzulegen. Das Wassergebäw /* [...] *Stadtgebäw /* [...] *Kriegsgebäw /* [...] *Geschütz /* [...] *Brandkugeln /* [...] *GranatenKugeln /* [...] *Grottenwercklin* [...]. Augspurg, 1662.

Furttenbach, Joseph. *Mannhaffter Kunst-Spiegel / Oder Continuatio, vnd fortsetzung allerhand Mathematisch- vnd Mechanisch-hochnutzlich So wol auch sehr erfrölichen delectationen, vnd respective im Werck selbsten experimentirten freyen Künsten. Welche in hernach folgende 16. vnterschidliche Acten abgetheilt / von jeder derselben aber / auch mit schönen gantz neuen Inventionen gar klärlich seind vorgebildet worden* [...]. Augspurg, 1663.

Furttenbach, Joseph. *Mannhaffter Kunst-Spiegel oder Endtwerffung der löb. Haupt Statt in Liguria vor welcher sich die mannhaffte Gemütter als einen Spiegelblatt hochansehlicher Recreationem zubeschawen haben.* Augspurg, 1663.

Gärtner, Andreas. *Kurzer Bericht, Von denen Unlängst ganz neu = erfundenen Hölzernen Parabolischen Brenn = Spiegeln, Und deren seltsamen Ganz Wunderbaren Würckungen; Dem curieusen Leser zu weiterem Nachsinnen aufrichtig mitgetheilet, Durch derselben Erfinder Andreas Gärtner* [...]. *Nebst einer Vorrede: Warum derselbe die Wahrhafftigkeit des bißher ausgeruffenen Perpetui Mobilis noch zur Zeit in Zweiffel ziehe?* Dresden, 1715.

Galison, Peter. „Buildings and the Subject of Science". *The Architecture of Science.* Hg. v. dems. u. Emily Thompson. Cambridge u. London, 1999, S. 1–25.

Galluzi, Paolo (Hg.). *La mente di Leonardo. Nel laboratorio del Genio Universale* [Ausst.kat.]. Florenz, 2006.

Gamba, Enrico u. Vico Montebelli (Hg.). *Macchine da Teatro e Teatri di Macchine. Branca, Sabbattini, Torelli scenotecnicie meccanici del Seicento* [Ausst.kat.]. Urbino, 1995.

Gandelman, Claude. „Der Gestus des Zeigens". *Der Betrachter ist im Bild. Kunstwissenschaft und Rezeptionsästhetik.* Hg. v. Wolfgang Kemp. 2. Aufl. Berlin, 1992, S. 71–93.

Garber, Klaus u. Heinz Wismann (Hg.). *Europäische Sozietätsbewegung und demokratische Tradition.* 2 Bde. Tübingen, 1996.

Gebuhr, Ralf. „Festung und Repräsentation. Zur Sozialgeometrie-These von Henning Eichberg". *Technik, Arbeit und Umwelt in der Geschichte. Günter Bayerl zum 60. Geburtstag.* Hg. v. Torsten Meyer u. Marcus Popplow. Münster, 2006, S. 181–200.

Geyer, Paul. „Das Paradox: Historisch-systematische Grundlegung". *Das Paradox. Eine Herausforderung des abendländischen Denkens.* Hg. v. Roland Hagenbüchle u. Paul Geyer. 2. Aufl. Würzburg, 2002, S. 11–24.

Ginzburg, Carlo. *Spurensicherung. Die Wissenschaft auf der Suche nach sich selbst.* Berlin, 2002.

Gipper, Andreas. *Wunderbare Wissenschaft. Literarische Strategien naturwissenschaftlicher Vulgarisierung in Frankreich.* München, 2002.

Goetze, Ludwig. *Geschichte der Burg Tangermünde.* Stendal, 1871.

Gooday, Graeme. „The Premisses of Premises. Spatial Issues in the Historical Construction of Laboratory Credibility". *Making Space for Science. Territorial Themes in the Shaping of Knowledge.* Hg. v. Crosbie Smith u. Jon Agar. Basingstoke, 1998, S. 216–245.

Grape, Anders. „Comenius, Bengt Skytte och Royal Society". *Lychnos. Lärdomshistoriska Samfundets Årsbok* (1936), S. 319–330.

Grau, Conrad. *Die Preußische Akademie der Wissenschaften zu Berlin. Eine deutsche Gelehrtengesellschaft in drei Jahrhunderten.* Heidelberg, Berlin u. Oxford, 1993.

Grimm, Jacob u. Wilhelm. „Project, Projekt". *Deutsches Wörterbuch*. Leipzig, 1889, Bd. 7, Sp. 2163f.

Grimm, Jürgen. *Das avantgardistische Theater Frankreichs 1895–1930*. München, 1986.

Gröning, Gert. „Ein stolophiler Beitrag zur Gartenkultur in der zweiten Hälfte des 17. Jahrhunderts: Dargestellt am Beispiel der ‚Architectura Recreationis' von Joseph Furttenbach". *Technik, Arbeit und Umwelt in der Geschichte. Günter Bayerl zum 60. Geburtstag*. Hg. v. Torsten Meyer u. Marcus Popplow. Münster u. a., 2006, S. 27–40.

Gronemeyer, Nicole. „‚… Sonderbarer Sinnvergnügung und Augenlust'. Gaspar Schotts optische Magie im 17. Jahrhundert und ihre Wiederaufnahme durch David Brewster". *Video ergo sum. Repräsentationen nach innen und außen zwischen Kunst- und Neurowissenschaften*. Hg. v. Olaf Breidbach u. Karl Clausberg. Hamburg, 1999, S. 121–133.

Grouard, Maurice. „La première de La Toison d'or au Neubourg". *Revue normande* (1934), S. 125–132.

Grünbein, Durs. *Vom Schnee. Oder Descartes in Deutschland*. Frankfurt a. M., 2003.

Guattari, Félix. „Über Maschinen". *Ästhetik und Maschinismus. Texte zu und von Félix Guattari*. Hg. v. Henning Schmidgen. Berlin, 1995, S. 115–132.

Guitton, Édouard. „La machine dans l'imaginaire des poètes français de 1750 à 1770". *Revue des sciences humaines* 58 (1982), S. 95–109.

Gurlitt, C. „Eine Künstlerreise aus dem 17. Jahrhundert". *Architekt. Rundschau* XXI (1905), S. 41–43.

Haeckel, Ernst. *Die Welträtsel. Gemeinverständliche Studien über monistische Philosophie*. Leipzig, 1919.

Haekel, Ralf. „Theatertechnik im 17. Jahrhundert und ihr Verhältnis zum Großen Welttheater". *Zeitsprünge. Forschungen zur Frühen Neuzeit* 8 (2004), S. 277–294.

Hagenbüchle, Roland u. Paul Geyer (Hg.). *Das Paradox. Eine Herausforderung des abendländischen Denkens*. 2. Aufl. Würzburg, 2002.

Hallyn, Fernand (Hg.). *Les Olympiques de Descartes. Études et textes*. Genève, 1995.

Hallyn, Fernand. „Aspects de la problématique de l'illusion chez Descartes". *L'illusion au XVIIe siècle* (= Littératures classiques 44). Hg. v. Patrick Dandrey u. Georges Forestier. Paris, 2002, S. 284–304.

Hammitzsch, Martin. *Der Moderne Theaterbau* (= Beiträge zur Bauwissenschaft Bd. 8). Berlin, 1906.

Hanafi, Zakiya. *The Monster in the Machine: Magic, Medicine, and the Marvelous in the Time of the Scientific Revolution*. Durham, 2000.

Hannaway, Owen. „Laboratory Design and the Aim of Science: Andreas Libavius versus Tycho Brahe". *Isis* 77 (1986), S. 585–610.

Harsdörffer, Georg Philipp. *Delitiae Physico-Mathematicae. Der mathematischen und philosophischen Erquickstunden Dritter Theil.* Nürnberg, 1653.

Hartmann, Fritz u. Rudolf Vierhaus (Hg.). *Der Akademiegedanke im 17. und 18. Jahrhundert* (= Wolfenbütteler Forschungen 3). Bremen u. Wolfenbüttel, 1977.

Hartung, Gerald. „Johann Joachim Becher, *oder*: Die Projekte und Konzepte eines närrischen Gelehrten". *Zwischen Narretei und Weisheit. Biographische Skizzen und Konturen alter Gelehrsamkeit.* Hg. v. dems. u. Wolf Peter Klein. Hildesheim, Zürich u. New York, 1997, S. 262–287.

Hassinger, Herbert. *Johann Joachim Becher 1635–1682. Ein Beitrag zur Geschichte des Merkantilismus.* Wien, 1951.

Hauptmann, August. *Neues Chymisches Kunst Project und sehr wichtiges Bergk Bedencken* [...]. Leipzig, 1658.

Hawlitschek, Kurt. „Die Deutschlandreise des René Descartes". *Berichte zur Wissenschaftsgeschichte* 25 (2002), S. 235–252.

Hedinger, Bärbel, Inés Richter-Musso u. Ortrud Westheider (Hg.). *Wolkenbilder. Die Entdeckung des Himmels* [Ausst.kat.]. München, 2004.

Heesen, Anke te u. E. C. Spary (Hg.). *Sammeln als Wissen. Das Sammeln und seine wissenschaftsgeschichtliche Bedeutung.* Göttingen, 2001.

Heinekamp, Albert u. Dieter Mettler (Hg.). *Magia naturalis und die Entstehung der modernen Naturwissenschaften.* Wiesbaden, 1978.

Hermann, Hans-Christian von. „Schauplätze der Schrift. Die Florentiner Uffizien als Kunstkammer, Laboratorium und Bühne". *Kunstkammer, Laboratorium, Bühne – Schauplätze des Wissens im 17. Jahrhundert.* Hg. v. Helmar Schramm, Ludger Schwarte u. Jan Lazardzig. Berlin, 2003, S. 103–122.

Hewitt, Barnard (Hg.). *The Renaissance Stage. Documents of Serlio, Sabbattini and Furttenbach.* Florida, 1958.

Hillairet, Jacques. *Dictionnaire historique des Rues de Paris.* Paris, 1979.

Hinck, Walter. *Das Deutsche Lustspiel des 17. und 18. Jahrhunderts und die italienische Komödie. Commedia dell'arte und Théâtre italien.* Stuttgart, 1965.

Hinrichs, Carl. „Die Idee des geistigen Mittelpunktes Europas im 17. und 18. Jahrhundert". *Das Hauptstadtproblem in der Geschichte. Festgabe zum 90. Geburtstag Friedrich Meineckes.* Tübingen, 1952, S. 97–102.

Hirsch, Ferdinand (Hg.). *Urkunden und Actenstücke zur Geschichte des Kurfürsten Friedrich Wilhelm von Brandenburg.* 12 Bde. Bd. 8. *Politische Verhandlungen.* Berlin, 1892.

Historische Commission b. d. Königl. Akademie der Wissenschaften (Hg.). „Marperger, Paul Jacob". *Allgemeine Deutsche Biographie.* 56 Bde. Leipzig, 1884, Bd. 20, S. 405–407.

Hocke, Gustav René. *Die Welt als Labyrinth. Manier und Manie in der europäischen Kunst. Beiträge zur Ikonographie und Formgeschichte der europäischen Kunst von 1520–1650 und der Gegenwart.* Reinbek bei Hamburg, 1957.

Hölscher, Lucian. „Öffentlichkeit". *Geschichtliche Grundbegriffe. Historisches Lexikon zur politisch-sozialen Sprache in Deutschland.* Hg. v. Otto Brunner, Werner Conze u. Reinhart Koselleck. 8 Bde. Stuttgart, 1972–1997, Bd. 4 (1972), S. 413–467.

Holländer, Hans (Hg.). *Erkenntnis, Erfindung, Konstruktion. Studien zur Bildgeschichte von Naturwissenschaften und Technik vom 16. bis zum 19. Jahrhundert.* Berlin, 2000a.

Holländer, Hans. „Maschinen- und Labyrinthmetaphern als Topoi neuzeitlicher Weltbeschreibung". *Erkenntnis, Erfindung, Konstruktion. Studien zur Bildgeschichte von Naturwissenschaften und Technik vom 16. bis zum 19. Jahrhundert.* Hg. v. Hans Holländer. Berlin, 2000b, S. 577–586.

Hooke, Robert. „Extrait d'une lettre escrite a Monsieur Toynard sur une Machine d'une nouvelle Invention pour vôler en l'air". *Journal des Sçavans* (12. 12. 1678), S. 426–428.

Hooke, Robert. *Philosophical Collections.* Bd. 1. London, 1679.

Hooke, Robert. *The Diary, 1672–80.* Hg. v. Henry W. Robinson u. Walter Adams. London, 1935.

Horn, Angelica. „Das Experiment der Zentralperspektive. Filippo Brunelleschi und René Descartes". *Descartes im Diskurs der Neuzeit.* Hg. v. Wilhelm Friedrich Niebel, Angelica Horn u. Herbert Schnädelbach. Frankfurt a. M., 2000, S. 9–32.

Horn-Monval, Madeleine. „La grande machinerie théâtrale et ses origines". *Revue d'histoire du théâtre* 4 (1958), S. 291–308.

Hüttl, Ludwig. *Der Große Kurfürst. Friedrich Wilhelm von Brandenburg.* München, 1984, S. 344–347.

Humboldt Universität zu Berlin (Hg.). *Theatrum naturae et artis / Theater der Natur und Kunst* [Ausst.kat.]. 2 Bde. Berlin, 2000.

Hunter, Michael. „A ‚College' for the Royal Society: The Abortive Plan of 1667–1668". Ders. *Establishing the New Science. The Experience of the Early Royal Society.* Woodbridge, 1989, S. 156–184.

Hurel, Daniel-Odon u. Gérard Laudin (Hg.). *Académies et sociétés savantes en Europe (1650–1800).* Paris, 2000.

Huygens, Christiaan. „Journal de voyage à Paris". *Le séjour de Christiaan Huygens à Paris.* Hg. v. H. L. Brugmans, 1935.

Imorde, Joseph. *Affektübertragung.* Berlin, 2004.

Jaacks, Gisela. „Abbild und Symbol. Das Hamburger Modell des Salomonischen Tempels". *Hamburg Portrait* 17 (1982).

Jaacks, Gisela. „‚Engelgleiche Musik', ‚Elbschwäne' und ‚Salomos Tempel'. Hamburg als Zentrum geistiger und musikalischer Kultur im Barock". *300 Jahre Oper in Hamburg.* Hamburg, 1977, S. 36–49.

Jacob, Ernst Gerhard. *Daniel Defoe, Essay on* [sic!] *Projects (1697). Eine wirtschafts- und sozialgeschichtliche Studie.* Leipzig, 1929.

Jähns, Max. *Geschichte der Kriegswissenschaften vornehmlich in Deutschland.* 3 Bde. (1889–1891). Bd. 2. *17. und 18. Jh. bis zum Auftreten Friedrichs des Großen 1740.* München u. Leipzig, 1890.

Jakob, Karlheinz. *Maschine, Mentales Modell, Metapher. Studien zur Semantik und Geschichte der Techniksprache.* Tübingen, 1991.

Jardillier, Armand. *La vie originale de M. de Sourdéac.* Neubourg, 1961.

Jardine, Lisa. *Ingenious Pursuits. Building the Scientific Revolution.* New York, 1999.

Jarry, Paul. *Les vieux Hôtels de Paris.* Paris, 1929.

Jeanneret, Michel. *Perpetual Motion. Transforming Shapes in the Renaissance from da Vinci to Montaigne.* Baltimore u. London, 2001.

Jones, R. F. „The Bacon of the Seventeenth Century". *Essential Articles for the Study of Francis Bacon.* Hg. v. Brian Vickers. Hamden, 1968, S. 3–27.

Jonson, Ben. „The Devil is an Ass. Acted in the Year 1616". *The Works of Ben Jonson* […]. London, 1692, S. 457–484.

Jonson, Ben. „Volpone, Or the Fox. A Comedy. First Acted in the Year 1605". *The Works of Ben Jonson* […]. London, 1692, S. 153–179.

Jordan, Klaus. *Bibliographie zur Geschichte des Festungsbaues von den Anfängen bis 1914.* Marburg, 2003.

Jungenickel, Andreas. *Schlüssel zur Mechanica / Das ist: Gründliche Beschreibung der Vier Haupt Instrumenten der Machination, als deß Hebels / Getriebs / Schrauben / Kloben. In einem Gespräch / zwischen einem Ingenier und Mechanico, verfasset / und mit 137. Figuren vorgestellet* […]. Nürnberg, [1661].

Justi, Johann Heinrich Gottlob von. „Gedanken von Projecten und Projectmachern". *Johann Heinrich Gottlobs von Justi gesammelte politische und Finanzschriften über wichtige Gegenstände der Staatskunst, der Kriegswissenschaften und des Cameral= und Finanzwesens.* 3 Bde. Kopenhagen u. Leipzig, 1761–1764, Bd. 1, S. 256–281.

Kabitz, Willy. *Die Philosophie des jungen Leibniz. Untersuchungen zur Entwicklung seines Systems.* Heidelberg, 1909.

Kamen, Henry. *The Iron Century.* London, 1971.

Kannetzky, Frank. *Paradoxes Denken. Theoretische und praktische Irritationen des Denkens.* Paderborn, 2000.

Kant, Immanuel. *Werke in zehn Bänden.* Hg. v. Wilhelm Weischedel. Darmstadt, 1975.

Kanthak, Gerhard. *Der Akademiegedanke zwischen utopischem Entwurf und barocker Projektmacherei. Zur Geistesgeschichte der Akademiebewegung des 17. Jahrhunderts.* Berlin, 1987.

Kapp, J. E. *Sammlung einiger Vertrauten Briefe, welche zwischen dem weltberühmten Freyherrn Gottfried Wilhelm von Leibnitz und dem berühmten Berlinischen Hof= Prediger Herrn Daniel Ernst Jablonski* […] *gewechselt worden sind.* Leipzig, 1745.

Karg, Detlef. „Nachwort". *Joseph Furttenbach. Architectura recreationis.* Berlin, 1988 [Nachdr. d. Ausg. Augsburg, 1640], S. 221–231.

Keller, Alex. „The Age of the Projectors". *History Today* 16.7 (1966), S. 443–474.

Keller, Ludwig. *Comenius und die Akademien der Naturphilosophen des 17. Jahrhunderts.* Berlin, 1895.

Kenny, Neil. *The Uses of Curiosity in Early Modern France and Germany.* Oxford, 2004.

Kern, Hermann. *Labyrinthe. Erscheinungsformen und Deutungen. 5000 Jahre Gegenwart eines Urbilds.* 4. Aufl. München, 1999.

Kircher, Athanasius. *Musurgia universalis sive Ars magna consoni et dissoni.* […]. Bd. 2. Rom, 1650.

Kirchner, Thomas. „Der Theaterbegriff des Barocks". *Maske und Kothurn* 31 (1985), S. 131–140.

Kleinert, Paul. *Vom Anteil der Universität an der Vorbildung fürs öffentliche Leben. Rede bei Antritt des Rektorats … der Kgl. Friedrich Wilhelm Universität am 15. Okt. 1885.* Berlin, 1885.

Knecht, Herbert H. „Le fonctionnement de la science baroque: le rationnel et le merveilleux". *Baroque* 12 (1987), S. 53–70.

Knight, David „Scientific Lectures: A History of Performance". *Interdisciplinary Science Review* 27 (3/2002), S. 217–224.

Kolesch, Doris. *Theater der Emotionen. Ästhetik und Politik zur Zeit Ludwigs XIV.* Frankfurt a. M., 2006.

Koschorke, Albrecht. „Der postmortale Blick – Das Erhabene und die Apokalypse". *Die Grenze. Begriff und Inszenierung.* Hg. v. Markus Bauer u. Thomas Rahn. Berlin, 1997, S. 325–341.

Krämer, Sybille. *Symbolische Maschinen. Die Idee der Formalisierung in geschichtlichem Abriß.* Darmstadt, 1988.

Krafft, Fritz. *Dynamische und statische Betrachtungsweise in der antiken Mechanik.* Wiesbaden, 1970.

Kraft, Heinrich. „Die Paradoxie in der Bibel und bei den Griechen als Voraussetzung für die Entfaltung der Glaubenslehren". *Das Paradox. Eine Herausforderung des abendländischen Denkens.* Hg. v. Roland Hagenbüchle u. Paul Geyer. 2. Aufl. Würzburg, 2002, S. 247–273.

Krajewski, Markus (Hg.). *Projektemacher. Zur Produktion von Wissen in der Vorform des Scheiterns.* Berlin, 2004.

Kray, Ralph u. Karl Ludwig Pfeiffer. „Paradoxien, Dissonanzen, Zusammenbrüche: Vom Ende und Fortgang der Provokationen". *Paradoxien, Dissonanzen, Zusammenbrüche. Situationen offener Epistemologie.* Hg. v. Hans-Ulrich Gumbrecht u. Karl Ludwig Pfeiffer. Frankfurt a. M., 1991, S. 13–31.

Krifka, Sabine. „Schauexperiment – Wissenschaft als belehrendes Spektakel". *Erkenntnis, Erfindung, Konstruktion. Studien zur Bildgeschichte von Naturwissenschaften und Technik vom 16. bis zum 19. Jahrhundert.* Hg. v. Hans Holländer. Berlin, 2000, S. 773–788.

Krohn, Wolfgang. „Einleitung“. *Francis Bacon. Neues Organon.* Lateinisch-Deutsch. 2 Bde. Hg. u. mit einer Einl. v. Wolfgang Krohn. Hamburg, 1990, Bd. 1, S. IX–LVI.

Krünitz, Johann Georg. *Oeconomische Encyclopädie.* Berlin, 1811, Theil 117 (Heinrich Gustav Flörke).

Kruft, Hanno-Walter. *Städte in Utopia. Die Inselstadt vom 15. bis zum 18. Jahrhundert zwischen Staatsutopie und Wirklichkeit.* München, 1989.

Kühlmann, Wilhelm. „Sozietät als Tagtraum – Rosenkreuzerbewegung und zweite Reformation“. *Europäische Sozietätsbewegung und demokratische Tradition. Die europäischen Akademien der Frühen Neuzeit zwischen Frührenaissance und Spätaufklärung.* 2 Bde. Hg. v. Klaus Garber u. Heinz Wismann. Tübingen, 1996, Bd. 2, S. 1124–1151.

Küntzel, Georg u. Martin Hass (Hg.). *Die politischen Testamente der Hohenzollern. Nebst ergänzenden Aktenstücken. Die Hofordnung Joachims II. Die politischen Testamente des Grossen Kurfürsten von 1667 und Friedrich Wilhelm I. von 1722.* 2 Bde. Leipzig u. Berlin, 1911.

Künzel, Werner u. Peter Bexte. *Gottfried Wilhelm Leibniz' Barock-Projekte. Maschinenwelt und Netzwerk im 17. Jahrhundert.* Berlin, 1990.

Küster, George Gottfried. *Antiquitates Tangermundenses.* Berlin, 1729.

Küster, Ulf (Hg.). *Theatrum mundi. Die Welt als Bühne* [Ausst.kat.]. München, 2003.

Kutschmann, Werner. *Der Naturwissenschaftler und sein Körper.* Frankfurt a. M., 1986.

La Bruyère, Jean de. *Œuvres complètes.* Hg. v. Julien Benda. Paris, 1951.

La Gorce, Jérôme de. „L'opéra en France“. *Spectaculum Europaeum. Theatre and Spectacle in Europe/Histoire du spectacle en Europe (1580–1750).* Hg. v. Pierre Béhar. Wiesbaden, 1999, S. 385–404.

„La machine dans l'imaginaire (1650–1800)“. *Revue des sciences humaines* 58 (1982).

La Mesnardière, Hippolyte Jules Pilet de. *La Poëtique.* Paris, 1640.

Larson, Orville K. *Italian Stage Machinery 1500–1700.* University of Illinois, 1956.

Latour, Bruno. *Die Hoffnung der Pandora. Untersuchungen zur Wirklichkeit der Wissenschaft.* Frankfurt a. M., 2002.

Lavin, Irving. *Bernini and the Unity of the Visual Arts.* 2 Bde. New York, London, 1980.

Lazardzig, Jan. „Universalität und Territorialität. Zur Architektonik akademischer Geselligkeit am Beispiel der *Brandenburgischen Universität der Völker, Wissenschaften und Künste* (1666/67)“. *Kunstkammer, Laboratorium, Bühne – Schauplätze des Wissens im 17. Jahrhundert.* Hg. v. Helmar Schramm, Ludger Schwarte u. dems. Berlin u. New York, 2003, S. 179–199.

Lazardzig, Jan. „Illusion". *Metzler Lexikon Theatertheorie*. Hg. v. Erika Fischer-Lichte, Doris Kolesch u. Matthias Warstat. Berlin, 2005, S. 140–142.

Lazardzig, Jan. „Die Maschine als Spektakel – Funktion und Admiration im Maschinendenken des 17. Jahrhunderts". *Instrumente in Wissenschaft und Kunst – Zur Architektonik kultureller Grenzen im 17. Jahrhundert*. Hg. v. Helmar Schramm, Ludger Schwarte u. dems. Berlin u. New York, 2006, S. 167–193.

Lazardzig, Jan. „‚Masque der Possibilität' – Experiment und Spektakel barocker Projektemacherei". *Spektakuläre Experimente. Praktiken der Evidenzproduktion im 17. Jahrhundert*. Hg. Helmar Schramm, Ludger Schwarte u. dems. Berlin u. New York, 2006, S. 176–212.

Lazardzig, Jan u. Kirsten Wagner. „Raumwahrnehmung und Wissensproduktion. Erkundungen im Interferenzbereich von Theorie und Praxis". *Möglichkeitsräume. Zur Performativität von sensorischer Wahrnehmung*. Hg. v. Christina Lechtermann, Kirsten Wagner u. Horst Wenzel. Berlin, 2007.

Lazare, Félix u. Louis Lazare. *Dictionnaire administratif et historique des rue et des Monuments de Paris (1855)*. Paris, 1994.

Le Doeuff, Michèle. „L'espérance dans la science". *Francis Bacon. Science et Méthode*. Hg. v. Michel Malherbe u. Jean-Marie Pousseur. Paris, 1965, S. 37–51.

Lefèvre, Wolfgang (Hg.). *Picturing Machines. 1400–1700*. Cambridge/Mass. u. London, 2004.

Leibniz, Gottfried Wilhelm. *Die philosophischen Schriften von Gottfried Wilhelm Leibniz*. 7 Bde. Hg. v. C. J. Gerhardt. Berlin, 1875–1890, Bd. 4 (1880).

Leibniz, Gottfried Wilhelm. „Grundriß eines Bedenkens von der Aufrichtung einer Societät in Deutschland, um die Künste und Wissenschaften aufzunehmen". *Schöpferische Vernunft. Schriften aus den Jahren 1668–1686*. Zusammengestellt, übersetzt und erläutert von Wolf von Engelhardt. Hamburg, 1951, S. 73–95.

Leibniz, Gottfried Wilhelm. „Drôle de Pensée, touchant une nouvelle sorte de RÉPRESENTATIONS". *Sämtliche Schriften und Briefe*. Hg. v. d. Deutschen Akademie der Wissenschaften zu Berlin. Berlin, 1970, Reihe IV, Bd. 1, S. 562–568 u. Anm. S. 694–696.

Leibniz, Gottfried Wilhelm. *Philosophische Schriften*. 3 Bde. Hg. u. übs. v. Hans Heinz Holz. 2. Aufl. Darmstadt, 1985.

Leibniz, Gottfried Wilhelm. *Nouveaux essais sur l'entendement humain/Neue Abhandlungen über den menschlichen Verstand*. 2 Bde. Übs. u. hg. v. Wolf v. Engelhardt u. Hans Heinz Holz. Frankfurt a. M., 1996.

Leibniz, Gottfried Wilhelm. „Bemerkungen zum allgemeinen Teil der Cartesischen Prinzipien [1692]". *Hauptschriften zur Grundlegung der Philosophie*. Teil 1. Übs. v. Artur Buchenau mit Einl. u. Anm. hg. v. Ernst Cassirer. Hamburg, 1996, S. 215–251.

Leibniz à Paris (1672–1676): Symposion de la G. W. Leibniz-Gesellschaft (Hannover) et du Centre National de la Recherche Scientifique (Paris) à Chantilly (France) du 14 au 18 november 1976 (= Studia Leibnitiana. Suppl. 17). Wiesbaden, 1978.

Leng, Rainer. *Ars belli. Deutsche taktische und kriegstechnische Bilderhandschriften und Traktate im 15. und 16. Jahrhundert.* 2 Bde. Wiesbaden, 2002.

Lenoir, Timothy. „Descartes and the Geometrization of Thought: The Methodological Background of Descartes ‚Géométrie'". *Historia Mathematica* 6 (1979), S. 355–379.

Les jeux du roi. Le roi du jeu. L'histoire du jeu de paume en France [Ausst.kat.]. Paris, 1998.

Les Plaisirs de l'Isle enchantée. Course de bague, Collation ornée de Machines, Comedie meslée de Danse et de Musique, Ballet du Palais d'Alcne, Feu d'Artifice: Et autres Festes galantes et magnifiques; faites par le Roy à Versailles, le VII. May 1664. Et continuées plusieurs autres Iours. Paris, 1664.

Leupold, Jacob. *Vollkommene Nachricht Von denen Mechanischen Schrifften Oder Theatro Machinarum Universali* [...]. Leipzig, 1720.

Leupold, Jacob. *Theatrum Machinarum* [...]. 9 Bde. Leipzig, 1724–1739.

Limpricht, Cornelia. *Platzanlage und Landschaftsgarten als begehbare Utopien. Ein Beitrag zur Deutung der Templum-Salomonis-Rezeption im 16. und 18. Jahrhundert.* Frankfurt a. M. u. a., 1994.

Lippe, Rudolf zur. *Naturbeherrschung am Menschen.* 2 Bde. Frankfurt a. M., 1974.

Loesch, Feik. *L'Art de la Fortification. Festungsbau und Festungskrieg vom 16. bis zum 18. Jahrhundert.* Dresden, 2001.

Lorber, Michael. „Vom ‚Kauf der Gefahr'. Projektemacherei und Versicherung im 17. Jahrhundert". *Drohung und Verheißung. Mikroprozesse in Verhältnissen von Macht und Subjekt.* Hg. v. Evamaria Heisler, Elke Koch u. Thomas Scheffer. Freiburg i. Br., 2007. S. 287–314.

Ludwig, Karl-Heinz u. Markus Popplow. „Maschine". *Lexikon des Mittelalters.* 10 Bde. Hg. v. Robert-Henri Bautier. Stuttgart u. Weimar, 1980–1999, Bd. 6. (1993), S. 362f.

Ludwig, Walther. *Der Ritt des Dichters auf dem Pegasus und der Kuß der Muse – zwei neuzeitliche Mythologeme* (= Nachrichten der Akademie der Wissenschaften in Göttingen 1, Philologisch-Historische Klasse). Göttingen, 1996.

Lühning, Felix. „Der Gottorfer Globus und das Globushaus im ‚Newen Werck'. Dokumentation und Rekonstruktion eines frühbarocken Welttheaters". *Gottorf im Glanz des Barock. Kunst und Kultur am Schleswiger Hof 1544–1713.* Schleswig, 1997, S. 176–178.

Maass, Michael (Hg.). *„Klar und lichtvoll wie eine Regel". Planstädte der Neuzeit vom 16. bis zum 18. Jahrhundert* [Ausst.kat.]. Karlsruhe, 1990.

MacGregor, Arthur. „Die besonderen Eigenschaften der ‚Kunstkammer'". *Macrocosmos in Microcosmo. Die Welt in der Stube. Zur Geschichte des Sammelns 1450–1800.* Hg. v. Andreas Grote. Opladen, 1994, S. 61–106.

Mack, Dietrich. „Ingenieure der Unendlichkeit". *Barockfeste. Nachrichten und Zeugnisse über theatralische Feste nebest einem Singspiel der Markgräfin Wilhelmine von Bayreuth.* München, 1979, S. 8–11.

Maier, Anneliese. *Die Mechanisierung des Weltbildes im 17. Jahrhundert.* Leipzig, 1938.

Mann, Gunter. „Joseph Furttenbach, die ideale Stadt und die Gesundheit im 17. Jahrhundert". *Medizingeschichte in unserer Zeit. Festgabe für Edith Heischkel-Artelt u. Walter Artelt zum 65. Geb.* Hg. v. Hans-Heinz Eulner u. a. Stuttgart, 1971, S. 189–207.

Marperger, Paul Jacob. „Beweiß, daß zur Beförderung des Public- und Privat-Interesse auch das Studium Curiositas nöthig sey". *Auserlesene kleine Schriften, Welche Allerhand Historische, Politische, Mathematische, zur Gelehrsamkeit sowohl, als zur Kauffmannschafft und Haußhaltung dienliche, überhaupt aber dem Publico nützliche Nachrichten und Vorschläge in sich halten* [...]. Leipzig u. Rudelstadt, 1733a, S. 354–366.

Marperger, Paul Jacob. „Von Projecten und Projectenmachern, deroselben Nutzen und Schaden, und was bey Examinirung, Acceptirung, und Rejicirung derselben zu beobachten sey". *Auserlesene kleine Schriften, Welche Allerhand Historische, Politische, Mathematische, zur Gelehrsamkeit sowohl, als zur Kauffmannschafft und Haußhaltung dienliche, überhaupt aber dem Publico nützliche Nachrichten und Vorschläge in sich halten* [...]. Leipzig u. Rudelstadt, 1733b, S. 371f.

Mattenklott, Gerd. „Metaphern in der Wissenschaftssprache". *Bühnen des Wissens. Interferenzen zwischen Wissenschaft und Kunst.* Hg. v. Helmar Schramm u. a. Berlin, 2003, S. 28–49.

McAllister, James W. *Beauty and Revolution in Science.* Cornell, 1996.

McAllister, James W. „Das virtuelle Labor: Gedankenexperimente in der Mechanik des siebzehnten Jahrhunderts". *Kunstkammer, Laboratorium, Bühne – Schauplätze des Wissens im 17. Jahrhundert.* Hg. v. Helmar Schramm, Ludger Schwarte u. Jan Lazardzig. Berlin, 2003, S. 35–55.

Meumann, Markus u. Dirk Niefanger (Hg.). *Ein Schauplatz herber Angst. Wahrnehmung und Darstellung von Gewalt im 17. Jahrhundert.* Göttingen, 1997.

Mehlin, Urs. H. *Die Fachsprache des Theaters. Eine Untersuchung der Terminologie von Bühnentechnik, Schauspielkunst und Theaterorganisation.* Düsseldorf, 1969.

Menestrier, Claude-François. *Traité des Tournois, Ioustes, Caroussels, et autres Spectacles Publics.* Lyon, 1669.

Menestrier, Claude-François. *Des Ballets Anciens et Modernes selon les Règles du Théâtre.* Paris, 1684.

Mercure Galant. Bd. 3. Paris, 1673.

Michel, Gerhard. „J. A. Comenius – Ein pädagogisierender Theologe – Interpretation autobiographischer Bemerkungen". *Comenius und die Genese des Modernen Europa. Internationales Comenius Kolloquium.* Hg. v. Jan Lasek u. Norbert Kotowski. Fürth, 1992, S. 13–19.

Möbius, Hanno u. Jörg Jochen Berns (Hg.). *Die Mechanik in den Künsten. Studien zur ästhetischen Bedeutung von Naturwissenschaft und Technologie.* Marburg, 1990.

Molière [Jean-Baptiste Poquelin]. *Les Fascheux. Comédie.* Amsterdam, 1684.

Molière [Jean-Baptiste Poquelin]. „Die Lästigen". *Dramen in drei Bänden. Übertragen von Ludwig Fulda.* Hg. v. Kurt Port. Urach, 1910/11, Bd. 3, S. 169–207.

Molière [Jean-Baptiste Poquelin]. *Œuvres complètes.* Hg. v. Georges Couton. Paris, 1971.

Mongrédien, Georges. *La vie quotidienne sous Louis XIV.* Paris, 1948.

Motta, Fabrizio Carini. *Trattato sopra la struttura de' teatri e scene.* Hg. u. erl. von Edward A. Craig. Milano, 1972.

Moynet, Jean. *L'envers du théâtre: machines et décorations.* Paris, 1873 [Nachdr. d. Ausg. Paris, 1990].

Müller, Kurt u. Gisela Krönert. *Leben und Werk von Gottfried Wilhelm Leibniz. Eine Chronik.* Frankfurt a. M., 1969.

Müller-Jahnke, Wolf-Dieter. „Die Magie des 16. und 17. Jahrhunderts im Spannungsfeld von Naturwissenschaften und Dämonologie". *Domänen der Literaturwissenschaft. Emergenzen der Interpretation.* Hg. v. Herbert Jaumann u. a. Tübingen, 2001.

Müller-Wiesner, Wolfgang. „Festung". *Reallexikon zur deutschen Kunstgeschichte.* Bd. 8. München, 1982, Sp. 304–348.

Mumford, Lewis. „Utopie, Stadt und Maschine". *Wunschtraum und Experiment. Vom Nutzen und Nachteil utopischen Denkens.* Hg. v. Frank E. Manuel. Freiburg, 1970, S. 27–51.

Mumford, Lewis. *Mythos der Maschine. Kultur, Technik und Macht.* Wien, 1974.

Nagler, Alois M. „The Furttenbach Theatre in Ulm". *The Theatre Annual* (1953), S. 45–63.

Nagler, Alois M. „Maschinen und Maschinisten der Rameau-Ära". *Maske und Kothurn* (1957), S. 128–141.

Naredi-Rainer, Paul v. *Salomos Tempel und das Abendland. Monumentale Folgen historischer Irrtümer.* Köln, 1994.

Nate, Richard. *Wissenschaft und Literatur im England der frühen Neuzeit.* München, 2001.

Nelle, Florian. „Descartes und der Regenbogen im Wasserglas. Von der beobachteten zur inszenierten Natur". *Theatralität und die Krisen der Repräsentation.* Hg. v. Erika Fischer-Lichte. Stuttgart u. Weimar, 2001, S. 374–392.

Nelle, Florian. „Theaterdonner – Geräusche und Illusion um 1800". *Stimmen – Klänge – Töne. Synergien im szenischen Spiel.* Hg. v. Hans-Peter Bayerdörfer. Tübingen, 2002, S. 501–515.

Neumann, Hartwig. „Reißbrett und Kanonendonner. Festungsstädte der Neuzeit". *„Klar und lichtvoll wie eine Regel". Planstädte der Neuzeit vom 16. bis zum 18. Jahrhundert* [Ausst.kat.]. Hg. v. Michael Maass. Karlsruhe, 1990, S. 51–76.

Neumann, Hartwig. *Festungsbau-Kunst und -Technik. Deutsche Wehrbauarchitektur vom XV. bis XX. Jahrhundert. Mit einer Bibliographie deutschsprachiger Publikationen über Festungsforschung und Festungsnutzung.* Köln, 2004 [Nachdr. d. Ausg. Jülich, 1987].

Neumeyer, Fritz. „Nachdenken über Architektur. Eine kurze Geschichte ihrer Theorie". *Quellentexte zur Architekturtheorie.* Hg. v. dems. München u. a., 2002, S. 9–79.

Nicklaus, Hans Georg. „Opern des Barock als technisches Spektakel". *Frühneuzeit-Info* 1 (2004), S. 40–46.

Nicoll, Allardyce. *Stuart Masques and the Renaissance Stage.* London, 1937.

Nicoll, Allardyce. *The World of Harlequin. A Critical Study of the Commedia dell'Arte.* Cambridge, 1986.

Nobis, Heribert M. „Die wissenschaftstheoretische Bedeutung der ‚Quaestiones Mechanicae'". *Der Wissenschaftsbegriff. Historische und systematische Untersuchungen.* Hg. v. Alwin Diemer. Meisenheim, 1970, S. 47–63.

Nuitter, Charles u. Ernest Thoinan. *Les origines de l'opéra française.* Paris, 1886 [Nachdr. d. Ausg. Genf, 1972].

Nuti, Lucia. *Ritratti di città. Visione e memoria tra Medioevo e Settecento.* Venedig, 1996.

Nuti, Lucia. „Mapping Places: Chorography and Vision in the Renaissance". *Mappings.* Hg. v. Denis Cosgrove. London, 1999, S. 90–108.

Oechslin, Werner. „Das Geschichtsbild in der Architektur in Deutschland: Jerusalem-Idee und Weltwunder-Architektur". *Architekt und Ingenieur. Baumeister in Krieg und Frieden. Katalog der Ausstellung der Herzog-August Bibliothek in Wolfenbüttel.* Hg. v. Ulrich Schütte u. Hartwig Neumann. Wolfenbüttel, 1984, S. 127–154.

Opgenoorth, Ernst. *Friedrich Wilhelm. Der Große Kurfürst von Brandenburg. Eine politische Biographie. Zweiter Teil: 1660–1688.* Göttingen u. a., 1978.

Ophir, Adi u. Steven Shapin. „The Place of Knowledge. A Methodological Survey". *Science in Context* 4 (1991), S. 3–21.

Ornstein, Martha. *The Role of Scientific Institutions.* New York, 1930.

Parker, Geoffrey. *Die militärische Revolution. Die Kriegskunst und der Aufstieg des Westens 1500–1800.* Frankfurt a. M. u. New York, 1990.

Parker, Geoffrey u. Lesley M. Smith (Hg.). *The General Crisis of the Seventeenth Century.* 2. Aufl. London u. New York, 1997.

Parmentier, Marc (Hg.). *L'estime des apparences. 21 manuscripts de Leibniz sur les probabilités, la théorie des jeux, l'espérance de vie.* Texte établi, traduit, introduit et annoté par Marc Parmentier. Paris, 1995.

Pascal, Blaise. *Œuvres complètes.* Hg. v. Jacques Chevalier. Paris, 1954.

Pascal, Blaise. *Über die Religion und über einige andere Gegenstände (Pensées).* Hg. u. übs. v. Ewald Wasmuth. 10. Aufl. Wiesbaden, 2001.

Pedretti, Carlo. *Leonardo. The Machines*. Florenz, 1999.

Penther, Johann Friedrich. *Ausführliche Anleitung zur Bügerlichen Baukunst*. Augsburg, 1748.

Pesic, Peter. „Wrestling with Proteus: Francis Bacon and the ‚Torture' of Nature". *Isis* 90 (1999), S. 81–94.

Pfeiffer, Wolfgang (Hg.). *Etymologisches Wörterbuch des Deutschen*. 3 Bde. Berlin, 1989.

Piemme, Jean-Marie. „L'*utile dulci* ou la convergence des nécessités: recherches historiques sur les causes de l'adoption de la règle scaligérienne de l'utilité, par les théoriciens de 1630". *Revue d'Histoire du théâtre* 2 (1969), S. 118–133.

Platon. „Timaios". *Sämtliche Werke*. 7 Bde. Übs. v. Friedrich Schleiermacher u. Hieronymus Müller. Hg. v. Walter F. Otto u. a. Reinbek bei Hamburg, 1957–1959, Bd. 5 (1959), S. 141–213.

Pohlmann, August Wilhelm. *Geschichte der Stadt Tangermünde seit Gründung derselben bis zu dem laufenden Jahre 1829*. Stendal, 1829.

Pomian, Krysztof. *Der Ursprung des Museum. Vom Sammeln*. Berlin, 1998.

Popplow, Marcus. „Die Verwendung von lat. *machina* im Mittelalter und in der Frühen Neuzeit – vom Baugerüst zu Zoncas mechanischem Bratenwender". *Technikgeschichte* 30.1 (1993), S. 7–26.

Popplow, Marcus. *Neu, nützlich und erfindungsreich. Die Idealisierung von Technik in der Frühen Neuzeit*. Münster, 1998.

Popplow, Marcus. „Militärtechnische Bildkataloge des Spätmittelalters". *Krieg im Mittelalter*. Hg. v. Hans-Henning Kortüm. Berlin, 2001, S. 251–268 u. 301–309.

Popplow, Marcus. „Maschinenzeichnungen der ‚Ingenieure der Renaissance'. *Frühneuzeit-Info* 1 (2004), S. 13–32.

Priesner, Claus u. Karin Figala (Hg.). *Alchemie. Lexikon einer hermetischen Wissenschaft*. München, 1998.

Probst, P., H. Schröer u. F. von Kutschera. „Paradox". *Historisches Wörterbuch der Philosophie*. Bd. 7, 1980, S. 81–97.

Ptolemaeus, Claudius. *Geographia*. 1. Buch. Eingel. v. R. A. Skelton. Amsterdam, 1969 [Nachdr. d. Ausg. Venedig, 1511].

Pure, Michel de. *Idée des Spectacles anciens et nouveaux*. Paris, o. J. [1668].

Purver, Margery. *The Royal Society: Concept and Creation*. London, 1967.

Ramelli, Agostino. *Schatzkammer / Mechanischer Künste* [...]. *Darinnen viel unterschiedene Wunderbahre / Kunstreiche Machinae zubefinden / so man zu Friedens vnd Kriegeßzeiten / in = und ausserhalb Vestungen / Auch sonsten hochnützlichen vnd wol gebrauchen kan*. [o. O.], 1620.

Rau, Susanne u. Gerd Schwerhoff. „Öffentliche Räume in der Frühen Neuzeit. Überlegungen zu Leitbegriffen und Themen eines Forschungsfeldes". *Zwischen Gotteshaus und Taverne. Öffentliche Räume in Spätmittelalter und Früher Neuzeit*. Hg. v. dens. Köln u. a., 2004, S. 11–52.

Reder, Christian (Hg.). *Lesebuch Projekte. Vorgriffe, Ausbrüche in die Ferne.* Wien u. New York, 2006.

Redlich, Fritz. „Die Rolle der Neuerung in einer quasi-statischen Welt: Francis Bacon und seine Nachfolger". *Der Unternehmer. Wirtschafts- und Sozialgeschichtliche Studien. Mit einem Nachwort von Edgar Salin.* Göttingen, 1964, S. 233–247.

Registre de La Grange (1658–1685). Precédé d'une notice biographique. Publié par les soins de La Comédie-Française. Paris, 1876.

Reinking, Wilhelm. *Die sechs Theaterprojekte des Architekten Joseph Furttenbach 1591–1667.* Frankfurt a. M., 1984.

Repgen, Konrad. „Seit wann gibt es den Begriff ‚Dreißigjähriger Krieg'?" *Weltpolitik, Europagedanke, Regionalismus. Festschrift Heinz Gollwitzer zum 65. Geburtstag.* Hg. v. Heinz Dollinger. Münster, 1982, S. 59–70.

Repgen, Konrad (Hg.). *Krieg und Politik 1618–1648.* München, 1988.

Reus, Klaus-Dieter. *Faszination der Bühne. Barockes Welttheater in Bayreuth. Barocke Bühnentechnik in Europa* [Ausst.kat.]. Bayreuth, 1999.

Rheinberger, Hans-Jörg (Hg.). *Räume des Wissens. Repräsentation, Codierung, Spur.* Berlin, 1997.

Rheinberger, Hans-Jörg u. Henning Schmidgen (Hg.). *Experimental Cultures. Configurations between Science, Art, and Technology, 1830–1950.* Berlin, 2002.

Riccoboni, Luigi. *Réflexions historiques et critiques sur les différents Théâtres d'Europe* [...]. Paris, 1738.

Richter, Horst. *Johann Oswald Harms. Ein deutscher Theaterdekorateur des Barock.* Emsdetten, 1963.

Riehle, Wolfgang. „Zum Paradoxon bei Shakespeare". *Das Paradox. Eine Herausforderung des abendländischen Denkens.* Hg. v. Roland Hagenbüchle u. Paul Geyer. 2. Aufl. Würzburg, 2002, S. 335–353.

Rodis-Lewis, Geneviève. „Machinerie et perspectives curieuses dans leur rapport avec le cartésianisme". *XVIIe Siècle* 32 (1956), S. 461–474.

Röder, Rupert. „Comenius' Machina Didactica: Das pädagogische Konzept des Mediums in der Dialektik der Moderne". *Comenius-Jahrbuch* 7 (1999), S. 53–69.

Rogers, Clifford J. (Hg.). *The Military Revolution Debate. Readings on the Military Transformation of Early Modern Europe.* Boulder, San Francisco u. Oxford, 1995.

Roller, Karl. *Die schulgeschichtliche Bedeutung Joseph Furttenbachs des Älteren (1591–1667) in Ulm.* Darmstadt, 1913.

Romanowski, Sylvie. *L'illusion chez Descartes. La structure du discours cartésien.* Paris, 1974.

Ronconi, Luca u. a. (Hg.). *Lo spettacolo e la meraviglia. Il Teatro Farnese di Parma e la festa barocca.* Turin, 1992.

Ropohl, Günter. „Die Maschinenmetapher" *Technikgeschichte* 58 (1991), S. 3–14.

Rose, Paul Lawrence u. Stillman Drake. „The Pseudo-Aristotelian *Questions of Mechanics* in Renaissance Culture". *Studies in the Renaissance* 18 (1971), S. 65–104.

Rossi, Paolo. „Bacon's Idea of Science". *The Cambridge Companion to Bacon*. Hg. v. Markku Peltonen. Cambridge, 1996, S. 25–46.

Roth, Harriet. *Der Anfang der Museumslehre in Deutschland. Das Traktat „Inscriptiones vel Tituli Theatri Amplissimi" von Samuel Quiccheberg*. Berlin, 2000.

Rousseau, Jean-Jacques. *La nouvelle Héloïse. Lettres de deux amants habitants d'une petite ville au pied des Alpes. Lettres de deux amants habitants d'une petite ville au pied des Alpes*. Paris, 1988.

Rück, Peter. „Die Dynamik mittelalterlicher Zeitmaße und die mechanische Uhr". *Die Mechanik in den Künsten. Studien zur ästhetischen Bedeutung von Naturwissenschaft und Technologie*. Hg. v. Hanno Möbius u. Jörg Jochen Berns. Marburg, 1990, S. 17–30.

Sabbattini, Nicola. *Anleitung Dekorationen und Theatermaschinen herzustellen. Pratica di fabricar scene, e machine ne'teatri* […]. *Originalausgabe aus dem Jahr 1639*. Übs. u. hg. v. Willi Flemming. Weimar, 1926.

Saledinus, Valerius. *Immerwehrende Bewegung*. Franckfurt am Mayn, 1625.

Schabert, Tilo. *Die Architektur der Welt. Eine kosmologische Lektüre architektonischer Normen*. München, 1997.

Schäfer, Lothar. *Das Bacon-Projekt*. Frankfurt a. M., 1999.

Schäffner, Wolfgang. „Telemathische Repräsentation im 17. Jahrhundert". *Theatralität und die Krisen der Repräsentation. DFG-Symposion 1999*. Hg. v. Erika Fischer-Lichte. Stuttgart u. Weimar, 2001, S. 411–428.

Schaffer, Simon u. Steven Shapin. *Leviathan and the Air Pump. Hobbes, Boyle and the Experimental Life*. Princeton, 1985.

Schaller, Klaus. *Die Maschine als Demonstration des lebendigen Gottes. Johann Amos Comenius im Umgang mit der Technik*. Hohengehren, 1997.

Scherf, Gregor. *Giovanni Battista Aleotti (1546–1636)*. ‚Architetto mathematico' der Este Päpste in Ferrara. Marburg, 1998.

Schmidgen, Henning u. a. (Hg.). *Kultur im Experiment*. Berlin, 2004.

Schmidt-Biggemann, Wilhelm. *Maschine und Teufel. Jean Pauls Jugendsatiren nach ihrer Modellgeschichte*. Freiburg u. a., 1975.

Schmidt-Biggemann, Wilhelm. „Maschine". *Historisches Wörterbuch der Philosophie*. Bd. 5. Hg. v. Joachim Ritter. Darmstadt, 1980, S. 790–802.

Schmidtchen, Volker. „Waffentechnik und Festungsbau. Rolle und Bedeutung der Artillerie in Angriff und Verteidigung fester Plätze". *Zeitschrift für Festungsforschung* 1 (1982), S. 12–20.

Schmitt, Carl. *Glossarium*. Berlin, 1991.

Schmitz, Emil-Heinz. *Handbuch zur Geschichte der Optik*. Erg.-Bd. 3. Teil A: *Die Brille*. Bonn, 1995.

Schöne, Günter. *Die Entwicklung der Perspektivbühne von Serlio bis Galli-Bibiena. Nach den Perspektivbüchern*. Leipzig, 1933.

Scholderer, Hans-Joachim. *Das Schlosstheater Ludwigsburg. Geschichte, Architektur, Bühnentechnik. Mit einer Rekonstruktion der historischen Bühnenmaschinerie* (= Schriften der Gesellschaft für Theatergeschichte Bd. 71). Berlin, 1994.

Schormann, Vanessa. *Shakespeares Globe. Repliken, Rekonstruktionen und Bespielbarkeit.* Heidelberg, 2002.

Schramm, Helmar. „Demokratie als kategorialer Schein. Zur dramaturgischen Modellierung geselligen Verhaltens". *Cachaça. Fragmente zur Geschichte von Poesie und Imagination.* Hg. v. Bernhard Dotzler u. Helmar Schramm. Berlin, 1996, S. 90–95.

Schramm, Helmar. *Karneval des Denkens. Theatralität im Spiegel philosophischer Texte des 16. und 17. Jahrhunderts.* Berlin, 1996.

Schramm, Helmar. „Schauraum/Datenraum. Orte der Interferenz von Wissenschaft und Kunst". *Bühnen des Wissens. Interferenzen zwischen Wissenschaft und Kunst.* Hg. v. dems. u. a. Berlin, 2003a, S. 9–27.

Schramm, Helmar. „Einleitung. Ort und Spur im Theatrum scientiarum". *Kunstkammer, Laboratorium, Bühne. Schauplätze des Wissens im 17. Jahrhundert.* Hg. v. dems., Ludger Schwarte, Jan Lazardzig. Berlin u. New York, 2003c, S. XI–XXIV.

Schramm, Helmar. „Kunstkammer, Laboratorium, Bühne im Theatrum Europaeum". *Kunstkammer, Laboratorium, Bühne. Schauplätze des Wissens im 17. Jahrhundert.* Hg. v. dems., Ludger Schwarte u. Jan Lazardzig. Berlin u. New York, 2003d, S. 10–35.

Schramm, Helmar. „Theatralität". *Ästhetische Grundbegriffe.* 7 Bde. Hg. v. Karl heinz Barck u. a. Stuttgart u. Weimar, 2005, Bd. 6, S. 48–73.

Schramm, Helmar u. a. (Hg.). *Bühnen des Wissens. Interferenzen zwischen Wissenschaft und Kunst.* Berlin, 2003b.

Schramm, Helmar, Ludger Schwarte u. Jan Lazardzig (Hg.). *Spektakuläre Experimente. Praktiken der Evidenzproduktion im 17. Jahrhundert.* Berlin u. New York, 2006.

Schramm, Helmar, Ludger Schwarte u. Jan Lazardzig (Hg.). *Spuren der Avantgarde: Theatrum machinarum.* Berlin u. New York, 2007 [im Erscheinen].

Schüling, Hermann. *Erhard Weigel (1625–1699). Materialien zur Erforschung seines Wirkens.* Gießen, 1970.

Schütte, Ulrich. „Architekt und Ingenieur". *Architekt und Ingenieur. Baumeister in Krieg und Frieden* [Ausst.kat.]. Hg. v. d. Herzog August Bibliothek Wolfenbüttel. Wolfenbüttel, 1984, S. 18–31.

Schütte, Ulrich (Hg.). *Deutsche Architekturbücher zur Zivilbaukunst aus dem 16. und 17. Jahrhundert. Mikrofiche-Edition.* München, 2000.

Schütz, Heinz. *Barocktheater und Illusion.* Frankfurt a. M., 1984.

Schultes, Johann u. Matthaeus Rembold. *Inventarium, Viler Nutzbaren/immer denckwürdigen Militar: Civil: Naval: vnd dergleichen Architectonischen Model-*

len, vnd Abrissen / auch andern wolfundirten Mannhafften Sachen / welche in deß Heyl: Reichs Statt Vlm / vnd daselbsten in deß Herrn Joseph Furttenbachs deß Raths / vnd Bawherrns / [et]c. Rüst: vnd KunstCammer / in natura zufinden seind; Allen Liebhabern der Frey: Mannhafft: vnd hochnutzbarn Künsten zu wolgefallen / in den Truck gegeben / vnd mit 8: Kupfferstucken geziert. Augspurg, 1660.

Seng, Eva-Maria. „Christianopolis. Der utopische Architekturentwurf des Johann Valentin Andreae". *Das Echo Halles. Kulturelle Wirkungen des Pietismus.* Hg. v. Rainer Lächele. Tübingen, 2001, S. 59–92.

Seng, Eva-Maria. *Stadt – Idee und Planung. Neue Ansätze im Städtebau des 16. und 17. Jahrhunderts.* München u. Berlin, 2003.

Séris, Jean Pierre. *Machine et communication. Du théâtre des machines à la mécanique industrielle.* Paris, 1987.

Serres, Michel. „Don Juan au palais des merveilles – Sur les statues au XVIIe siècle". *Les Études Philosophiques* 3 (1966), S. 385–390.

Sessions, W.A. *Francis Bacon Revisited.* New York, 1996.

Seyler, Georg Daniel. *Leben und Thaten Friedrich Wilhelms des Großen, Churfürstens zu Brandenburg.* Leipzig, 1730.

Shadwell, Thomas. „The Virtuoso" [1676]. *The Complete Works of Thomas Shadwell.* 5 Bde. Hg. v. Montague Sommers. London, 1927, Bd. 3.

Shapin, Steven. „The House of Experiment in Seventeenth Century England". *Isis* 79 (1988), S. 373–404.

Simienowicz, Casimir. *Artis Magnae Artilleriae. Vollkommene Geschütz- Feuerwerck- Und Büchsenmeisterey-Kunst.* Theil 1. Franckfurt am Mayn, 1676.

Simon, Gérard. „Les machines au XVIIe siècle: usage, typologie, résonances symboliques". *Sciences et savoirs aux XVIe et XVIIe siècles.* Paris, 1996, S. 161–181.

Smith, Pamela H. *The Business of Alchemy. Science and Culture in the Holy Roman Empire.* Princeton, 1994.

Smith, Pamela H. *The Body of the Artisan. Art and Experience in the Scientific Revolution.* Chicago, 2004.

Sombart, Werner. *Studien zur Entwicklungsgeschichte des modernen Kapitalismus.* 2 Bde. Bd. 1. *Luxus und Kapitalismus.* München u. a., 1913.

Stadler, Edmund. „Die Raumgestaltung im barocken Theater". *Kunstformen des Barockzeitalters.* Hg. v. Rudolf Stamm. München, 1956, S. 190–226.

Stafford, Barbara Maria. *Kunstvolle Wissenschaft. Das Bild in Erziehung und Unterhaltung im Zeitalter der Aufklärung.* Amsterdam, 1998.

Stafford, Barbara Maria u. Francis Terpak. *Devices of Wonder. From the World in a Box to Images on a Screen* [Ausst.kat]. Los Angeles, 2001.

Stafford, Barbara Maria. „Revealing Technology/Magical Domains". Dies. u. Francis Terpak. *Devices of Wonder: From the World in a Box to Images on a Screen* [Ausst.kat]. Los Angeles, 2001, S. 1–142.

Stafford, Barbara Maria. „Künstliche Intensität – Bilder, Instrumente und die Technologie der Verdichtung". *Kunstkammer, Laboratorium, Bühne – Schau-*

plätze des Wissens im 17. Jahrhundert. Hg. v. Helmar Schramm, Ludger Schwarte u. Jan Lazardzig. Berlin u. New York, 2003, S. 339–358.

Stanitzek, Georg. „Der Projektmacher. Projektionen auf eine ‚unmögliche' moderne Kategorie". *Ästhetik und Kommunikation* 65/66 (1987), S. 135–146.

Stemshorn, Max (Hg.). *Der Kunst-Garten. Gartenentwürfe von Joseph Furttenbach (1591–1667)* [Ausst.kat.]. Ulm, 1999.

Stieglitz, Christian Ludwig. *Encyklopädie der bürgerlichen Baukunst.* 6 Bde. Leipzig, 1792–1798, Bd. 4 (1797).

Stöcklein, Ansgar. *Leitbilder der Technik. Biblische Tradition und technischer Fortschritt.* München, 1969.

Stollberg-Rilinger, Barbara. *Der Staat als Maschine. Zur politischen Metaphorik des absoluten Fürstenstaates.* Berlin, 1986.

Stoob, Heinz. „Die Stadtbefestigung. Vergleichende Überlegungen zur bürgerlichen Siedlungs- und Baugeschichte, besonders der frühen Neuzeit". *Europäische Städte im Zeitalter des Barock.* Hg. v. Kerstin Krüger. Köln u. Wien, 1988, S. 25–56.

Strada, Jacobus de. *Kunstliche Abriß/allerhand Wasser= Wind= Roß= und Handt Mühlen/beneben schönen und nützlichen Pompen/auch andern Machinen/damit das Wasser in Höhe zuerheben/auch lustige Brunnen und Wasserwerck/dergleichen vor diesem nie gesehen worden. Nicht allein den Liebhabern zur Ubung und Nachrichtung/sondern auch dem gantzen gemeinen Vatterland/zu Dienst und Wolgefallen/so wol in Kriegs= als Friedenszeiten zugebrauchen/verfertiget* [...]. Erster Theil. Franckfurt am Mayn, 1617.

Sturm, Leonhard Christoph. *Vollständige Anweisung großer Herren Paläste zu bauen.* Augsburg, 1718.

Sutter, Alex. *Göttliche Maschinen. Die Automaten für Lebendiges bei Descartes, Leibniz, La Mettrie und Kant.* Frankfurt a. M., 1988.

Tallemant Des Réaux, Gédéon. *Les historiettes de Tallemant Des Réaux.* 9 Bde. Bd. 5. *Mémoires pour servir à l'histoire du XVIIe siècle.* Hg. v. M. M. Monmerqué. Paris, 1834.

Tangermünde. Vergangene Jahrhunderte berichten. Hg. v. Heimatmuseum d. Stadt Tangermünde. Tangermünde, 1995 u. 1998.

Tartaglia, Nicolò. *La Nova Scientia.* Bologna, 1984 [Nachdr. d. Ausg. Venedig, 1537].

Tetens, Holm. „Was ist ein Naturgesetz?" *Zeitschrift für allgemeine Wissenschaftstheorie* 13 (1982), S. 70–83.

Theatri Europaei, Das ist: Historischer Chronick/Oder Warhaffter Beschreibung aller fürnehmen denckwürdigen Geschichten/so sich hin und wieder in der Welt/meistentheils aber in Europa/Von Anno Christi 1629. biß auff das Jahr 1633. zugetragen [...]. Der Ander Theil. [...]. Franckfurt am Mayn, 1679 [1637].

Thompson, Edward H. *Johann Valentin Andreae. Christianopolis.* Übs., eingel. u. hg. v. dems. Dordrecht, Boston u. London, 1999.

Thorndike, Lynn. *A History of Magic and Experimental Science.* 8 Bde. New York, 1923–58.

Tintelnot, Hans. *Barocktheater und Barocke Kunst. Die Entwicklungsgeschichte der Fest- und Theater-Dekoration in ihrem Verhältnis zur Barocken Kunst.* Berlin, 1939.

Tkaczyk, Viktoria. „Kurz vor dem Abheben. Zu den Flugexperimenten Robert Hookes". *Zeitschrift für Sprache und Literatur* 1 (2005), S. 99–119.

Tkaczyk, Viktoria. „*Cumulus ex machina.* Wolkeninszenierungen in Theater und Wissenschaft". *Spektakuläre Experimente. Praktiken der Evidenzproduktion im 17. Jahrhundert.* Hg. v. Helmar Schramm, Ludger Schwarte u. Jan Lazardzig. Berlin u. New York, 2006, S. 43–77.

Tripps, Johannes. *Das handelnde Bildwerk in der Gotik. Forschungen zu den Bedeutungsgeschichten und der Funktion des Kirchengebäudes und seiner Ausstattung in der Hoch- und Spätgotik.* 2. Aufl. Berlin, 2000.

Troitzsch, Ulrich. „Erfinder, Forscher und Projektemacher. Der Aufstieg der praktischen Wissenschaften". *Macht des Wissens. Die Entstehung der modernen Wissensgesellschaft.* Hg. v. Richard van Dülmen u. Sina Rauschenbach. Köln, Weimar u. Wien, 2004, S. 439–464.

Tschizewskij, Dmitrij. „Das Labyrinth der Welt und Paradies des Herzens des Jan Amos Comenius. Die Thematik und die Quellen des Werkes". Ders. *Kleinere Schriften.* 2 Bde. Bd. 2. *Bohemica.* Mit einem Anhang von Dietrich Gerhardt. München, 1972, S. 135f.

Tzara, Tristan. „Propos sur Giovanni Battista Bracelli". *Œuvre complètes.* 5 Bde. Bd. 4. *1947–1963.* Hg. v. Henri Béhar. Paris, 1979, S. 559–567.

Ufano, Diego. *Artillerie. C'est à dire: Vraye instruction de l'artillerie et de toutes ses appartenances* [...] (*Tratado de la artilleria*). Übs. u. ill. v. Johann Theodor de Bry. Zutphen, 1621.

Unverzagt, Dietrich. *Philosophia, Historia, Technica. Caspar Schotts Magia universalis.* Berlin, 2000.

Valdés, Benito Daza de. *Uso de los antojos* [1623] / *The Use of Eyeglasses.* Hg. v. Paul E. Runge. Oostende, 2004.

Valter, Claudia. „Wissenschaft in Kunst- und Wunderkammern". *Erkenntnis, Erfindung, Konstruktion. Studien zur Bildgeschichte von Naturwissenschaft und Technik vom 16. bis zum 19. Jahrhundert.* Hg. v. Hans Holländer. Berlin, 2000a, S. 183–196.

Valter, Claudia. „Akademien der Wissenschaften". *Erkenntnis, Erfindung, Konstruktion. Studien zur Bildgeschichte von Naturwissenschaften und Technik vom 16. bis zum 19. Jahrhundert.* Hg. v. Hans Holländer. Berlin, 2000b, S. 121–142.

Veranzio, Fausto. *Machinae Novae Fausti Verantii siceni cum declaratione Latina, Italica, Hispanica, Gallica, et Germanica.* Venedig, [1600].

Veyrier, Henri. *Le Faubourg Saint-Germain. De l'abbaye à l'école militaire.* Paris, 1966.

Vickers, Brian. „Bacon's Use of Theatrical Imagery". *Francis Bacon's Legacy of Texts. „The Art of Discovery Grows With Discovery"*. Hg. v. William A. Sessions. New York, 1990, S. 171–213.

Vitruvius. *De architectura libri decem. Zehn Bücher über Architektur.* Hg., übs. und mit Anm. vers. von Curt Fensterbusch. 5. Aufl. Darmstadt, 1996.

Vitruvius, Des aller namhafftigsten unnd hocherfahrensten/Römischen Architecti/unnd kunstreichen Werck oder Bawmeisters/Marci Vitruvij Pollionis/Zehen Bücher von der Architectur und künstlichem Bawen: Ein Schlüssel und eynleitung aller Mathematischen unnd Mechanischen Künst/Scharpffsinniger fleissiger nachtrachtung oder Speculation künstlicher Werck [...]. Übs. u. hg. v. Walther Hermann Ryff. Basel, [1614].

Vogelsang, Bernd. *„Archaische Utopien": Materialien zu Gerhard Schotts Hamburger „Bühnenmodell" des Templum Salomonis.* Phil. Diss. Köln, 1981.

Vogl, Joseph (Hg.). *Poetologien des Wissens.* München, 1999.

Vogl, Joseph. *Kalkül und Leidenschaft. Poetik des ökonomischen Menschen.* München, 2002.

Wagner, Eduard. *Tracht, Wehr und Waffen im dreissigjährigen Krieg.* Hanau/M., 1980.

Wallbrecht, Rosenmarie Elisabeth. *Das Theater des Barockzeitalters an den welfischen Höfen Hannover und Celle.* Hildesheim, 1974.

Weber, Max. „Wissenschaft als Beruf". *Gesammelte Aufsätze zur Wissenschaftslehre.* Tübingen, 1988, S. 582–613.

Wegener, Ulrike B. *Die Faszination des Maßlosen. Der Turmbau zu Babel von Pieter Bruegel bis Athanasius Kircher.* Hildesheim, Zürich u. New York, 1995.

Weigel, Erhard. *Idea Matheseos Universae cum Speciminibus Inventionum Mathematicarum.* Jena, 1669.

Weigel, Erhard. *Vorstellung Der Kunst und Handwercke/nechst einem kurtzen Begriff des Mechanischen Heb- und Rüst-Zeugs. Samt einem Anhang/Welcher Gestalt so wohl der gemeinen Leibes-Nothdurfft/als der Gemüths-Wohlfarth und Gelehrsamkeit selbst/durch die Wissenschaft der Mechanischen Künste geholffen werden möge* [...]. Jena, [1672].

Weigel, Valentin. „Vom Ort der Welt (1573)". *Valentin Weigel. Sämliche Schriften.* 7 Bde. Hg. v. W.-E. Peuckert u. W. Zeller. Stuttgart-Bad Cannstatt, 1962–1978, Bd. 1 (1962).

Weihe, Richard Emanuel. *Die Theater-Maschine. Motion und Emotion.* Zürich, 1992.

Weihe, Richard Emanuel. *Paradoxie der Maske.* München, 2004.

Weiß, Wolfgang. „‚An Attempt, which all Ages had despair'd of'. Das Selbstverständnis der Royal Society im 17. Jahrhundert". *Europäische Sozietätsbewegung und demokratische Tradition. Die europäischen Akademien der Frühen Neuzeit zwischen Frührenaissance und Spätaufklärung.* 2 Bde. Hg. v. Klaus Garber u. Heinz Wismann. Tübingen, 1996, Bd. 2, S. 669–688.

Weiße, Christian Felix. *Der Projektmacher.* Leipzig, 1769.

Wellman, Kathleen. *Making Science Social. The Conferences of Théophraste Renaudot 1633–1642.* Oklahoma, 2003.

Weltenharmonie. Die Kunstkammer und die Ordnung des Wissens [Ausst.kat.]. Braunschweig, 2000.

Welzel, Barbara. „Galerien und Kunstkabinette als Orte des Gesprächs". *Geselligkeit und Gesellschaft im Barockzeitalter.* 2 Bde. (= Wolfenbütteler Arbeiten zur Barockforschung 28). Hg. v. Wolfgang Adam. Wiesbaden, 1997, Bd. 1, S. 495–504.

Werle, Dirk. „Ordnungsmodell, Naturerforschung und Religionsvorstellung in Johann Valentin Andreaes *Christianopolis*". *Scientia Poetica* 7 (2003), S. 31–48.

West, William N. *Theatres and Encyclopedias in Early Modern Europe.* Cambridge/Mass. u. a., 2002.

Whitney, Charles C. „Merchants of Light: Science as Colonization in the *New Atlantis*". *Francis Bacon's Legacy of Texts. „The Art of Discovery Grows With Discovery".* Hg. v. William A. Sessions. New York, 1990, S. 255–268.

Wiedeburg, Paul. *Der junge Leibniz. Das Reich und Europa.* Teil 2. *Paris.* Bd. I. *Europäische Politik.* Wiesbaden, 1970.

Wiener, Philip P. „Leibniz's Project of a public Exhibition of Scientific Inventions". *Journal of the History of Ideas* 2 (1940), S. 232–240.

Wiesing, Lambert. *Phänomene im Bild.* München, 2000.

Wilson, John. *The Projectors. A Comedy.* London, 1664.

Wilkins, John. *Mathematical Magick: Or, The Wonders That may be performed by Mechanical Geometry. In Two Books. Concerning Mechanical Powers & Motions. Being one of the most easie, pleasant, useful (and yet most neglected) part of Mathematicks* […]. London, 1680.

Winau, Rolf. „Der Hof des Großen Kurfürsten als Mittelpunkt wissenschaftlicher Forschung. Vorschläge zur Edition der Werke der Leibärzte (Gesamtausgabe Christian Mentzel)". *Werkstattgespräch „Berliner Ausgaben".* Hg. v. Hans-Gert Roloff. Bern u. a., 1981, S. 30–40.

Wittkower, Rudolf. *Grundlagen der Architektur im Zeitalter des Humanismus.* München, 1969.

Wormbs, Brigitte. „Gartenlust und Festungsbau. Joseph Furttenbach (1591–1667)". *Baden-Württemberg* 38.5 (1991), S. 26–27.

Wunderkammer des Abendlandes. Museum und Sammlung im Spiegel der Zeit [Ausst.kat.]. Bonn, 1994.

Zahlten, Johannes. *Creatio mundi. Darstellungen der sechs Schöpfungstage und naturwissenschaftliches Weltbild im Mittelalter.* Stuttgart, 1979, S. 153–156.

Zahn, Wilhelm. *Geschichte der Altmark.* Stendal, 1892.

Zedelmaier, Helmut. *Bibliotheca universalis und Bibliotheca selecta. Das Problem der Ordnung des gelehrten Wissens in der Frühen Neuzeit.* Köln, Weimar u. Wien, 1992.

Zedler, Johann Heinrich. *Grosses vollständiges Universal-Lexikon Aller Wissenschafften und Künste, welche bißhero durch menschlichen Verstand und Witz erfunden und verbessert worden.* 64 Bde. Leipzig u. Halle, 1732–1750.

Zeising, Heinrich. *Theatri machinarum* [6 Teile]. 3 Bde. Leipzig, 1607–1614.

Zielske, Harald. *Handlungsort und Bühnenbild im 17. Jahrhundert. Untersuchungen zur Raumdarstellung im europäischen Theater.* München, 1965.

Zielske, Harald. „Die Anfänge einer Theaterbautheorie in Deutschland im 17. u. 18. Jahrhundert". *Bühnenformen – Bühnenräume – Bühendekorationen. Beiträge zur Entwicklung des Spielorts. Herbert A. Frenzel zum 65. Geburtstag von Freunden und wissenschaftlichen Mitstreitern.* Hg. v. Rolf Badenhausen u. Harald Zielske. Berlin, 1974, S. 28–63.

Zilsel, Edgar. *Der soziale Ursprung der neuzeitlichen Wissenschaft.* Frankfurt a. M., 1976.

Zincke, Georg Heinrich. „Vorrede". *Peter Krezschmers, nunmehrigen Hauß=Vaters im Leipziger Waysen= und Zucht=Hause, Oeconomische Vorschläge, Wie das Holz zu vermehren, Obst=Bäume zu pflantzen, die Strassen in gerade Linien zu bringen, mehr Aecker dadurch fruchtbar zu machen, die Maulbeer=Baum=Plantagen, damit zu verknüpffen und die Sperlinge nebst den Maulwürffen zu vertilgen. Nebst einem Anhange, von Verbesserung grosser Herren Küchen und Tafeln, Auch eine Vorrede Hrn. D. Georg Heinrich Zinckens, worinnen von Projecten und Projecten=Machern gehandelt wird.* 2. Aufl. Leipzig, 1746.

Zittel, Claus. „‚Truth is the daughter of time'. Zum Verhältnis von Theorie der Wissenskultur, Wissensideal, Methode und Wissensordnung bei Bacon". *Wissensideale und Wissenskulturen in der frühen Neuzeit. Ideals and Cultures of Knowledge in Early Modern Europe.* Hg. v. Wolfgang Detel u. Claus Zittel. Berlin, 2002, S. 213–238.

Zonca, Vittorio. *Novo teatro di macchine et edificii.* Padova, 1656 [1607].

Zubler, Leonhard. *Fabrica et Usus Instrumenti Chorographici.* Basel, 1607.

Zucker, Paul. „Furttenbach". *Allgemeines Lexikon der bildenden Künstler von der Antike bis zur Gegenwart.* Bd. 11/12. Hg. v. Ulrich Thieme. Leipzig, 1915/16, S. 604f.

Zucker, Paul. *Die Theaterdekorationen des Barock. Eine Kunstgeschichte des Bühnenbildes.* Berlin, 1925.

Personenverzeichnis

Danksagung

Das vorliegende Buch stellt die leicht überarbeitete Fassung meiner Dissertationsschrift im Fach Theaterwissenschaft dar, die im Februar 2006 vom Fachbereich Philosophie und Geisteswissenschaften der Freien Universität Berlin angenommen wurde. Die Disputation fand am 21. April 2006 statt.

An erster Stelle möchte ich Helmar Schramm für die langjährige freundschaftliche Unterstützung sowie das tiefe Vertrauen danken, das die Entstehung dieses Buches begleitet und ermöglicht hat. Jörg Jochen Berns hat die Arbeit mit Begeisterung und Expertise unterstützt, dafür danke ich ihm herzlich. Dank gebührt auch Erika Fischer-Lichte, Horst Bredekamp, Joachim Fiebach und Matthias Warstat, die auf ganz unterschiedliche Weise meine Arbeit begleitet, angeregt und unterstützt haben.

Den Mitarbeiterinnen und Mitarbeitern zahlreicher Bibliotheken und Archive möchte ich für ihre freundliche, geduldige und oftmals unkonventionelle Hilfe bei meiner Recherche und Lektüre Dank sagen. Hervorheben möchte ich an dieser Stelle besonders Jill Bepler, Volker Bauer und Christian Hogrefe an der *Herzog August Bibliothek* in Wolfenbüttel, die Mitarbeiterinnen und Mitarbeiter der *Bibliothèque Nationale de France* und der *Staatsbibliothek zu Berlin* sowie insbesondere Barbara Kabella und Herbert Michalzik von der Bibliothek des Instituts für Theaterwissenschaft der Freien Universität Berlin.

Viele der Materialien und Thesen dieses Buches habe ich auf Veranstaltungen und in Arbeitsgruppen des Sonderforschungsbereiches 447 „Kulturen des Performativen" vorstellen, erproben und diskutieren können. Mein Dank gilt hier allen Mitwirkenden des Forschungsprojektes „Theatrum Scientiarum" sowie der interdisziplinären Schwerpunktgruppe „Deixis, Imagination, Wahrnehmung".

Dem Akademie Verlag, insbesondere seiner Lektorin Katja Leuchtenberger, danke ich für das entgegengebrachte Interesse und Vertrauen sowie die sehr gute Zusammenarbeit bei der Drucklegung.

Am unmittelbarsten waren diejenigen Kollegen und Freunde in den mitunter labyrinthischen Entstehungsprozess dieses Buches involviert, die mir durch ihre Diskussionsbereitschaft und -leidenschaft, ihre vielfältigen Ratschläge und wertvollen Hinweise, ihre große Unterstützung bei den Übersetzungen, ihre Korrekturen und redaktionellen Hilfestellungen immer wieder den Ariadnefaden in die Hand legten: Ludger Schwarte, Michael Lorber, Daniela Hahn, Viktoria Tkacyk, Hole Rößler, Karin Krauthausen, Kirsten Wagner, Angelika Lozar und Juliane Gäbler bin ich dafür außerordentlich dankbar. Nicht zuletzt danke ich sehr meinen Eltern, Elke und Michael Lazardzig, für die jahrelange Unterstützung.

Ihnen allen ist dieses Buch gewidmet.

www.ingramcontent.com/pod-product-compliance
Lightning Source LLC
LaVergne TN
LVHW010651300926
849161LV00005B/1101
* 9 7 8 3 0 5 0 0 4 3 4 1 8 *